Wilhelm Endlich

Fertigungstechnik mit Kleb- und Dichtstoffen

**Aus dem Programm
Fertigungstechnik**

Umformtechnik
von Klaus Grüning

Spanlose Fertigung: Stanzen
von Waldemar Hellwig und Erwin Semlinger

Handbuch Klebstoffe 1994/1995
vom Industrieverband Klebstoffe (Hrsg.)

Fertigungsmeßtechnik
von Erwin Lemke

Fertigungstechnik mit Kleb- und Dichtstoffe
von Wilhelm Endlich

Praktische Oberflächentechnik
von Klaus-Peter Müller

Zerspantechnik
von Eberhard Paucksch

Schweißtechnik
von Hans Joachim Fahrenwaldt

Schweißtechnisches Konstruieren und Fertigen
von Volkmar Schuler (Hrsg.)

Vieweg

Wilhelm Endlich

Fertigungstechnik mit Kleb- und Dichtstoffen

Praxishandbuch
der Kleb- und Dichtstoffverarbeitung

Die Deutsche Bibliothek – CIP-Einheitsaufnahme

Endlich, Wilhelm:
Fertigungstechnik mit Kleb- und Dichtstoffen:
Praxishandbuch der Kleb- und Dichtstoffverarbeitung /
Wilhelm Endlich. – Braunschweig; Wiesbaden:
Vieweg, 1995
    ISBN 978-3-663-07770-1   ISBN 978-3-663-07769-5 (eBook)
    DOI 10.1007/978-3-663-07769-5

Gedruckt auf säurefreiem Papier

ISBN 978-3-663-07770-1

Geleitwort

Obwohl das Kleben von Holz, Leder und anderen Naturstoffen mit Wachs, Asphalt oder Knochenleimen bis in die Frühgeschichte zurückreicht, stellt das Kleben neuzeitlicher Strukturwerkstoffe wie Metalle und Kunststoffe eine noch junge Fügetechnik dar. Voraussetzung hierfür war die Entwicklung der synthetischen Polymere, mit deren Hilfe auch an Metall-, Glas-, Keramik- und Kunststoffoberflächen gute Haftung erzielt werden konnte. Seitdem ist die Klebtechnik vom Flugzeugbau ausgehend in immer neue Anwendungsbereiche vorgedrungen und ein Ende der Entwicklung ist noch nicht abzusehen.

Die Vorteile der Klebtechnik liegen in einer Vielzahl der fügbaren Werkstoffe, insbesondere auch Kombinationen unterschiedlicher Werkstoffe. Weiterhin sind Klebverbindungen multifunktional, das heißt neben Kraftübertragung können Zusatzfunktionen wie Abdichten, Schwingungsdämpfung, elektrische und Wärmeisolation erfüllt werden. Als fertigungstechnische Vorteile sind vor allem die Eignung für großflächige Verbindungen sowie die nur geringe oder ganz entbehrliche Wärmeeinwirkung auf das Bauteil zu nennen.

Diesen Vorzügen der Klebtechnik steht allerdings eine Reihe von Nachteilen gegenüber. Dazu gehören die begrenzte Warmfestigkeit sowie Klima- und Chemikalienbeständigkeit der Verbindungen, die zum Teil aufwendige Vorbehandlung, die notwendigen Aushärtungszeiten, die schlechte Prüfbarkeit mittels zerstörungsfreier Prüfverfahren und die arbeitshygienischen Probleme im Umgang mit Klebstoffen und Vorbehandlungsmedien.

Diese Nachteile haben die Einführung der Klebtechnik in viele Bereiche erheblich verzögert, aber letztlich nicht verhindern können. Zunehmend werden heute nicht nur untergeordnete, sondern auch sicherheitsrelevante Verbindungen geklebt. Als augenfällige Beispiele hierfür seien aus dem Fahrzeugbau das Einkleben der Front- und Rückscheiben sowie von Bremsbelägen angeführt.

Die Einführung der Klebtechnik war in vielen Fällen von herben Rückschlägen begleitet, wofür unterschiedliche Gründe verantwortlich waren. Entgegen einer verbreiteten Vermutung steht dabei ein unzureichender Entwicklungsstand der Klebstoffchemie keineswegs an vorderster Stelle. Viel häufiger trugen unzureichendes klebtechnisches Fachwissen der Entwicklungsingenieure und Konstrukteure sowie der Mangel an qualifizierter Schulung des Klebpersonals zu Fehlschlägen bei. Trotz der fast unüberschaubaren Zahl an klebtechnischen Fachaufsätzen und einem zunehmenden Angebot an Fachbüchern herrscht ein Mangel an klebtechnischen Fachinformationen für den Bedarf der klebtechnischen Praxis.

Diese Lücke zu schließen, ist Ziel des vorliegenden Fachbuches. Dabei werden außer technischen Informationen zu den Möglichkeiten und Grenzen der Klebtechnik auch Wirtschaftlichkeitsbetrachtungen sowie Arbeitssicherheits- und Umweltschutzaspekte mit einbezogen. Aufbauend auf der Erfahrung, daß Klebprobleme jeweils aufgabenspezifisch optimierte Lösungen erfordern, werden die Ausführungen durch detaillierte Beschreibungen erfolgreich gelöster Klebaufgaben aus unterschiedlichen Industriebereichen ergänzt, die einen guten Überblick über den aktuellen Stand der Klebtechnik vermitteln.

Der Aufbau des Buches verbindet didaktische Aspekte mit dem Gesichtspunkt des klebtechnischen Fertigungsablaufs. Dementsprechend wird eine kurze Einführung in die wichtigen Grundlagen des Klebprozesses (Haftung, Benetzung, Kleb- und Dichtstoffe usw.) vorangestellt. Daran schließt sich eine ausführliche Darstellung der Klebflächenvorbehandlung unter Einschluß modernster Neuentwicklungen an.

Ebenfalls umfangreich und informativ ist der Abschnitt über die Klebstoffverarbeitung. Damit wird der großen Zahl und Verschiedenheit der heute eingesetzten Klebstoffe entsprochen, die jeweils angepaßte Verarbeitungstechnologien erfordern. Als typisches Beispiel seien die Methoden für flächenartigen Auftrag herausgegriffen, wofür allein acht unterschiedliche Verfahren (Spritzen, Pinseln und Spachteln, Walzen, Mehrfach-Linienauftrag, Tampon- und Stempeldruck, Sieb- und Schablonendruck sowie Rillenkontur-Benetzung) behandelt werden.

Eine in dieser Ausführlichkeit und Anwendungsbreite bisher beispiellose Sammlung über Fertigungsmethoden stellen die über 50 Fallbeispiele aus der Klebtechnik dar. Sie entstammen unterschiedlichsten Anwendungsbereichen von Flaschenetikettierung und Buchbinderei, über Maschinen- und Fahrzeugbau bis zur Elektrotechnik und Elektronik. Das Studium dieses Abschnittes macht deutlich, daß das Kleben in der industriellen Fertigung nicht als isolierter Arbeitsschritt, sondern als Teil eines abgestimmten Fertigungssystems gesehen werden muß. Allein dieser Abschnitt dürfte das Buch zur unentbehrlichen Arbeitsunterlage jedes Klebfachmannes machen.

Auch der Abschnitt über Qualitätssicherung ist für die Klebtechnik von besonderer Aktualität. Infolge des Fehlens aussagefähiger zerstörungsfreier Prüfverfahren kann die Qualität von Klebverbindungen nur über die reproduzierbare Einhaltung eines auf vorausgehender Optimierung beruhenden Fertigungsprozesses (in Verbindung mit stichprobenweiser zerstörender Qualitätskontrolle) sichergestellt werden.

Ausführlich und informativ ist das abschließende Kapitel über Arbeitssicherheit und Umweltschutz. Nicht nur mit dem Klebprozeß selbst, sondern auch mit der Vor- und Nachbehandlung können erhebliche arbeitshygienische, sicherheits- und umwelttechnische Probleme verbunden sein. Die sichere Beherrschung dieser Risiken setzt nicht nur ein sorgfältig geplantes Sicherheitskonzept und eine entsprechende Arbeitsplatzgestaltung voraus, sondern auch sicherheitsbewußtes Verhalten des mit der Klebtechnik befaßten Personenkreises. Daher ist es zu begrüßen, daß diese Aspekte nicht nur im Fachschrifttum für Sicherheitsfachkräfte, sondern generell auch in diesem an das klebtechnische Fachpersonal gerichteten Fachbuch praxisnah dargestellt werden.

Das vorliegende Fachbuch stellt eine hervorragende Ergänzung zum bisher vorliegenden klebtechnischen Fachschrifttum dar und kann sowohl als Aus- und Weiterbildungsunterlage als auch als Nachschlagewerk bestens empfohlen werden.

Prof. Dr.-Ing. Lutz Dorn

Vorwort

In immer stärkerem Maße wird die Fertigung vieler Handwerks- und Industriezweige mit dem Einsatz von Kleb- und Dichtstoffen konfrontiert. Grund hierfür ist unter anderem der zunehmende Bekanntheitsgrad der durch die Kleb- und Dichttechnik gebotenen Möglichkeiten insbesondere bei Entwicklern und Konstrukteuren.

Auf vielen einschlägigen Tagungen, Kongressen und Seminaren jedoch sind die Teilnehmer aus Fertigungsbereichen (wie Fertigungsplaner, Betriebs- und Montageleiter oder QS-Fachleute) meist unterrepräsentiert.

Grund hierfür dürfte neben der vermutlichen Zeitknappheit sein, daß die Erwartung der Fertigungsfachleute an solche Veranstaltungen in der Vergangenheit vielfach nicht erfüllt worden: Theoretische Abhandlungen über neuere Erkenntnisse der Adhäsionsmechanik, Untersuchungsberichte zu exotischen Oberflächenvorbehandlungen, firmenspezifische Kleb- und Dichtstoffbeschreibungen neuer Produkte oder Erfolgsberichte aus Vorzeigebranchen, wie dem Automobil- und Flugzeugbau sind für die meisten Fertigungsfachleute nicht informativ und übertragbar genug.

Vor allem aber reichen sie nicht aus, um das aus Fehlschlägen oder Schwierigkeiten eventuell vorhandene Mißtrauen gegenüber der Kleb- und Dichttechnik abzubauen. Sie interessiert vielmehr gemäß dem Motto „Aus der Praxis - für die Praxis" die beispielhafte Umsetzung oder Realisierung kleb- und dichttechnischer Lösungen innerhalb einer rationellen und qualitätsgesicherten Fertigung.

Fertigungstechnik mit Kleb- und Dichtstoffen ist angewandte Grenzflächenphysik und Polymerchemie mit all ihren in Teilbereichen noch immer ungelösten Problemen. Den Weg zum erfolgreichen Aufstieg der Kleb- und Dichttechnik ebnete vor allem die zunehmende Zahl handwerklicher und industrieller Anwender samt deren Fertigungsfachleuten, welche getreu dem Motto des vormaligen französischen Staatspräsidenten Charles de Gaulle handelten: „Es ist besser Unvollkommenes zu realisieren, als dauernd nach Vollkommenem zu suchen, das es niemals geben wird!"

Da es gleichzeitig keinen Fortschritt ohne Fehler gibt, waren gerade die letzten Jahrzehnte auch auf diesem Fachgebiet durch einen andauernden Lern- und Erkenntnisprozeß gekennzeichnet.

Das im Vulkan-Verlag, Essen, 1990 in 3. Auflage erschienene Praxishandbuch „Kleb- und Dichtstoffe in der modernen Technik" beschreibt die Fertigungstechnik aus Platzgründen lediglich in Teilbereichen und nur unvollständig. Das Anliegen des vorliegenden Fachbuchs ist daher die herausgelöste ausführliche Darstellung in Fortführung dieses überaus wichtigen Teilbereichs. Der nach Arbeitsschritten oder -stufen übersichtlich gegliederte Inhalt gibt den derzeitigen Stand der Fertigungstechnik mit Kleb- und Dichtstoffen wieder.

Den Mittelpunkt bilden etwa 50 Fallbeispiele innerhalb der manuellen, mechanisierten und automatisierten Fertigung als „Anregung" für jene Skeptiker unter den Fertigungsfachleuten, die selbst dem derzeit hohen technischen Stand noch nicht ganz trauen. Erstaunlich war die als „uninteressiert" zu bezeichnende Reaktion auf die erfolgte Anfrage bei über 150 Herstellern von Kleb- und Dichtstoffen sowie Verarbeitungsgeräten und -maschinen um Unterstützung mit Fallbeispielen. Nur ein Bruchteil von etwa 20 Prozent antwortete überhaupt: Gerade die Größten der Branche übersahen die notwendige Überzeugung von Fertigungstechnik-Bereichen. Umsomehr wird den beteiligten, anders eingestellten Firmen gedankt! Unabhängig davon entsprechen die weitergehenden Erkenntnisse den fast 30-jährigen eigenen Praxiserfahrungen, davon in fast 10-jähriger Tätigkeit als öffentlich bestellter und vereidigter Sachverständiger für „Kleb- und Dichtstoffanwendungen in der Kunststoff- und Metallverarbeitung".

Das Lektorat übernahm die Chefredakteurin der Fachzeitschrift „ADHÄSION kleben & dichten" Frau Traude Wüst. Ihr sei an dieser Stelle für Ihre Unterstützung besonders gedankt.

Das Buch soll eine bestehenden Lücke der einschlägigen Fachliteratur schließen helfen und ist insbesondere dem fertigungstechnisch-orientierten Nachwuchs gewidmet, dürfte jedoch auch einen ausbaufähigen Rahmen für die Fort- und Weiterbildung bereits etablierter Fachkreise vor allem industrieller Anwender darstellen.

Wilhelm Endlich   München im Juli 1994

Inhaltsverzeichnis

1 Einleitung

Die Fertigungstechnik ist einer der wichtigsten Bereiche der industriellen Produktion.
Sie betrifft die Erzeugung technischer Güter mit definierter makrogeometrischer Form,
wie Halbzeuge, Baugruppen, Geräte, Apparate, Werkzeuge, Maschinen, Fahrzeuge oder
Anlagen. Wenn der wichtige Bereich 4. „Fügen" separiert und nach DIN 8593 unterteilt
wird, zeigt sich das hier abzuhandelnde Fügeverfahren unter der Bezeichnung „Kleb-
dichten „ in Gegenüberstellung zu anderen Fügeverfahren. Der Ausdruck „Klebdich-
ten" ist ein Vorschlag zur Zusammenfassung der einander ähnelnden Kleb- und Dicht-
stoff-Anwendungen.

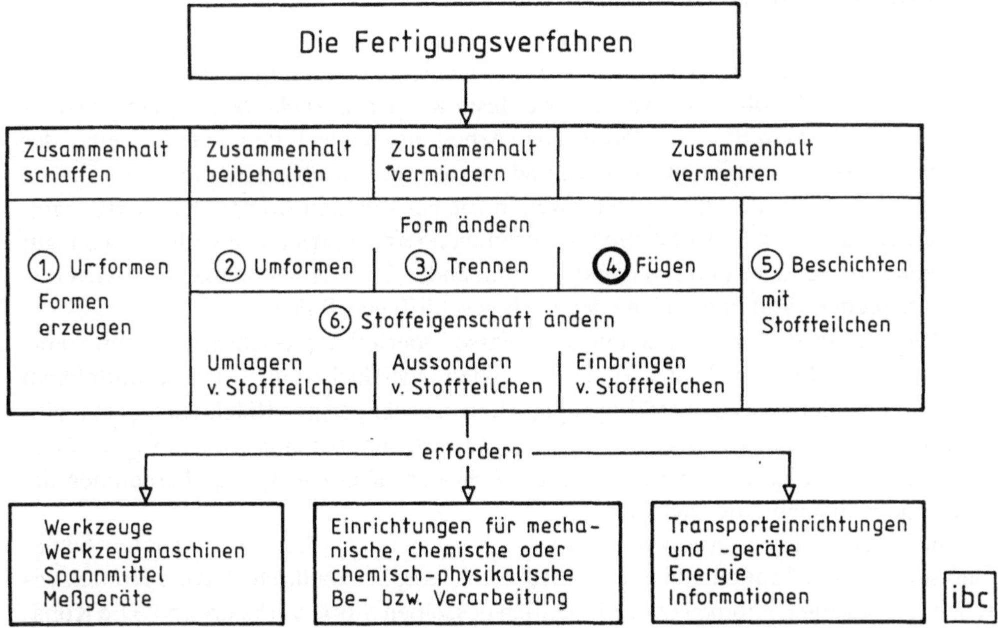

Bild 1.1: Zielsetzung und Gliederung der Fertigungstechnik nach DIN 8580

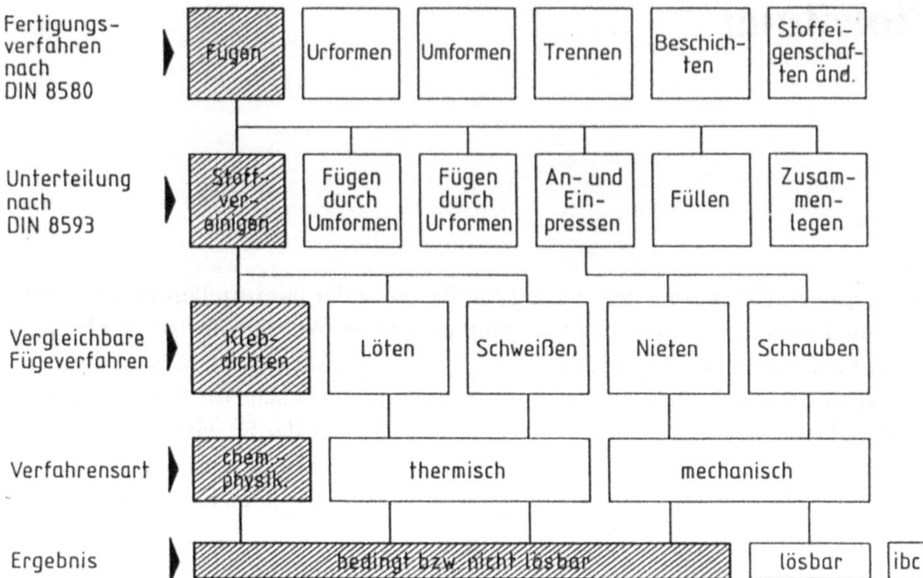

Bild 1.2: Einordungsschema der Kleb- und Dichttechnik

1.1 Haftmechanismen

Die Grundlagen dieses Fügeverfahrens sind noch nicht vollständig geklärte Phänomene der Adhäsion und Kohäsion: Werden zwei feste Körper in trockenem Zustand zusammengebracht, so bedarf es einer Kraft oder Arbeit, um beide Teile wieder voneinander zu trennen. Ursache hierfür sind atomare und molekulare Anziehungskräfte an den Grenzflächen verschiedener Stoffe mit Reichweiten von nur wenigen Angström ($1\text{Å}=10^{-12}$m). Sie werden unter dem Begriff *Adhäsion* zusammengefaßt und sind an völlig ebenen, gut zueinander passenden, sich „saugend" verbindenden Flächen zu beobachten wie etwa beim Ansprengen von Endmaßen oder an eingeschliffenen Teilen.

Werden zusätzlich Flüssigkeiten, wie Wasser oder Öl dazwischen gebracht, so erhöht sich die Adhäsion (Bild 1.3), da die beiden Oberflächen über den vermittelnden Direktkontakt der Flüssigkeit völlig angepaßt in die sehr geringe Reichweite der Anziehungskräfte gelangen. Flüssigkeiten verfügen jedoch nur über eine geringe Eigenfestigkeit oder inneren Zusammenhalt, nämlich Kohäsion. Diese Aufgabe übernehmen die verfestigenden Kleb- und Dichtstoffe.

Die Ursache der Kohäsion ist identisch mit den bei der Adhäsion erwähnten Anziehungs- oder Bindekräften und unterscheidet sich lediglich dadurch, daß die Kräfte zwischen gleichartigen Atomen oder Molekülen desselben Stoffs wirksam sind. Die Kohäsion ist übrigens auch in unverfestigten Kleb- und Dichtstoffen wirksam und zudem eine stark temperaturabhängige Größe.

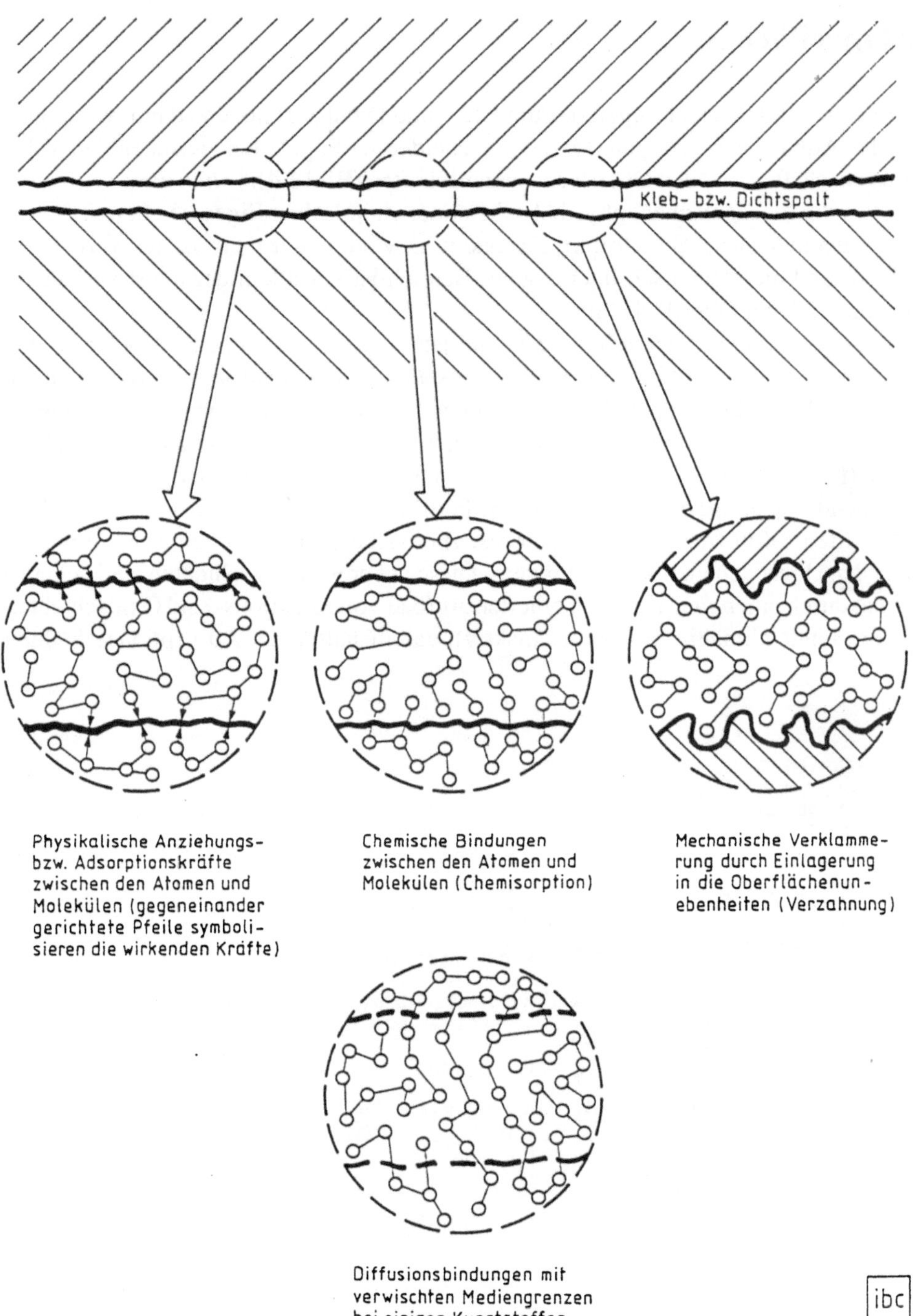

Bild 1.3: Adhäsion resultiert aus verschiedenen Haftvorgängen an Oberflächen

1.2 Oberflächen

Sie sind Grenzflächen der Fügeteile zum Kleb- und Dichtstoff hin und damit wichtigste
Basis für Adhäsionsbindungen. Man unterscheidet bei Fügeteilen zwischen den Volumeneigenschaften und den Oberflächeneigenschaften (Bild 1.4). *Volumeneigenschaften*
sind etwa die mechanischen, physikalischen oder chemischen Eigenschaften der kompakten Fügeteile (wie Werkstoffart, Festigkeit, E-Modul oder thermisches Verhalten).
Ein kleb- und dichttechnisch interessanter Bereich ist vor allem der meist veränderte
Gefügebereich zur Oberfläche hin.

Oberflächeneigenschaften hingegen sind jene Eigenschaften fester Körper ab den
Außenabmessungen samt ihrer Oberflächengestalt mit Schichtaufbauten, welche für die
eigentliche Ausbildung von Adhäsionsbindungen zur Verfügung stehen. Einen gewissen
Einfluß nehmen die Oberflächengestalt (Oberflächengeometrie) und die Oberflächen-
struktur (Feingestalt). Entscheidend hingegen ist der Oberflächenzustand. An jeder durch
spangebende, spanlose oder gießtechnische Fertigungsverfahren frisch erzeugten Oberfläche laufen sofort (mehr oder minder rasch) physikalische und chemische Vorgänge
ab, die den Oberflächenzustand verändern. Diese äußeren Grenzschichten sind gekennzeichnet durch einen meist unkontrollierten Aufbau von Reaktions- und Oxidschichten
(gealtert, ungleichmäßig, bröckelig, inaktiv), darauf haftenden Adsorptionsschichten

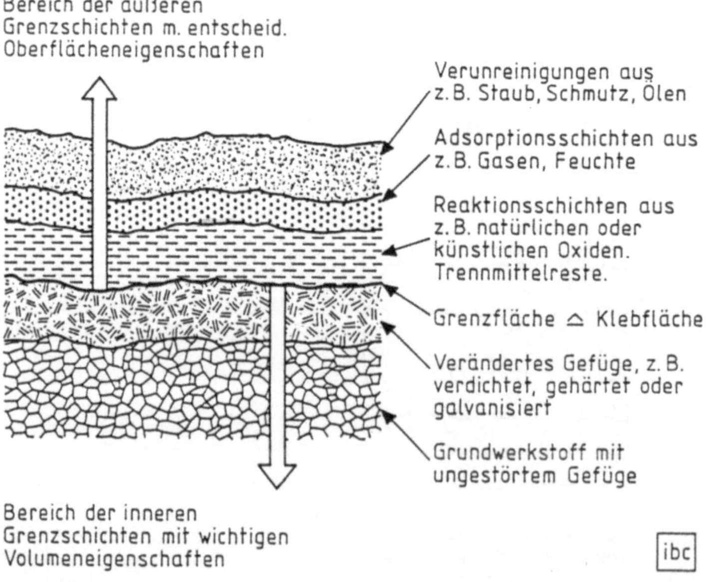

Bild 1.4: Volumen- und Oberflächeneigenschaften der Werkstoffe

(artfremde Moleküle aus der Umgebung, wie SO_2, CO_2, Fettsäuren, Öladditive, Trennmittel) und/oder Verschmutzungen in Form fester (Staub, Schmutz) oder flüssiger (Öle, Fette, Feuchte) Medien. Es ist verständlich, daß insbesondere „frische" Oberflächen ihre nach außen gerichteten, nebenvalenten Kräfte (wie etwa Energiepotentiale aus elektrischer Ladung und ähnliches) abzusättigen suchen. Dies führt aber zur Erniedrigung der nutzbaren Oberflächenenergie, welche dann nurmehr zu einem Bruchteil für Adhäsionsbindungen zur Verfügung steht [2,3].

1.3 Benetzung

Adhäsionsbindungen können nur dann wirksam werden, wenn sich der Kleb- und Dichtstoff der Oberfläche soweit nähert, daß er in die äußerst geringe Reichweite der Bindekräfte gelangt. Das setzt voraus, daß die Klebstoffe flüssig, pastös oder plastisch vorliegen oder diese Phasen zeitweilig erreichen, um die Oberflächen zu benetzen und das Oberflächenrelief zu füllen beziehungsweise in Direktkontakt damit zu kommen.

Die *Oberflächenbenetzung* wird zu einer wichtigen Bedingung für Kleb- oder Dichtverbindungen. Die zu stellende Forderung eines möglichst geringen Benetzungswinkels α kann nicht direkt mittels der zu verwendenden Stoffe überprüft werden, denn: Ablauffeste Kleb- und Dichtstoffe bleiben stehen und flüssige Stoffe verteilen sich unterschiedlich, womit auch der Benetzungswinkel stark schwankt.

Das *Benetzungsvermögen* von Fügeteiloberflächen wird etwa mit dem praxisorientierten Wassertropfen-(Benetzungs-)Test festgestellt. Er erfolgt durch Aufbringen geringer Wassermengen (oder spezieller Prüftinten) auf die ebene Oberfläche. Wenn sich die Tropfen sofort verteilen, liegt ein gutes Benetzungsvermögen vor, da die Oberflä-

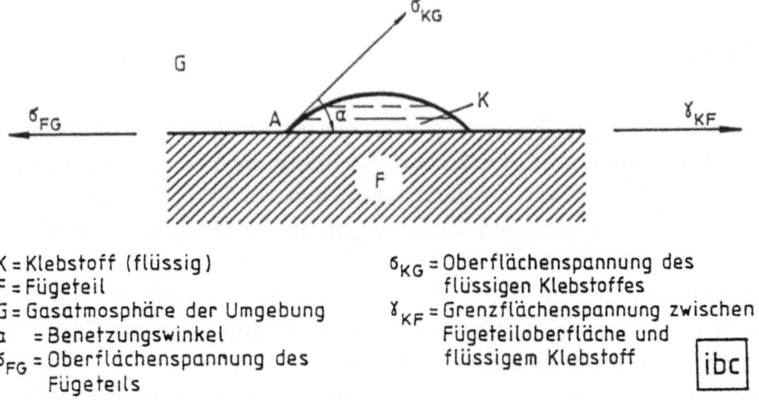

Bild 1.5: Oberflächen- und Grenzflächenspannung bei Benetzung

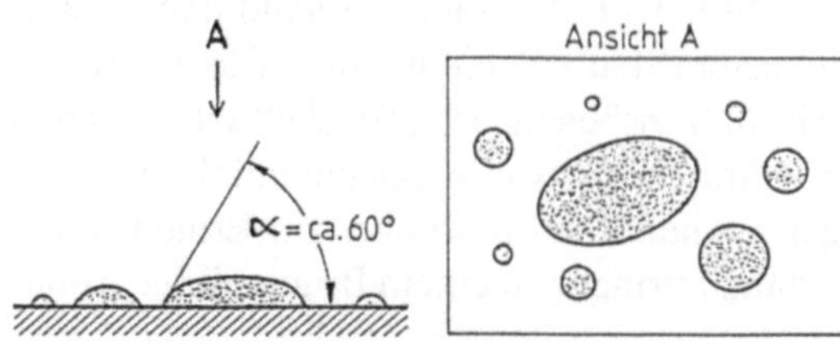

Schlechte Benetzbarkeit: Daher Reinigen, Anschleifen,
Feinstrahlen, Beizen oder
Kunststoff-Vorbehandlungen.

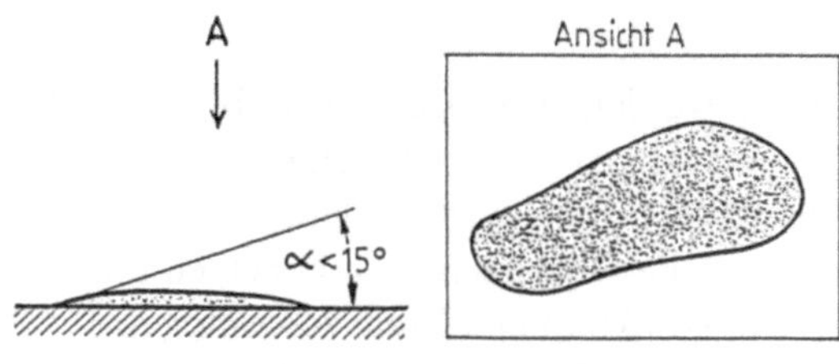

Gute Benetzbarkeit :   Ergibt optimale Bedingungen
für alle Klebstoffarten unter
voller Eigenschaftsnutzung.

Bild 1.6:
Wassertropfen-Test zur Prüfung der
Klebbarkeit von Oberflächen

chenspannung des Wassers im Regelfall größer als die der Kleb- und Dichtstoffe ist. Es ist also dafür zu sorgen, daß die Fügeteiloberfläche benetzbar wird. Andernfalls muß mit vermindertem Aufbau von Adhäsionsbindungen und oft erheblichen Festigkeitseinbußen gerechnet werden. Übrigens ist der Wassertropfentest nur bei festen (nicht saugenden) Werkstoffen anwendbar [1,4].

1.4 Funktionsgestalt

Dieser Begriff entstand aus der engen Beziehung zwischen Funktionszweck, Werkstoff, Kleb- oder Dichtstoff und geometrischer Gestalt des Klebverbunds. Der entscheidende Gesichtspunkt ist insbesondere bei Klebvorgängen (ähnlich dem Weichlöten) die *größere erforderliche Wirkfläche* als bei anderen Verfahren, denn die Festigkeit von Klebstoffen ist gegenüber der Fügeteilwerkstoffe (wie Metalle) verhältnismäßig gering. Erstrebenswert sind jedoch annähernd gleiche Verhältnisse. Somit verbleibt für den vorgesehenen Funktionszweck als wichtigste Einflußgröße die geometrische Gestalt in Form einer entsprechenden Vergrößerung der Fügeflächen.

Sie erscheint unter Voraussetzung vorgegebener Breiten oder Durchmesser in allen überschlägigen Festigkeitsberechnungen als Überlappungs- oder Überdeckungsverhältnis

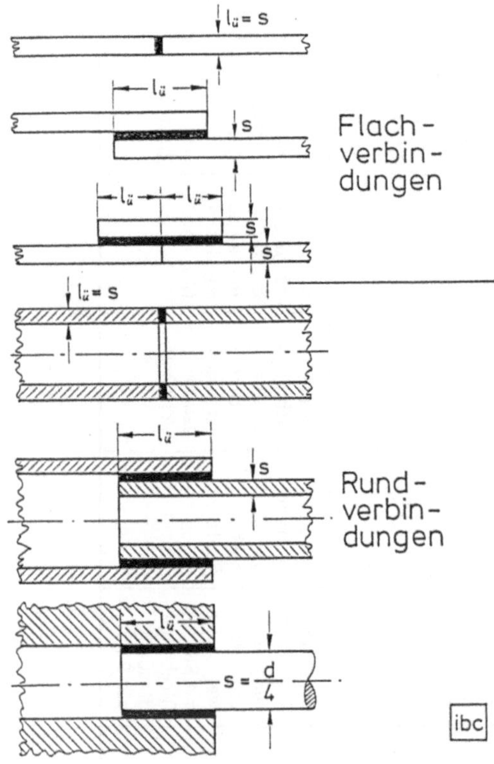

Bild 1.7:
Überlappungslängen $l_ü$ und Fügeteil-
dicken s

$$\ddot{U} = \frac{l_ü}{s} \quad \text{mit } l_ü = \text{Überdeckung [mm] und } s = \text{Fügeteildicke [mm]}$$

bei Kreisquerschnitten unter Annahme von

$$s = \frac{d}{4} \quad \text{mit } d = \text{Durchmesser [mm]}.$$

Wegen meist unmaßgeblicher Breiten oder Durchmesser wird folgende Realisierung empfohlen:

- $\ddot{U} = 10 \dots 20$ bei Flachverbindungen und
- $\ddot{U} = 2 \dots 6$ bei Rundverbindungen.
- $\ddot{U} = 1$ ist zu vermeiden.

Stumpfe Stöße bleiben also dem Hartlöten oder Schweißen vorbehalten.

Darüber hinaus sind weitere Gesichtspunkte bei der *konstruktiven Auslegung* zu beachten, beispielsweise:

- montagerechte Gestaltung
- beanspruchungsorientierte Formgebung
- entschärfte Spannungsspitzen

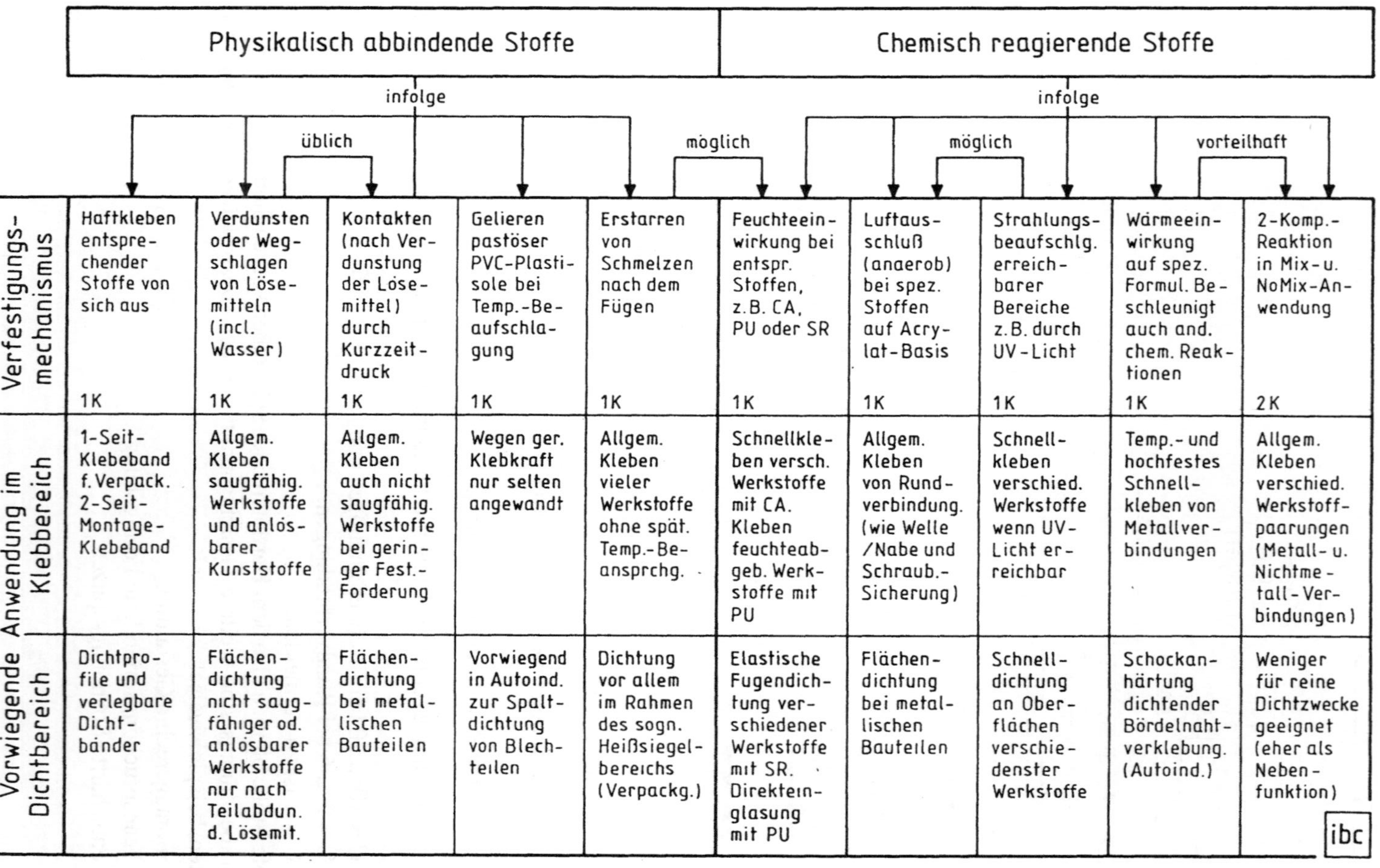

Verfestigungs-mechanismus									
Haftkleben entsprechender Stoffe von sich aus	Verdunsten oder Wegschlagen von Lösemitteln (incl. Wasser)	Kontakten (nach Verdunstung der Lösemittel) durch Kurzzeitdruck	Gelieren pastöser PVC-Plastisole bei Temp.-Beaufschlagung	Erstarren von Schmelzen nach dem Fügen	Feuchteeinwirkung bei entspr. Stoffen, z.B. CA, PU oder SR	Luftausschluß (anaerob) bei spez. Stoffen auf Acrylat-Basis	Strahlungsbeaufschlg. erreichbarer Bereiche z.B. durch UV-Licht	Wärmeeinwirkung auf spez. Formul. Beschleunigt auch and. chem. Reaktionen	2-Komp.-Reaktion in Mix-u. NoMix-Anwendung
1K	1K	1K	1K	1K	1K	1K	1K	1K	2K

Vorwiegende Anwendung im Klebbereich									
1-Seit-Klebeband f. Verpack. 2-Seit-Montage-Klebeband	Allgem. Kleben saugfähig. Werkstoffe und anlösbarer Kunststoffe	Allgem. Kleben auch nicht saugfähig. Werkstoffe bei geringer Fest.-Forderung	Wegen ger. Klebkraft nur selten angewandt	Allgem. Kleben vieler Werkstoffe ohne spät. Temp.-Beansprchg.	Schnellkleben versch. Werkstoffe mit CA. Kleben feuchteabgeb. Werkstoffe mit PU	Allgem. Kleben von Rundverbindung. (wie Welle /Nabe und Schraub.-Sicherung)	Schnellkleben verschied. Werkstoffe wenn UV-Licht erreichbar	Temp.- und hochfestes Schnellkleben von Metallverbindungen	Allgem. Kleben verschied. Werkstoffpaarungen (Metall- u. Nichtmetall-Verbindungen)

Vorwiegende Dichtbereich									
Dichtprofile und verlegbare Dichtbänder	Flächendichtung nicht saugfähiger od. anlösbarer Werkstoffe nur nach Teilabdun. d. Lösemit.	Flächendichtung bei metallischen Bauteilen	Vorwiegend in Autoind. zur Spaltdichtung von Blechteilen	Dichtung vor allem im Rahmen des sogn. Heißsiegelbereichs (Verpackg.)	Elastische Fugendichtung verschiedener Werkstoffe mit SR. Direkteinglasung mit PU	Flächendichtung bei metallischen Bauteilen	Schnelldichtung an Oberflächen verschiedenster Werkstoffe	Schockanhärtung dichtender Bördelnahtverklebung. (Autoind.)	Weniger für reine Dichtzwecke geeignet (eher als Nebenfunktion)

Bild 1.8: Einteilungsschema der Kleb- und Dichtstoffe

- differenziertes Werkstoffverhalten
- erhöhte Steifigkeit
- unterschiedlicher Spalt

Es würde den hier verfügbaren Rahmen überschreiten, diese Punkte detailliert abzuhandeln. Deshalb sei auf entsprechende Fachliteratur verwiesen [1,2,3,5]

1.5 Kleb- und Dichtstoffe

Schon seit den 50er Jahren versuchte man die stark zunehmende Vielfalt von Kleb- und Dichtstoffen einem Einteilungsschema zuzuordnen [6]. Aufgrund neuerer Entwicklungen kam 1978 ein weiterentwickeltes Klebstoff-Einteilungsschema heraus [7]. Durch die erforderliche Ausweitung auf Dichtstoffe entstand ein ergänztes Schema (Bild 1.8) der Kleb- und Dichtstoffe [1].

Es ist innerhalb der beiden Stoffgruppen physikalisch abbindend und chemisch reagierend nach den möglichen Verfestigungsarten geordnet, welche auch gewisse Hinweise auf den chemischen Aufbau zulassen. Die allgemein benutzten Bezeichnungen

Spaltdicke	Vorwiegender Klebbereich	Vorwiegender Dichtbereich
① kein Spalt: nur ausgefüllte Rauhtiefen zwischen tragenden Spitzen	Unterbrochene Klebschicht ist negativ (mögliche Kerbspannungen) – andererseits positiv bei enggepaßten Teilen (Erhöhung der Haftreibung)	Sonderfall bei Dichtung ebener Flächen gegeneinander (Flächendichtung) unter Fremdbefestigung
② kleiner Spalt: 0,05...0,3 mm mit tragender Schicht	Regelfall bei konstruktiven Klebverbindungen	Regelfall bei Dichtung mittels elastischer Klebdichtstoffe
③ evtl. Spaltfixierung — mittlerer Spalt: 0,3...1 mm mit tragender Schicht (ab 0,5 mm)	Bei größerem Spalt ist Distanzierung erforderlich (Einlegen von Kugeln, Draht- oder Folienabschnitten)	Anwendungsbereich knetbarer Dichtstoffe bei
③ evtl. Spaltfixierung — mittlerer Spalt: 0,3...1 mm mit tragender Schicht (ab 0,5 mm)	Bei größerem Spalt ist Distanzierung erforderlich (Einlegen von Kugeln, Draht- oder Folienabschnitten)	Anwendungsbereich knetbarer Dichtstoffe bei
③ evtl. Spaltfixierung — mittlerer Spalt: 0,3...1 mm mit tragender Schicht (ab 0,5 mm)	Bei größerem Spalt ist Distanzierung erforderlich (Einlegen von Kugeln, Draht- oder Folienabschnitten)	Anwendungsbereich knetbarer Dichtstoffe bei

Bild 1.9: Schema der Spaltweiten für vorwiegende Anwendungsbereiche

Bild 1.10: Schema de wichtigsten Sonderanwendungen

- 1 K = einkomponentig und
- 2 K = zwei- oder mehrkomponentig

geben nur die äußerlich feststellbare Anwendungsart wieder, ohne Berücksichtigung der vielfältigen, verarbeitungstechnisch zu berücksichtigenden Zustandsformen von dünn- und dickflüssig über pastös und ablauffest bis plastisch und fest. Letztgenannte Stoffzustände nehmen unter anderem Einfluß auf die bei der Montage realisierbaren Spaltweiten (Bild 1.9).

Hinzu kommen die meist unter Sonderanwendungen (Bild 1.10) angeführten Kleb- und Dichtstoffe in verschiedensten Anwendungsformen, bei welchen auf den ersten Blick hin nicht sichtbare Eigenschaften genutzt werden. Interessant ist hier der Vorgang „Ausgießen und Füllen", welcher der Unterteilung nach DIN 8593 „Füllen" entspricht und dort zugeordnet werden kann. Die sogenannte „Gießtechnik" gewann in den letzten Jahren zunehmend Bedeutung ebenso wie der Vorgang „Vorbereitete Dichtung" durch vorverfestigte 1K-Acrylate und 2K-PUR-Schäume.

1.6 Verbundherstellung

Kleb- und Dichtstoffe müssen stets im qualitätsgesicherten Wirkungsverbund unter optimaler Nutzung der Haftmechanismen auf funktionsgerechten Werkstücken unter Berücksichtigung späterer Beanspruchungen gesehen werden. Die Adhäsion erfordert vor

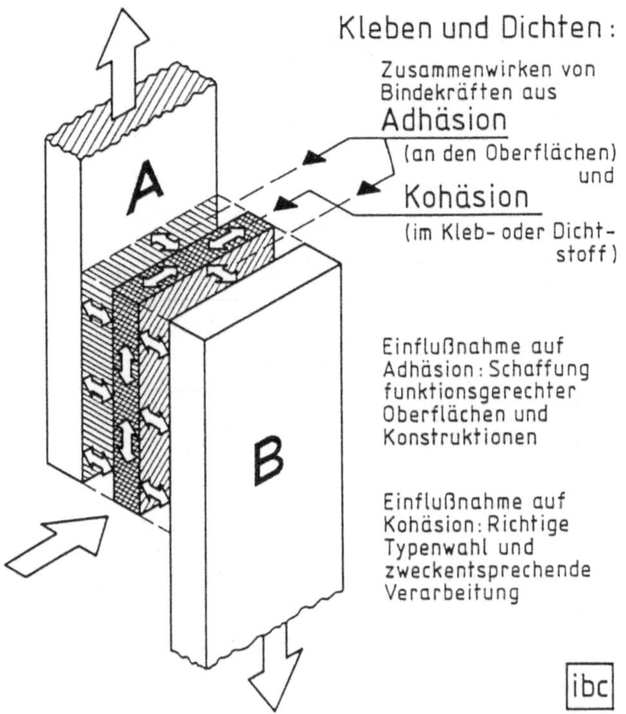

Bild 1.11: Wirkungsverbund bei Kleb- und Dichtverbunden

allem funktionsgerechte Konstruktionen und Oberflächenzustände, während die Kohäsion meist mit der geeigneten Stoffwahl und der zweckentsprechenden Verarbeitung zusammenhängt (Bild 1.11). Diese Gegebenheiten können wegen unterschiedlicher Zugehörigkeitsbereiche nur in enger Zusammenarbeit von Konstruktion, Entwicklung und Versuch mit Fertigungsplanung (AV), Qualitätssicherung (QS) und Fertigung erfolgreich realisiert werden (Bild 1.12). Hinzu kommen jedoch auch die eher organisatorisch und kaufmännisch zu sehenden Voraussetzungen, wie Fachbildung des Personals, Rücksichten auf geänderte Fertigungsabläufe sowie oft erforderliche Investitionen in neuere Fertigungseinrichtungen. Das Fazit eines interessanten Informationsfilms [8] ist: „Jeder Klebstoff ist nur so gut wie sein Anwender!" Das gilt vor allem für das vorhandene *Fachwissen* des an der Realisierung beteiligten Personals. Der erste Pilotkurs des bundeseinheitlichen (später europäisches) Ausildungskonzepts, dessen Vorbild die Weiterbildungsmöglichkeiten in der Schweißtechnik sind [9], ist gerade erfolgreich mit der Zertifizierung abgeschlossen worden. So bleiben nicht nur interne oder externe Aus- und Weiterbildungsmaßnahmen über Kurse, Seminare oder Fachliteratur zur Schulung der Mitarbeiter.

Jede Kleb- oder Dichtstoffanwendung erfordert infolge vielfältiger Eigenheiten der verarbeiteten Stoffe die spezielle Berücksichtigung anderer als bisher gewohnter Ferti-

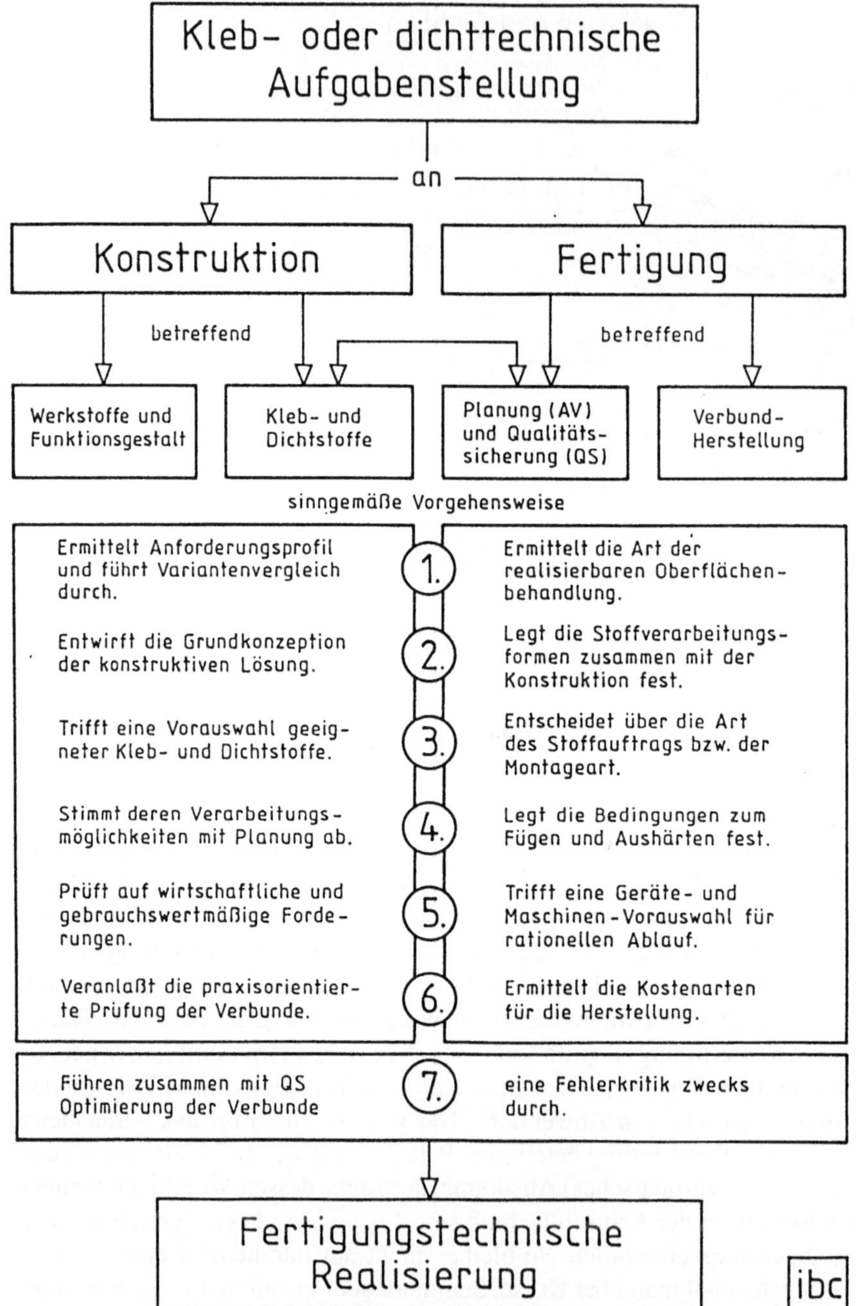

Bild 1.12: Von der kleb- und dichttechnischen Aufgabenstellung zur fertigungstechnischen Realisierung

gungsprozesse. Sie sind aber oft nur unter Beachtung veränderter *Fertigungsabläufe* zu konzipieren und verfahrenstechnisch zu lösen. Das fordert meist Kreativität und Ideenreichtum der Beteiligten.

Die betriebsspezifischen Ist-Zustände (wie vorhandener Maschinenpark) der Produktionsbetriebe werden stets schon seitens der Konstruktion mit berücksichtigt. Anders geartete Kleb- und Dichttechnik-Lösungen hingegen fordern oft ein völliges Umdenken der Beteiligten. Zudem sind mit solchen wirtschaftlich optimierten Fertigungsverfahren, wie der Kleb- und Dichttechnik meist *Investitionen* unter anderem in Stoffverarbeitungssysteme gekoppelt. Ihre Höhe ist naturgemäß stückzahlorientiert nach manueller, mechanisierter oder automatisierter Fertigung zu sehen (siehe Abschnitt 4 „Fertigungsmethoden").

1.7 Fertigungsstufen und -arten

Prozessüberwachung und Qualitätssicherung sind bei nahezu allen Fertigungsaufgaben zwei aufeinanderfolgende Bereiche – in der Fertigung mit Kleb- und Dichtstoffen jedoch ist (fast) alles anders! Da ist jeder einzelne Fertigungsschritt zwischen Eingangs- und Ausgangskontrolle als ein zu überwachender Teil der *Qualitätssicherung* (QS)anzusehen. Grund hierfür ist die Vielfalt möglicher Einflußgrößen in den einzelnen Fertigungsschritten. Sie könnten durch die allgemein übliche Qualitätsprüfung dazwischen und am Fertigungsende nicht mehr erfaßt und rückkoppelnd Einzelstufen zugeordnet werden (siehe Abschnitt 5. „Qualitätssicherung).

Der *fertigungstechnische Ablauf* zum Herstellen von Kleb- und Dichtverbunden wird durch die beiden Bereiche der Oberflächenbehandlung und Stoffverarbeitung charakterisiert (Bild1.13). Von wesentlicher Bedeutung innerhalb der Verarbeitung ist neben Stoffaufbereitung und Stoffauftrag der eigentliche Fügevorgang mit anschließender Verfestigung beziehungsweise Aushärtung der Stoffe. Insbesondere die angewandte *Fügetechnik* ist nach [10] „...das Rationalisierungspotential der Zukunft...", wobei dies in besonderer Weise für die kleb- und dichttechnischen Fertigungsarten gilt (Bild 1.14). Ihre Unterscheidung nach Einzelfertigung, Serienfertigung und Massenfertigung erfolgt nach unterschiedlichen Kriterien, Hauptmerkmale sind die Stückzahlen, die Auslastung von Geräten und Anlagen sowie deren Integration hin zur *flexiblen Automatisierung* (Bild 1.15). Sie nehmen von der Einzelfertigung über die Serien- und Massenfertigung laufend zu.

Ähnliches gilt für Stoffverarbeitungsgeräte, wobei sich jedoch nur schwer eine Grenze zwischen Serien- und Massenfertigung ziehen läßt, da für die Serie geeignete Geräte auch für die Massenfertigung geeignet sind und umgekehrt [11]. Wichtiger Bestandteil sowohl einer mechanisierten, wie automatisierten Fertigung von Kleb- und Dichtverbunden ist die Handhabungstechnik (also der Umgang mit den Werkstücken), welche vorwiegend durch Sortier-, Förder- oder Transportvorgänge gekennzeichnet ist. Zu dieser sogenannten Peripherie (Bild 1.16) zählen auch die zu realisierenden Kontrolleinrichtungen der Qualitätssicherung.

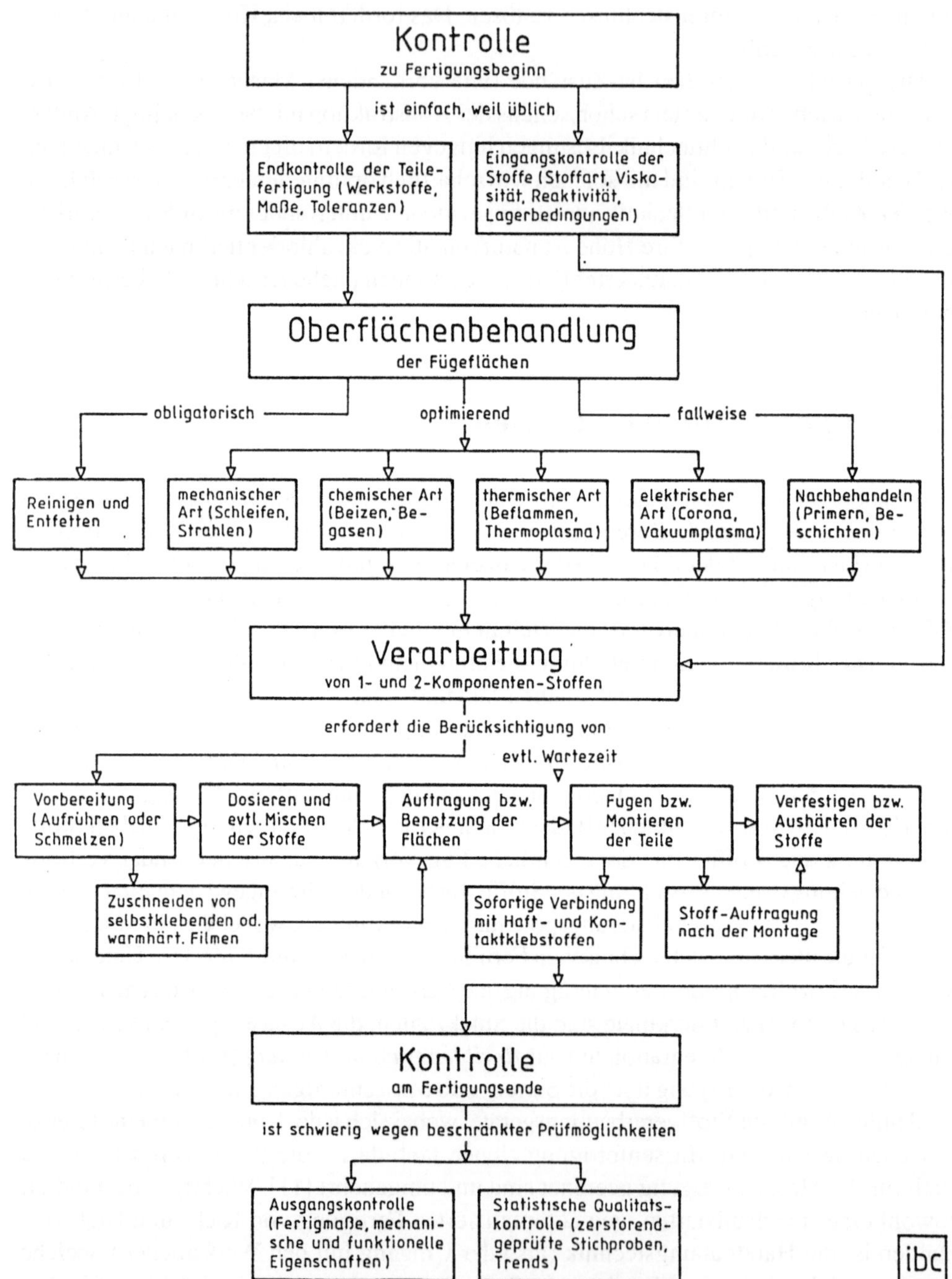

Bild 1.13: Schema der kleb- und dichttechnischen Fertigungsstufen

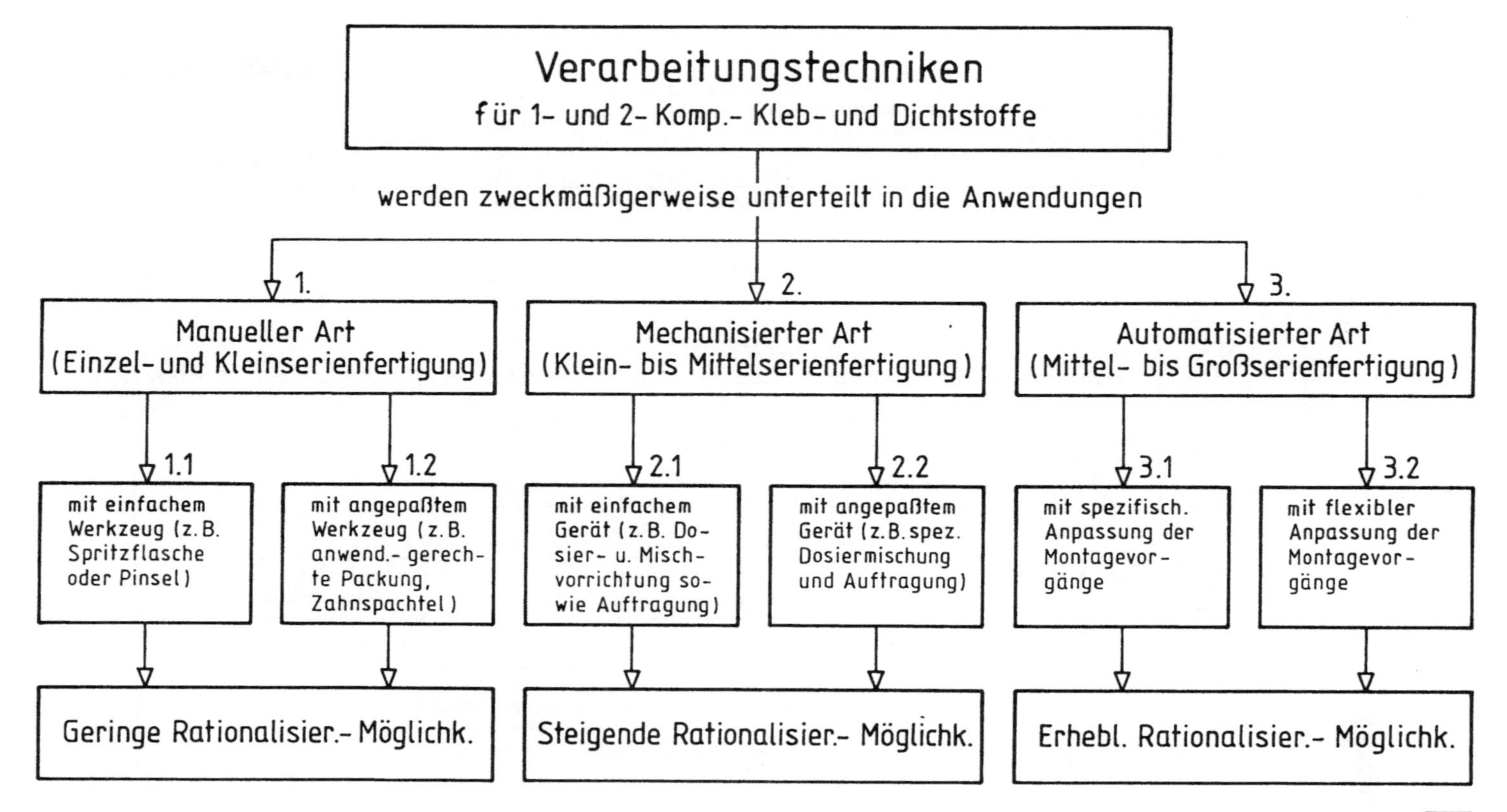

Bild 1.14: Schema der Verarbeitungstechniken

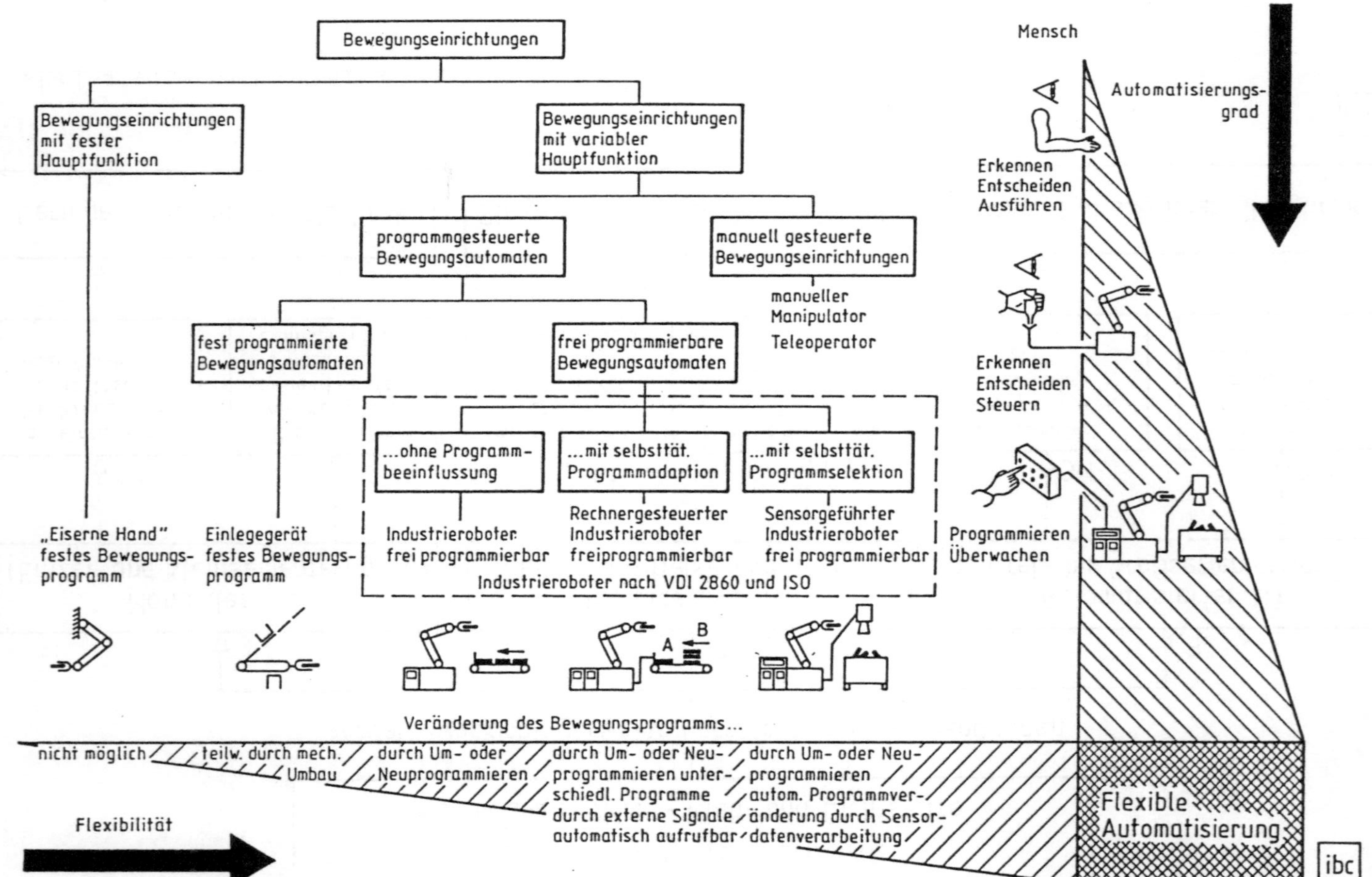

Bild 1.15: Automatisierungsgrad gegen Fertigungsflexibilität

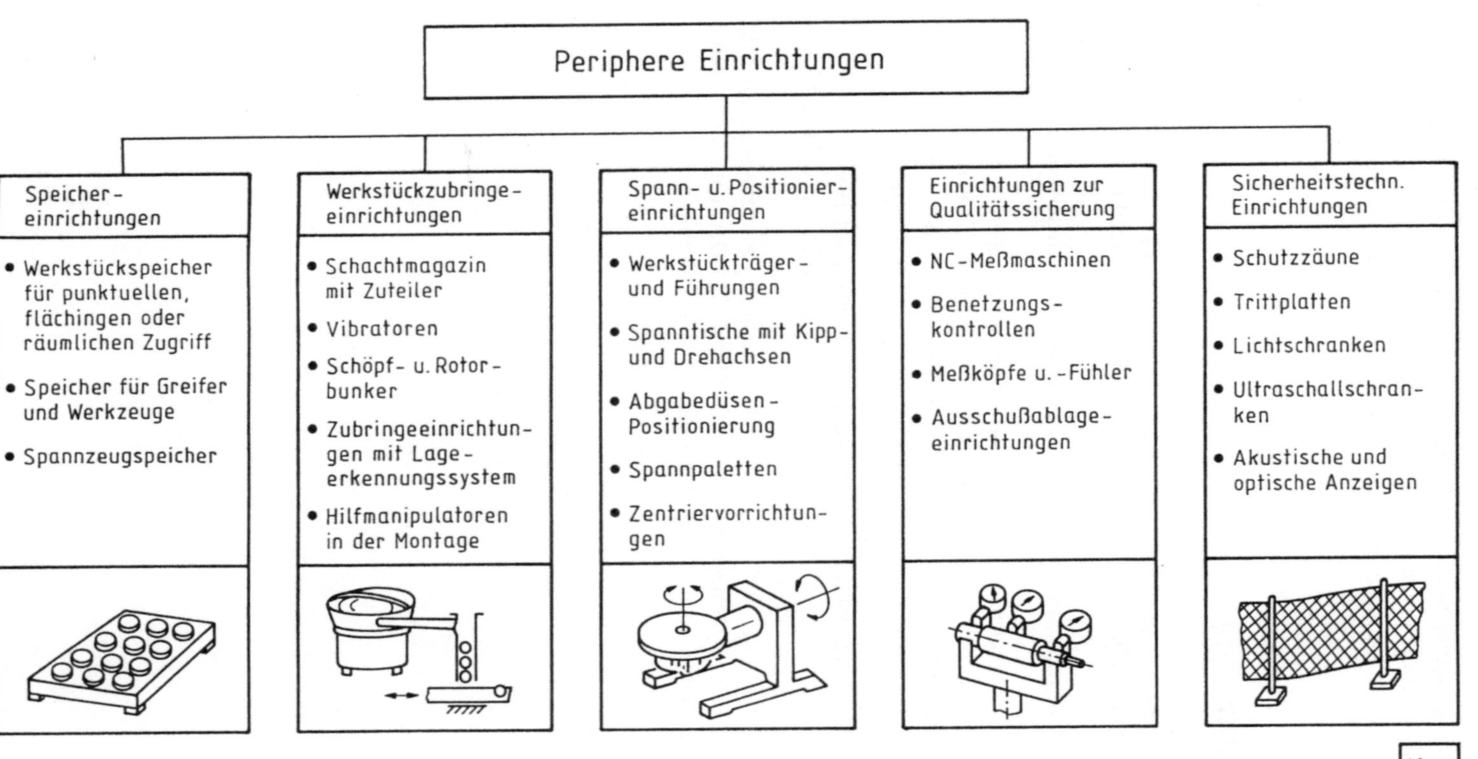

Bild 1.16: Schema der peripheren Einrichtungen zur mechanisierten und/oder automatisierten Fertigung

In den nachfolgenden beiden Abschnitten werden zunächst die Bereiche der Oberflächenbehandlung und die einzelnen Verarbeitungsstufen detaillierter beschrieben. Danach folgt eine Darstellung der Fertigungsmethoden anhand ausgeführter Anwendungen.

1.8 Literatur

[1]   Endlich, W.: „Kleb- und Dichtstoffe in der modernen Technik", Vulkan Verlag Essen 1990

[2]   Fauner, G. und Endlich, W.: „Angewandte Klebtechnik", Carl Hanser Verlag München Wien 1979

[3]   Schindel-Bidinelli, E.: „Strukturelles Kleben und Dichten", Hinterwaldner Verlag München 1988

[4]   Matting, A.: „Metallkleben", Springer-Verlag Berlin Heidelberg New York 1969

[5]   Habenicht, G.: „Kleben", Springer-Verlag Berlin Heidelberg New York Tokyo 1990

[6]   Fauner, G. und Endlich, W.: „Herstellung von Klebverbindungen", KEM (1977) 11/12

[7]   Endlich, W.: „Klebstoff und Verarbeitungsgerät im Abhängigkeitsverhältnis", Adhäsion 2 (1978)

[8]   TV-Film „Adhäsion-Kohäsion" der Henkel KGaA, Düsseldorf 1987

[9]   Groß, A., Hennemann, O.-D. und Tasseva, S.: „Ausbildung in der Klebtechnik", Adhäsion kleben & dichten 10 (1993)

[10] Lotter, B.: „Arbeitsbuch der Montagetechnik" Vereinigte Fachverlage Mainz 1982

[11] Reiner, T.: „Fertigungstechnologie mit Klebstoff" Dechema-Monographie 108, „Fertigungssystem Kleben", VCH Verlagsges. Weinheim 1987

2 Oberflächenbehandlung

In den meisten Fällen muß vor Kleb- oder Dichtvorgängen fertigungsseitig eine Oberflächenbehandlung vorgesehen werden, da sich auf unbehandelten Teilen sehr oft Benetzungsprobleme mit resultierenden geringen Festigkeiten und/oder unzureichenden Alterungsbeständigkeiten einstellen können. Oberstes Ziel ist also immer die Fremdschichtfreiheit der äußeren Grenzschicht oder zumindest ein gleichbleibend kontrollierbarer Zustand. Hier beginnt im übrigen auch (nach Konstruktion/Entwicklung) die Verantwortlichkeit der Qualitätssicherung (QS).

Anderseits ist die Oberflächenbehandlung ein zusätzlicher Arbeitsgang, der Kosten verursacht, weshalb sie in der industriellen Fertigung nur ungern realisiert wird. Das bestätigen die Umfrageergebnisse aus klebstoffverarbeitenden Betrieben der Feinwerktechnik, Elektrotechnik und Elektronik (Bild 2.1). Häufig werden lediglich einfache Vorbereitungsverfahren, wie Reinigen und Entfetten, eingesetzt. Behandlungsverfahren, die zu maximalen Festigkeiten und Alterungsbeständigkeiten führen, wie das Strahlen, Beizen oder Plasmabehandlungen sind seltener vorzufinden (Bild 2.2).

Das gestaltorientierte Zurichten und Anpassen der Werkstücke innerhalb der *Oberflächenvorbereitung* betrifft die für einen möglichst gleichmäßigen Kleb- und Dichtspalt erforderliche Paßform der zu fügenden Teile sowie deren Makro-Oberflächen-Sauberkeit. So müssen etwa verwundene, abgewinkelte, versetzte, wellige, unter Spannung oder abstehende, also insgesamt ungenau zueinander passende Teile, weitgehend nach-

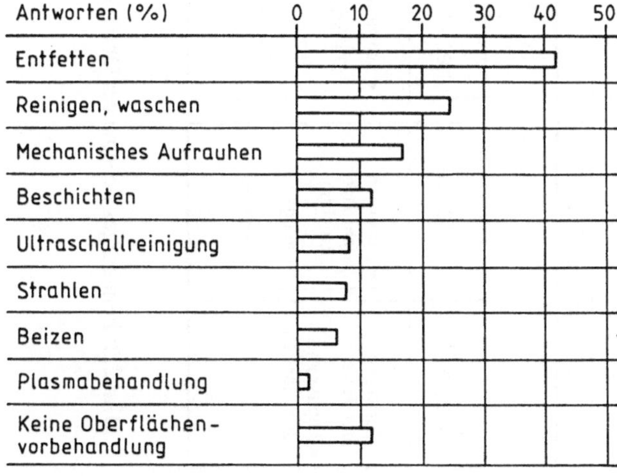

Bild 2.1:
Häufigkeit der in der Industrie eingesetzten Klebflächenbehandlung (nach B. Marwinsky)

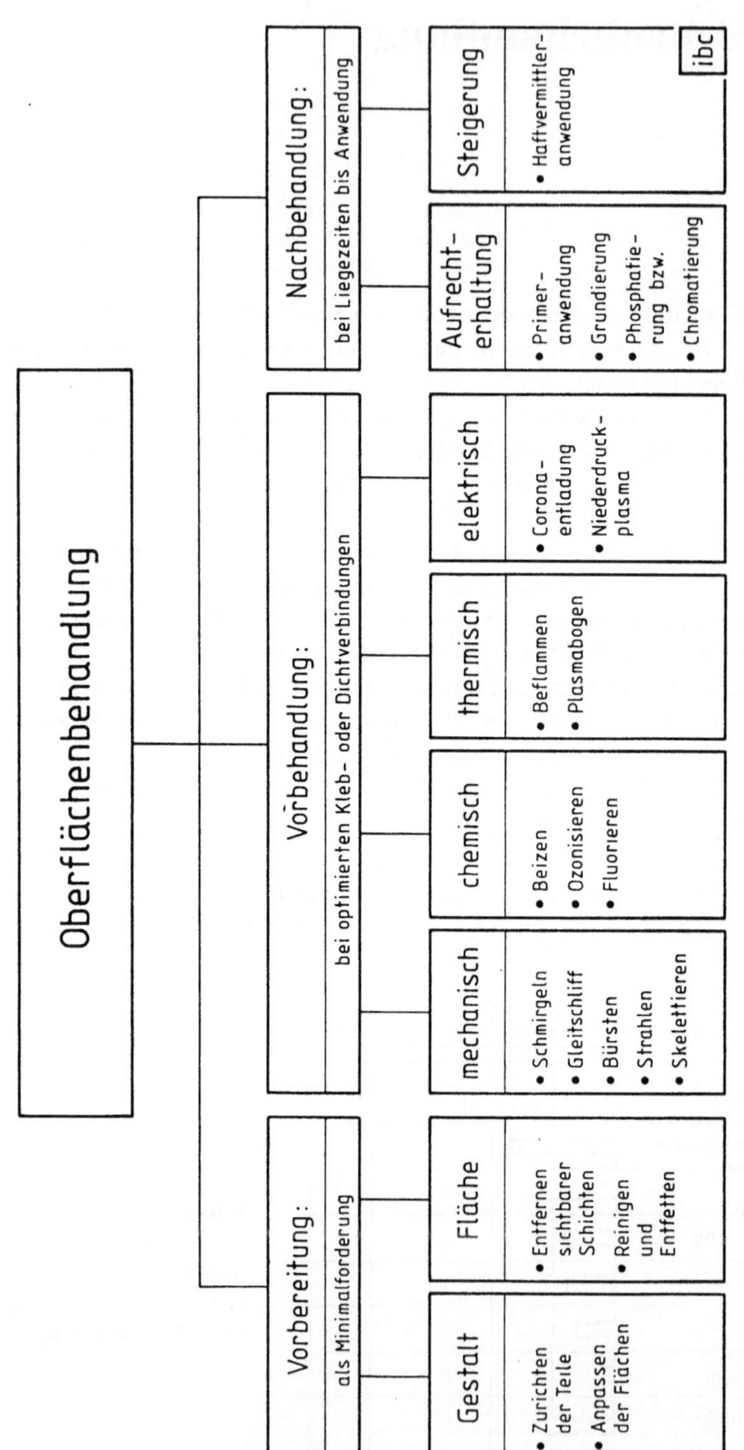

Bild 2.2: Feinteiliges Schema der Oberflächenbehandlungsbereiche

gebessert werden. Im Fall von Dichtstoffen ist zum Beispiel die Anbringung von Hinterfüllmaterial erforderlich.

Von den Oberflächen sollen (zumal lose und/oder sichtbar unvollständige) Bestandteile von Rost, galvanischen Schichten, Oxiden, Verfärbungen, Schmutz, Lack- und Farbschichten und ähnliches entfernt werden. Werkzeuge hierfür sind Schaber, Kratzer, Spachtel und Drahtbürsten, aber auch Nadelpistolen sowie Hammer und Meißel im Grobbereich. Vielfach genügen jedoch „sanftere" Techniken, wie Abbeizmittel, Heißlufterzeuger oder HD-Dampfstrahler. Diese Maßnahmen sind schon deshalb erforderlich, um eventuell nachfolgende Entfettungsvorgänge nicht unnötig zu behindern oder zu erschweren [2]. Die entsprechenden Arbeitsvorgänge sind kaum mechanisierbar und daher handwerklichen Bereichen zuzuordnen.

Das Ziel der verschiedenen *Oberflächenvorbehandlungen* ist die Schaffung einer physikalisch und/oder chemisch weitgehend einheitlichen sowie adhäsionsbereiten (benetzbaren) Oberfläche, denn die Vorbehandlung kann eine Oberfläche in mehrfacher Hinsicht verändern. Je nach Vorbehandlungsart und Werkstoff sind die Auswirkungen verschieden zu sehen. So kommt es beim Schleifen etwa lediglich zu einer Veränderung der Feingestalt. Dabei werden Oberflächenschichten abgetragen und meist veränderte Rauheiten erzeugt. Die chemische Struktur hingegen bleibt unverändert. Anders bei der chemischen Behandlung: Die Feingestalt bleibt zunächst erhalten (nur bei längeren Behandlungen kommt es auch zu deren Veränderung) und lediglich der Oberflächenzustand wird chemisch verändert (Bild 2.3) [13].

Die *Nachbehandlung* zielt darauf ab, die soeben gewonnene Oberflächenaktivität bis zum Stoffauftrag aufrecht zu erhalten oder mit Hilfe geeigneter Stoffe zu steigern.

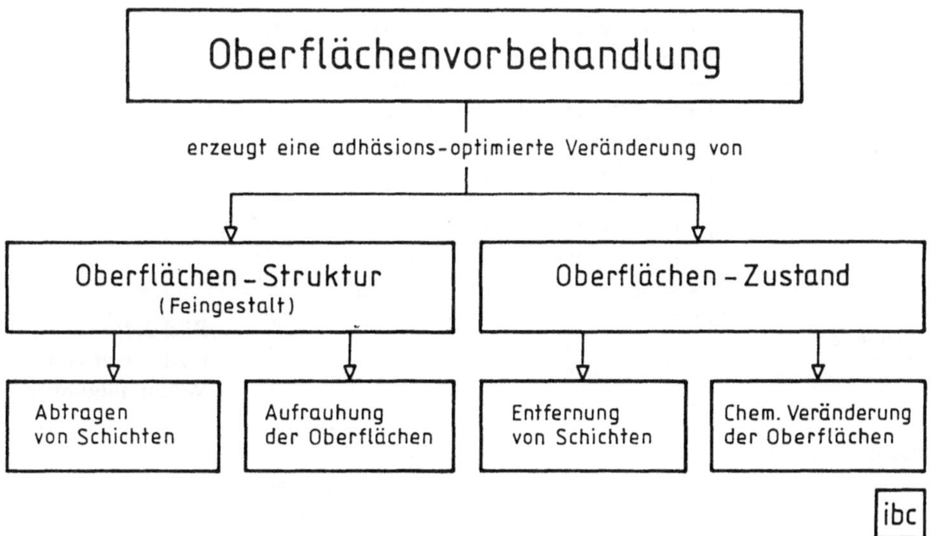

Bild 2.3: Wirkungsbereiche der Oberflächenvorbehandlung

Für die Zeit zwischen Vorbehandlung und Stoffauftrag werden Zeiten von einer halben bis acht Stunden angegeben. Die obere Grenze liegt aber erfahrungsgemäß bei einer halben Stunde. Alle Überbrückungsmaßnahmen (mit Ausnahme einer staub- und feuchtigkeitsgeschützten Aufbewahrung sowie der Vermeidung von Fingerabdrücken) bedeuten vielfach schwer abschätzbare Mehrbelastungen hinsichtlich Zeit und Aufwand. Dies gilt sowohl für die Anwendung sogenannter Wash-Primer (auf Polyvinylbutyral-Zinkchromat- oder Phosphorsäure-Basis) zur korrosionsschützenden Grundierung (ähnlich der Oberflächenvorbehandlung in der Lackiertechnik) als auch für die Verwendung anderer Primerarten (siehe Abschnitt 2.6 „Nachbehandlung"). Bei letzteren handelt es sich etwa um stark verdünnte Lösungen der Klebstoff-Basisharze (welche teilweise auch warm ausgehärtet werden) oder dünnflüssig spritzbar eingestellte 2-Komponenten-Produkte [4].

2.1 Reinigung

Mehr denn je befindet sich die Werkstückreinigung und -entfettung im Mittelpunkt fachlicher Diskussionen. Sie betrifft schließlich sämtliche „Veredelungsbereiche" von Werkstücken, nicht nur die Kleb- und Dichtflächen-Reinigung. Angesprochen werden unab-

Lösendes Reinigungsmedium	für Verunreinigungen mit
Wasser mit Tensiden	• Salze (z.B. Härtebildner) • Reste wasserlöslicher Kühlschmierstoffe • Synthetische Öle und Fette (Umnetzung)
Saure Wässer	• Metalloxide (z.B. Rost, Zunder) • Metallsalze (z.B. Kalk, Kesselstein) • viele Metalle werden angegriffen
Laugen-Wässer	• natürliche Fette (Verseifung) • einige Polymere (Lacke, Harze) • einige Metalle und Metalloxide
Komplexbildner im Wasser	• Metalloxide • Metallsalze • Eiweiß
Organische Lösemittel	• einige Lackbeschichtungen • mehrere Kunststoffe werden angegriffen • natürliche und synthetische Öle, Fette oder Konservierungen

Bild 2.4:
Löslichkeit von
Verunreinigungen

hängig von der manuellen oder mechanisierten Anwendung vor allem die aus Arbeits-
schutz- und Entsorgungssicht zu betrachtende Verwendung vielfältiger Reinigungsmedien
(Bild 2.4). Stets bedarf dabei die Anlösbarkeit vieler Kunststoffe (wie von PVC, PS,
PMMA oder PC) entsprechender Berücksichtigung. Die oftmals schwierige Entscheidung, welche Reinigungsmedien eingesetzt werden sollen, kann die Übersichtstabelle
(Bild 2.5) erleichtern. Die beste Hilfe ist jedoch in jedem Fall der Vergleichsversuch.
Eine objektive Beratung können hierbei die Anlagenhersteller sicherstellen, welche sowohl Geräte für die wäßrige, wie die Lösemittel-Reinigung anbieten, denn sie verfügen
meist über Versuchseinrichtungen für beide Reinigungsverfahren. Sollte weder die eine,
noch die andere Methode erfolgreich sein, so stehen noch

– kombinierte Verfahren „wäßrig/lösemittel" beziehungsweise Kalt- oder Emulsions-
  reiniger mit anschließender Entfettung zur Verfügung oder es wird
– kinetische Energie etwa durch Spritzen, Ultraschall-Anwendungen oder das
  Injektionsflutstrahlen (Hydroson-Verfahren) eingesetzt [5].

Zu berücksichtigende Kriterien	Reinigungsmedien					
	organ. Lösemittel			wässr. Lösungen		
	CKW	Alkohole	Benzine	neutral	alkalisch	sauer
1 Entfettungswirkung	+	+	I	+	+	+
2 Gefahrenklasse		B1	A2			
3 Tauchen	+	−	−	I	I	I
4 Spritzen	−	−	−	+	+	+
5 Ultraschall	I	−	−	I	I	I
6 Trocknung	O	O	×	×	×	×
7 Entwässerungswirkung	+	+	−			
8 Aufnahmefähigk. Öl	+	+	−	I	I	I
9 Aufnahmefähigk. Feststoffe	−	−	−	+	+	+
10 Regenerierung	+	+	−	I	I	I
11 Abluftreinigung	×	×	O	O	O	O
12 Abwasserreinigung	O	O	O	×	×	×
13 Rückstände	∧	∧	◇	◇	◇	◇

Bild 2.5:
Entscheidungstabelle
für Reinigungsmedien

Erläuterung : + = gut
I = befriedigend
− = mangelhaft
× = erforderlich
O = nicht erforderlich
◇ = vorhanden
∧ = nicht vorhanden

ibc

Erleichtert werden solche Entscheidungen, wenn Vergleichsversuche zeigen, daß die adhäsionsgerechte Reinigung sowohl mit dem einen wie dem anderen Verfahren lösbar ist. Dann werden meist die Investitions- und Betriebskosten zugunsten ihrer Umweltschutzfreundlichkeit entscheidend sein [6].

Entfettungsvorgänge unter Verwendung organischer löse- oder wäßriger Reinigungsmittel, stellen in jedem Fall dazwischenliegende und abschließende Stufen von Oberflächen-Vorbereitung und Vorbehandlung dar. Hierbei kommt es in erster Linie darauf an, daß die zu entfettenden Teile nicht (wie durch das Herausnehmen aus einem Bad) mit den sich (durch Öl, Fett und Schmutz) anreichernden Oberflächenschichten der Reinigungsmittel in Berührung kommen, da es sonst eher zu einer „Befettung" als zu einer Entfettung kommt. Bei *manuell durchgeführten Entfettungsvorgängen* kleinerer Einzelteile ist es daher empfehlenswert etwa drei kleinere Tauchbäder nacheinander anzuordnen, wobei nach entsprechender Gebrauchsdauer das erste Bad entfernt und das dritte Bad jeweils durch eine frische Reinigungsmittelfüllung ersetzt wird. Eine Möglichkeit (vorzugsweise bei teilflächig zu entfettenden Einzelteilen im Freien oder unter Belüftung wegen entstehender Lösemitteldämpfe) ist die Verwendung von Reiniger-Sprays vor Ort, wobei stets frisches Lösemittel mit mechanischer Unterstützung des Sprühstrahls auf die Oberfläche kommt und die löslichen Öl- und Fettreste abspült (Bild 2.6).

Die übliche *Abreibmethode* mit lösemittelgetränkten Tüchern gilt aufgrund des unkontrollierte Lösemittelgehaltes samt Gebrauchsdauer der Wischtücher als unsicher. Eine praktikable Lösung bietet jedoch zum Beispiel ein robotergeführter Reinigungskopf mit ab- und aufrollbaren Filzband-Spulen, die im vorspringenden Reinigungsbereich lösemittel- oder primerbenetzt werden (Bild 2.7). Er dient der Reinigung und/oder Primerung von Fensterflanschflächen sowie der Front- und Heckscheiben-Randbereiche vor der Direktverglasung mit Klebstoffen in Autokarosserien.

Die ganzflächige Entfettung umfangreicher Mengen von Kleinteilen oder größerer Einzelteile erfolgt mittels

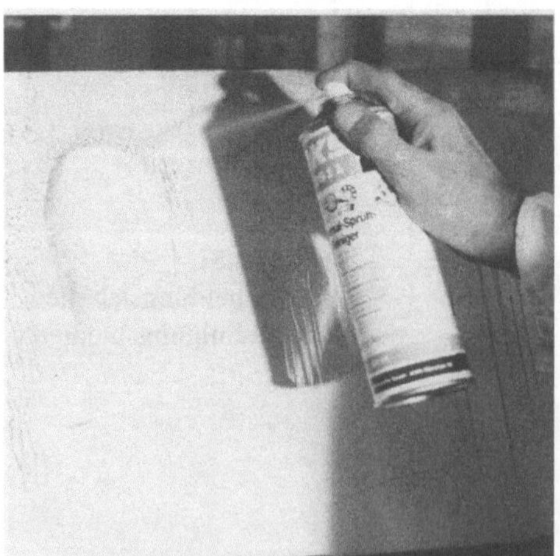

Bild 2.6:
Einfache Anwendung von Sprühreinigern
(OKS, München)

- Spritz-Entfettungsanlagen
- Tauchbad-
- Dampf-Entfettungs- oder
- Ultraschall- und Injektionsflutstrahl (Kavitations)- Reinigungsanlagen,

die in allen Größenordnungen handelsüblich sind. *Spritz-Entfettungsanlagen* (Bild 2.8) ähneln Geschirrspülmaschinen bei welchen wäßrige Reiniger in geschlossenen Syste-

Bild 2.7:
Auftragskopf zum Reinigen für den
Anbau an einen Industrieroboter (Kuka,
Augsburg)

Bild 2.8:
Wäßrige Spritz-
reinigung in dezentral
angeordneten Geräten
im Durchlaufbetrieb
(Zippel, Neutraubling)

men eingesetzt werden. Diese Gerätegruppe erlangt wegen ihrer Arbeits- und Umwelt-
freundlichkeit zunehmende Bedeutung. Sie wird von anderen Herstellern als Glieder-
band- oder Hängeförder-Anlage auch für großdimensionierte Teile konzipiert [6].

Tauchbad-Entfettungsanlagen basieren auf einer Badumwälzung mittels Druckluft,
wodurch abgelöste Öl-, Fett- und Schmutzpartikel nach oben steigen, wo sie mit der
Entfettungslösung überlaufen und in Feinfilter (Ultrafilter) zurückgehalten werden, während die Lösung selbst zur neuerlichen Verwendung rückgeführt wird. In *Dampf-
Entfettungsanlagen* werden die verwendeten Lösemittel (bisher vor allem CKW) bis zu
ihrer Verdampfung erwärmt. Die aufsteigenden Dämpfe kondensieren an den auf halber
Höhe befindlichen kalten Teilen und reinigen sie, wobei das verschmutzte Kondensat
wieder nach unter zurückfließt (Bild 2.9).

Die *CKW-Reinigung* ergibt aus kleb- und dichttechnischer Sicht bestgeeignete
Oberflächenzustände, wird jedoch durch gesetzgeberische Maßnahmen laufend erschwert.
Trotzdem liegt der Mengenanteil für die CKW-Reinigung noch bei etwa einem Drittel,
aber die wäßrigen Verfahren sind weiter auf dem Vormarsch.

In bestimmten Fertigungszweigen wie der elektrotechnischen Industrie wird auf CKW-
Reinigung kaum vollständig verzichtet werden können. Mittels moderner geschlossener
Reinigungssysteme kann jedoch selbst den zu erwartenden weiteren Verschärfungen für
CKW-Anwendungen begegnet werden (Bild 2.10).

Der Einsatz *kinetischer Energie* wie von Ultraschall- oder Injektionsflutstrahl-Ver-
fahren ist immer dann erforderlich, wenn sich die Reinigungswirkung (vornehmlich wäßriger Entfettungsmedien) als unzureichend erweist. Sie ersetzt die früher übliche mechanische Unterstützung von Reinigungsvorgängen durch gleichzeitiges Bürsten etwa. Be-

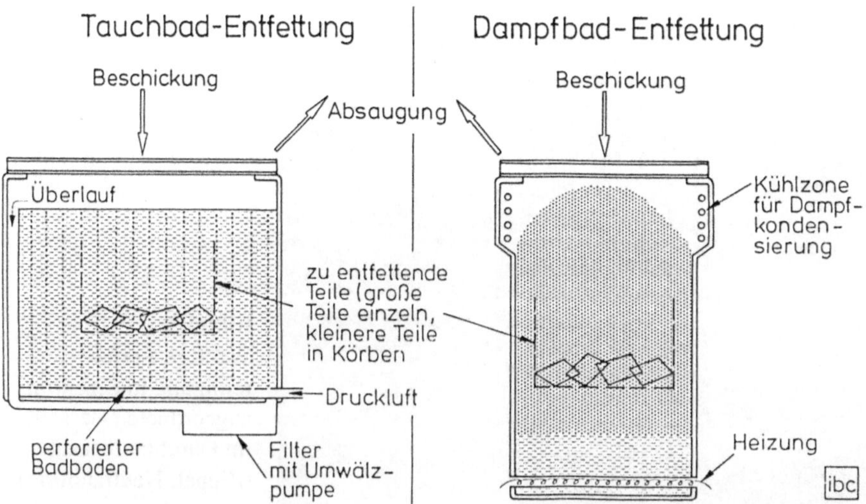

Bild 2.9: Prinzip der Tauchbad- und Dampfbadentfettung

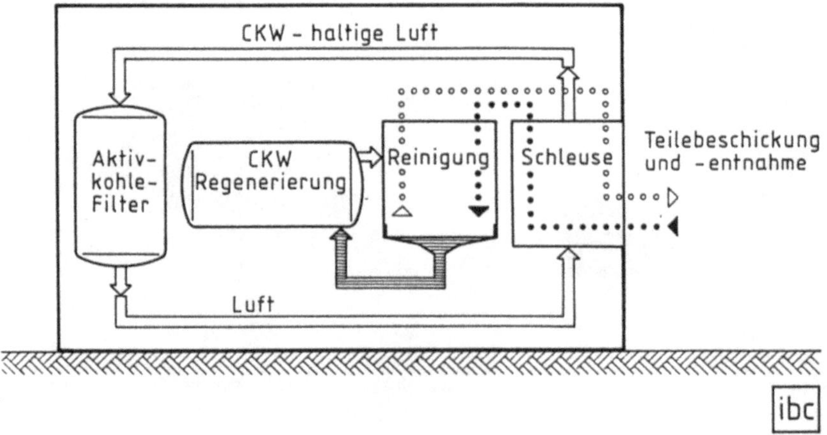

Bild 2.10: Anzustrebende Vermeidung von CKW in Abluft und Abwasser durch geschlossene Reinigungssysteme

sonders schwierig ist die Erfüllung der oftmals gestellten Forderungen nach „porentiefer" Reinigung, wenn Reste von Öl, Schleif- oder Poliermitteln im Laufe von Bearbeitungsvorgängen in die Oberflächenvertiefungen eingetragen und anschließend mit dem überlappendem Werkstoff zugedeckt werden. Dort widerstehen sie allen oberflächlichen Reinigungsprozessen und führen zu späteren Benetzungsstörungen, da Spuren der eingeschlossenen Fremdstoffe erst nach dem Entfettungsvorgang an die Oberfläche gelangen. Vielfach hilft ein Abtrag der obersten Schicht (Elektropolieren) beziehungsweise Gleitschliff- oder Strahlvorgänge (auch bei Kunststoffen), womit die zugedeckten Vertiefungen geöffnet werden [2].

Als problematisch gilt die Entfettung *ölgetränkter Sintermetallteile* in Klebbereichen. Um ein „Auswaschen" der darin gespeicherten Schmierstoffe zu vermeiden, bleibt nur die oberflächliche Wischmethode kurz vor dem Stoffauftrag mit lösemittelgetränkten Zellstoffen, Vliesen oder Filzen, die ständig erneuert werden. Hierfür ist auch ein modifizierter Reinigungskopf (Bild 2.7) einsetzbar.

Die Reinigung *kristallin-inhomogener Oberflächen*, beispielsweise von Grauguß (GG) und Magnetwerkstoffen bedarf erhöhter Sorgfalt. Die geringfestlosen Graphiteinschlüsse etwa bei GG im Oberflächenbereich können meist nur durch Ultraschallreinigung entfernt werden. Im Zweifelsfall zeigt ein Wischtest mit trockenem, weißen Zellstofftuch den Oberflächenzustand. Ähnliches gilt für manche relativ brüchigen Magnetwerkstoffe. Allein die Handhabung der Teile nach der Reinigung erzeugt feinste Bruchteilchen, welche durch die arteigenen Magnetkräfte festgehalten werden: Hier hilft das Andrücken und Abziehen starkhaftender Klebebänder kurz vor dem Stoffauftrag.

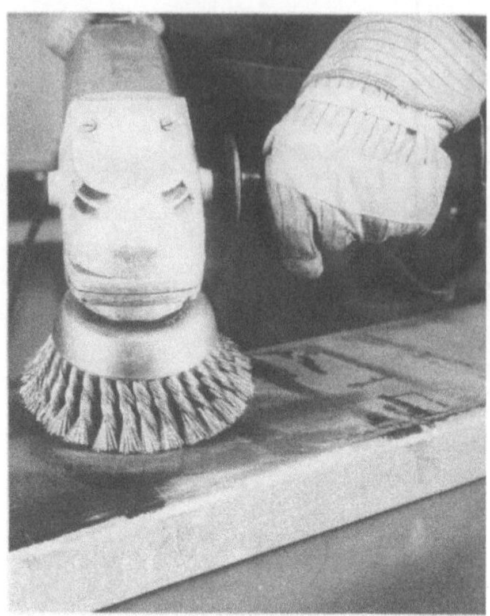

Bild 2.11:
Manuelles Bürsten ebener
Oberflächen (Osborn, Burgwald)

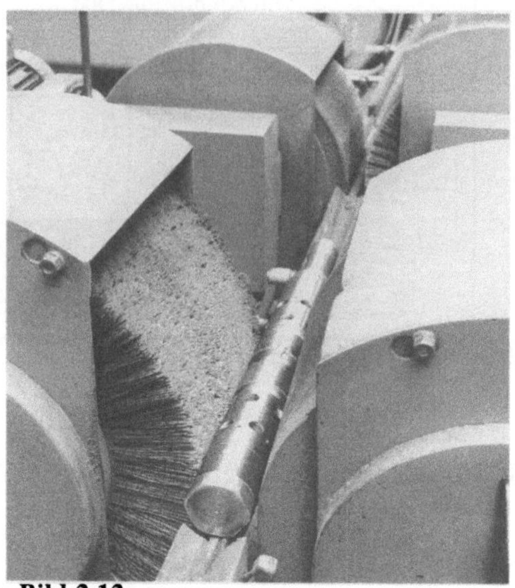

Bild 2.12:
Mechanisierte Bürstvorgänge an
Rundteiloberflächen (Osborn, Burgwald)

2.2 Mechanische Verfahren

Sie erfordern besondere Rücksichtnahme auf die Werkstoffarten
- fest und starr (bei Metallen, Beton, Stein, Glas, Keramik)
- mittelfest (Holz und Holzwerkstoffe, Kunststoffe)
- geringfeste und elastische Stoffe (Gummi, Schaumkunststoffe)

Die Wahl der mechanischen Verfahren orientiert sich an dem Grundsatz: So kräftig wie nötig – aber so mild wie möglich!

2.2.1 Bürsten

Besonders gut wird dies über Bürsten mit Bestückungen aus monofilen Schleifborsten (einer Kunststoff-Faser mit eingelagertem Schleifkorn) erreicht, eine Entwicklung der letzten Jahre [7].

Die Voraussetzung für Bürstbehandlungen ist die vorherige Teileentfettung, da es sonst zum raschen „Verschmieren" der Borsten durch Verunreinigungen kommt, welche ihrerseits die zu behandelnden Oberflächen verschmutzen, sofern nicht ein Reinigungsvorgang anschließt. Die besonders hohe Wirksamkeit von Bürstbehandlungen wird speziellen Effekten der damit gekoppelten Erzeugung sogenannter aktiver Oberflächenzentren zugeordnet [8]. Sie wurden bisher viel zu wenig untersucht, sollten jedoch gerade im

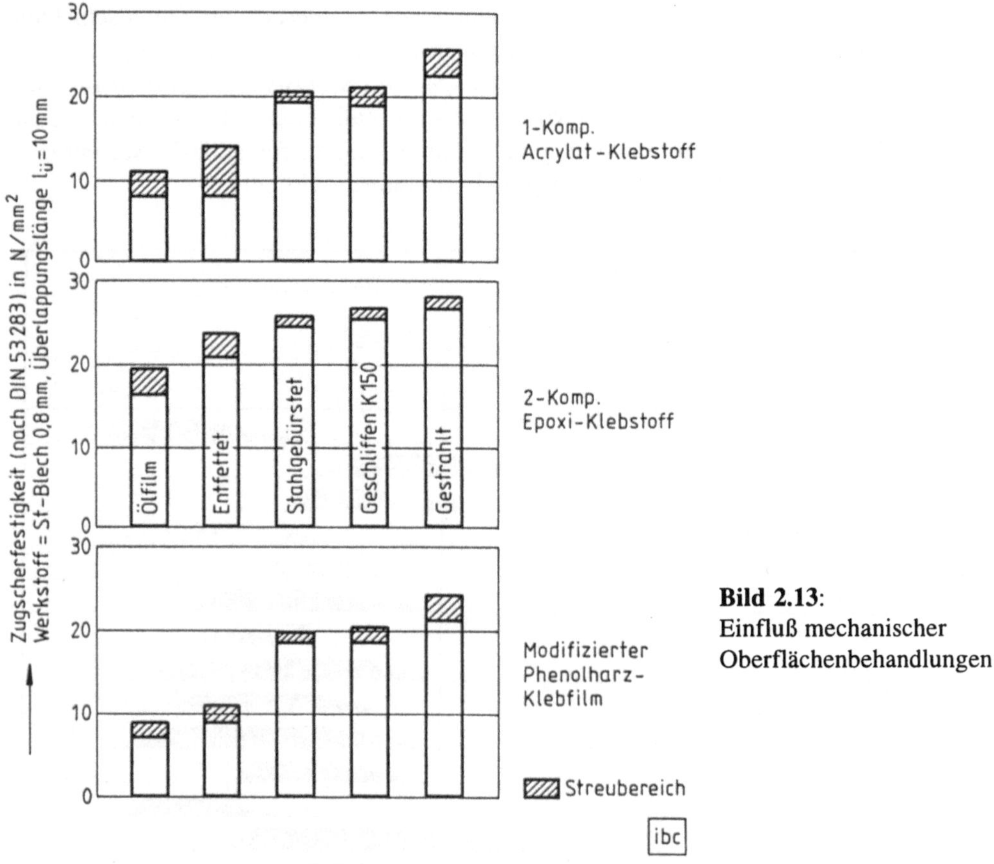

Bild 2.13:
Einfluß mechanischer
Oberflächenbehandlungen

Hinblick auf die gute Mechanisier- und Automatisierbarkeit solcher Vorgänge in Fertigungsabläufen größere Berücksichtigung finden.

2.2.2 Schleifen

Das immer wieder, vor allem in Gebrauchsanweisungen für Kleb- und Dichtstoffe als Vorbehandlung empfohlene „Anschleifen" (und „Aufrauhen") der Oberflächen bedarf einer Richtigstellung. Bei diesem Arbeitsvorgang geht es keineswegs um mit der „Aufrauhung" zwangsläufig gekoppelten Zerstörungsvorgänge von Oberflächen, sondern lediglich um die Entfernung von Fremdschichten! Ein typisches Beispiel sind die oft in Fahrradschlauch-Reparatursets enthaltenen „Mini-Kartoffelreiben" aus scharfkantig gelochten Blechstückchen. Für die Entfernung der fertigungsbedingten Talkumbeläge auf Fahrradschläuchen, welche die Klebverbindung behindern, genügt aber lediglich ein Stückchen Schleifpapier zum Abreiben der antiadhäsiven Talkumschicht, auch ohne Erzeugung weiterer Löcher im Fahrradschlauch! Das Motto von Schleifvorgängen für adhäsionsbereite Oberflächen ist also: Geradeso wie erforderlich, um Fremdschichten zu entfernen – aber ohne unnötige Oberflächenaufrauhung oder -zerstörung.

Die in der Fertigung üblichen *nassen Flächen- und Rundschleifverfahren* für Metalle ergeben weitgehend unabhängig von den jeweils realisierten Rauhtiefen nach DIN 4766 (Bild 2.14) stets gute bis sehr gute Voraussetzungen für adhäsionsorientierte Verbunde, sofern die obligate Reinigung und Entfettung anschließt.

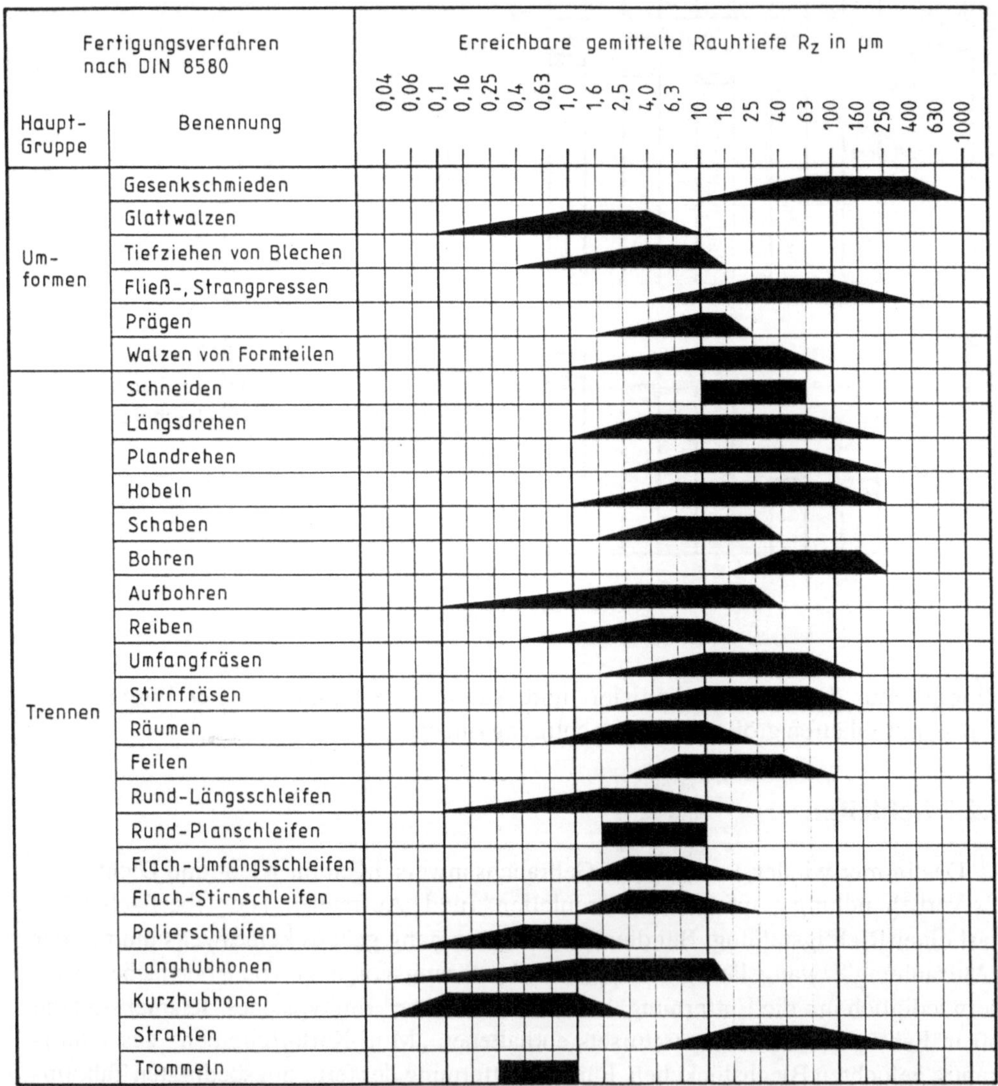

Bild 2.14: Erreichbare Rauhtiefenbereiche mit verschiedenen Fertigungsverfahren (Auszug aus DIN 4766)

Beim *Trockenschleifen* – beispielsweise ebener Flächen mit Bandschleifgeräten – ist ein Kompromiß hinsichtlich des Schleifkorns zu beachten: Für kleb- und dichttechnische Zwecke zeigen sich K 120 bis 180 als optimal – sie weisen jedoch den Nachteil eines mehr oder minder raschen „Verschmierens", vor allem bei weichen Werkstoffen (wie Kunststoffen oder NE-Metallen), auf. Dem kann nur in begrenztem Maße (besonders bei kerbempfindlichen Werkstoffen) durch ein gröberes Schleifkorn (K 80 bis 100) begegnet werden [2]. Im übrigen ist das Bandschleifen wesentlich besser mechanisierbar, als oftmals angenommen wird (Bild2.15).

Das *Gleitschleifen* ist ein schon lange praktiziertes „Scheuerverfahren" zum Reinigen, Entgraten, Entzundern, Schleifen und Glätten von Kleinteilen aus Metallen, Kunststoffen oder Keramik. Es erfolgt in dafür vorgesehenen Trommeln, Glocken, Vibratoren oder Fliehkraftmaschinen durch Einwirkung von Schleif- und/oder Polliermitteln (Chips) mit entsprechenden Behandlungsmitteln (Compounds) in wäßriger Umgebung.

Ursprünglich zur schleifenden Behandlung kleiner Massenteile entstanden, entwickelte es sich zu einem bedeutenden Schleifverfahren auch für größere Teile (wie Kfz-Motorenteile und Getriebegehäuse). Besonderer Vorteil ist die mögliche Oberflächenbehandlung selbst kompliziert geformter Teile, die mit Flächen- oder Rundschleif-Verfahren nicht realisierbar wären (Bild2.17).

Bei neueren Schleppschleifanlagen werden die in Haltevorrichtungen fixierten Werkstücke ohne gegenseitige Berührung durch das Schleifkörper-(Compound)-Wasser-Gemisch bewegt. Damit sind besser kontrollierbare Oberflächenqualitäten in kürzeren Zeiten als mittels Vibrations- oder Fliehkraftanlagen realisierbar. Moderne Anlagen für linear- oder rundgeführte Werkstücke sind auch in mehrstufiger Form samt Compound-Wechsel, Schleifmittel-Aussonderung und Trocknung in Fertigungslinien integrierbar.

Bild 2.15:
Robotergestützte Bandschleifanlage für kompliziert geformte Werkstücke (Greif, Hagen)

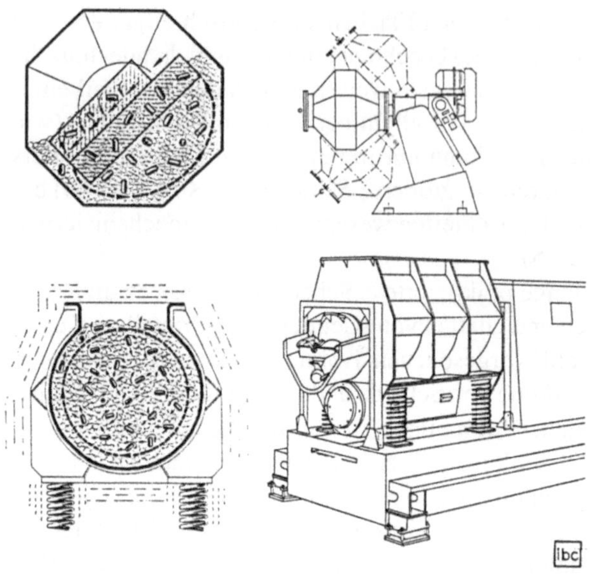

Bild 2.16:
Prinzip üblicher Gleitschliff-
Verfahren

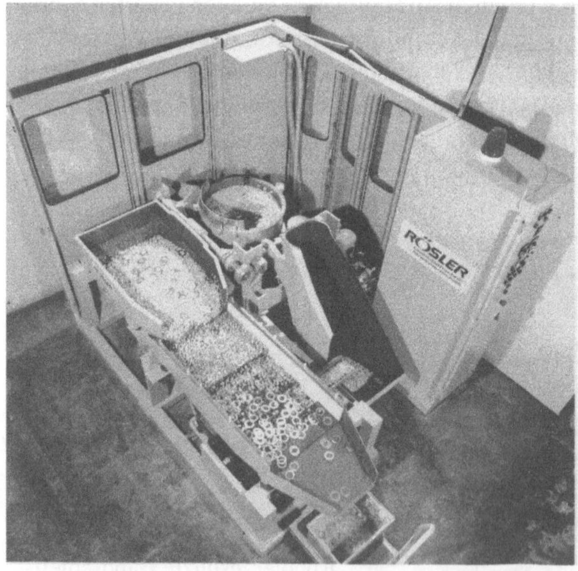

Bild 2.17:
Ansicht einer neueren Schlepp-
schleifanlage (Rösler, Untermerz-
bach)

Ein wesentlicher Vorteil ist der trockene, klebbereite Werkstückzustand beim Verlassen der Anlage und der staubfreie Anlagenbetrieb. Die zwangsläufig entstehenden Abwasserprobleme sind über spezielle Abwasserbehandlungen beherrschbar [9]. Das Verfahren bietet beste Voraussetzungen für eine flächige Oberflächenvorbehandlung, ist jedoch in manchen Fertigungsbereichen zu wenig bekannt (Bild2.18).

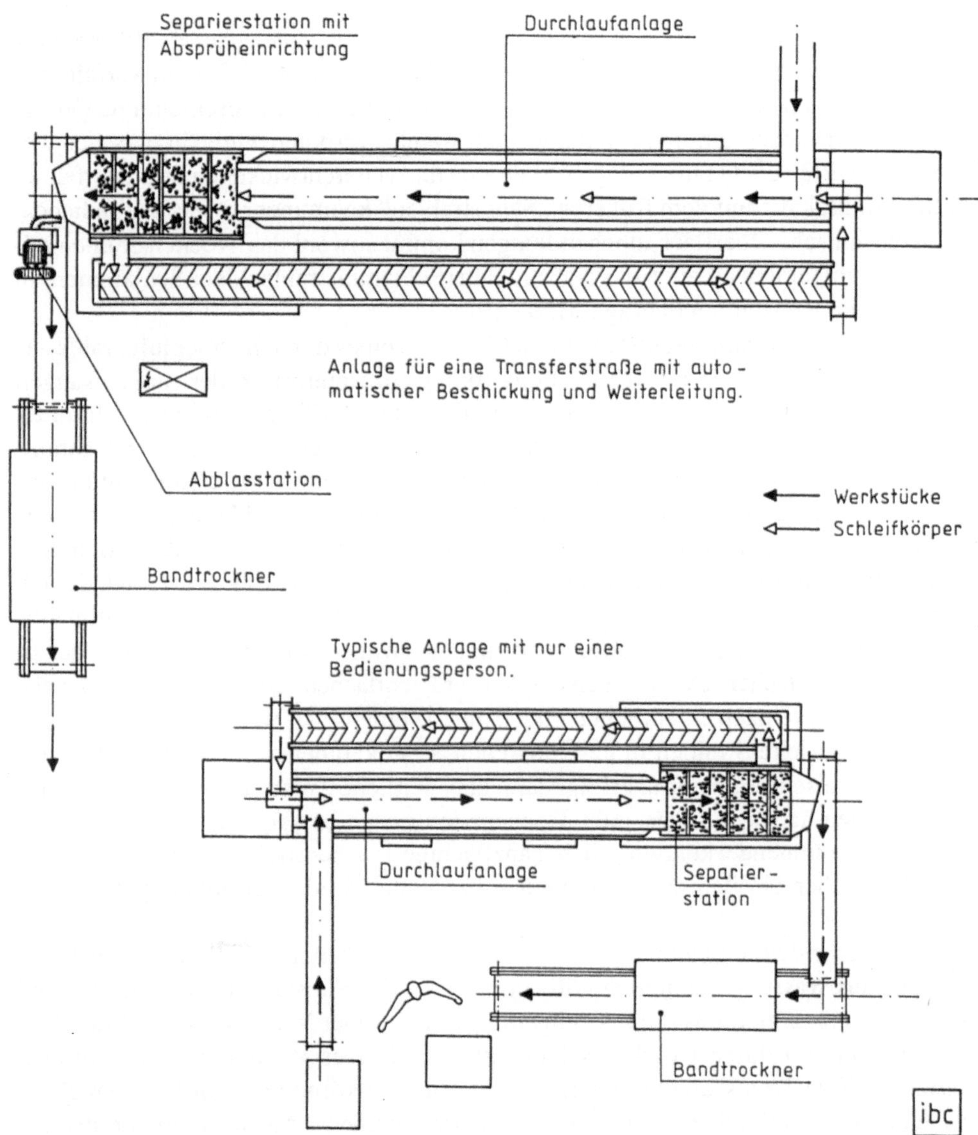

Bild 2.18: Beispiele für Verkettungsmöglichkeiten von Gleitschliffanlagen

2.2.3 Strahlen

Die verschiedenen *Strahlverfahren* gelten als wirksamste mechanische Oberflächenvorbehandlung [10]. Vor etwa 100 Jahren wurde C. Tilghman in den USA ein Verfahrenspatent erteilt, nach dem mittels Druckluft, Wasser oder Fliehkraft beschleunigte Quarzsand eine Oberflächenreinigung erzielt werden konnte. Verboten wurde inzwischen wegen Silikosegefahr der Quarzsand, geblieben sind die weiterentwickelten Strahlverfahren und Strahlmittel, die mit dem früheren „Sandstrahlen" kaum mehr etwas zu tun haben. Für klebtechnische Oberflächenbehandlungen kommt sowohl das Trockenstrahlen mit Injektor-Strahlgeräten als auch das Naßstrahlen (Schlammstrahlen oder Schlämmen) in geschlossenen Kreisläufen in Frage (Bild2.19).

In *Trockenstrahlanlagen* entsteht durch Einblasen eines dünnen Druckluftstrahls aus der Luft- in die Strahldüse infolge Injektorwirkung ein Unterdruck, der zum Ansaugen des Strahlmittels benutzt wird. Um eine gute Mischung von Trägerluft und Strahlmittel zu erreichen, ist der untere Teil des Strahlbehälters so ausgebildet, daß je nach Strahlmitteldichte mehr oder weniger Zuluft angesaugt wird. Das angesaugte Strahlmittel wird in der Strahldüse dem Betriebsdruckluftstrom beigemischt, beschleunigt und auf das Werkstück geschleudert. Wesentlich für klebtechnische Belange ist hier, daß die Betriebsdruckluft trocken sowie entölt und die zu strahlenden Werkstücke entfettet sind, da sich andernfalls das Strahlmittel mit Öl und Fettresten anreichert. Dies führt zur allmählichen Verschmutzung des Strahlmittels und zum unerwünschten „Verschmieren" der zu strahlenden Oberflächen. Das Trockenstrahlen zur Klebflächenvorbehandlung wird meist nur für die abgegrenzten eigentlichen Fügebereiche eingesetzt, weshalb in Fertigungen das manuell gezielte Strahlen in geschlossenen Strahlkabinen vorherrscht (Bild2.20). Die chargenweise Beschickung erfolgt dann über seitliche Türen. Zum mobilen, staubfreien Strahlen haben sich spezielle Trockenstrahlgeräte bewährt (Bild2.21). Für das fallweise vorkommende, kontinuierlich, ganzflächige Trockenstrahlen von Massenteilen unterschiedlicher Größen etwa kommen sogenannte Mulden-Strahlanlagen infrage (Bild2.22).

Das *Naßstrahlen* hat viele Vorteile. Anstelle des trockenen Strahlmittels wird eine Mischung aus Wasser (eventuell mit öl- und fettlösenden Substanzen angereichert) und Strahlmittel eingesetzt, das durch Pumpen, Luftdruck oder Vakuum in die Strahldüse gefördert und dort durch Druck beschleunigt wird. Dieses Verfahren ermöglicht den Einsatz von Netz-Druckluft und superfeinen Strahlmittelkörnungen (die beim Trockenstrahlen bereits im Staubabscheider ausgeschieden würden). Aus letzterem ergibt sich eine *feinere Oberfläche*, da das superfeine Strahlmittel minimale Einschläge (Kratzer) auf den Werkstoffoberflächen hervorruft. Unterstützt wird dies noch dadurch, daß das Wasser auf der zu strahlenden Oberfläche einen dämpfenden Film bildet, der besonders die Oberflächen"täler" schützt, während die Spitzen aus dem Wasserfilm herausragen und vom Strahlmittel stärker angegriffen werden („Badewanneneffekt" Bild2.23). Man kann somit durch das „Schlämmen" die Rauhtiefe einer Oberfläche wesentlich einfacher und rascher vermindern als dies mit anderen Einebnungsvorgängen von Rauhigkeits-

Trockenstrahlen

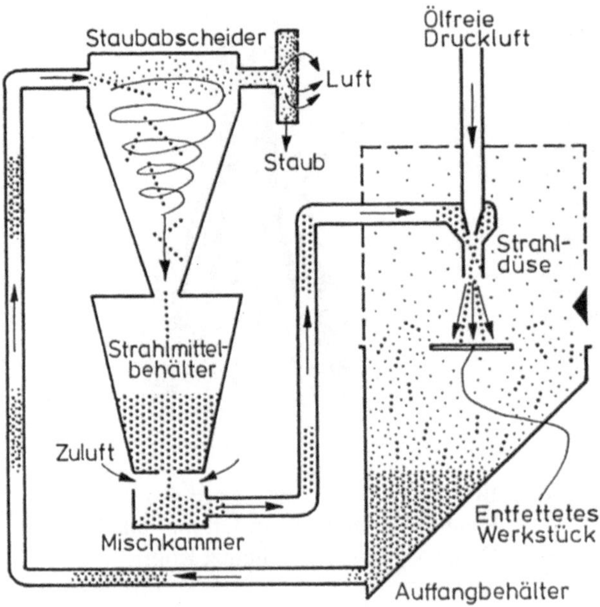

Naßstrahlen

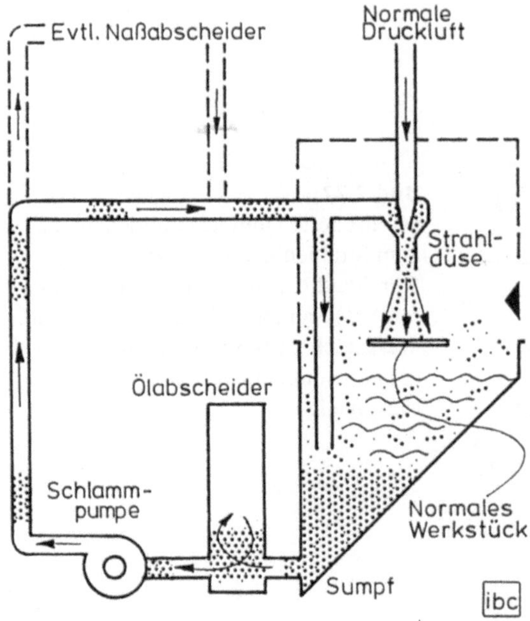

Bild 2.19:
Prinzip des Trocken- und Naßstrahlens

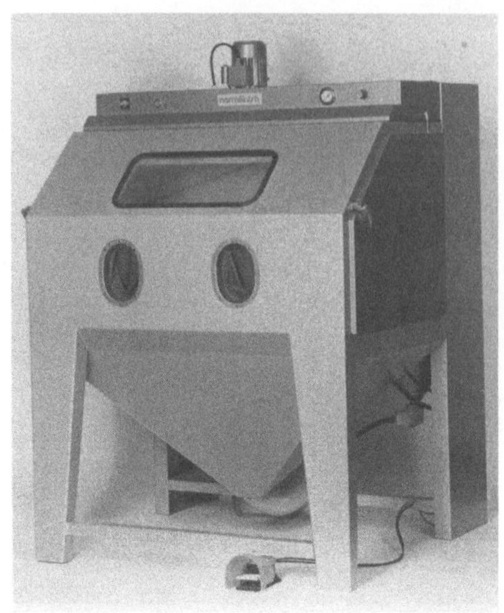

Bild 2.20:
Ansicht einer modernen Injektor-Strahl-
kabine (WI, Hilden)

Bild 2.21:
Staubfreies Strahlen vor Ort mit Vakublast-
Geräten (Munck & Schmitz, Köln)

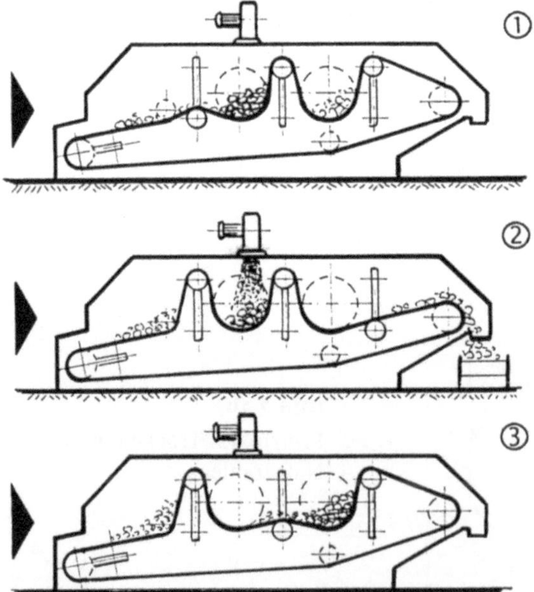

Bild 2.22:
Modifizierte Dreifach-Muldenanlage
zum Strahlen kleinerer Teile im
Durchlauf (Schlick, Greven-Recken-
feld) (1) Sammeln der ankommenden
Werkstücke, (2) Strahlvorgang und
(3) Austrommeln von Strahlmittel-
rückständen.

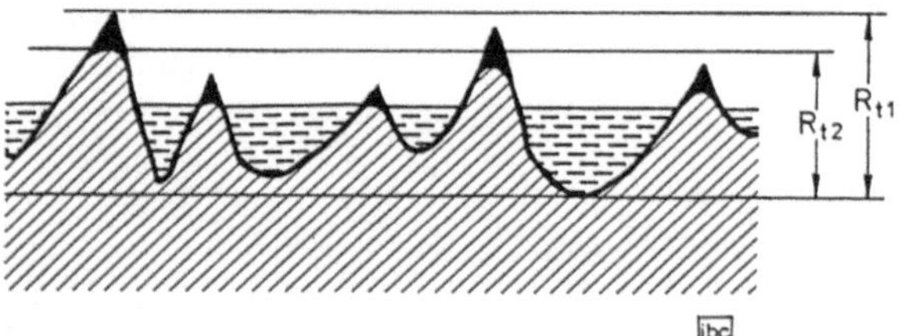

Bild 2.23:
Rauhtiefenverringerung durch den
„Badewanneneffekt" beim
Naßstrahlen

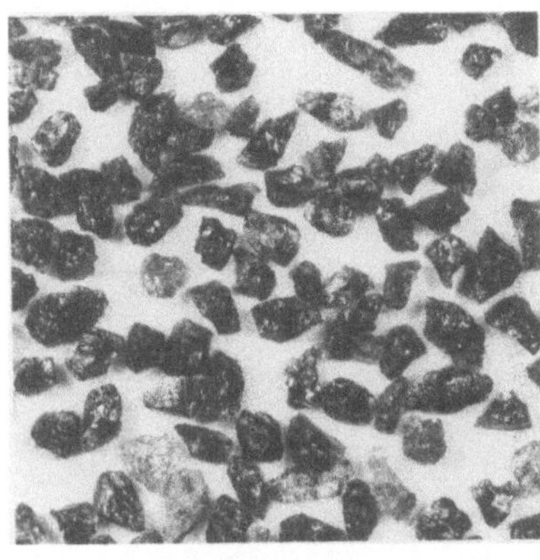

Bild 2.24:
Reines Aluminiumoxid-Strahl-
mittel (Strahlkorund) (Dynamit-
Nobel, Troisdorf)

spitzen möglich wäre. Darüber hinaus sind für den Schlammstrahl auch verborgene, von Hand schwer zugängliche Stellen erreichbar [10].

Wesentlich neben der Strahlmethode ist das *Strahlmittel*. Seine Härte sollte höher sein als der zu strahlende Werkstoff, seine Form eher scharfkantig (abtragend) als kugelförmig (hämmernd); die Körnung sollte sich im Bereich sehr fein (40 bis 70 µm), fein (70 bis 110 µm) oder eventuell mittel (100 bis 260 µm) bewegen, um die Rauhtiefe gering zu halten. Erzielt werden soll lediglich ein „Mattierungseffekt", so daß (mit gewissen Einschränkungen) selbst kerbempfindliche Werkstoffe oder galvanische Oberflächenschichten einem derartigen Feinstrahlvorgang unterworfen werden können.

2.2.4 Skelettieren

Es handelt sich um ein neues (patentrechtlich geschütztes) Verfahren der quasi-mechanischen (wegen erforderlicher thermischer Unterstützung) Oberflächenaufrauhung beziehungsweise Oberflächenveränderung, welches allerdings nur bei thermoplastischen Kunststoffen (wie POM, PP oder PA) anwendbar ist.

Unter Druck und Wärme wird ein Gewebe in die Werkstückoberfläche gedrückt. Während sich die Thermoplastoberfläche noch in teigigem Zustand befindet, wird es abgezogen, wobei sich beim Abreißen der Fäden eine erstarrende Fadenstruktur ausbil-

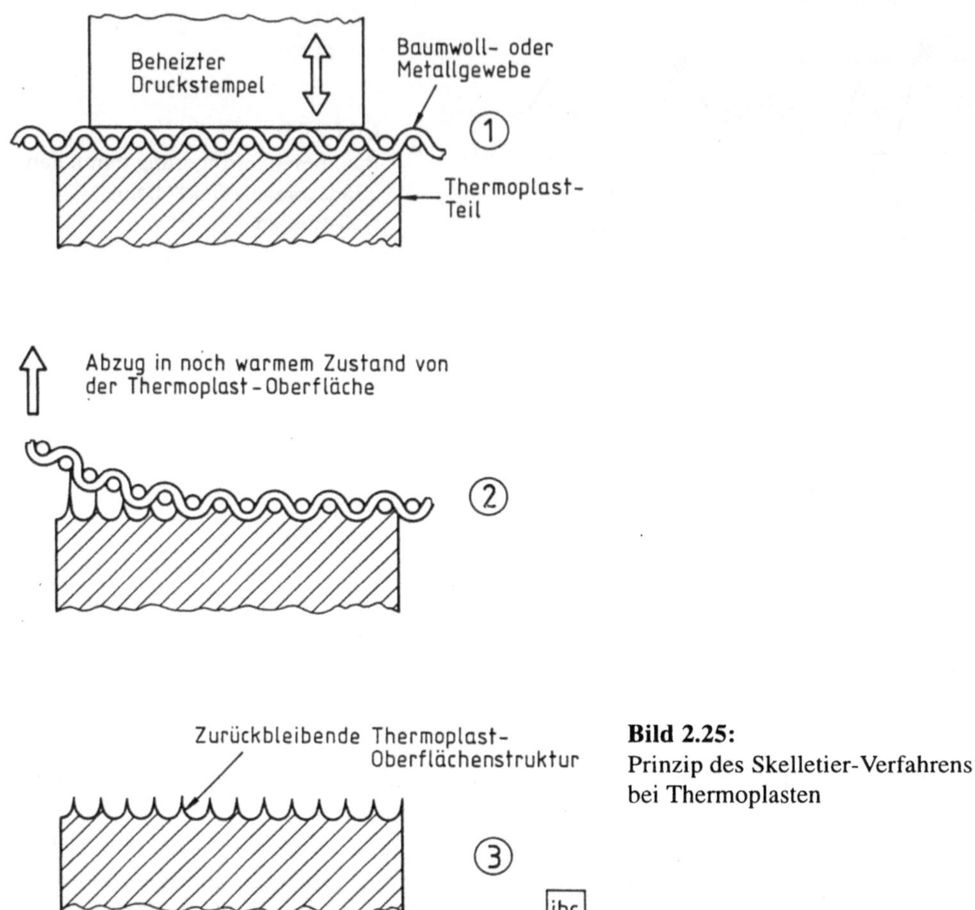

Bild 2.25:
Prinzip des Skelletier-Verfahrens
bei Thermoplasten

det. Diese Struktur ergibt vornehmlich infolge mechanischer Adhäsion eine verbesserte
Klebbarkeit [11].

2.3 Chemische Verfahren

Sie werden in der bisherigen Fachliteratur immer wieder als den mechanischen Verfahren gleichwertig oder gar überlegen dargestellt! Das mag sein, kann jedoch so nicht
übernommen werden. Denn alle chemischen Verfahren sind heute und in Zukunft nur
mehr unter extrem hohen arbeitsschutz- und entsorgungstechnischen Auflagen samt entsprechenden Investitionen realisierbar. Ihr Einsatz ist nur bei unbedingt notwendigen
Oberflächenbehandlungen, die mit anderen Behandlungen nicht erreichbar sind, erfor-

derlich. Erfahrungsgemäß handelt es sich dabei um kerbempfindliche (Luftfahrt-) Werkstoffe oder trotz anderer Vorbehandlungen nicht klebbare Kunststoffe.

2.3.1 Beizen

Das Beizen von *Metallen* ist eine der ältesten, chemischen Oberflächenvorbehandlungen mit sehr unterschiedlichem Metallabtrag und daraus resultierenden Mikro-Oberflächenrauheiten. Zum Erreichen optimaler Werte muß stets geprüft werden, welche Vorbehandlung für die einzelnen Werkstoff/Klebstoff-Kombinationen geeignet ist (Bild2.26). Für *Aluminium* und seine Legierungen wird meist das Pickling-Verfahren eingesetzt, welches oft durch ein anschließendes Anodisier(Eloxal)-Verfahren ergänzt wird. Die aufbauenden Eloxal-Schichten bieten sowohl einen guten Haftgrund wie einen Oxidationsschutz.

Beim Beizen von *Kunststoffen* werden oft sehr ähnliche Beizlösungen verwendet, wie bei Metallen. Die in Bild 2.27 aufgeführten Kunststoffe zählen zu den schwer verklebbaren Thermoplasten. Durch Reaktionen mit den Beizmitteln werden die Kunststoffoberflächen mehr oder weniger verändert. Gleichzeitig kann es zur Oxidation und zu einer Anlagerung von Beizmittelbestandteilen kommen. Erreicht werden sollen bessere Adhädionseigenschaften, welche sich in entsprechenden Klebfestigkeiten ausdrücken [12].

Für das Beizen gilt allgemein: Bei *Badansätzen* ist das vorgegebene Mischungsverhältnis der einzelnen Komponenten genau einzuhalten, da Beizbäder mit abweichender Zusammensetzung zu verminderten Klebfestigkeiten führen können. Es ist darauf zu achten, daß bei der Verwendung von Chemikalien die entsprechenden Sicherheitsvorschriften sowie die zweckmäßige Mischvorgang-Folge eingehalten werden, da abweichendes Vorgehen zu unbeabsichtigten Reaktionen führen kann. Entsprechende Unternehmen liefern Beizmittel in kompletter Zusammensetzung. Dadurch kann das Ansetzen der Beizen mit Chemikalienbeschaffung und -bevorratung sowie das Mischen wegfallen. Es ist außerdem zu überlegen, das *Beizen als Lohnauftrag* zu vergeben. In diesem Fall muß jedoch geklärt werden, ob eine nachteilige Beeinflussung durch die transportbedingten Lagerzeiten eintritt.

Das Beizmittel verbraucht sich mit der Zeit, da es an der Oberfläche der zu behandelnden Teile umgesetzt wird; die Beizwirkung läßt nach. Aus diesem Grund ist eine *Beizbadüberwachung* notwendig. Ist die Wirkung des Bades nicht mehr ausreichend, so muß es regeneriert oder verworfen werden. Bei der Beseitigung der Bäder sind die entsprechenden Entsorgungsbestimmungen zu beachten. Es ist verboten, verbrauchte Bäder in die Kanalisation abzuleiten! Da viele Beizmittel toxisch sind, muß darauf geachtet werden, daß es zu *keiner Beeinträchtigung von Mensch und Umwelt* kommt. Zu einer Gefährdung kann es beispielsweise durch herabtropfende Beizmittel beim Hantieren mit gebeizten Teilen kommen. Weiterhin kann beim Befüllen des Beizbades und beim Eintauchen der Teile Beizmittel austreten. Für geeignete Schutzkleidung und Schutz-

Nr.	Verfahren	Vorzugsweise für	Vorbehandlung	Beizlösung:	Beiztemperatur [°C]	Beizdauer [min.]	Danach
1	Schwefelsäure-Natrium-dichromat-Verfahren (Pickling-Verfahren)	Aluminium Al-Legierungen		27,5 Gew.-% konz. Schwefelsäure (Dichte 1,82 g/ml) 7,5 Gew.-% Natriumdichromat, 65 Gew.-% Wasser	60 bis 65	20 bis 30	Spülen Trocknen
2	Abgewandeltes Schwefelsäure-Natrium-dichromat-Verfahren	Aluminium Al-Legierungen		Erster Beizvorgang: 0,5 bis 1 Gew.-% Natrium- oder Kalium-Fluorid. 15 bis 20 Gew.-% konz. Salpetersäure, Rest Wasser	Raum-temperatur	etwa 1	Spülen
				Zweiter Beizvorgang: 27,5 Gew.-% konz. Schwefelsäure (Dichte 1,82 g/ml) 7,5 Gew.-% Natriumdichromat, 65 Gew.-% Wasser	60 bis 65	etwa 1	Spülen Trocknen
3	Salpetersäure-Kalium-dichromat-Verfahren	Magnesium-Legierungen	Reinigen Entfetten	20 Gew.-% Salpetersäure, 15 Gew.-% Kaliumdichromat, 65 Gew.-% Wasser	Raum-temperatur	etwa 1	Spülen Trocknen
4	Schwefelsäure-Oxalsäure-Verfahren	nichtrostenden Stahl		10 Gew.-% konz. Schwefelsäure (Dichte 1,82 g/ml) 10 Gew.-% Oxalsäure 80 Gew.-% Wasser	60	30	Spülen Trocknen
5	Salzsäure-Verfahren	hochleg. Stahl, nichtrostenden Stahl		30 Gew.-% konz. Salzsäure (Dichte 1,18 g/ml) 70 Gew.-% Wasser	Raum-temperatur	15	Spülen Trocknen
6	Alkali-Verfahren	verschiedene Metalle	unter-schiedlich nach Behand-lungsmittel	Gepufferte alkalische Lösungen z.B. „Grisal K extra" (Farbwerke Hoechst) oder „P3-T651" (Henkel KGaA)	gemäß Vorschriften der Hersteller		

Bild 2.26: Einige typische Beizverfahren für Metalle (nach VDI-Richtlinie 2229 alt)

Beizver- fahren Nr.	Vorzugsweise für Kunststoffgruppe	Beispielhafte Produktnamen	Vorbe- handlung	Beizlösung	Temperatur [°C]	Dauer [min]	Danach
10	ABS-Kunststoffe	Styroflex, Hostyren, Vestyron	Reinigen Entfetten	Chromschwefelsäure - Beizbad aus : 88,5 Gew.% Schwefelsäure (Dichte = 1,82 g/ml) 4,5 Gew.% Kaliumdichromat 7 Gew.% Wasser	40	10	Spülen Trocknen
	Polyacetate (POM)	Delrin, Hostaform C, Ultraform			25	10–20 sec.	
	Polyäthylen (PE) hart	Hostalen, Lupolen, Suprathen, Vestolen			70	10	
	Polyäthylen (PE) weich				25	3–5	
	Polypropylen (PP)	Hostalen PP, Novolen, Moplen, Vestolen P					
	EPDM-Kautschuk	Buna AP, Vistalon			70–90	2–10	
	Polyamide (PA)	Nylon, Ultramid, Trogamid, Vestamid			25	3	
11	Chloropren- Kautschuk (CR)	Neoprene, Baypren		Konzentrierte Schwefelsäure	25	2–10	Spülen Trocknen
	Nitrilkautschuk (NBR)	Perbunan N, Butacril					
12	Polyacetate (POM)	Delrin, Hostaform, Ultraform		Phosphorsäure (85%ig)	50	5–15 sec.	
13	Polyamide (PA)	Nylon, Ultramid, Trogamid, Vestamid		Ameisensäure (85%ig)	25	1–2	
14	Polyäthylen- terephtalat (PETP)	Hostadur, Arnite, Crastin		Natronlauge (20%ig)	70–90	2–10	
15	Polytetrafluor- äthylen u. ähnl. (PTFE, FEP, PFO)	Teflon, Hostaflon, Fluon		Spezielle Beizmittel z.B. „Tetra-Etch" (W. L. Gore & Co GmbH, 8835 Pleinfeld) oder „EX-T-9" (Synthetika W. Müller KG, 5990 Altena)	gemäß Vorschriften der Hersteller		
16	Silicon- Kautschuk (SR)	Silopren, Silastic		Obenstehende Beizlösungen können erprobt werden, aber meist benetzen nur Kleb- und Dichtstoffe auf Silicon-Basis !			ibc

Bild 2.27: Einige typische Beizverfahren für Klebstoffe und Elastomere

brillen muß gesorgt werden und/oder die Anlagen werden bedienerfrei gesteuert. Nach Ablauf der vorgegebenen Beizdauer werden die Teile der Beize entnommen. Die Anhaftenden Beizmittelreste müssen durch *Spülen mit Wasser* entfernt werden, um den Beizprozeß definiert abzubrechen (eine zu lange Beizdauer kann die Klebfestigkeit vermindern!). Gegebenenfalls ist eine Neutralisation der gebeizten Oberflächen in einem entsprechenden Bad notwendig, da an der Oberfläche anhaftende Säurereste das Abbinden von Klebstoffen verzögern oder sogar behindern. Der Neutralisation folgt dann wiederum ein Spülvorgang. Sollen beste Ergebnisse erreicht werden. so ist mit entionisiertem oder destilliertem Wasser zu spülen, da im Leitungswasser enthaltene Bestandteile mit der behandelten Oberfläche reagieren können und somit einen Teil der durch das Beizen entstandenen Oberflächenaktivität vermindern. Die Spülwässer sind durch das Beizmittel verunreinigt, folglich ist zu prüfen, ob eine Behandlung der Spülwässer vor einer Abwasser-Einleitung notwendig ist.

Nach dem Spülen müssen die *Teile getrocknet* werden, da auf nassen Flächen nicht geklebt werden kann. Um Ablagerungen in Form von Trockenflecken auf der Oberfläche zu vermeiden (die Ablagerungen stören die Haftung zwischen Klebstoff und Oberfläche!), sollte zumindest der letzte Spülvorgang mit entionisiertem Wasser erfolgen. Sind die Teile trocken und auf Raumtemperatur abgekühlt, so sollten sie innerhalb kürzestmöglicher Zeit verklebt werden [13].

Bild 2.28: Ansicht einer chemischen Vorbehandlungsanlage im Flugzeugbau (MBB, Donauwörth)

2.3.2 Begasen

Die Vorbehandlung von *Kunststoffen mit reaktiven Gasen* wie Ozon oder Fluor ist eine neuere Möglichkeit, um die Haftung zu erhöhen. Die Verfahren sind weniger bekannt: Die Gründe dürften vor allem darin zu sehen sein, daß die verwendeten Gase als toxisch gelten, so daß sich der Umgang damit schwieriger gestaltet. Selbst bei den infrage kommenden geschlossenen Systemen sind aufwendige zusätzliche Sicherheitsmaßnahmen inklusive einer Raumluftüberwachung erforderlich. Vom *Behandlungsablauf* her ist das Begasen dem Beizen vergleichbar. Es besitzt jedoch den Vorteil, daß zusätzliche Vorgänge wie Neutralisieren, Spülen und Trocknen wegfallen. Die begasten Kunststoffe können unmittelbar nach der Behandlung verklebt werden.

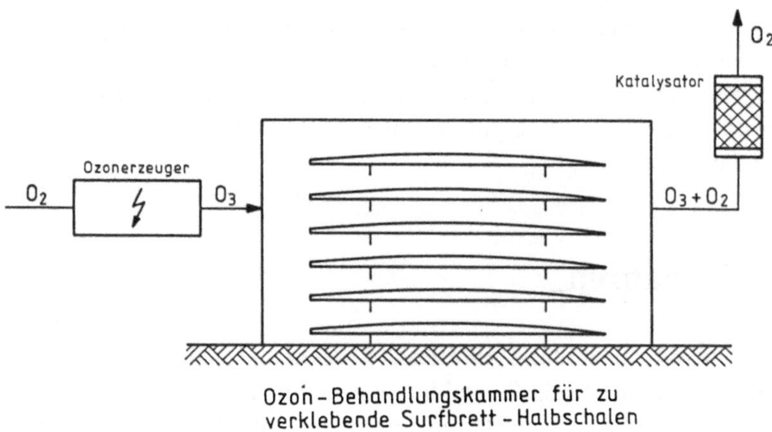

Ozon-Behandlungskammer für zu
verklebende Surfbrett-Halbschalen

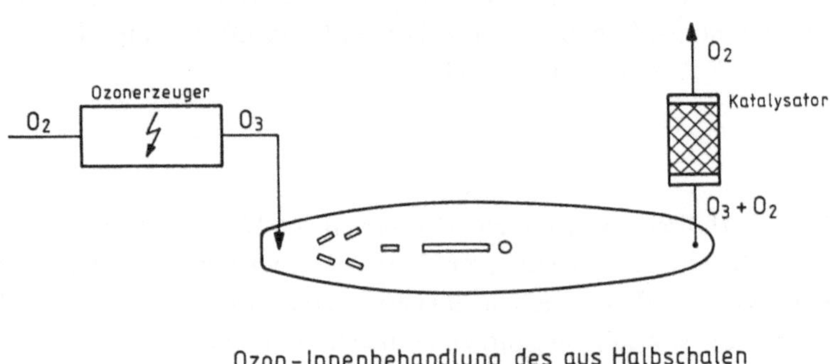

Ozon-Innenbehandlung des aus Halbschalen
verschweißten Surfbrett-Hohlkörpers

ibc

Bild 2.29: Ozon-Vorbehandlung von ABS-Surfbrettschalen oder Hohlkörpern

Zur Vorbehandlung werden *gasdichte Kammern* mit den Teilen beschickt und anschließend mit dem reaktiven Gas befüllt. Nach der erforderlichen Behandlungsdauer von wenigen Minuten (durch Versuche zu bestimmen) wird das Gas abgepumpt oder über Katalysatoren vernichtet, bevor die Entnahme und neue Beschickung erfolgt. Bild 2.29 zeigt die Anordnung am Beispiel der Ozon-Begasung von tiefgezogenen ABS-Surfschalen-Hälften, die zu verkleben und anschließend mit PUR-Schaum zu füllen sind. Die gute Haftung der PUR-Schaumfüllung an der Surfbrett-Innenfläche ist ebenso wichtig, wie die wasserbeständige Außenhaftung der Klebdichtstoffe. Bild 2.29 unten zeigt die andere Begasungsmöglichkeit bei dicht verschweißten Hohlkörpern. Dabei wird das Gas direkt in die *Hohlkörper eingeleitet*, womit auf die Behandlungskammer verzichtet werden kann. Die Behandlungsdauer von zwölf Minuten wurde in diesem Fall von der Leitung des Ozonerzeugers bestimmt [13].

Das hohe Oxidationspotential etwa von *Fluor-Inertgas-Mischungen* bietet ungewöhnliche Möglichkeiten für die Durchlauf- oder Kammer-Begasung bahnförmiger beziehungsweise stückiger Kunststoffe (wie PE-Schaum, PE hart und weich, PP, POM). Nach Abschluß der erforderlichen Grundlagenarbeiten sind seit 1989 auch spezielle Fluorierungsanlagen dafür lieferbar [14].

2.4 Thermische Verfahren

Die thermische Oberflächenvorbehandlung von *Metallen* beschränkt sich auf deren Grobreinigung durch Flammstrahlen mittels Schneidbrenner-ähnlichem Gerät. Die meist manuelle Arbeitsweise ergibt jedoch zwangsläufig eine unkontrollierbare Oxidation und eventuelle Oberflächengefügeveränderung der Metalle. Immerhin bildete diese Beobachtung kombiniert mit der Notwendigkeit einer erhöhten Druckfarbenhaftung auf antiadhäsiven *Kunststoffen* (wie Folien und Blasformteilen aus PE und PP) die Grundlage für die „Wärme-Differential-Methode" von W.H.Kreidl (1953) und die „Flamm-Kontakt-Methode" von M.-F.Kritchever (1955) [15].

2.4.1 Beflammen

Das auch als „Kreidl-Verfahren" bezeichnete *Beflammen* von Kunststoffoberflächen basiert auf der günstigen Kombination oxidativer Hitze- und reduzierender Flammen-Einwirkung, welche die Kunststoffoberflächen adhäsionsbereit macht. Die reine Heißluft- oder Heißgas (Inertgas)-Anwendung führt zu keinen befriedigenden Ergebnissen. Die besten Resultate werden vielmehr in einer Luft- oder Sauerstoff-Umgebung mittels einer „weichen" Gasflamme mit ungehindertem Luftzutritt (hellblau und scharf konturiert) erhalten [16]. Wesentlich ist das kontrollierte Luft-/Reingas (meist Propan oder Butan)-Gemisch im Bereich 27 : 1 bis 32 : 1 samt Brennerabstand (oder Flammentemperatur) und die Verweilzeit in Sekundenbruchteilen. Erreicht werden soll lediglich

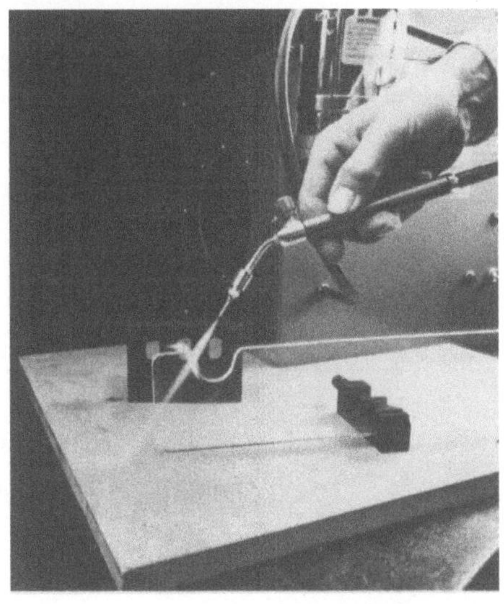

Bild 2.30:
Manuelles Beflammen der Schnittkanten von
Acrylglas (Johnson-Matthey, Sulzbach/
Taunus)

ein kurzzeitiges Berühren samt „Glänzen" der Kunststoff-Oberflächen. Der besondere
Vorteil des Verfahrens ist in der relativ einfachen Kurzzeit-Anwendung ohne nennens-
werte Arbeitsschutz- und Umweltprobleme zu sehen. Neben der einfachen manuellen
Einzelbrenner-Anwendung wie etwa beim Entgraten und Flammpolieren bearbeiteter
Acrylglas (PMMA)-Teile (Bild 2.30), sind durch die Kombination flächigarbeitender
Vielfach-Brenner in ebener oder runder Anordnung maßgeschneiderte Schnell-
behandlungen entsprechender Teile möglich.

Unter Verknüpfung mit entsprechender Peripherie (wie Sortier-, Zuführ- und Transport-
einrichtungen) gilt das Beflammen als gut automatisierbar. Die Oberflächen sollten sogleich danach verklebt werden.

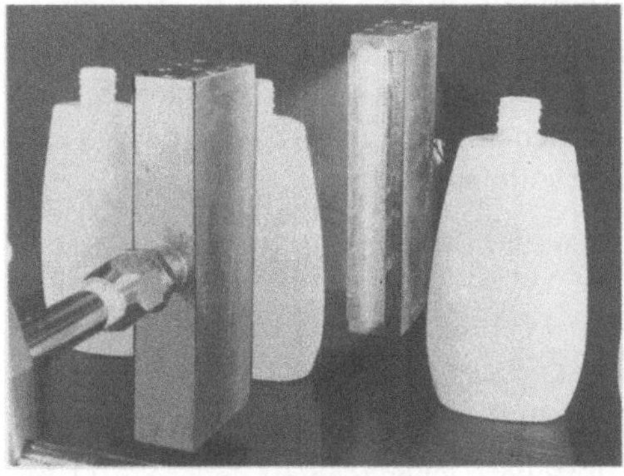

Bild 2.31:
Beflammen von PE-Hohlkörpern
im Durchlauf (Johnson-Matthey,
Sulzbach/Taunus)

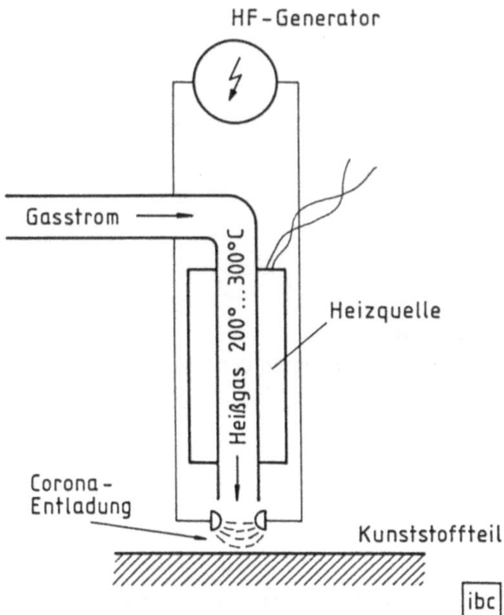

Bild 2.32:
Prinzipieller Aufbau eines „Thermo-Corona"-Düsenkopfes

2.4.2 Thermoplasma

Wie im vorherigen Abschnitt „Beflammen" erwähnt, führt bloße Heißluft- oder Heißgasanwendung bei Kunststoffoberflächen zu nicht nennenswert besserer Adhäsionsbereitschaft. Erfolgt jedoch mittels entsprechend hoher Energiezufuhr (etwa durch HF-Entladungen entstehende Stoßionisation) die Umwandlung in ein Plasma, so kommt es zu Reaktionen mit Kunststoffoberflächen. Damit ist bereits ein Übergang zu den nachfolgenden elektrischen Vorbehandlungen gegeben.

Beispielsweise ergaben Versuche zur Vorbehandlung von EPDM-Kautschuk (im Vergleich mit einer Chromschwefelsäure-Vorbehandlung), daß es mittels einer neuartigen Düsenkopf-Anordnung (Bild 2.32) des „Thermo-Corona"-Verfahrens möglich ist, Kunststoffoberflächen günstig zu beeinflussen. Die Heißlufttemperaturen sollten sich beim Auftreffen auf die Oberflächen im Bereich von 200° bis 300°C bewegen. Sie liegen damit wesentlich niedriger als beim Beflammen mit 500° bis 800°C, wodurch sich geringere Oberflächenbeanspruchungen ergeben sollten [12].

2.5 Elektrische Verfahren

Elektrische Hochfrequenz (HF)-Felder sind unter anderem zur Umwandlung von Gasen in Plasma, welches dann bevorzugt mit Kunststoffoberflächen reagiert. Jeder Stoff kann durch eine entsprechend hohe Energiezufuhr über seine Gasphase in ein Plasma überführt werden. Bei der elektrischen Vorbehandlung erfolgt die Energiezufuhr über elektrische Felder, durch deren Stoßionisation sich das Plasma ausbildet. Die aktiveren Teilchen des Plasmagases reagieren nicht nur untereinander, sondern auch mit der Umgebung, wie mit den Kunststoffoberflächen, die dem Plasma ausgesetzt sind und rufen Veränderungen an deren Oberflächen hervor. Die bei der elektrischen Vorbehandlung entstehenden Plasma-Arten sind wegen der verschiedenen Randbedingungen unterschiedlich wirksam [13].

2.5.1 Entladungen

Die sogenannte Corona-Behandlung von Kunststoffen zählt (wie das Beflammen) zu den frühen Oberflächenbehandlungen antiadhäsiver Kunststoffe: G.W. Traver in den USA entwickelte die Grundlagen bereits 1950. Sie umfassen den ganzen Komplex möglicher elektrischer Entladungen in ionisierter Luft, auch durch Strahlungsandwendungen [15].

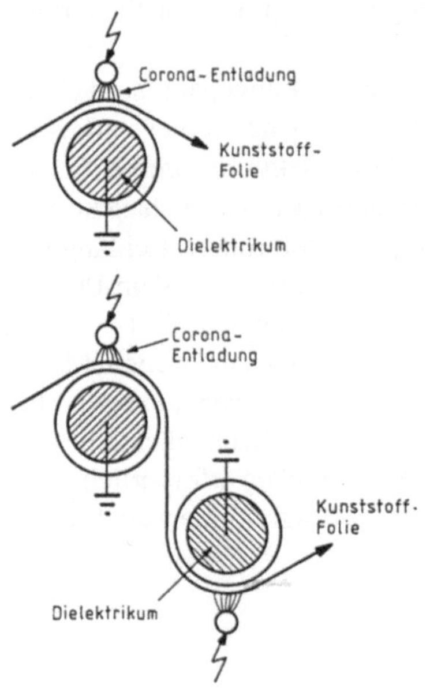

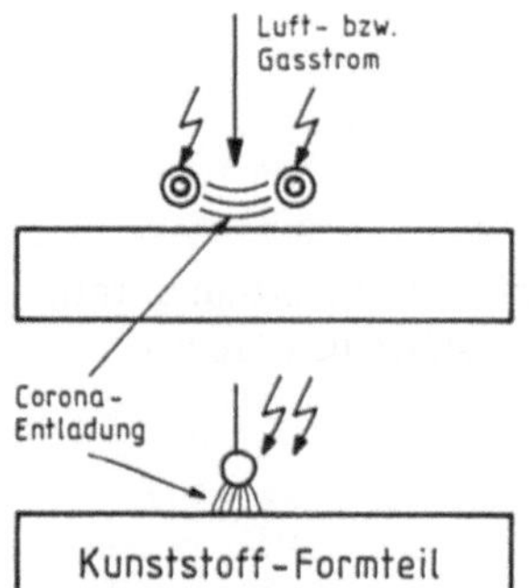

Bild 2.33:
Einige Möglichkeiten der Corona-Anwendung

Die HF-Corona-Entladung wird vorwiegend eingesetzt, um Kunststoff-Folien zum Bedrucken oder Beschichten vorzubehandeln. Die sehr kurzen Behandlungszeiten kommen der Durchlauffertigung bahnförmiger Werkstoffe entgegen. Der Entladungsspalt muß jedoch gleichmäßig sein, da sich sonst die Entladung an den engsten Spaltstellen konzentrieren. Daher bietet die Behandlung bahnförmiger Kunststoffe über Walzenanordnungen mit gleichmäßigem Spalt keine nennenswerte Probleme. Schwieriger gestaltet sich dies bei Formteilen ebenorientierter Art, langgestreckten Profilen oder rotationssymmetrischen Teilen (Bild2.33).

Bei *Freistrahlelektroden* für die Tangential-Behandlung strahlt die Corona etwa 20 bis 30 mm von der Elektrode aus in den Raum.In diesem Bereich wird die Elektrode oder das Teil bewegt. Bei einer anderen Ausführung wird die Corona mittels Druckluft oder Gasstrom aus der Elektrodenhalterung heraus auf die zu behandelnde Oberfläche geblasen[17]. Gerade bei größeren kompliziert geformten Werkstücken werden Freistrahlelektroden auch über gekoppelte Nachführeinrichtungen mit Werkstückabtastungen eingesetzt. In gleicher Form sind entsprechende programmierte Mikroprozessor-Steuerungen und Roboter dafür nutzbar.

Formelektroden werden den jeweiligen Werkstücken speziell angepaßt, so daß an allen Stellen ein gleicher Luftspalt vorhanden ist. Problematisch sind hierbei stark zerklüftete Werkstückoberflächen, für die eventuell mehrere Formelektroden und Arbeitsgänge erforderlich sind. Bei rotationssymmetrischen Teilen kann eine bloße Drahtelektrode der Außenkontur angepaßt werden, wobei das zu behandelnde Teil rotiert. Bei langgestreckten Profilen wird die Drahtelektrode (durch bloßes Zurechtbiegen) dem Profilquerschnitt angepaßt und die Teile darunter oder die Elektrode darüber geführt.

Formlose Kettenelektroden in der Art von Kettenvorhängen bieten eine weitere Möglichkeit. Sie werden einfach über die zu behandelnden Oberflächen gezogen. In Berührungsbereichen bildet sich eine Corona aus. Damit alle Oberflächenbereiche erfaßt werden, ist es vor allem bei unregelmäßig geformten Werkstücken erforderlich, den Kettenvorhang „kreuz und quer" über die Bauteile zu führen. Programmierbare Steuerungen und Roboter können auch hierbei hilfreich sein.

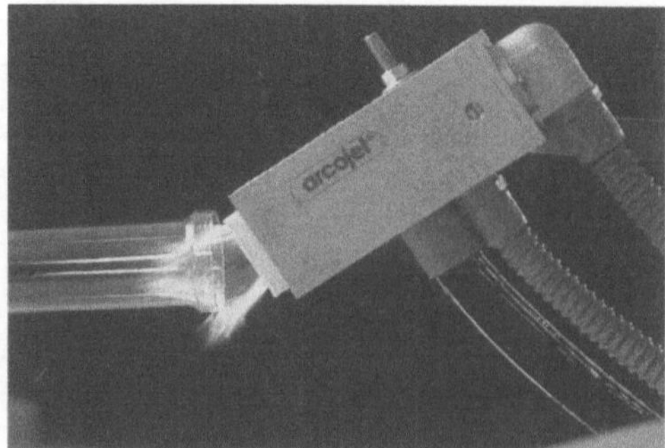

Bild 2.34:
Corona-Blaskopf-Anwendung an Stirnflächen runder Kunststoffteile (Arcotec, Mönsheim)

Insbesondere durch *HF (Hochfrequenz)-Coronaentladungen* entsteht Ozon (eventuell sogar Stickoxide). Sie stellen eine Gefahr für Mensch und Maschine dar. Es ist daher erforderlich, möglichst noch am Entstehungsort die Schadstoffe abzusaugen und über Katalysatoren zu vernichten. Oft genügen neuere NF (Niederfrequenz)-Coronageräte, welche im Regelfall keine Schadstoffe erzeugen, aber auch weniger wirksam sind. In beiden Fällen ist jedoch eine Raumluftüberwachung als obligatorisch anzusehen [17].

2.5.2 Niederdruckplasma

Oft wird in diesem Zusammenhang sehr allgemein von Plasmatechnologie gesprochen. Zwischen dem unter Normaldruck und dem unter „Niederdruck" oder besser Unterdruck oder Vakuum erzeugten Plasma bestehen jedoch wesentliche Unterschiede. Wesentliches Merkmal der Niederdruckplasma-Behandlung ist, daß es sich um ein gut spaltgängiges Trockenverfahren, ähnlich der Begasung handelt und verschiedenartigste Kunststoffe (wie PE, POM, PP) danach sogleich verklebbar werden. Nach Evakuierung einer mit zu behandelnden Teilen beschickten Prozeßkammer werden bei etwa 0,5 bis 2 mbar verschiedene Prozeßgase (wie Sauerstoff, Edelgas, Stickstoff, Tetrafluormethan oder Gasmischungen) eingeleitet. Durch Anlegen einer hochfrequenten Wechselspannung erfolgt eine Entladung, welche das Gas in den ionisierten Zustand eines Plasmas versetzt. Gleichzeitig entstehen chemische Radikale, Ionen und Elektronen sowie UV-Strahlung, welche die Kunststoffoberflächen bei etwa 60° bis maximal 100°C so nachhaltig verändern, daß sie klebbereit werden [18]. Oft wurde beispielsweise bei POM auch ein geringer Werkstoffabtrag in Abhängigkeit von der Behandlungsdauer beobachtet, während dies bei kürzeren Behandlungszeiten nicht auftritt [3] (Bild2.35). Die verwendeten

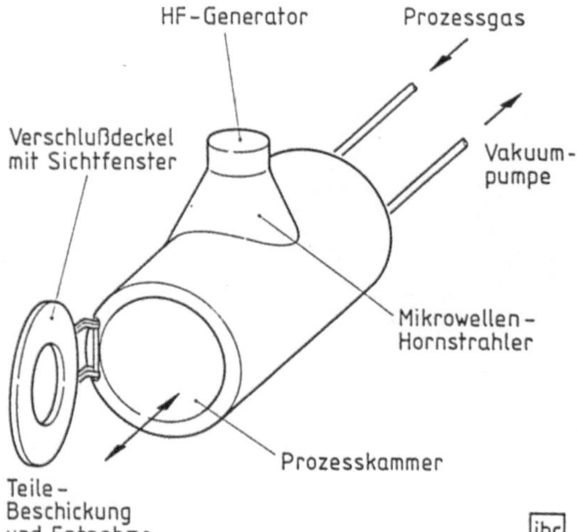

Bild 2.35:
Prinzipieller Aufbau einer
Niederdruckplasma-Anlage

① Evakuieren   ④ Plasma ausschalten
② Einlaß des Prozeßgases   ⑤ Prozeßgas schließen und belüften
③ Plasma einschalten   ⑥ Teile entnehmen

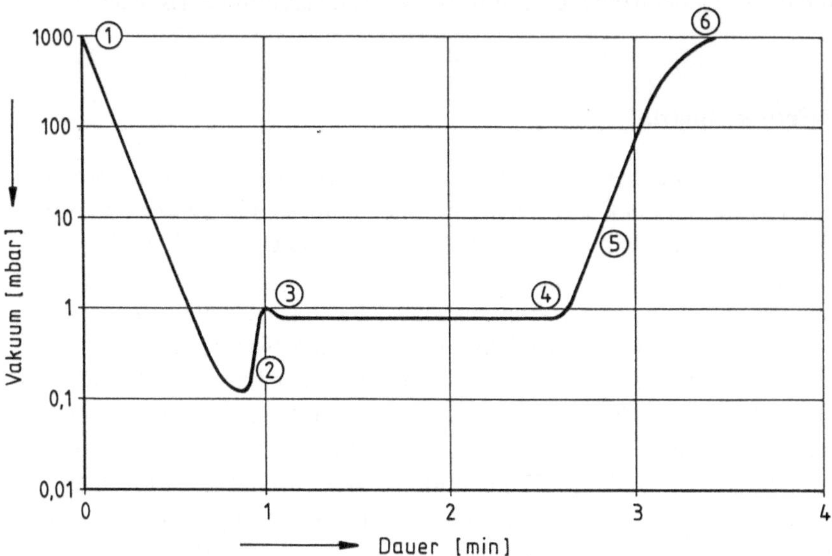

Bild 2.36: Typischer Prozeßverlauf einer Niederdruckplasma-Behandlung (nach Technics Plasma, Kirchheim)

Bild 2.37: Ansicht einer Niederdruckplasma-Anlage für den Durchlaufbetrieb (Technics Plasma, Kirchheim)

Prozeßgase spielen neben der Behandlungsdauer offenbar eine wesentliche Rolle. Verständlicherweise sind Vorversuche zum auszuwählenden Prozeß eine Voraussetzung. Hierbei helfen bereitwillig die Anlagenhersteller mit eigenen Versuchsanlagen. Übrigens sind solche Anlagen mit Trommeln für Kleinteile ausrüstbar. Größere Prozeßkammern ermöglichen die Behandlung ganzer Kfz-Stoßfänger (etwa aus PP/EPDM vor der Lackierung) und können auch für die kontinuierliche Fertigung als Durchlaufanlage (Bild 2.37) konzipiert werden.

2.6 Nachbehandlungen

Oberflächen vorbehandelter Werkstoffe sind bestrebt, ihre dadurch im Regelfall gewonnene höhere Oberflächenenergie sogleich wieder abzusättigen. Steht nicht sofort der entsprechende Kleb- oder Dichtstoff zur Verfügung, so tun es eben die in der Umgebung zwangsläufig vorhandenen anderen Medien:
- Gase, wie O_2, CO_2, SO_2, Stickoxide, Ozon
- Dämpfe aus Wasser, Lösemitteln, Kühlschmierstoffen, Trennmitteln
- Stäube aller Art.

Daraus resultiert die vornehmlich *qualitätsorientierte Grundforderung*: Oberflächenvorbehandelte Teile sind sofort nach der Behandlung mit den entsprechenden Kleb- und Dichtstoffen zu benetzen! Das bedeutet nicht unbedingt auch den sofortigen Füge- oder Montagevorgang, denn allein der aufgebrachte Film aus flüssigen oder pastösen Stoffen bedeckt die Fügeflächen und erzeugt je nach unterschiedlicher Stoffreaktivität zunächst einen Sofortschutz. So können mit anaerob (unter Luftabschluß) härtenden Stoffen etwa benetzte Oberflächen sogar ohne Nachteile einige Stunden lagern, bevor sie montiert werden. Die filmbildenden oder oberflächenbedeckenden Stoffe der Nachbehandlung zielen also primär auf den absättigenden Abschluß zur Umgebung und damit unter anderem zur Bewahrung und eventuellen Erhöhung der Oberflächenaktivität beziehungsweise einer unterwanderungssicheren Langzeitfestigkeit damit hergestellter Verbunde.

Da es bisher keine Definition beziehungsweise eine klare Trennung der vielfältigen (oft firmenspezifisch und allgemein als „Vorbehandlung" bezeichneten) Mittel oder Verfahren der Nachbehandlung gibt, nachfolgend ein Versuch hierzu. Basis bildet der englische Ausdruck „Primer" für *Erstschicht*. Daraus leiten sich dann aufgabenorientiert drei Primerarten ab:

2.6.1 Schützende Primer

Dabei handelt es sich um die im Wortsinn eigentlichen „Primer"-Anwendungen auf vorbehandelten Metalloberflächen. Zweck ist deren kürzerfristiger Schutz vor dem Klebstoffauftrag sowie der spätere Klebflächenschutz vor korrosiver Feuchte-Unterwanderung beispielsweise. Angewandt werden chemische, elektrochemische oder thermische Mittel oder Verfahren, wie etwa

- Wash-Primer auf Polyvinylbutyral-, Zinkchromat- oder Phosphorsäure-Basis
- Fe- und Zn-Phosphatierungen (Bondern) von Fe- und NE-Metallen oder stromlose (Matt-)Vernickelung
- Chromsäure- oder Gleichstrom-Anodisierung (Eloxieren) von Al-Werkstoffen
- Flammspritz-Verzinkungen nach verschiedenen Methoden
- lackähnliche Dünnschichten aus zu den verwendeten Kleb- oder Dichtstoffen verwandten oder mit ihnen verträglichen Basisharzen.

Als vorteilhaft für die mechanische Adhäsion gelten insbesondere die Mikro-Rauheiten der dabei entstehenden Oberflächenschichten (gilt nicht für die zuletzt erwähnten lackähnlichen Beschichtungen!).

2.6.2 Reaktive Primer (Aktivatoren)

Es handelt sich meist um stark lösemittelverdünnte reaktive Partner der Kleb- und Dichtstoffe eventuell in Filmbildnern (Harzlösungen). Als Wirkstoffe werden beispielsweise Co-Katalysatoren, Isocyanate, Metallseifen, Thioharnstoffe, Amin-Aldehyd oder Peroxide je nach Stoffart verwendet.

Die unter oft firmenspezifischen Bezeichnungen und/oder als *Aktivator, Beschleuniger oder Kleblack* laufende Produkte sind meist als echte zweite oder gar dritte Komponenten des jeweiligen Kleb- oder Dichtstoffsystems anzusehen. Lediglich ihre Anwendung erfolgt getrennt, also in Form einer abschließenden Oberflächenbehandlung oder Nachbehandlung vor dem Kleb- oder Dichtstoffauftrag.

Die starken Lösemittelverdünnungen hinterlassen nach dem Trocknen auf den Oberflächen meist sehr dünne Filme, die während ihrer möglichen Liegedauer auch einen Kurzzeitschutz von 8 bis 24 Stunden ergeben können [19]. Da es sich meist um filmbildende Schichten handelt, die vermutlich nicht restlos an den späteren Stoffreaktionen teilnehmen, sollte nicht mit einer Steigerung, sondern eher einer Verminderung der Klebfestigkeiten (gegenüber direktem Oberflächenkontakt der Stoffe) gerechnet werden [20].

2.6.3 Haftungserhöhende Primer (Haftvermittler)

Ihre Basis sind vor allem Stoffe mit bifunktionellen Molekülen in flüssigen Trägern – sie sind oft auch in dickpastösen, schlecht benetzenden Kleb- und Dichtstoffen enthalten – und/oder in starker Lösemittelverdünnung, die in Dünnschichten auf den Oberflächen antrocknen. Beispielsweise lassen sich wesentliche Haftungsverbesserungen mittels Silanen erzeugen. Es handelt sich um silizium-organische Monomere mit an ein Silizium-Atom gebundenen reaktiven Gruppen, die eine starke Haftung an Grenzflächen bewirken und damit hydrolysebeständige, chemische Brücken sowohl zu organischen (Kleb-

und Dichtstoffen) wie anorganischen (Mineralgläser, Keramik, Metalle) Stoffen herstellen können [21].

Ihre Anwendung erfolgt meist als *Haftvermittler* in Form stark verdünnter Lösemittel-Gemische vorzugsweise auf Mineralgläsern (wie bei Fahrzeugverglasungen). Ihre optimal zu erprobenden Antrocknung kann bis zu 30 Minuten betragen und muß eventuell mit einer Temperierung gekoppelt werden.

Wichtig sowohl bei reaktiven (Aktivatoren) wie bei haftungserhöhenden Primern (Haftvermittlern) ist die Beachtung der meist hohen Lösemittelanteile im Hinblick auf Arbeitsschutzbestimmungen besonders bei deren Verarbeitung etwa durch Sprühen, Streichen oder Tauchen.

2.7 Kombinierte Behandlungen

Wie bereits erwähnt, sind mit den mechanischen, chemischen, thermischen und elektrischen Verfahren kurzzeitig günstige oberflächenenergetische Zustände erreichbar. Wird dieser Zustand sogleich, etwa für haftvermittelnde Primer der Silan-Art, genutzt, so ist eine weiter Steigerung der Oberflächenaktivität zu erwarten. Forderungen solcher Art, vor allem bei sehr unterschiedlichen Werkstoffpaarungen zusammen mit langdauernder Feuchtebeanspruchung, stellt besonders der Dentalbereich im Rahmen dauerbeständiger Verklebungen. Daraus entstanden zwei auch in anderen Bereichen nutzbare Verfahren:

- Der „Silicoater"-Methode liegt die flammenpyrolytische Erzeugung dünner silikatartiger Schichten auf Metalloberflächen zugrunde. Sie entstehen durch kurzzeitiges Beflammen mit einer Gasflamme, der geringe Mengen einer Benzin-Silan-Lösung zugemischt wird. Unmittelbar danach wird ein auf den Klebstoff abgestimmter Silan-Haftvermittler aufgetragen, womit offenbar längere Lagerzeiten (offene Zeiten) bis zu 20 Tagen erreicht werden [22].
- Die „Saco"-Methode benutzt tribochemische Effekte des Strahlens, wobei die spezielle Keramikbeschichtung des Strahlguts unter anderem aufgrund der kinetischen Aufprallenergie chemische Bindungen zum Untergrund eingeht und damit sehr dünne keramische Schichten auf den gestrahlten Metall- oder Kunststoffoberflächen hinterläßt. Unmittelbar danach werden wiederum Silan-Haftvermittler aufgetragen, die den erwähnten temporären Schutz übernehmen [23] (Bild2.38).

Unter den geeigneten Methoden zur Steigerung oder Oberflächenaktivität verdient im übrigen das Naßschleifen in Anwesenheit des reaktiven Klebstoffs oder einer seiner Komponenten, entsprechende Beachtung. Es wird mit Schmirgel-Papier oder -Leinen feinster Körnung (K 240 bis 300) durchgeführt und ist nach Erprobung auch anstelle anderer Behandlungen bei schwerverklebbaren PE-, PP- und PTFE-Kunststoffen anwendbar [24].

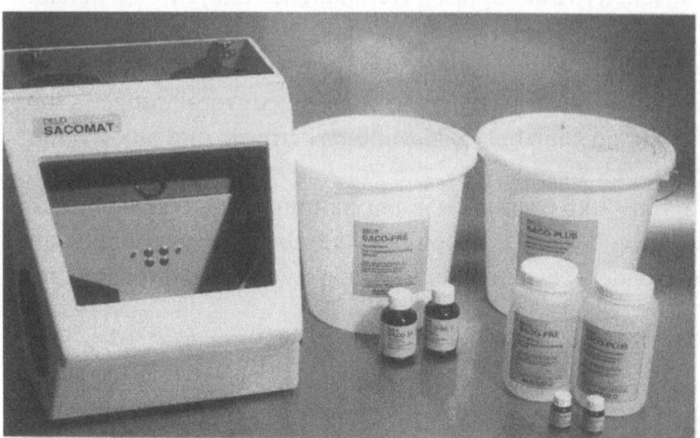

Bild 2.38: Kleinstrahlkammer für zwei Strahlmittel des Saco-Verfahrens (DELO, Gräfelfing)

2.8 Fazit

Die zweckentsprechende Oberflächenbehandlung von zu fügenden, verbindenden oder dichtenden Werkstoffen bestimmt sowohl die Endeigenschaften wie die Lebensdauer des Verbunds. Hierzu zählen die verschiedenen Methoden der Vorbereitung, Vorbehandlung und Nachbehandlung von Oberflächen. Obwohl diese Verfahrensstufen stets im Zusammenhang zu betrachten sind, liegt der Schwerpunkt in der *Oberflächenvorbehandlung*. In dieser Stufe erfolgt die eigentliche Reinigung, Vergrößerung und Aktivierung der Kleb- und Dichtflächen, das heißt die Erhöhung ihrer Reaktionsfähigkeit gegenüber den Kleb- und Dichtstoffen. Wirtschaftlich gesehen liegt in der Oberflächenvorbehandlung aber auch die hauptsächlichste „Schwachstelle" kleb- und dichttechnischer Lösungen, an welcher verständlicherweise Kritiker mit ihrer Forderung nach „vorbehandlungsfreien" Kleb- und Dichtstoffen den Hebel ansetzen.

Bei Betrachtung des gesamten *Umfangs der Oberflächenbehandlung* wird jedoch rasch klar, daß es schwierig ist, sie generell und vollständig in den eigentlichen Klebprozeß zu integrieren. Immerhin sind aber in den letzten Jahren einige Fortschritte in dieser Hinsicht erzielt worden. So weisen bestimmte Kleb- oder Dichtstoffe auf modifizierter MMA-Basis beispielsweise öl- und fett-tolerierende Eigenschaften auf. Ähnliches gilt für die Anwendung von PVC-Plastisolen auf verölten (kaum wirtschaftlich zu entfettenden) Karosserieblechen, wobei die enthaltenen Weichmacher im Prinzip als Lösemittel fungieren, deren Wirkung durch die zur „Gelierung" erforderlichen höheren Temperaturen verstärkt wird. Übrigens weisen alle warmhärtenden Systeme sowie Schmelzklebstoffe von vornherein eine bessere „Verträglichkeit" gegen Öl- und Fettreste auf. Aber auch die Silan-Arten zeigen einige Möglichkeiten auf, bereits die Kleb- und Dichtstoffe „vorbehandlungsarm" zu formulieren [25].

Eine „mechanische" Unterstützung beim Verbinden verunreinigter Fügeteiloberflächen ohne Oberflächenbehandlung ist das Vibrationskleben. Hierbei bewirkt ein dem Klebstoff zugegebener harter Füllstoff (Quarz, Korund) in Verbindung mit Schwingbewegungen (etwa durch Ultraschall) eines Fügeteils das Durchbrechen sowie Zerreiben vorhandener Verunreinigungsschichten und damit die sofortige Benetzung unter Druck sowie eine zusätzliche mechanische Verklammerung der Fügeflächen. Dieses stark dem Ultraschallschweißen ähnelnde Klebverfahren dürfte noch ausbaufähig sein [26].

Auf einen ähnlichen Mechanismus wird die Wirkung neuerer 1K-Gewinde-Klebsicherungen mit enthaltenen mikroverkapselten Komponenten auf verölten Schrauben oder Gegengewinden zurückgeführt [27].

Literatur

[1] Marwinsky, B. und Rasche, M.: „Kleben in der Feinwerktechnik", Feinwerktechnik und Meßtechnik 95 (1987) 6

[2] Endlich, W.: „Kleb- und Dichtstoffe in der modernen Technik", Vulkan Verlag Essen 1990

[3] Rasche, M.: „Oberflächenbehandlung von Kunststoffen" Tagungsband „Swiss Bonding '88", Rapperswil

[4] Schliekelmann, R.-J.: „Metallkleben - Konstruktion und Fertigung in der Praxis", DVS-Verlag GmbH, Düsseldorf, 1972

[5] Fladerer, R.: „Umweltfreundliches Reinigen und Entfetten", Oberfläche + JOT 1 (1990)

[6] Kresse, J.u.a.: „Säuberung technischer Oberflächen", Buchreihe Kontakt & Studium Band 264, expert-Verlag, Ehningen/Böblingen, 1988

[7] A.A.: „Oberflächenbearbeitung mit Bürsten aus monofilen Schleifborsten", Oberfläche + JOT 10 (1985)

[8] Matting, A. (Hrsg.): „Metallkleben", Springer-Verlag Berlin Heidelberg New York 1969

[9] A.A.: Technische Unterlagen der Fa. Rösler Gleitschlifftechnik GmbH & Co., Staffelstein

[10] Horowitz, J.: „Oberflächenbehandlung mittels Strahlmitteln – ein Handbuch über Strahltechnik und Strahlanlagen", Forster-Verlag, Zürich, 1986

[11] Käufer, H., Schmack, G. und Brockmann, W.: „Oberflächenvorbehandlung schwer klebbarer Thermoplaste durch Skelettierung", Dechema Monographie 108, VCH Verlagsges., Weinheim, 1987

[12] Dorn, N. und Wahono, W.: „Klebflächenvorbehandlung von EPDM-Gummimischungen", Tagungsband „Swiss Banding '90", Rapperswil

[13] Hertrampf, J.: „Ozonbehandlung für Surfbretter" Adhäsion 1/2 (1988)

[14] Milker, R.: „Verbesserung der Haftfestigkeit von Schichten auf Kunststoff durch Fluorvorbehandlung", Firmenveröffentlichung der Lohmann GmbH & Co. KG, Neuwied, 1990

[15] Lucke, H.: „Kunststoffe und ihre Verklebung", Verlag Brunke-Garrels Hamburg 1967 (vergriffen)

[16] Peukert, H.: „Ergebnisse von Klebeuntersuchungen an Hochdruck-Polyäthylen", Kunststoffe 48 (1958)

[17] Bloss, F.: „Corona-Vorbehandlung von Formteilen mit der Freistrahlelektrode" Tagungsband „Kunststoff-Lackieren", München

[18] Liebel, C.: „Oberflächenbehandlung mittels Niederdruckplasma", Adhäsion 5 (1989)

[19] A.A.: „Der Loctite", Firmenhandbuch der Loctite Deutschland GmbH, München, 1990/91

[20] Endlich, W.: „Zeitgemäße Acrylat-Klebstoffe", infotip-Verlag, Limeshain, 1985

[21] Lipinski, W.: „Silane lösen Haftprobleme", defazet 28 (1974) 5

[22] Tiller, H.-J., Kaiser W.-D. und Kleiner, H.: „Anwendung des Silicoater-Verfahrens zur Verbesserung der Haftfestigkeit und Alterungsbeständigkeit von Klebverbindungen und Beschichtungen" Tagungsband „Fertigungssystem Kleben '89", Bremen, Dechema Monographie Band 119, Frankfurt/M.

[23] Koran, P. und Guggenberger, R.: „Adhäsion verbessert", KEM 9 (1989)

[24] Breumann, M. und Lerchenthal, C.H.: „Increase of Adhesive Bond Strength through Mechanochemical Creation of Free Radicals", Polymer Engineering and Science 11 (1976)

[25] Ruhsland, K. und Winkler, B.: „Metallkleben ohne Oberflächenvorbehandlung der Fügeteile", Verbindungstechnik 3 (1978)

[26] Ruhsland, K.: „Vibrationskleben", Adhäsion 6 (1979)

[27] A.A.: Technische Unterlagen der oT-Mikroverkapselungs GmbH, München und der OKS-Spezialschmierstoffe GmbH, München

3 Verarbeitungsvorgänge

Die vielfältigen Lieferzustände von Kleb- und Dichtstoffen nehmen auch entscheidenden Einfluß auf ihre Anwendungsart samt dafür erforderlichem Verarbeitungsgerät. Folgerichtig bedarf es einer entsprechenden Stoffgruppierung zur Fixierung der Fertigungsrandbedingungen.

Ein dünnflüssiger und damit gut dosier- und anwendbarer einkomponentiger Stoff kann eben leichter und mit weniger Aufwand verarbeitet werden als ein pastöser zweikomponentiger, der einer genauen Komponenten-Dosierung mit anschließender Mischung und gezieltem Auftrag bedarf. Ganz abgesehen vom völlig andersgearteten Umgang wie mit Schmelzklebstoffen. Die eigentliche Stoffverarbeitung läßt sich am

Anwendungsarten	Lieferzustände				
	dünnflüssig (bis ca 1000 mPa s)	dickflüssig (bis ca 200 000 mPa s)	pastös (bis ca 3 Mill mPa s)	quasifest (haftklebrig)	fest (stuckig, pulver- oder filmformig)
Tropfen	X				
Spritzen	X				X (schmelzflussig)
Tauchen	X				
Gießen	X				
Drucken	X				
Walzen	X	X			X (schmelzflussig)
Streichen/Pinseln	X	X			
Rakeln		X			
Faden legen		X			
Spachteln			X		
Raupe/Punkt legen			X		X (schmelzflussig)
Andrücken				X	
Vorbeschichten				X	X
Schmelzen					X
Heißpressen					X

Bild 3.1: Abhängigkeit der Anwendungsarten von den Lieferzuständen der Stoffe

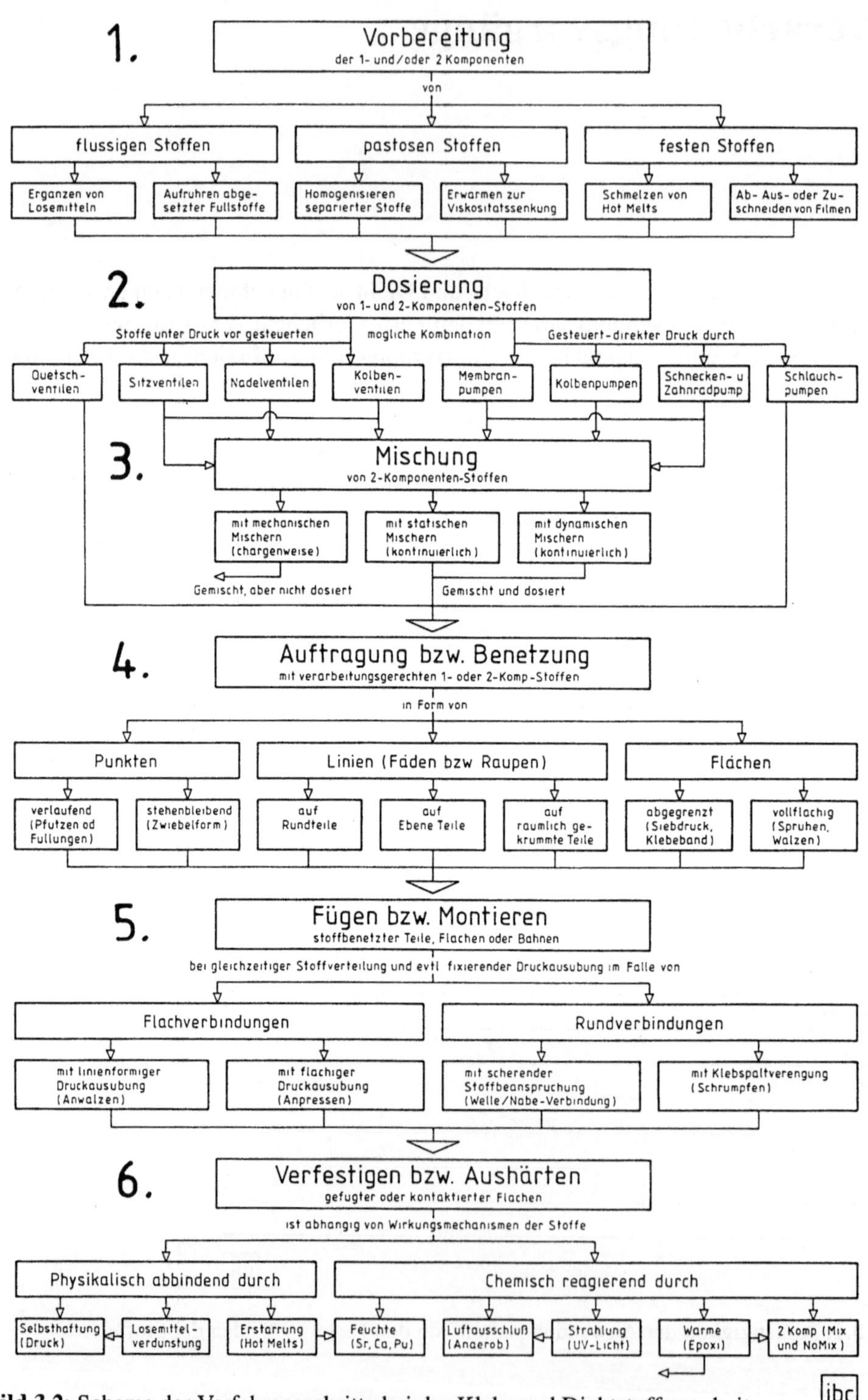

Bild 3.2: Schema der Verfahrensschritte bei der Kleb- und Dichtstoffverarbeitung

besten anhand der einzelnen Verarbeitungsschritte beschreiben, wie sie im Prinzip auch für die handwerkliche Einzelanwendung gelten. Dabei wird stets die zweckentsprechende Oberflächenbehandlung (siehe Abschnitt 2) vorausgesetzt (Bild 3.2).

3.1 Vorbereitung der Stoffe

Die jeweiligen Stoffe bedürfen meist noch kurz vor der Verarbeitung (unabhängig von der früher stattgefundenen Wareneingangskontrolle) einer letzten Überprüfung ihres Gebrauchszustands mit einer eventuellen Korrektur oder Aufbereitung einer anwendungsgerechten Form.

3.1.1 Flüssige Art

Lösemittelhaltige einkomponentige Formulierungen inklusive Dispersionen (mit Wasser als „Lösemittel") können infolge längerer Lagerung oder undichter Behälterverschlüsse eingedickt oder sogar separiert vorliegen. Äußere Anzeichen sind vor allem Ansammlungen dünnflüssigerer Produktbestandteile auf den Stoffoberflächen. Dann ist eine Homogenisierung mittels Rührern (auch mit Verdünner-Zugaben nach Herstellervorschrift) vor der Verarbeitung erforderlich. Im einfachsten Fall handelt es sich um langsamlaufende Handbohrmaschinen mit eingespannten Rührwerkzeugen verschiedenster Form. Meist halten sich die dann wiederhergestellten Produktviskositäten über mindestens ein Arbeitstag (8 Stunden). ist dies nicht der Fall, so sind auf den Vorratsbehältern (oft bereits als Druckbehälter ausgeführt) angeflanschte, dauer- oder intervallbetriebene Rührwerke mit Hand-, Druckluft- oder Elektroantrieb (Bild 3.4) erforderlich.

Füllstoffhaltige Komponenten von 1K- und 2K-Formulierungen enthalten oftmals schwerere Feststoffe, wie E-leitende Metall- oder E-isolierende Aluminiumoxid- oder Siliziumcarbid-Pulver. Sie neigen schon nach kurzer Zeit zum „Absetzen" insbesondere in flüssigen Formulierungen. Dann ist neben der „Auflösung" von Sedimenten auch der Dauereinsatz festinstallierter Rührwerke erforderlich.

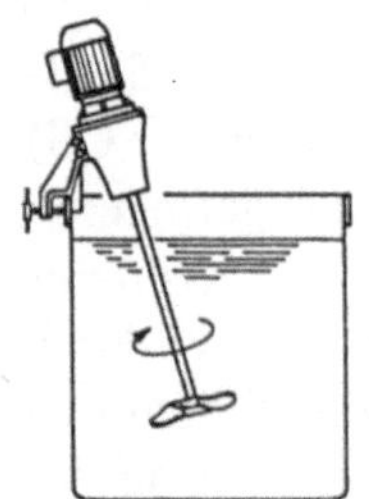

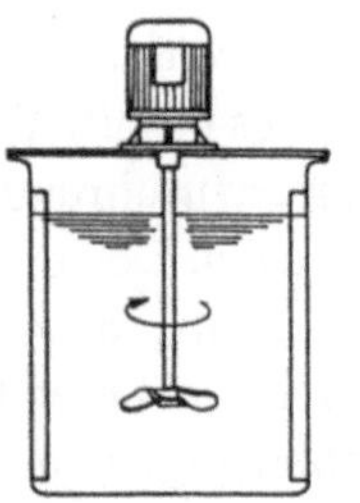

Bild 3.3: Stoffverarbeitung durch Rührwerke in Vorratsbehältern

Bild 3.4:
Auf Vorratsbehältern installierte
Rührer mit verschiedenen
Antrieben (De Vilbiss,
Dietzenbach)

3.1.2 Pastöse Art

Die im Regelfall feststoffhaltigen dickflüssig bis pastösen Stoffe neigen kaum mehr zur
Separierung von Einzelbestandteilen. Vielmehr können sie meist so zähpastös sein, daß
ihre weitere Verarbeitung oft erhebliche Schwierigkeiten bereitet. *Wärmeanwendung*
ist dann ein bewährtes Hilfsmittel zu ihrer „Verflüssigung": Nahezu alle Stoff-Formulierungen werden durch Temperaturanwendung – infolge verminderter Kohäsion (inne-
rer Stoffzusammenhalt) – mit leichterer Molekülbeweglichkeit „weicher" oder „flüssiger". Eine bloße Temperierung im meist akzeptablen Bereich von 30 bis 50°C führt
bereits zu einer Viskositätsdrittelung. Wesentlich höhere Temperaturen sind aufgrund
der oft gleichzeitig steigenden Reaktivität der Stoffe entsprechend zu vermeiden (Bild
3.5).

Thermostat-gesteuerte Heizschläuche bieten eine bewährte Möglichkeit die Stoffzuführung zu temperieren. Dies empfiehlt sich ganz allgemein (und im Sinne der QS)
vor allem bei längeren Schlauchzuführungen (besonders bei anzustrebenden geringeren
Schlauchquerschnitten) bis zu den Dosierventilen und Abgabestellen. Im Falle *größerer
Vorratsbehälter* bedarf es einer entsprechenden Einzelbehälter-Temperierung etwa durch
einfache Behälterheizungen. Bei höheren Bedarfsmengen (200l Fässer) empfehlen sich
oftmals stationäre Behälterheizungen oder die längere Aufbewahrung wie etwa des jeweiligen Tagesbedarfs in entsprechend temperierten Räumen vor dem Abruf zur Verarbeitung. Der Aufwand ist naturgemäß stark verbrauchsorientiert (Bild 3.6, 3.7).

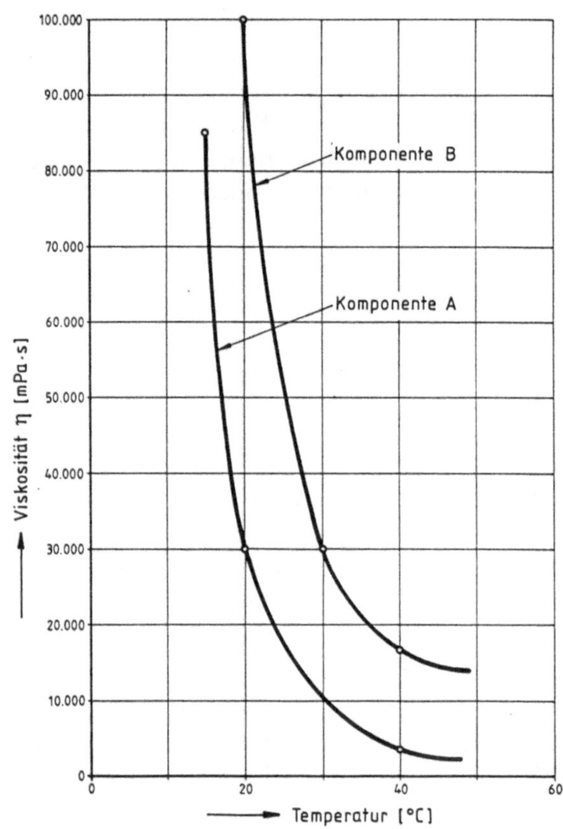

Bild 3.5:
Beispiel des Viskositäts- Temperatur-Verlaufs eines zwei-komponentigen Epoxidklebstoffs

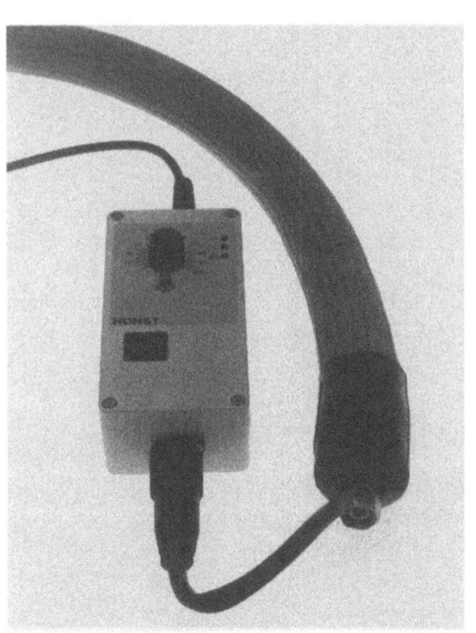

Bild 3.6: Heizschlauchanschluß mit
Temperaturregelung (Horst, Lindenfels)

Bild 3.7:
Einfache Behälterheizung durch um-gelegte Heizmanschetten mit
Temperaturregelung (Horst, Lindenfels)

3.1.3 Feste Art

Schmelzklebstoffe konventioneller Art(wie etwa auf EVA-Basis) liegen meist in Form
von Granulaten, „Drähten", zylindrischen „Patronen" oder in Kartuschen-, Behälter-
und Faßfüllungen vor. Die Vorbereitung solcher fester Stoffe orientiert sich jeweils an
deren Lieferform samt angepaßtem Gerät zur Erzeugung des temperaturkontrollierten

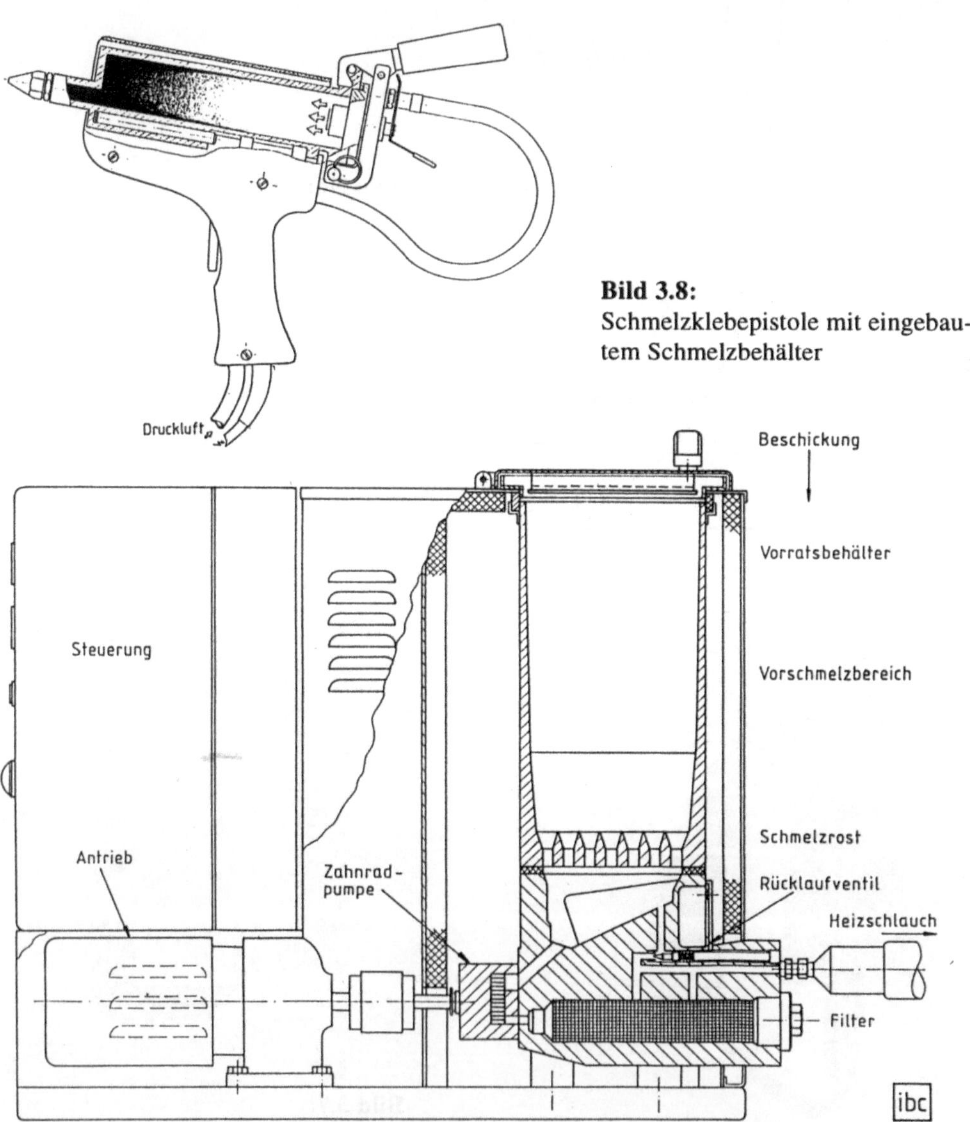

Bild 3.8:
Schmelzklebepistole mit eingebau-
tem Schmelzbehälter

Bild 3.9: Prinzip eines Schmelzklebstoffgeräts mit Tankschmelzbehälter

Schmelzvorgangs vor der Weiterverarbeitung. Die vielfältigen Geräte hierfür reichen von Schmelzklebepistolen mit eingebauten Schmelzbehältern über größere Schmelzeinheiten mit eingebauten Zahnradpumpen bis zu Faßschmelzanlagen mit beheizten Bodenplatten. Wesentlich ist stets die exakte Temperaturkontrolle auch über die obligatorischen Heizschläuche bis zu den Abgabestellen. Derartige Schmelzklebstoff-Vorbereitungen bedürfen meist einer durchgehenden Produktion zumindest aber eines Teilbetriebs, da eventuelle Wiederinbetriebnahmen oft nur unter erheblichem Aufwand erfolgen können. *Höherwertige Schmelzklebstoffe* (wie auf PA- und Polyester-Basis) hingegen erfordern wegen der hohen Schmelzpunkte (über + 200°C) bei gleichzeitiger Zähflüssigkeit eine Hochdruckaufbereitung mittels Extruderausrüstungen. Dieser Bereich reicht in die Extruderverarbeitung von Thermoplasten und wird im Fall der Schmelzklebstoffe nur von wenigen Unternehmen beherrscht (Bild 3.11)[1].

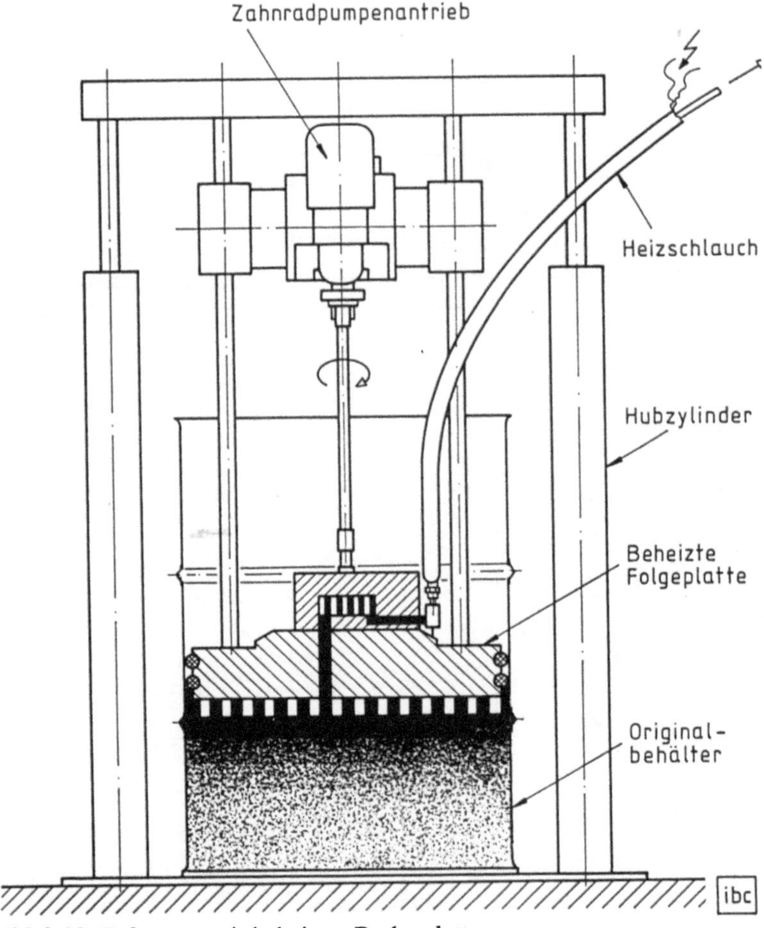

Bild 3.10: Faßpresse mit beheizter Bodenplatte

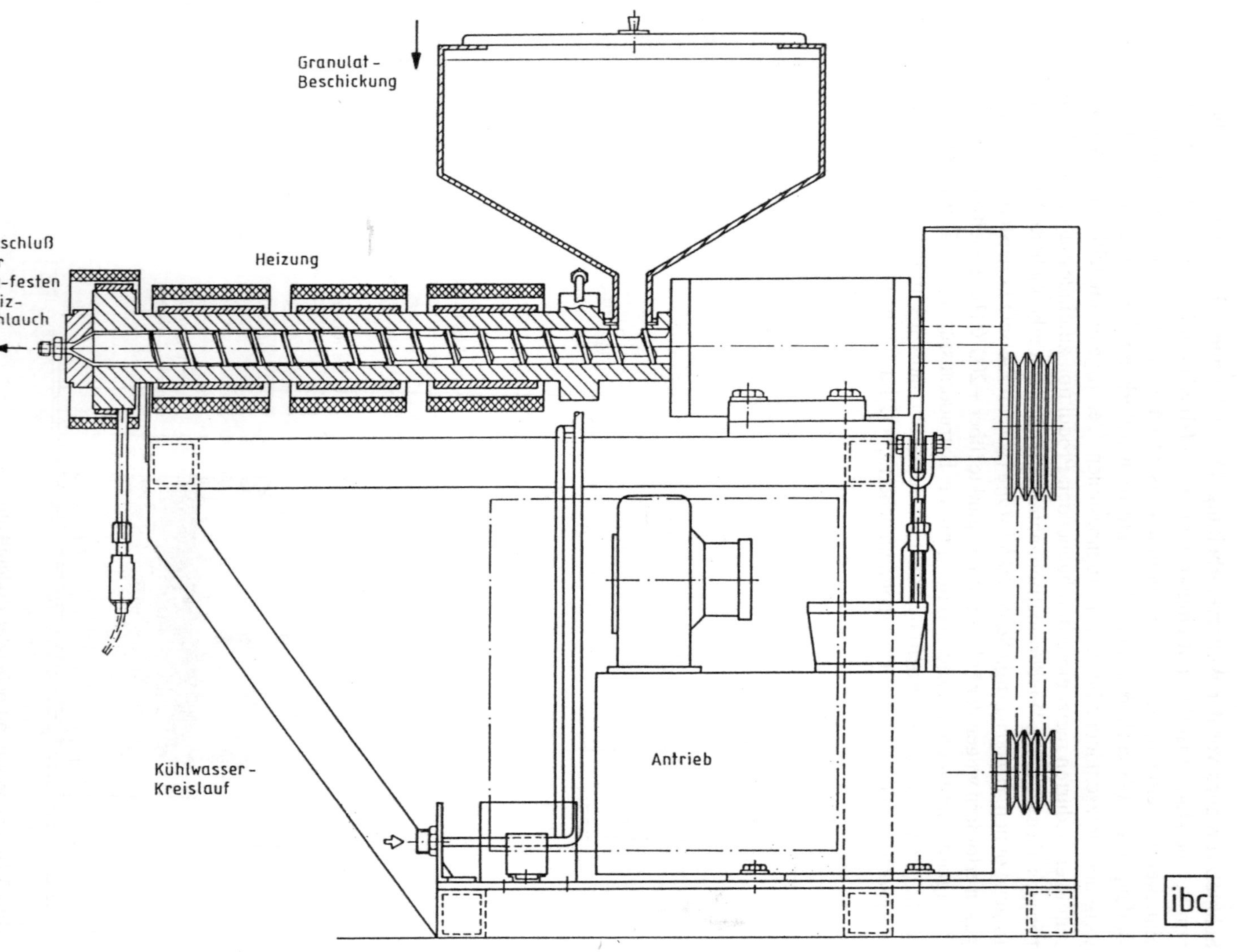

Bild 3.11: Prinzip der HD-Extruderverarbeitung von Schmelzklebstoffen

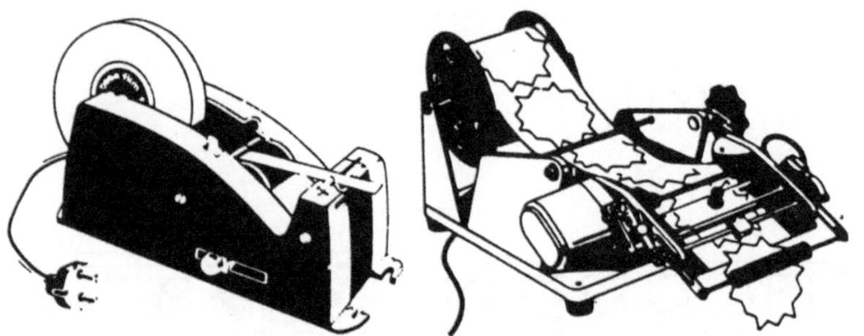

Bild 3.12: Spender- und Abrollgeräte für ein- und beidseitig klebende Teile (Beiersdorf, Hamburg)

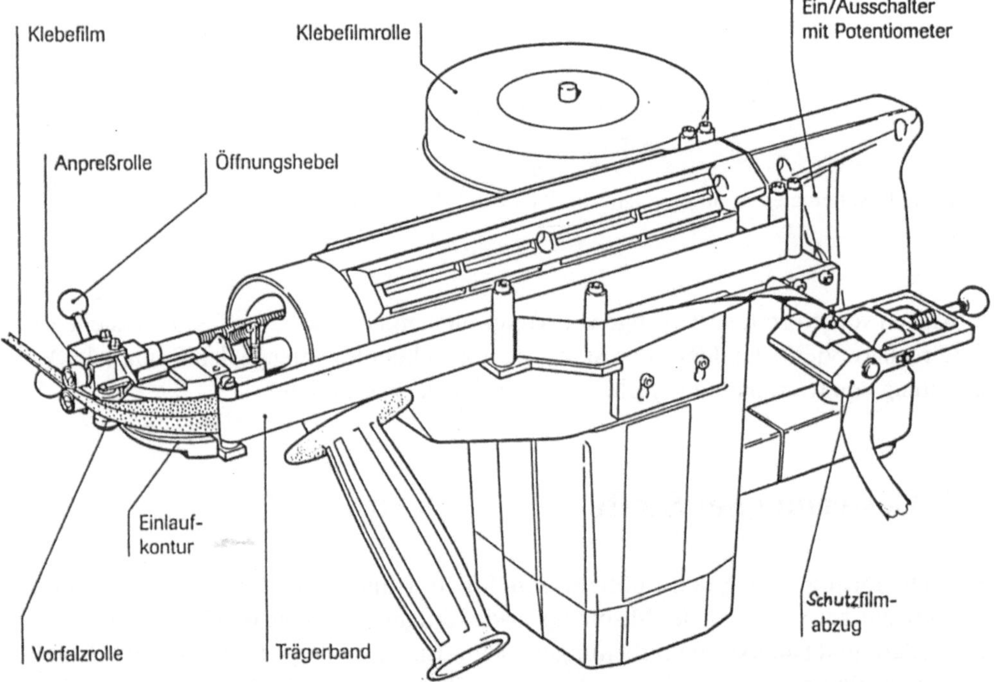

Bild 3.13: Handabrollgerät für Blechkanten-Einfaßverklebung mit einem warmhärtenden Klebfilm

Für das zur Vorbereitung zählende *Ab-, Aus- und Zuschneiden* fester Stoffe, können (vor allem bei in Bandwickeln vorliegenden Produkten) meist handelsübliche Abroll- und Schneidgeräte verwendet werden. Zur Einfaßbeklebung von Blechkanten mit warm-härtenden Klebfilmen von der Rolle entstanden spezielle Geräte. Üblich ist auch das

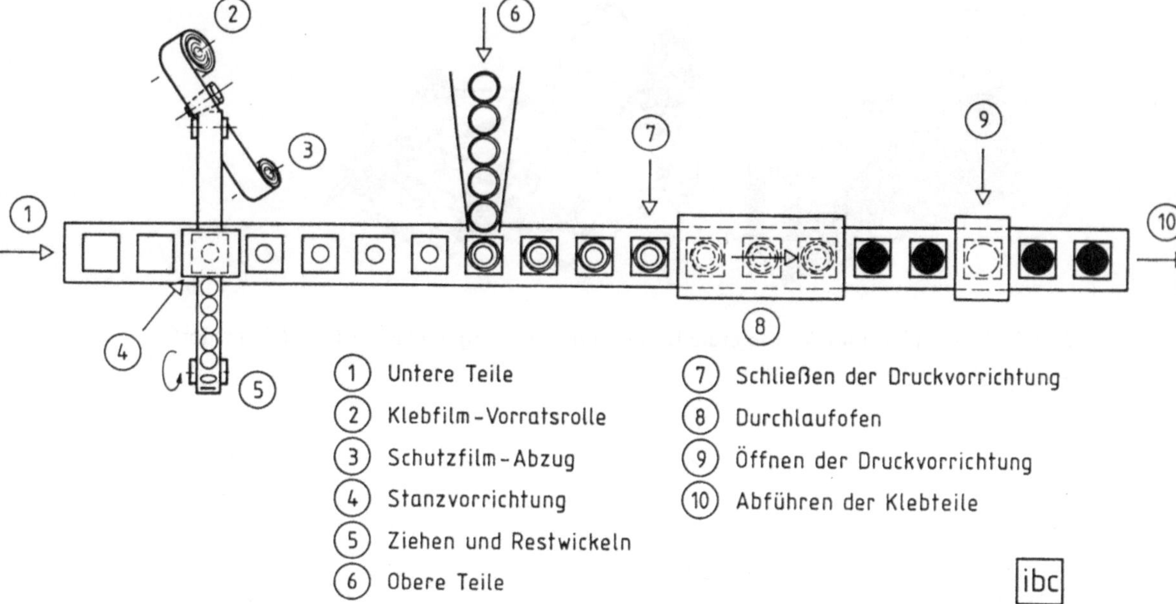

Bild 3.14: Schema einer automatisierten Klebfilm-Verarbeitungsanlage

Abziehen vorgeformter Stanzlinge von Trennfolien mit den üblichen Geräten (siehe Bild 3.12 rechts). Vielfach bilden etwa Stanz- oder Zuschneidevorgänge den Beginn der Verarbeitung von warmhärtenden Klebfilmen in Sondermaschinen.

3.2 Dosierung der Stoffe

Die Dosierung von einkomponentigen Stoffen und Einzelkomponenten mehrkomponentiger Stoffe vor der Mischung sowie fertiger Gemische ist Mittelpunkt sämtlicher Kleb- und Dichtstoffverarbeitungen, denn: Ein „Zuwenig" führt zur unvollständigen Spaltfüllung und ist nachteilig. Ein „Zuviel" hingegen bedeutet Verlust der oft teuren Stoffe etwa infolge Herausdrücken von Überschüssen. Auf die vorbestimmten Mischungsverhältnisse von mehrkomponentigen Stoffen übertragen: Insbesondere die nach einer Polyaddition vernetzenden Stoffe (wie Epoxide oder Polyurethane) sind von den stöchiometrischen Mischungsverhältnissen stark abhängig. Durch ungenaue Dosierung entstehende „Unter- oder Übervernetzung" ist im Regelfall negativ zu bewerten. Wegen der starken Abhängigkeit von den Stoffarten, erfordert die jeweilige gravimetrische (nach Gewichtsmengen) oder volumetrische (nach Volumenmengen) Dosierung unterschiedliche Verfahren oder Geräteausrüstungen samt entsprechender Dosiermengen-Kontrolle.

3.2.1 Dünn- bis dickflüssige Art

Die Viskositäten des hier angesprochenen Bereichs liegen bei 1 bis 200.000 mPa.s (Milli-Pascal x Sekunden, früher cP=Centi-Poise). Eine Vorstellung dieses *Viskositätsbereichs* samt entsprechender Fließeigenschaften kann der ungefähre Vergleich mit allgemein bekannten Stoffen liefern. Ohne weiteres Eingehen auf die spezielle Viskositäts- und

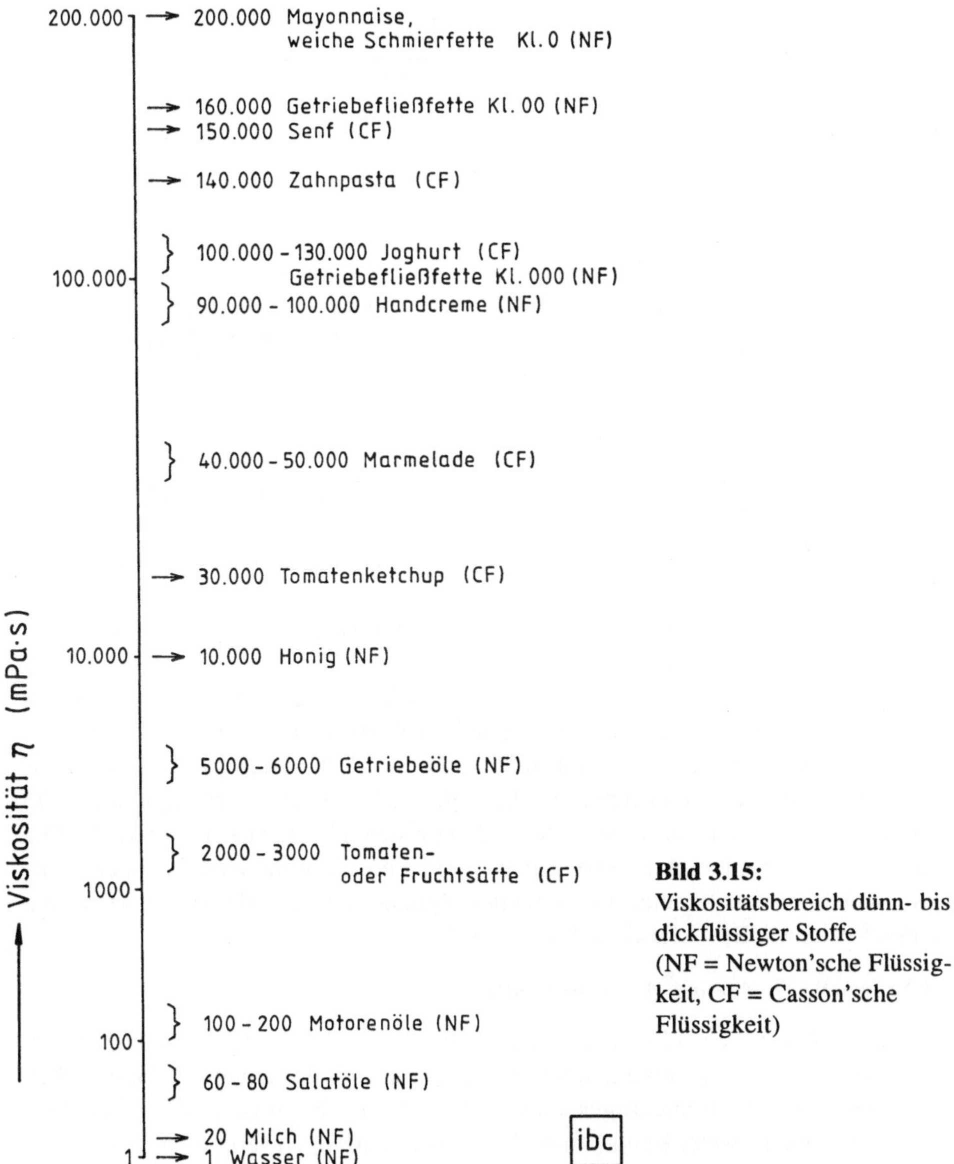

Bild 3.15:
Viskositätsbereich dünn- bis dickflüssiger Stoffe
(NF = Newton'sche Flüssigkeit, CF = Casson'sche Flüssigkeit)

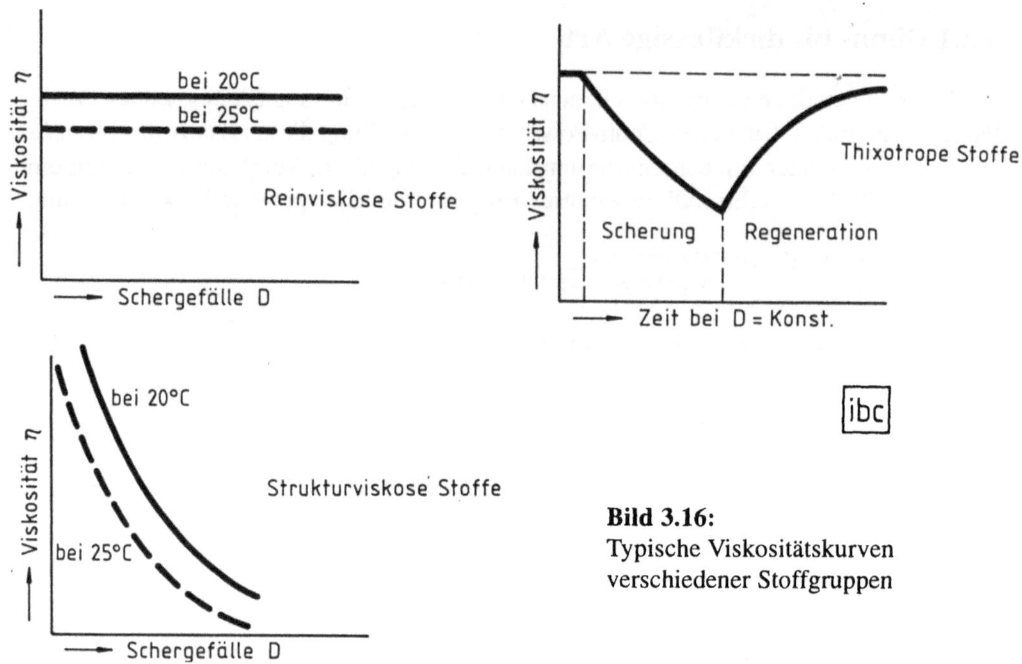

Bild 3.16:
Typische Viskositätskurven
verschiedener Stoffgruppen

Fließverhaltens-Lehre (Rheologie) sollen jedoch die temperaturabhängigen Eigenschaften solcher „Fluide" erwähnt werden:
- Newton'sche oder reinviskose Flüssigkeiten (NF) sind etwa Öle, Zuckerlösungen oder Glyzerin
- Nicht-newton'sche oder Casson'sche bzw. strukturviskose Flüssigkeiten (CF) sind z.B. die meisten Kleb- und Dichtstoffe.

Letztere werden je nach ihrem Verhalten bei dynamischer Dosierbeanspruchung noch in thixotrope (und nicht weiter beschriebene rheopexe) Flüssigkeiten (Bild 3.16) unterteilt.

Die temperaturabhängige Viskosität stellt bei Newton'sche Flüssigkeiten eine Konstante dar, während bei Nicht-newton'schen Flüssigkeiten eine Abhängigkeit vom Geschwindigkeitsgefälle D ihrer mechanisch-dynamischen Beanspruchung besteht. Die Viskositätsmessung im hier angesprochenen Bereich erfolgt üblicherweise über spaltdefinierte Rotationsviskosimeter mit koaxialen Zylindern nach DIN 54453 oder ohne definierten Spalt nach Brookfield (nicht genormt).

3.2.1.1 Manuelle Dosierung flüssiger Stoffe

Zumal in der handwerklichen Einzelanwendung erfolgt die Dosierung kleinerer Mengen von 1K-Stoffen oder 2K-Einzelkomponenten meist direkt aus den angelieferten Flaschen (Bild 3.19) oder Tuben, oft mit aufgesetzten Spritztüllen nach „Augenmaß" in Tropfen- oder Faden- beziehungsweise Raupenform. Die dosierten Mengen variieren je nach „Lust und Laune" der Werker, sofern keine Arbeitsvorschriften vorliegen. Aber selbst dann

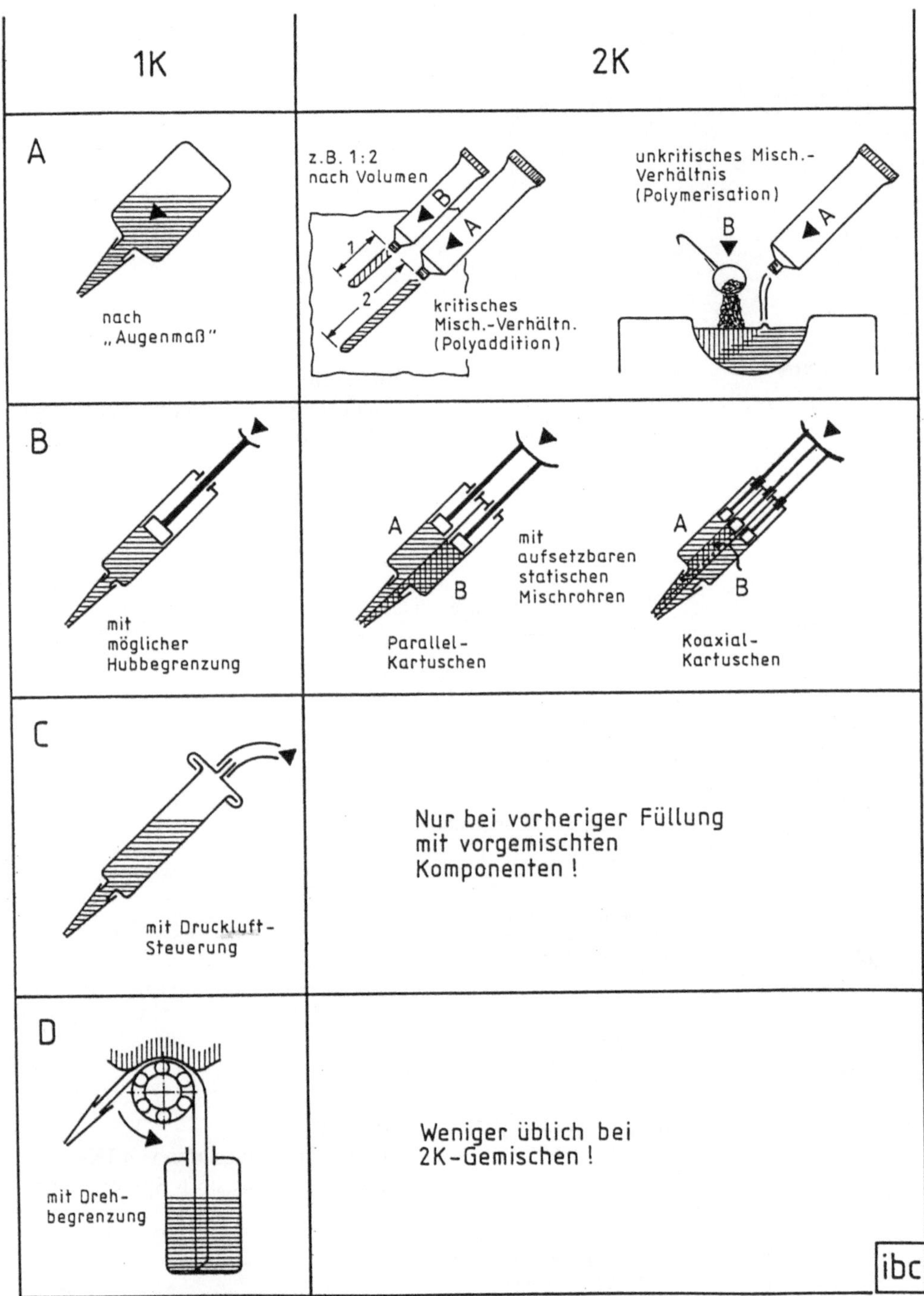

Bild 3.17: Schema der Handdosierarten

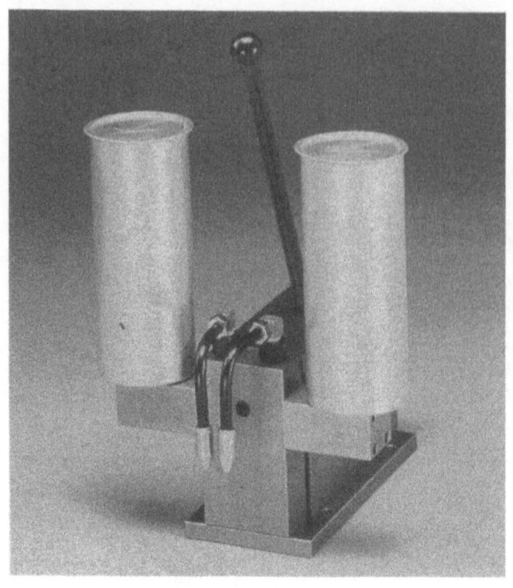

Bild 3.18:
Handbetätigter 2K-Portionierer (Hilger
& Kern, Mannheim)

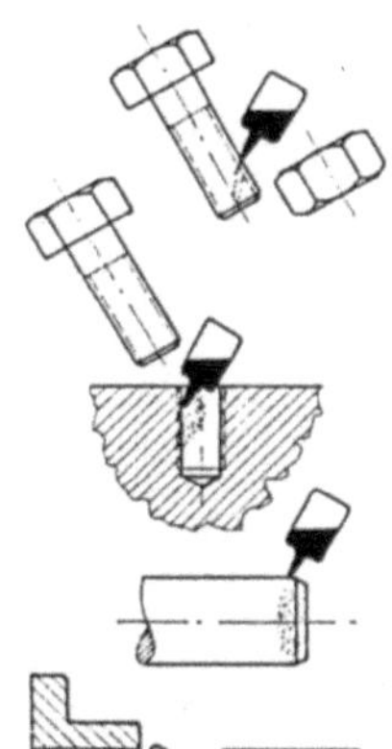

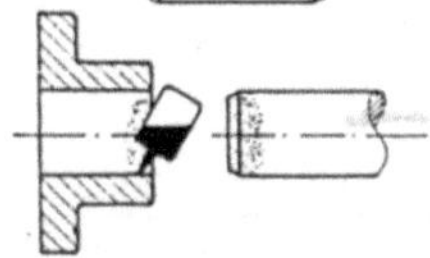

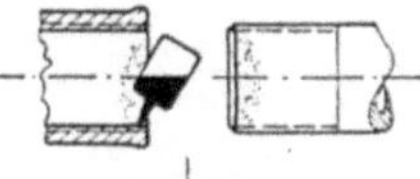

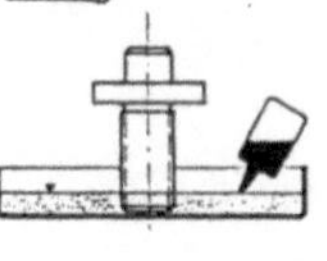

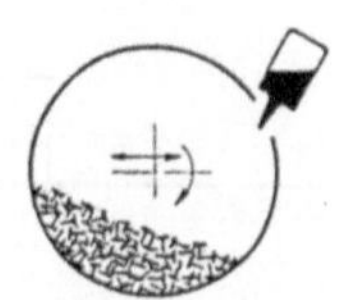

Bild 3.19:
Handverarbeitungsarten von 1K-
Stoffen aus Kunststoff- Spritzflaschen

wird oft bei (ungenau beschriebener) „sparsamer" Menge zu wenig oder bei „genügender" Menge zuviel dosiert. Besonders kritisch wird dies bei 2K-Stoffen etwa mit herstellerseitigen Hinweisen auf das Ausdrücken von Tuben in Strängen auf eine Unterlage (entsprechend A 2 in Bild 3.17) bei Stoffen, die nach einer Polyaddition reagieren. Daraus ergab sich die Forderung nach mengen-voreinstellbaren einfachen Handdosierern. Deren übliche Bauarten sind in den Gruppen B 1 und 2 in Bild 3.17 dargestellt. Insbesondere der herstellerseitige Abpack praxisgerechter 2K-Kartuschen (samt aufgesetzten Mischrohren) erschloß jenen Abnehmerkreis, der vor der bislang unsicheren Arbeitsweise nach A 2 zurückschreckte!

Eine nicht verpackungsorientierte Variante für 2K-Stoffe bilden die *2K-Portionierer* (Bild 3.18). Eine meist kolbenbetätigte Einfach-Gerätegruppe durch die unterschiedlich vorwählbare Volumina der Komponenten „in einem Zug" ungemischt auf antiadhäsive Unterlagen oder in Wegwerf-Becher zur Mischung vorbereitend dosiert werden können.

Übrigens: Wie aus Bild 3.17 ersichtlich, können vor allem flüssige 1K-Stoffe auch noch nach den Methoden C1 und D1 zur weitgehend kontrollierten Dosierung von Hand vorwiegend kleinerer Mengen eingesetzt werden. Darüber hinaus sollten stets die Einsatzstellen flüssiger 1K-Stoffe samt jeweils verschiedener Dosierung nicht vergessen werden. Zu diesen Möglichkeiten kommen noch flächige Benetzungen durch Spritz- oder Walzvorgänge etwa hinzu, welche in Abschnitt 3.4 „Auftragung" beschrieben werden. Sie beinhalten die mit der manuellen Verarbeitung oft gekoppelte Dosierung.

3.2.1.2 Mechanisierte Dosierung flüssiger Stoffe

Sie geht aus der manuellen Dosierung hervor durch anwendungstechnische Verbesserungen, die sich aus der mehrmaligen Wiederholung desselben, jedoch besser qualitätsgesicherten Arbeitsschritts ergeben. Hierfür ist besonders der Wirkkreis:
  - temperaturkontrollierter Vorratsbehälter mit
  - mengenkontrollierter Dosier-Ventil-Steuerung und/oder unterschiedlichem
  - Dosierpumpen-Einsatz
zu beachten, denn er ist unter anderem wiederum stark viskositäts-, temperatur- und druckabhängig.

Vorratsbehälter sind Ausgangspunkt jedweder Dosierung. Sie können je nach den zu verarbeitenden Stoffen verschiedene Formen haben und sind oft druckluftbeaufschlagt. Naturgemäß wird versucht, das Liefergebinde direkt als Vorratsbehälter zu nutzen. Vielfach sind jedoch schon aus Gründen der kontinuierlichen Stoffversorgung Umfüllvorgänge kaum zu vermeiden.

Die in Bild 3.20a angedeuteten, die Dosiermengen kontrollierenden *Ventil-Bauformen* sind ihrerseits stoff- beziehungsweise fließdruckorientiert und meist zeitgesteuert. Die verschiedenartigen Gestaltungen sind in Bild 3.21 samt typischen Anwendungen zusammengefaßt.
  - Quetschventile sind meist nur für dünnflüssig bis mittelviskose Stoffe bei Vordrücken < 3 bar geeignet und ihre Dosier-Wiederholgenauigkeit ist relativ gering (± 7 bis 10 %).

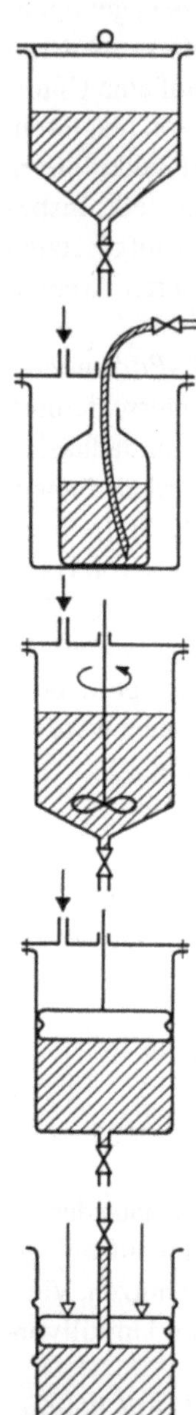

Offene Behälter

Nur für frei-fließende Stoffe
geringer bis mittlerer Viskosität.
Nicht für feuchtereagierende Medien.

Vordruckbehälter mit Steigleitung

für gering- bis mittelviskose Stoffe
auch direkt aus eingesetzten Original-
gebinden. Mit getrockneter Druckluft
bzw. N_2 und CO_2 auch für feuchtereagierende Medien.

Vordruckbehälter mit Bodenleitung

für mittelviskose und pastós-fließende
Stoffe. Mit Rührer auch für sedimen-
tierende sowie Trockenluft (bzw. N_2
und CO_2) für feuchtereagierende Medien.
Rührer kann Gasblasen einrühren
(ggf. intermittierender Vakuumbetrieb).

Vordruckbehälter mit Folgekolben

für höher-viskose und pastöse Stoffe.
Ohne Kolbenstange (und evtl. Ventil)
oft in Kartuschenform verwendet.
Auch für feuchtereagierende Medien.
Mögliche Luftblaseneinschlüsse beim
Befüllen.

Mechanischer Auspreß- bzw. Abpumpvorgang

meist direkt aus Liefergebinden für
höherviskose und pastöse Stoffe
über Faßpressen.

Bild 3.20a: Wichtige Vorratsbehälter-Formen

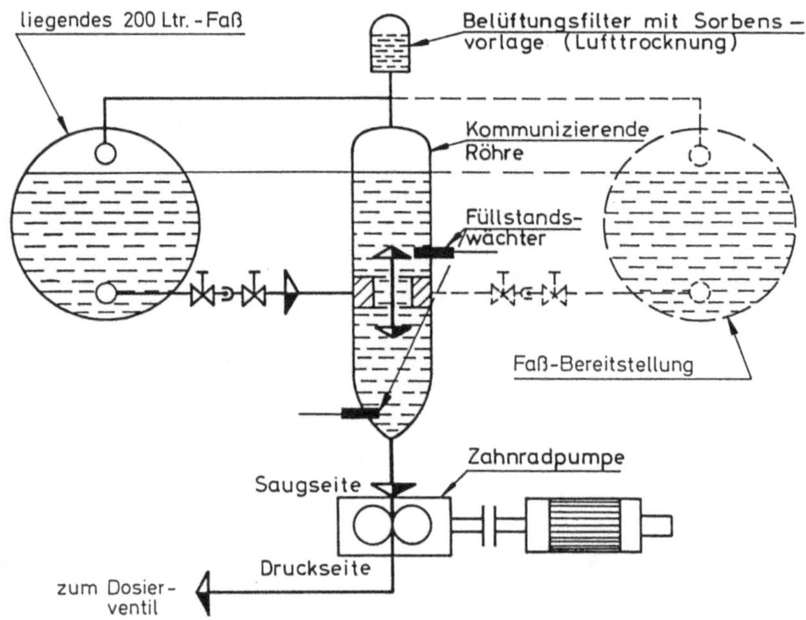

Bild 3.20b: Materialversorung aus 200l-Fässern für einen kontinuierlichen Betrieb (Bild: Lutzke, Augsburg)

- Sitzventile (auch als „Plattenventile" bekannt) sind sehr genau arbeitende Ventil-Bauformen (± 2 - 5 %) bei dünn- bis dickflüssigen Stoffen im Mitteldruckbereich (< 50 bar). Wegen ihrer kompakten Bauart zählen sie zu den oft verwendeten Dosierventilen.
- Nadelventile sind selbstzentrierende Kegelventile und werden meist für die genauere Dosierung (± 2 %) mittelviskos bis dickflüssig-pastöser Stoffe auch gegen höhere Drücke (< 200 bar) vorteilhaft eingesetzt.
- Kolbenventile hingegen sind vor allem dickflüssig-fadenziehenden bis pastösen Stoffen vorbehalten, deren Dosierung als schwierig gilt. Wegen naturgemäß verzögernder Einflüsse bedarf die Dosiersteuerung besonderer Aufmerksamkeit.

Welche Ventil-Bauart zum Einsatz kommen soll, ist also von den gestellten Forderungen abhängig [2] (Bild 3.21).

Pumpen-Bauarten, die zur Verarbeitung dünnflüssiger bis dickpastöser Stoffe eingesetzt werden, sind vor allem rotierende oder oszillierende Verdrängersysteme (Bild 3.22). Erst wenn sie neben üblicher Förderung bei Ab-, Umpump- oder Füllvorgänge unter bestimmten Bedingungen zur Dosierung eingesetzt werden können, werden sie zu „Dosierpumpen"! Denn die verfahrenstechnische Definition lautet nach [3]: Dosierpumpen fördern reproduzierbar einen einstellbaren Dosierstrom in ein anderes System. Der justierbare Zusammenhang zwischen Stellgröße und Volumenstrom (Pumpenkennlinie) unterliegt verschiedenen Störgrößen, wie etwa Differenzdruck, Dichte, Viskosität und Temperatur

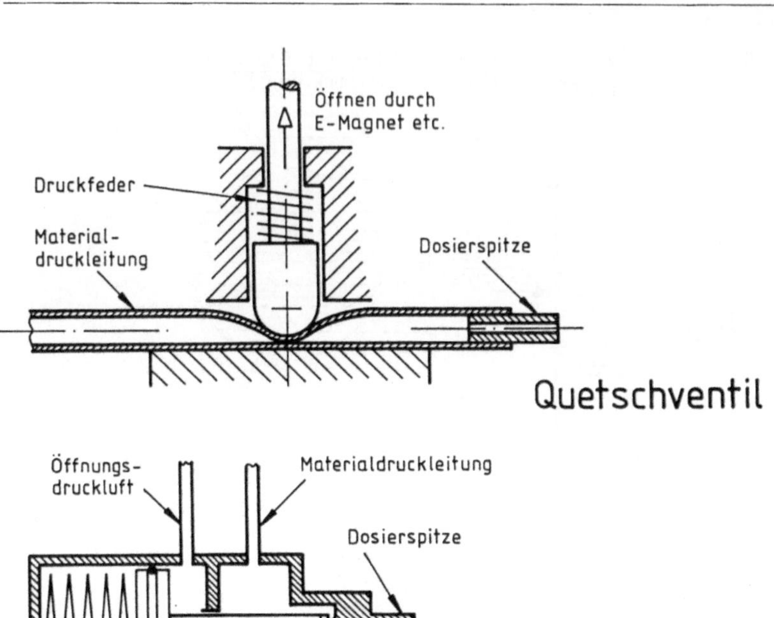

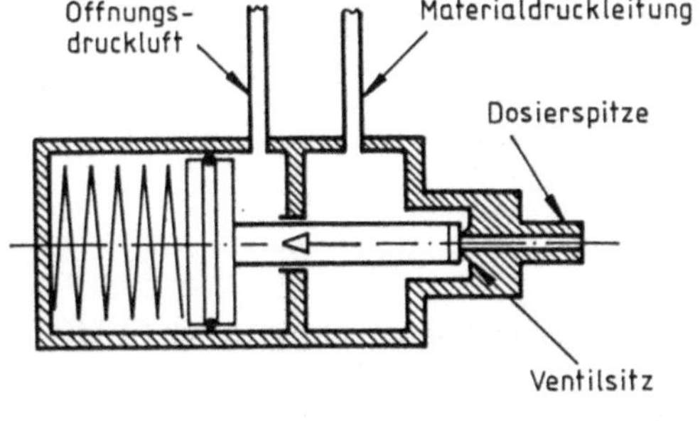

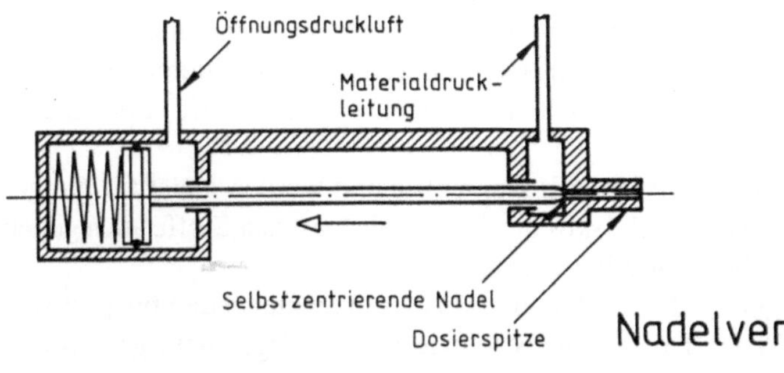

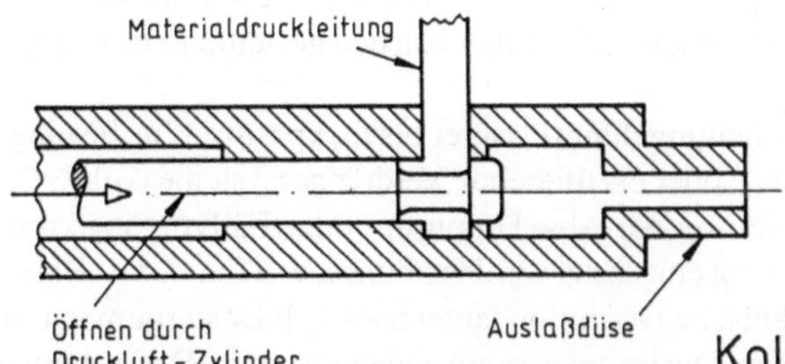

Bild 3.21: Meistverwendete Dosierventil-Bauarten   ibc

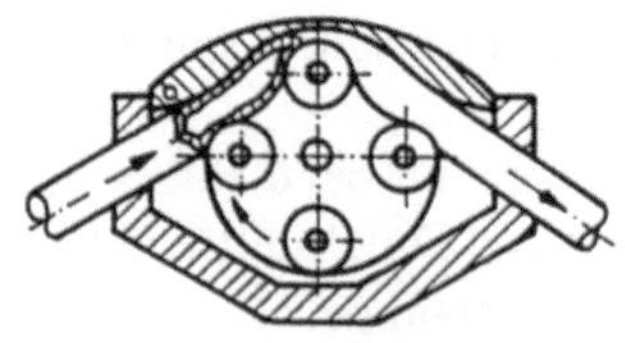

Schlauchpumpen

ventillos bei einfacher Bauart. Dosier-
volumen abhängig von Schlauch ϕ,
Andruckrollen-und Drehzahl ($p=<5\,bar$)
Für dünnflüssige bis mittelviskose·
Stoffe mit geringerer Dosiergenauigkeit.

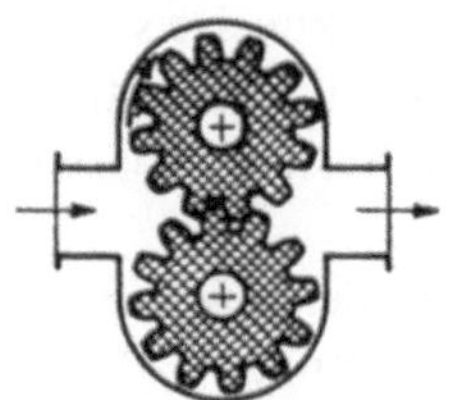

Zahnradpumpen

zur Druckerzeugung vor Dosierventilen
sowie Ab- und Umpumpvorgänge auch
dickflüssiger Stoffe, Abhängigkeit
der Fördermengen von Baugröße und
Drehzahlregelung ($p=<20\,bar$).

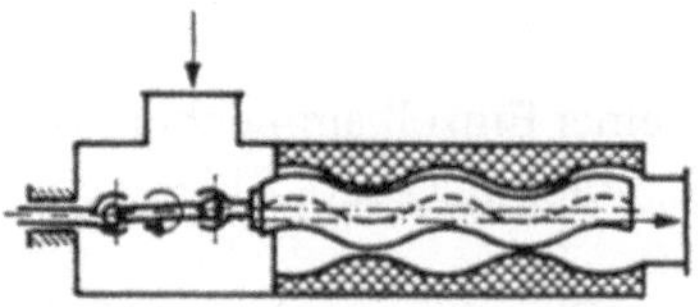

Exzenterschneckenpumpen

wie bei Zahnradpumpen, jedoch auch
für zähpastöse Stoffe geeignet.
Links im Bild die 1-stufige Bauart
($p=<6\,bar$), möglich bis 12-stufig
($p=<80\,bar$).

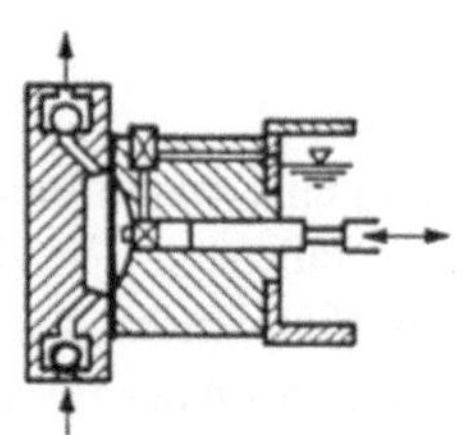

Membranpumpen

mit steuer- und kontrollierbarem
hydraulischem (linkes Bild) oder mecha-
nischem bzw. elektrischem Linearantrieb.
Werden wegen fehlender zusätzlicher
Ventile als „Dosierpumpen" bezeichnet
(Mitteldruckausführung $p=<50\,bar$,
HD-Ausführung $p=<700\,bar$).

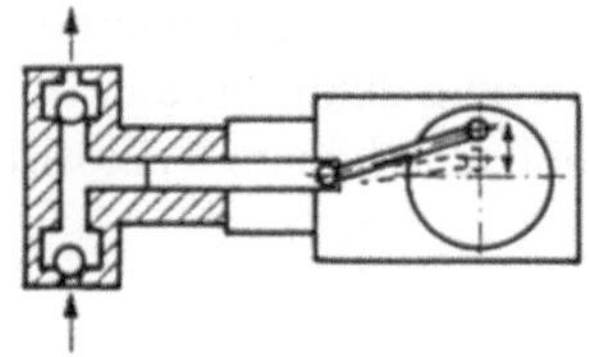

Kolbenpumpen

in verschiedensten Bauarten für bis zu
dick-pastöse Stoffe, auch mit Linearantrieb als Faßpumpen und sogn.
„Volumendosierer" bis zu höchsten
Drücken ($p=<700\,bar$) mit gut
kontrollierbaren Volumenströmen.

ibc

Bild 3.22: Übliche rotierende und oszillierende Verdrängerpumpen zur volumetrischen
Dosierung

der Stoffe. Eine möglichst drucksteife Kennlinie (Bild 3.23) ist also Voraussetzung für die volumenabgrenzende Dosierung mit Pumpe. Prinzipiell eignen sich zwar alle Verdrängerpumpen dafür. Da aber innere Spaltleckagen die Umsetzung des geometrischen Verdrängungsvolumens in den effektiven Dosierstrom verfälschen, spielt die Arbeitsraum-Dichtheit eine wichtige Rolle.

- Rotierende Systeme mit unvermeidlichen Spalten zeigen nur bei dickflüssig bis pastösen Stoffen eine genügende Reproduzierbarkeit und Drucksteifheit der Kennlinie. Eine Ausnahme bildet die Exzenterschneckenpumpe.

- Oszillierende Systeme, zwar mit intermittierendem Druckwechsel im Arbeitsraum, jedoch mit spaltloser Kolbenabdichtung sowie taktweise statisch dichten den Ventilen zeigen geringste innere Leckagen und damit eine optimale Reproduzierbarkeit des Dosierstroms. Nur ein auf solchen Systemen basierendes Gerät kann als Dosierpumpe bezeichnet werden [3].

Der überaus wichtige Dosier- oder Volumenstrom V geht aus den jeweiligen Geometrie- und Zeitparametern einer Dosierpumpe hervor nach der Gleichung:

$$V = V_h \cdot i \cdot n \cdot \eta_v$$

Hierin bedeuten:

V_h = Verdrängungsvolumen oder Volumen einer Einzelkammer bei rotierenden Verdrängerpumpen oder Hubvolumina bei oszillierenden Verdrängerpumpen.

i = Anzahl der Verdrängungsvolumina oder Einzelkammeranzahl bei rotierenden Verdrängerpumpen (Zähnezahl bei Zahnradpumpen) oder Pumpenzylinderanzahl bei oszillierenden Verdrängerpumpen.

n = Drehzahl oder Hubfrequenz

η_v = Fördergrad oder volumetrischer Wirkungsgrad.

Während die Größen V_h, i und n in obiger Formel bei allen Pumpenarten definierte Werte aufweisen und deshalb Dosierfehler nur wenig beeinflussen, läßt sich der vielfältige Fördergrad η_v quantitativ-exakt nur in wenigen Fällen erfassen. Vielmehr sind dafür separate Feststellungen zum Elastizitätsgrad η_E und dem Gütegrad η_G nach der Formel

$$\eta_v = \eta_E \cdot \eta_G$$

erforderlich [4]. Die aus dem Wirkkreis: Vorratsbehälter/Dosierventil oder Dosierpumpe hervorgehenden Zusammenhänge bilden die Basis der Dosierung dünn- bis dickflüssiger Stoffe im Viskositätsbereich 1 – 200.000 mPa.s, obwohl auch höhere Viskositätsbereiche bereits erwähnt wurden.

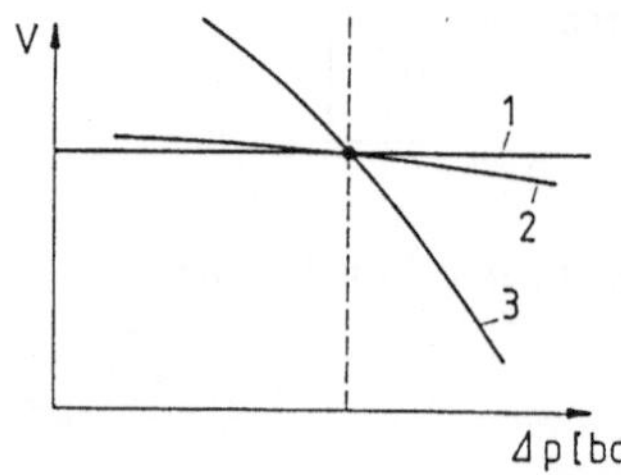

Bild 3.23:
Vergleich verschiedener Pumpenkennlinien
1 = oszillierende Verdrängerpumpe
2 = rotierende Verdrängerpumpe
3 = Kreiselpumpe

3.2.2 Weich- bis zäh-pastöser Art

Die Zustandsformen des hier angesprochenen Bereichs sind mit üblichen Viskositäts-
meßverfahren, wie etwa mittels spaltdefinierten Rotationsviskosimetern mit koaxialen
Zylindern nach DIN 54453 (siehe Abschnitt 3.2.1) nicht mehr allein definierbar. Grund
hierfür sind mehrere ab 200.000 mPa·s praktizierte Meßverfahren, nämlich
- Rotationsviskosimeter des Platte/Klegel-Systems nach der neuen ISO-DIN 3219
  oder der bisherigen DIN 53019 mit Angaben in Pa·s und/oder die
- „Bestimmung der Verarbeitbarkeit von Dichtstoffen" nach DIN 52456 mit der
  sogenannten Ausspritzmenge (in g/min oder ml/min), aber auch die
- „Bestimmung der Konuspenetration" nach DIN 51804 Bl.1 mit Angaben zur Eindringtiefe (in 1/10 mm) sowie „Konsistenzeinteilung von Schmierfetten" nach DIN
  51818.

Letztere werden zumal von Verarbeitungsgeräteherstellern bei zäh-festen Stoffen, wie
etwa für warm zu verarbeitende Butylkautschuke (Heißbutyle) „zweckentfremdet" verwendet.

Zur Erläuterung: Die Messung der Penetration bei verschiedenen Schmierfetten erfolgt mittels Penetrometer. Darauf wird bei Raumtemperatur die Eindringtiefe verschiedener Prüfkegel (definierter Hohl- oder Vollkonus beziehungsweise Viertelkonus bei
geringen Versuchsmengen) in stoffgefüllt-glattgestrichene Kleinbehälter-Oberflächen
gemessen und als Eindringtiefe (in 1/10 mm) angegeben z.B. Penetration = 270 · 0,1 mm
(für weiche Schmierfette). Weiche Stoffe haben also eine größere Eindringtiefe mit höherer Penetrationszahl. Gelagerte Stoffe ergeben die Ruhpenetration. Sie ist meist unterschiedlich von der eines vorher dynamisch beanspruchten, also gekneteten beziehungsweise „gewalkten" Stoffes – daher ist auch die sogenannte Walkpenetration genormt.
Die damit mögliche Konsistenz-Einteilung nach DIN 51818 beginnt bei Schmierfetten
mit der sehr weichen Konsistenzklasse 0 und reicht bis zur steifen Blockfett-Konsistenz

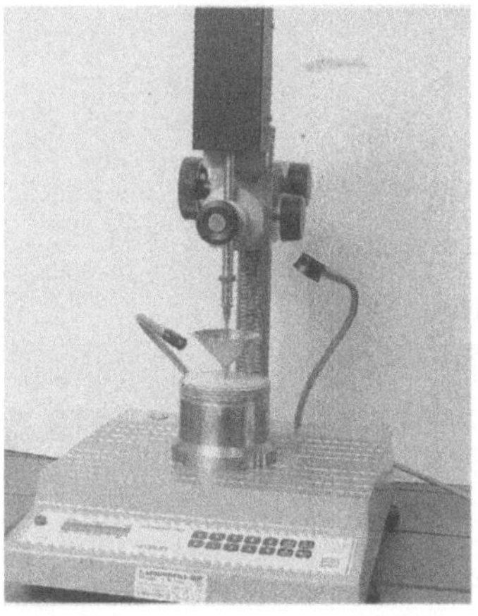

Bild 3.24:
Penetrometer mit Prüfkonus zur Konsistenzmessung
nach DIN 51804 (Dow Corning Molykote, München)

6, obwohl die Fließfett-Klasse 00 und 000 noch in die Viskositätsaufstellung aus Bild 3.15 hineinreichen. Zweifellos ist eine gewisse Übertragbarkeit auf weich- bis zähpastöse Kleb- und Dichtstoffe gegeben. Als Grenzen könnten gelten:

– bei Viskositäts-Messungen etwa 200.000 mPa.s (200 Pa·s) als oberer Übergangsbereich zum Platte/Kegel-System (mit seinerseits oberen Grenzen) und/oder

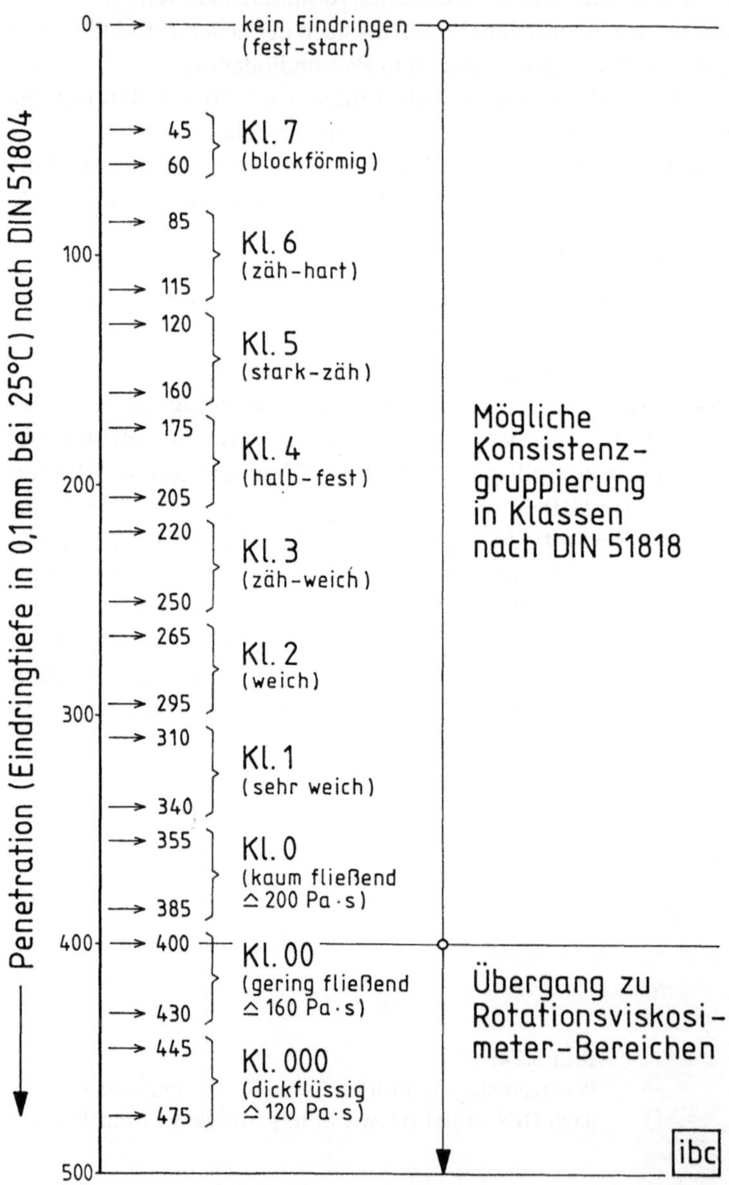

Bild 3.25: Mögliche Konsistenzgruppierung pastöser Kleb- und Dichtstoffe

    – bei Penetrations-Messungen etwa 400 ·0,1 mm als unterer Ausgangsbereich (ohne
      obere Grenzen).

Die Förder- und Dosierbarkeit weich- bis zähpastöser Stoffe wird jedoch weitgehend
durch ihr Fließdruckverhalten bestimmt. Hinweise hierzu gibt die DIN 52456 zur
Ausspritzmenge oder dem Extrusionsverhalten der Stoffe. Es stellt zwar eine wichtige
Verarbeitungs- und damit Dosiergröße pastöser Stoffe dar, wurde aber bisher kaum genauer untersucht [5], wie überhaupt der ganze hier angesprochene Bereich noch mancher Klärung bedarf.

    Somit verbleibt für die Kleb- und Dichtstoff-Dosierung pastöser Stoffe nur Empirie
und das spezielle Know-How einiger Gerätehersteller [6].

3.2.2.1 Manuelle Dosierung pastöser Stoffe

Bei höherer Konsistenz pastöser Stoffe sind bereits Tuben-Abpackungen für die handwerkliche Einzelanwendung nur mehr eingeschränkt verwendbar. Meist werden daher
Abpackungen von etwa 80 - 570 ml in Patronen oder Kartuschen über mechanisch- oder
druckluftbeaufschlagte Handverarbeitungsgeräte eingesetzt (Bild 3.26). Wegen meist
fehlender Dosierventile an den Abgabedüsen ist das unerwünschte „Nachlaufen" infolge viskoelastischer Druckspeicherung und nur allmählichem Abbau mit Überdosierun-
gen kaum vermeidbar. Daher kommen vorwiegend druck- beziehungsweise kolbenplatten-
beaufschlagte Kleinbehälter als Eimer oder Hobbocks mit 5 bis 25 l Inhalt über manu-
ell-ventilbetätigte Ausgieß- oder Fadenpistolen zum Einsatz (Bild 3.27).

    Selbst wenn damit das berüchtigte „Nachlaufen" der Kleb- und Dichtstoffe vermin-
dert wird, ist ein derartiges Gerät für die genauere Dosierung, etwa von zwei-

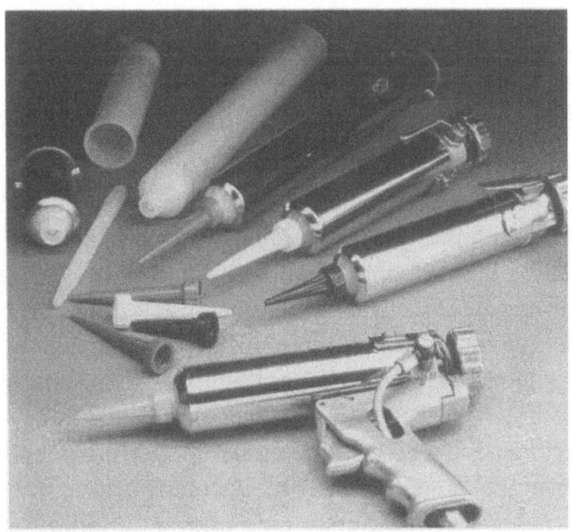

Bild 3.26:
Druckluftbetätigte Kartuschenpistolen
für pastöse Medien (Hilger & Kern,
Mannheim)

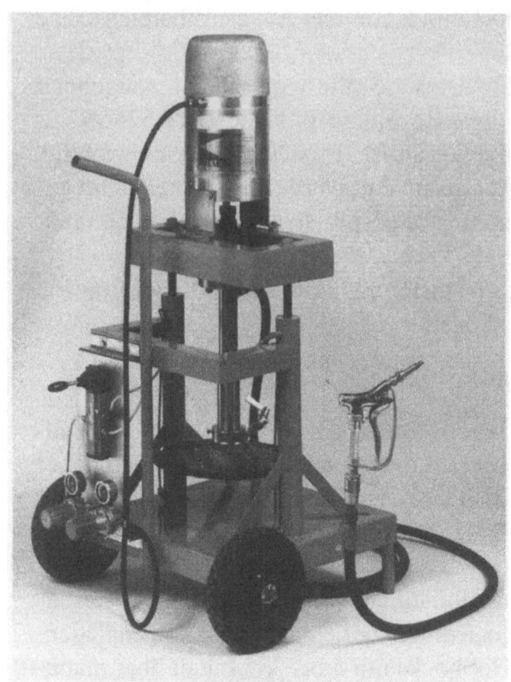

Bild 3.27:
Mobile druckluftbetriebene Faßpumpe
(Kremlin, Dietzenbach)

komponentigen Stoffmengen nur eingeschränkt verwendbar. Dann ist auch bei der mit nur wenig Aufwand anzustrebenden manuellen Dosierung die Verwendung von Nadel- oder Kolbenventilen, sogenannter Kolbendosierer (Bild 3.28) oder neuerer Exzenter- schnecken-Handgeräte erforderlich.

3.2.2.2 Mechanisierte Dosierung pastöser Stoffe

Die zwangsläufigen Verbesserungen für die öftere Wiederholung von Dosierungen dick- pastöser Stoffe insbesondere stets gleicher Stoffmengen fordert naturgemäß einen höhe- ren Geräteaufwand. Wegen der gleichzeitigen höheren Bedarfsmengen finden nahezu ausschließlich 25 oder 200 l Deckelfässer als Vorratsbehälter Verwendung.

Für deren Entleerung kommt dann meist nur die Hochdruckförderung mittels druckluft- betriebenen Kolbenpumpen infrage. Solche Faßpressen basieren auf pneumatisch vor- belasteten Druck- beziehungsweise Folgeplatten aus deren Zentren Schöpf- oder Schäl- kolbenpumpen die pastösen Stoffe unter hohen Drücken abfördern. Zum Pulsations- ausgleich sind vor der eigentlichen Dosierung noch zusätzliche Regeleinheiten erforder- lich. Im Falle sehr genauer Mengendosierungen handelt es sich um nachgeschaltete Vo- lumen- oder Kolbendosierer (Bild 3.28 rechts). Zur Sicherstellung einer kontinuierli- chen Arbeitsweise werden Faßpressen meist als Doppelanlagen mit selbsttätiger Um- schaltung bei entleerten Behältern installiert (Bild 3.29).

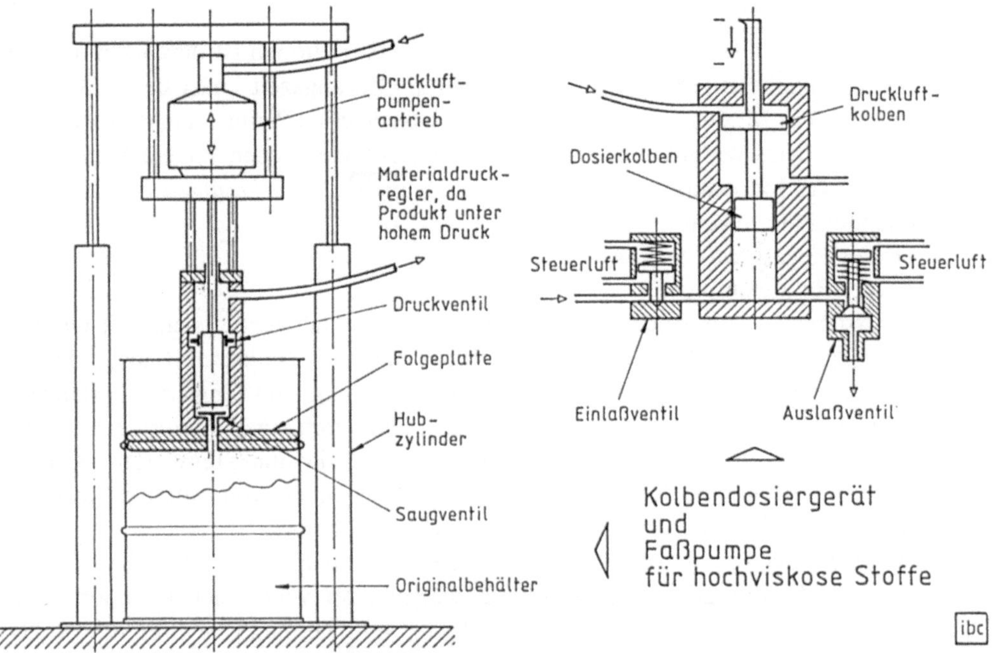

Bild 3.28: Dosierung größerer sowie kleinerer Mengen dickpastöser Stoffe

Bild 3.29: Doppelanordnung von Faßpressen (Graco, Neuss)

3.2.2.3 Neuere Dosierverfahren

Das Hauptproblem aller bisherigen Dosierventil-Konstruktionen ist ihre nur indirekte Volumen-Regelbarkeit über die Steuerung der Ventil-Öffnungszeit – nach dem Ja(offen)/ Nein(geschlossen)-Modus mit allen stoffbedingten Nachteilen (keine „scharfen" Dosierbilder zu Beginn, im Verlauf und am Ende eventuelles Fadenziehen und Nachlauf).

Es sind zwei Innovationen zur wünschenswerten *direkten Volumen-Regelbarkeit* vorgezeichnet, nämlich das
– Dosier-Regelventil und die
– Dosier-Regelpumpe.

Basis des ersteren Prinzips sind drei sehr ähnliche Proportional-Regelsysteme [7]. Grundlage ist der regelmotorbetätigte Linearantrieb des meist als Nadelventil ausgeführten Dosierventils in Abhängigkeit von jeweils momentanen Druck- und Temperaturzuständen. Sie werden durch eingebaute Sensoren festgestellt und durch einen Prozessrechner anhand vorgegebener Daten (etwa der charakteristischen Viskositäts-Temperatur-Kurve) zur laufenden Ausregelung des Dosierventils benützt, womit ein kontrollierter Stoffauftrag entsteht (Bild 3.30) (siehe Abschnitt 5. „Qualitätssicherung").

Basis der Dosier-Regelpumpe hingegen ist die bekannte *Exzenterschnecken-Pumpe* (als rotierende Verdrängerpumpe Bild 3.22) wegen ihrer ventillosen Funktion. Ihre „Zweckentfremdung" als sehr gut regelbares Dosierventil verdankt sie ihrer im wesentlichen linear-verlaufenden Förder- oder Dosierkennlinie in Abhängigkeit von der Drehzahl (Bild 3.31).

Dies gilt im wesentlichen unabhängig von den jeweiligen Stoffviskositäten (von dünnflüssig bis zähpastös). Durch kurzzeitigen Drehrichtungswechsel ist ein sofortiger Dosierabbruch mit Rücksaugeffekt möglich. Auch hier ist ein Prozessrechner-Einsatz zur direkten Regelung über Druck- und Temperatur-Sensoren möglich [8].

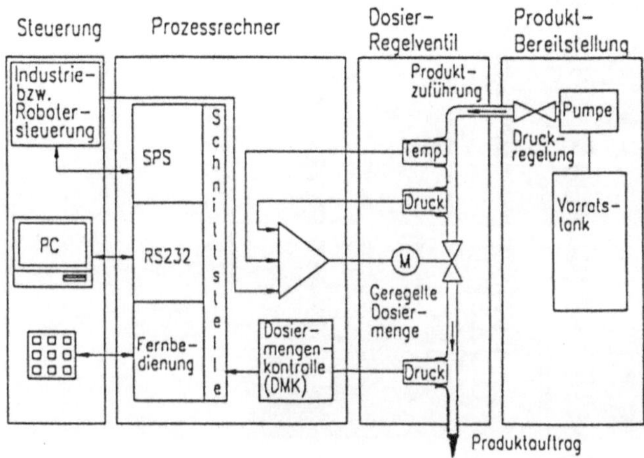

Bild 3.30:
Ablaufschema für eine
Dosier-Regelventil-Anordnung (Drei Bond, Eching)

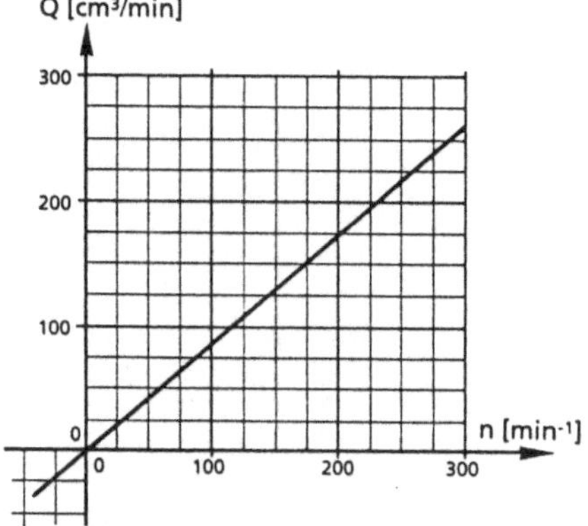

Bild 3.31:
Beispiel der Dosier- oder Förderkennlinie einer Exzenterschneckenpumpe (Netzsch-Mohnopumpen, Waldkraiburg)

3.3 Mischung mehrkomponentiger Stoffe

Die Mischung von 2K-Stoffen ist besonders wichtig, denn ohne völlig homogene Komponenten-Mischungen sind spätere Fehler vorprogrammiert: Sofort nach der Mischung beginnt die temperaturabhängige chemische Aushärtungsreaktion. Die Zeit bis zur noch verarbeit- oder auftragbaren Mischungsmenge wird als „Topfzeit" bezeichnet. Unterschieden wird nach der

- Hochdruck- und
- Niederdruck-Mischung.

Die *Hochdruckmischung* wird nahezu ausschließlich in der Polyurethan-Schaum-Verarbeitung angewandt. Eine Ausnahme bildet lediglich die ähnliche Spritzverarbeitung (mit Mischung im Spritzstrahl) von 2K-PUR-Stoffsystemen. Der Mischvorgang basiert auf dem direkten Aufeinanderprallen der beiden (Druck > 50 bar)in eine Mischkammer eingespritzten Komponenten allein aufgrund der ihnen innewohnenden kinetischen Energie. Zur Strömungsberuhigung dienen längere Auslaufrohre, die nach Misch-(Schuß-)ende durch integrierte Kolben gereinigt werden. Voraussetzung für die Hochdruckmischung sind mittelviskose Komponenten (<5000 mPa.s) bei Mischungsverhältnissen von 1 : 1 bis 1 : 5 (mit erwünschter geringer Luftbeladung etwa von PUR-Mischungen) und großen Austragsmengen (bis 1500g/Sekunde) (Bild 3.32).

Die *Niederdruckmischung* stellt den weitaus größeren Bereich für Kleb- und Dichtstoffe dar, weshalb sich nachfolgende Ausführungen darauf konzentrieren. Die bisherige Differenzierung nach der

- chargenweisen Mischung *vordosierter* Stoffmengen und der
- kontinuierlichen oder intermittierenden Mischung *zudosierter* Komponenten mittels sogenannter „statischer Mischrohre" oder „dynamischer Mischer"

bedarf einer Korrektur: Jede Mischung zweier „Fluide" ist ein dynamischer Vorgang unter Nutzung der Strömungsmechanik. Der mißverständliche, wenn auch allgemein

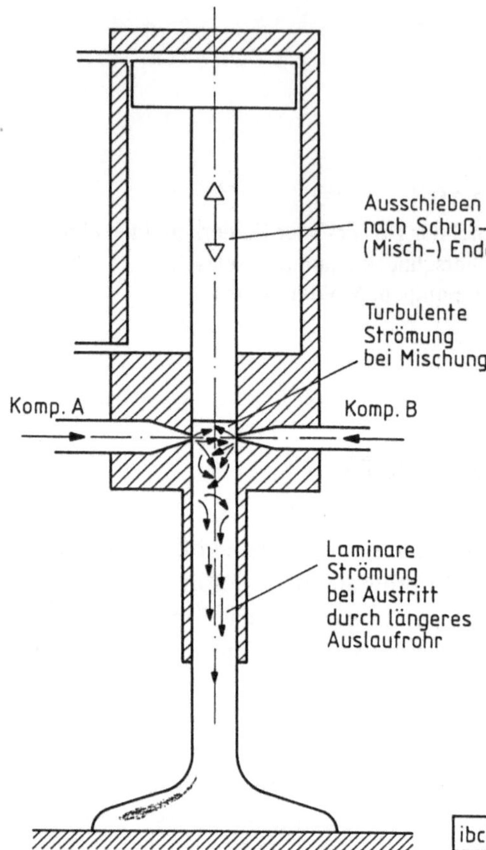

Bild 3.32:
Prinzip der PUR-Hochdruckmischung für
große Schußmengen

übliche Ausdruck „Statischer Mischer" entstand lediglich wegen der dafür charakteristischen, in Rohren fest installierten Umlenk- oder Mischelemte. Es wird daher vorgeschlagen, anwendungsorientiert verständlicher in

- Strömungs- oder Rohrmischer mit Energiezufuhr über die Stoffe und
- Rühr- oder mechanische Mischer mit Energiezufuhr von Außen zu unterscheiden.

3.3.1 Chargenweise Mischung

Dieses Verfahren wird meist nur bei der handwerklichen Verarbeitung und kleinen Losgrößen der industriellen Fertigung verwendet, wenn etwa

- entsprechende Geräteausrüstungen wegen nur gelegentlicher Anwendung unwirtschaftlich erscheinen,
- extrem kleine Mischungsmengen (wie bei der SMD-Verklebung) verarbeitet werden oder

– sehr große Mischungsmengen mobil (wie auf Baustellen) je nach Bedarf erforderlich sind.

Voraussetzung ist stets die Stufe 3.1 Vorbereitung und 3.2 Dosierung mit den dort beschriebenen Methoden oder Einfach-Geräten, wie dem 2K-Portionierer. Verbreitet ist die Verwendung von Wegwerf-Bechern aus Pappe oder Al-Folie, denn Kunststoffbecher (außer PE) können von den 2K-Gemischen angelöst werden! Da die Mischungsreste aushärten, ist die Entsorgung meist über den Gewerbemüll möglich.

Das *Vermischen* kann zwar im einfachsten Fall von Hand mittels einem Holzspachtel oder einem Hilfsgerät erfolgen, jedoch ist stets entsprechende Arbeitsschutzausrüstung (wie Handschuhe, Luftabsaugung) vorgeschrieben (Bild 3.33). Die bei manuellen Chargen-Mischvorgängen zwangsläufig eingerührte Luft macht sich spätestens beim Auftrag durch Blasenbildung an den Stoffoberflächen bemerkbar: Je heftiger gerührt wird, desto mehr Luft gerät in die Mischungsmenge und erzeugt eine spätere poröse Struktur, die unerwünscht ist. Daher ist oft (insbesondere bei dickflüssigen Komponenten oder Mischungen) die Verwendung von *vakuumbeaufschlagten Chargenmischern* erforderlich. Dabei werden die oft auch gleichzeitig temperierten Mischgefäße während des Rührvorgangs durch ein geringes Vakuum (etwa 200 mbar) beaufschlagt, womit völlig blasenfreie Mischungsmengen (von 1 bis 5 l) möglich werden (Bild 3.34).

Derartige Mischungen müssen innerhalb der jeweiligen Topfzeiten dosiert auf- oder eingebracht werden. Das bedeutet deren angepaßt-rationelle Anwendung, weshalb meist eine *Umfüllung* in besser kontrollierbare Kartuschen erfolgt. Bei Kleinmengen erfolgt dies durch Umlagern aus kleineren vorgemischten Liefergebinden in meist druckluftbeaufschlagte kleinere Vorratsbehälter (Bild 3.35).

In anderen Fällen stellen die Lieferanten nur teilgefüllte Gebinde zur Verfügung, die über ausreichend Mischraum für die zudosiert-abgepackten Zweitkomponenten verfügen, um anschließend mittels entsprechender Vorrichtungen in Kartuschen umgefüllt werden (Bild 3.36).

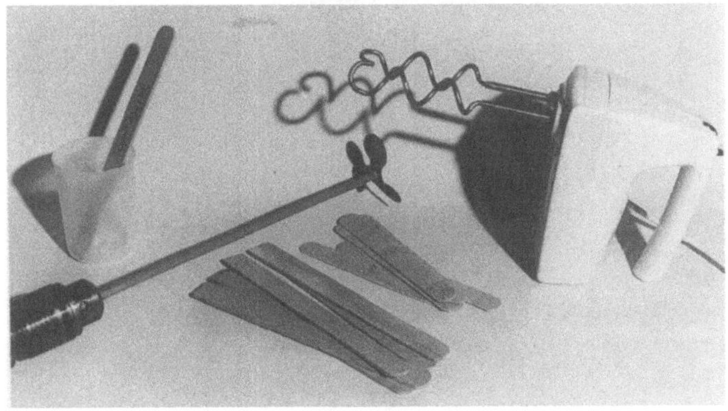

Bild 3.33:
Hilfsgeräte zur
Chargenmischung

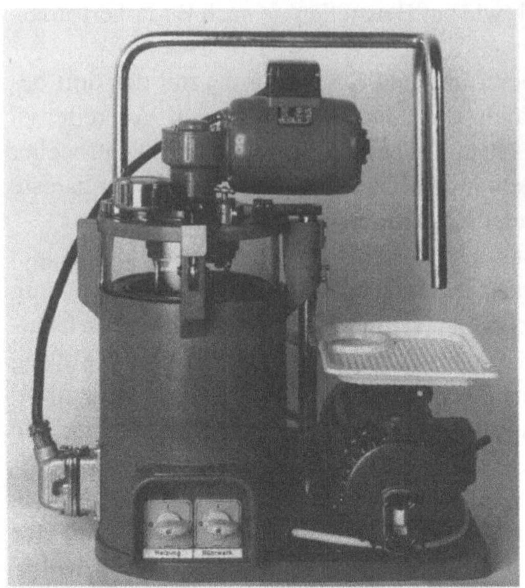

Bild 3.35:
2K-Mischung und Umfüllung von
Kleingebinden (Polytec, Karlsruhe)

Bild 3.34:
Vakuum-Mischer für Einweggebinde mit
Temperierung (Meier KG, Bocholt)

Bild 3.36:
Mischung im Liefergebinde und Selbstbefüllung von Kartuschen (PCI, Augsburg)

Die Nachteile der Chargenmischung sind offensichtlich:
- Personalaufwendig, daher relativ teuer selbst unter Einsatz von Hilfsgeräten,
- Belastung des Personals mit gefährlichen Arbeitsstoffen, daher notwendige Schutz-maßnahmen sowie
- erhebliche Probleme bei der Qualitätssicherung durch menschliches Versagen nach dem Extrem-Motto: Falsch dosiert und schlecht gemischt!

3.3.2 Strömungsmischung (statische Mischer)

Diese Mischerart basiert auf in Rohren (Mischrohren) fest (deshalb auch als statische Mischer bezeichnet) installierten Rührelementen, welche die laminaren Flüssigkeits-ströme der beiden unter Druck zugeführt-dosierten Komponenten teilen und in Drehung versetzen. Das Prinzip: Die beiden Flüssigkeitsströme werden von jedem folgenden Mischelement aufgeteilt und parallel oder radial in entgegengesetzte Rotation versetzt nach der „Schicht"-Formel

$$s = 2^n$$ worin s = Schichtanzahl

n = Mischelementanzahl.

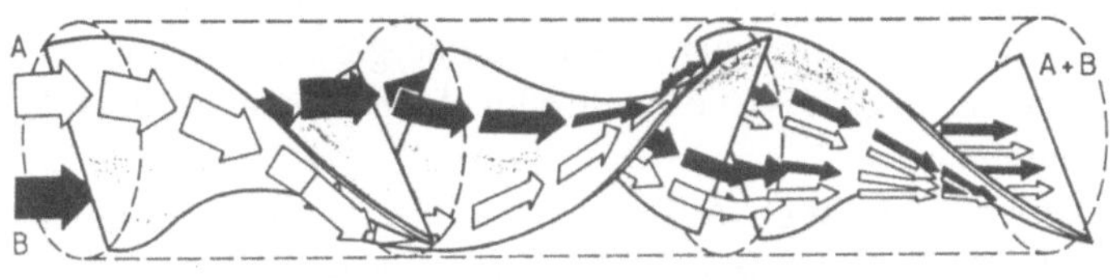

Bild 3.37:
Mischrohr mit Parallel-Aufteilung der Misch-ströme

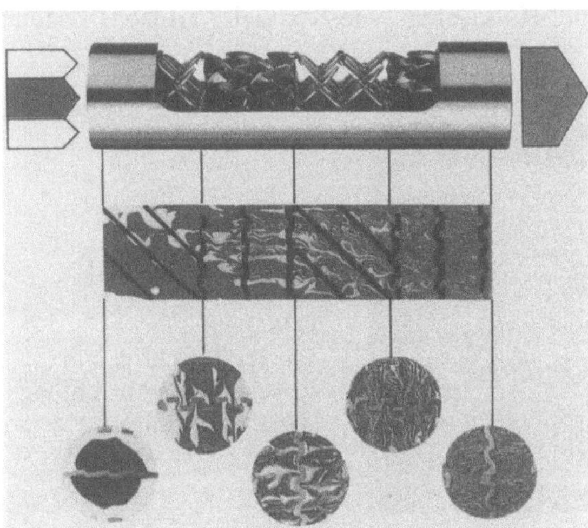

Bild 3.38:
Mischrohr mit radialer Durch-mischung (Sulzer, Winterthur)

Das bedeutet, daß bei sechs Mischelementen 64 Schichten und bei 12 Mischelementen 4096 Schichten entstehen. Ein zusätzlicher Mischeffekt wird von den in Mischrohren auftretenden Turbulenzen erreicht.

Strömungsmischer verursachen einen ausgeprägten *Druckabfall* Δp, der von Förder- oder Dosierpumpen aufgebracht werden muß. Er kann unter Voraussetzung laminarer Strömung (die jedoch nur zum Teil vorhanden ist) wie folgt abgeschätzt werden [10]:

$$\Delta p = f_s \cdot \frac{\eta \cdot v}{D^3} \cdot n \quad \text{(bar)}$$

f_s = Mischerfaktor, 1,15 bis 1,53 $\cdot$ 10^{-2} je nach Mischerart
η = Stoffviskosität (Pa.s)
V = Volumenstrom (m^3/s)
D = Innendurchmesser des Mischrohres (m)
n = Mischelementanzahl

Je mehr das Volumenstromverhältnis V_1/V_2 und das Viskositätsverhältnis η_1/η_2 von 1 abweichen, desto schwieriger werden die Mischverhältnisse bei *Strömungsmischern* [10]: Das verwundert nicht, denn diese Mischerart ist eigentlich für kontinuierliche Prozesse mit dünnflüssigen oder gasförmigen Komponenten in der chemischen Verfahrenstechnik gedacht und hat sich dort auch entsprechend bewährt. Da jedoch die Scherkräfte bei der Teilung viskoser Flüssigkeitsströme mit zwangsläufigen Strömungs- und Turbulenzverlusten allein durch die den Stoffen innewohnende Energie aufgebracht werden müssen, entstehen insbesondere bei höherviskosen Stoffen oft nicht mehr akzeptable Druckverluste in den Mischrohren.

Hinzu kommen damit gekoppelte, meist große Mischvolumina, die noch vor Überschreiten der Topfzeiten gereinigt werden müssen, sofern es sich nicht um *Einweg (Wegwerf)-Mischrohre* aus Kunststoffen handelt (Bild 3.39). Sie wurden in den letzten Jahren vorteilhaft gerade in manuellen Anwendungsbereichen mit geeigneten 2K-Kartuschen sowie dazugehörigen mechanischen oder pneumatischen Ausdrückgeräten gekoppelt. Hierbei kommen sowohl Parallel-Kartuschen, wie Koaxial-Kartuschen nach

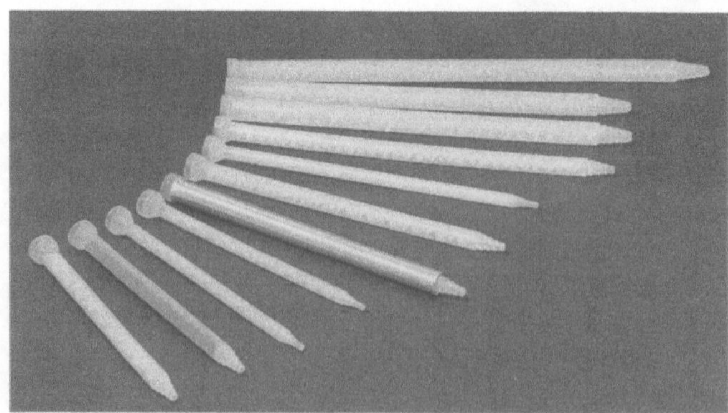

Bild 3.39:
Einweg-Mischrohre in
verschiedener Ausführung
(GLT, Pforzheim)

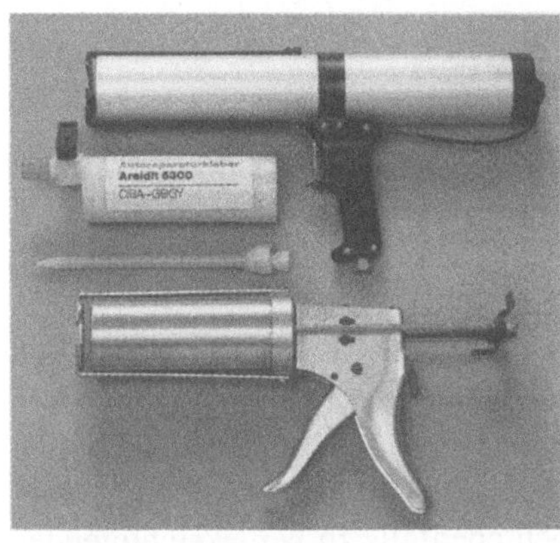

Bild 3.40:
Einweg-Mischrohr mit Koaxialkartusche samt
Abstellhahn (Mitte) zwischen pneumatischer
(oben) und mechanischer (unten)
Ausdrückpistole (Ciba Geigy, Wehr)

B 2 (Bild 3.17) zum Einsatz, wobei letztere über eigene Abstellhähne vor dem Mischrohreingang (für Arbeitspausen oder Mehrfachverwendung) verfügen.

Die Bewährung von Einwegmischrohren in bestimmten Bereichen veranlaßte selbst
Gerätehersteller sie einzusetzen. Schließlich können durch den Wegfall von Reinigungsvorgängen die entsprechenden Installationen vereinfacht werden. Bild 3.41 zeigt ein
kompaktes Kleingerät in der Ausführung mit leicht-wechselbarem Kunststoff-Mischrohr. Da die Mischrohrinhalte nach Topfzeitende ausreagieren, können sie meist wie
üblich dem Gewerbemüll zugeführt werden. Als Fazit gilt: Strömungsmischer sind dann
zu erwägen, wenn:
- große Volumenströme vorherrschen
- die Mischungsverhältnisse nahe 1 : 1 liegen

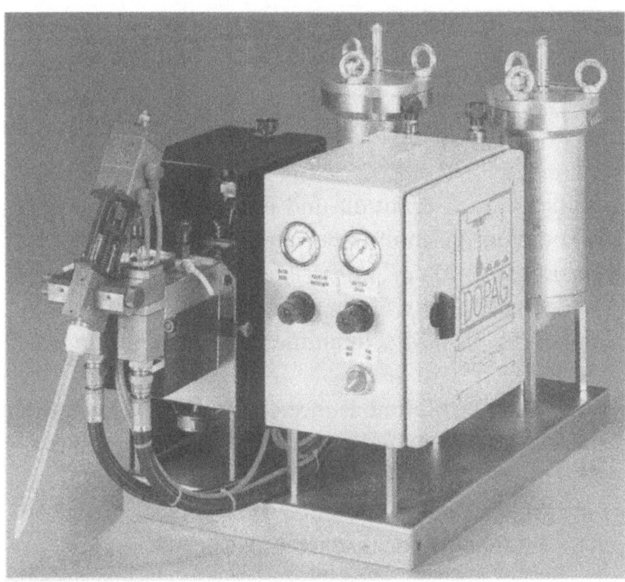

Bild 3.41:
Einweg-Mischrohr an
kleinerem Verarbeitungsgerät (Hilger & Kern,
Mannheim)

– eventuell abrasive Füllstoffe enthalten sind
– möglichst lange Topfzeiten vorliegen
– ein günstiger Preis gefordert ist.

Der größte Vorteil von Strömungsmischrohren ist, daß sie (außer der Reinigung) keiner Wartung bedürfen, weil sie keine beweglichen Teile aufweisen.

3.3.3 Rührermischung (dynamische Mischer)

Hauptmerkmal solcher Inline (Durchlauf)-Rührmischer sind Mischkammern mit motorisch-angetriebenen Mischelementen oder verschieden geformten Rührern (Bild 3.42), in welche die dosierten Komponenten unter Niederdruck (< 20 bar) eingebracht, vermischt und unter Nutzung derselben Drücke, jedoch ebenfalls zu berücksichtigender Druckverluste ausgetragen werden. Aufgrund ihrer Antriebe durch hochdrehende (etwa 2.000 bis 5.000 U/min) Luft- oder E-Motoren werden sie meist als dynamische Mischer oder Turbomischer bezeichnet. Diese Mischerart weist im Regelfall ein bis zu 100 mal kleineres Mischvolumen als Mischrohre auf. Dies ist im Hinblick auf die Topfzeiten bedeutungsvoll, denn: Je schneller die vermischten Stoffe reagieren, desto wichtiger werden die möglichst kleinen Mischmengen noch nicht ausgetragener Stoffe.

Die Dimensionierung und Auslegung von *Rührmischern* wird von der jeweiligen Mischaufgabe bestimmt. Sie erfordert viel Erfahrung und Empirie und wird folgerichtig nur von wenigen renommierten Herstellern beherrscht. Die grobe Abschätzung des anzustrebenden Mischerfaktors f_m nahezu 1 für durchschnittliche Rührmischer kann nach [11] erfolgen:

$$ f_m = \frac{\sqrt{V_A \cdot f_v \cdot 400}}{n_m \cdot V_m} $$

V_A = Volumenstrom (cm^3/min)
f_V = Viskositätsfaktor (1 für 10.000 mPa·s)
n_m = Mischerdrehzahl (U/min)
V_m = Mischkammervolumen (cm^3)

Die jeweiligen Faktoren sind produktspezifisch ermittelt und führen in etwa zu dem Ergebnis, daß bei V_A = 1000 cm^3/min und durchschnittlichen Bedingungen ein V_m = 3 cm^3 ausreicht. Bei 1/10 des Volumenstroms (100 cm^3/min) genügt ein Mischkammervolumen von etwa 1 cm^3. Es stellt in etwa die untere Grenze für Rührmischer dar.

Neben den jeweiligen meist längsorientierten Mischkammergrößen spielt die Auswahl der *Rührelemente* eine wichtige Rolle.

Laut Bild 3.42 macht die unterschiedlich-zerklüftete Rührergeometrie das jeweilige Element „scharf" oder „weniger scharf"! Je intensiver der Mischeffekt mit scharfen Elementen, desto höhere Scherkräfte wirken auf das Stoffgemisch ein und umso stärker erwärmt sich die Mischungsmenge aufgrund der eingebrachten Energie: Damit verkürzen sich die Topfzeiten oft erheblich und machen einen rascheren Austausch der jeweiligen Mischungsmengen erforderlich.

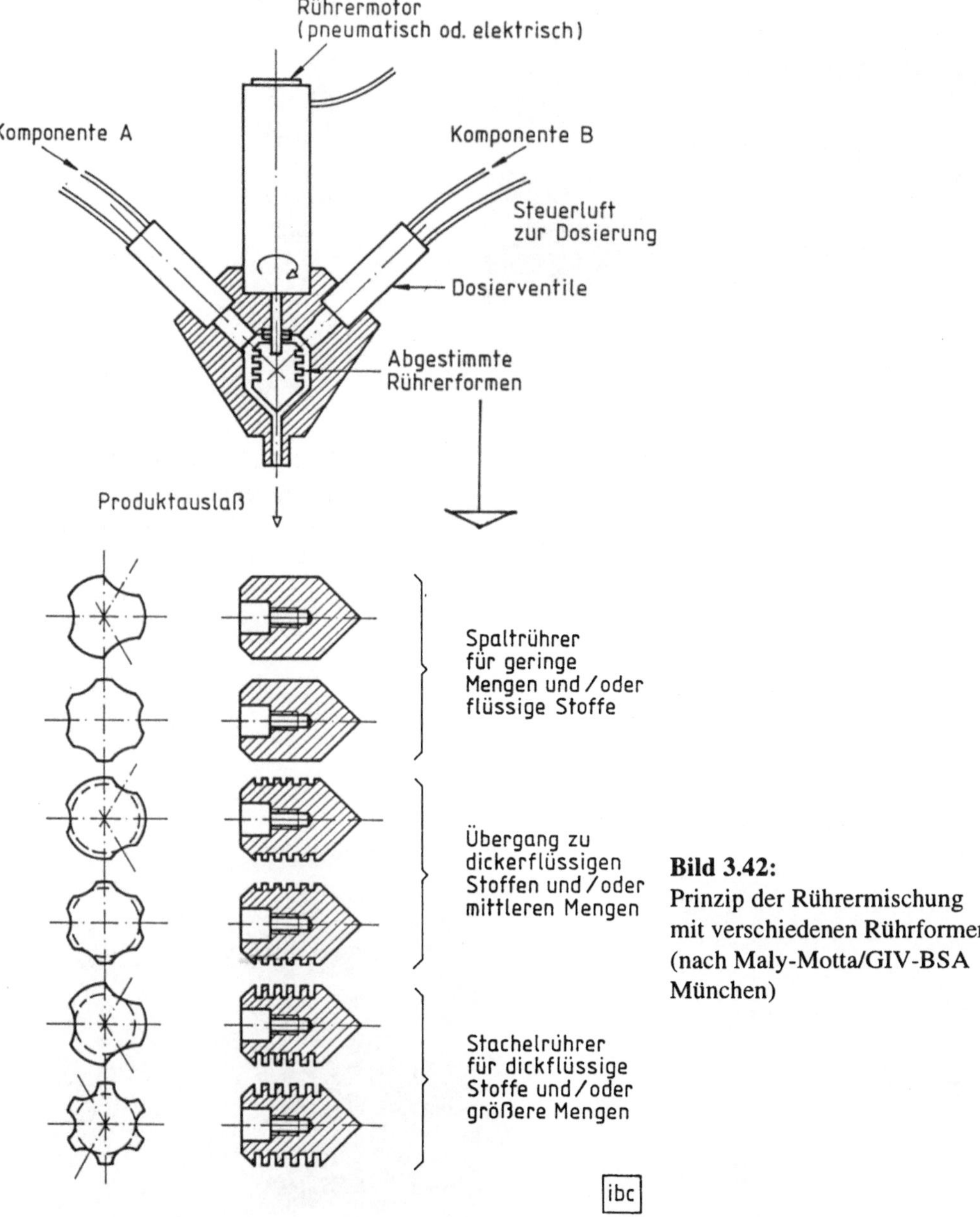

Bild 3.42:
Prinzip der Rührermischung
mit verschiedenen Rührformen
(nach Maly-Motta/GIV-BSA
München)

Ebenso wichtig sind die stets erforderlichen *Dosierventile* für den kontrollierten Stoffeinlaß. Ihr Auslaß schließt bündig mit den jeweiligen Mischkammern ab, um „Toträume" zu vermeiden. Die Plazierung in den Mischköpfen ist oftmals produkt- und aufgabenorientiert. Bild 3.43 zeigt die übliche Anordnung von schräg-oben, welche sich seit langem bewährt hat, jedoch durch ausholend-wegführende Produkt- und Druckluft-

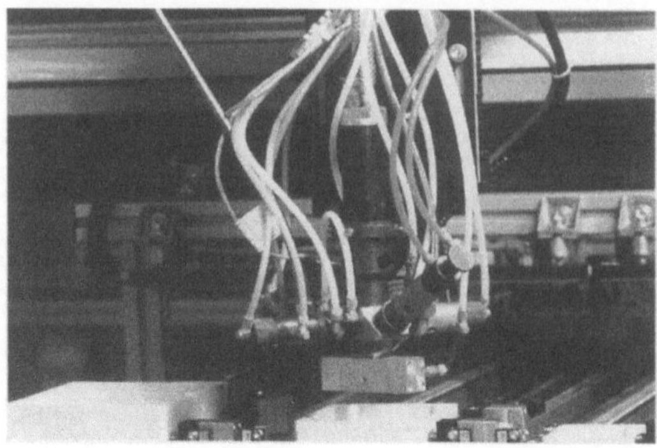

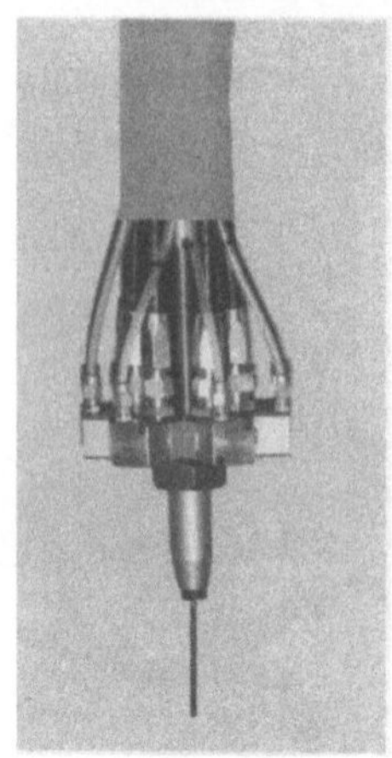

Bild 3.43: Rührmischer mit Dosier- und Einlaßventilen für die Komponenten A und B sowie Reiniger und Blasluft (GIV-BSA, Martinsried)

Bild 3.44: Nach oben weglaufende Versorgungsleitungen ermöglichen Kompakt-Mischer (Spritztechnik, CH-Treibach)

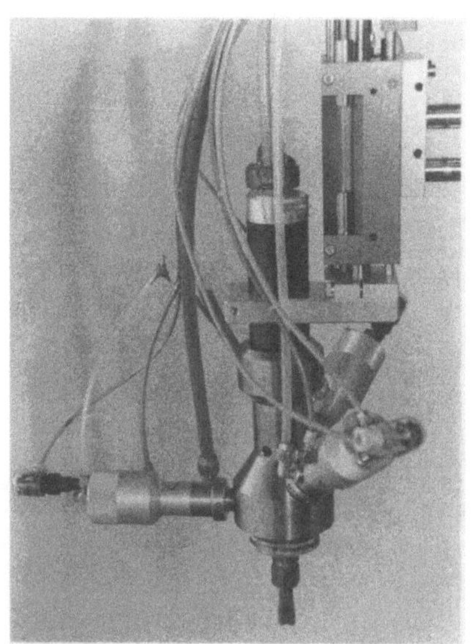

Bild 3.45: Rührmischer mit seitlicher Dosierventilanordnung für Komponenten mit abrasivem Füllstoffen (GIV-BSA, Martinsried)

Bild 3.46: Spezieller 4K-Mischkopf mit Austrag nach oben (GIV-BSA, Martinsried)

leitungen platzraubend ist. Deshalb wird versucht, an den Mischköpfen steiler nach oben weglaufende Ventil- und Versorgungsleitungen zu realisieren, was sich insbesondere für robotergeführte Mischer als erforderlich erwies. Bei abrasiv wirkenden, füllstoffhaltigen Komponenten wird versucht, sie seitlich-mittig den Mischkammern zuzuführen.

Grund hierfür ist beispielsweise der weitgehende Schutz der hierfür üblichen Gleitringdichtungen an der Mischermotor-Einführung in die Mischkammer. Mittels Rührmischern lassen sich auch ungewöhnliche Probleme lösen. Aufgrund einer 4K-Mischung im Verhältnis 100 : 1 : 1 : 1 war es beispielsweise erforderlich, die Mischkammer rundum zu bestücken und die Durchströmung von unten nach oben zu realisieren.

Die *Austragung* aus der Mischkammer kann über Düsen mit verschiedenen Durchmessern erfolgen. Es können jedoch auch Auslaßventile vorgesehen werden, wie etwa zur Verhinderung eines eventuellen Nachtropfens oder im Falle fadenziehender Stoffmischungen.

Als Fazit kann gelten: Rührmischer weisen gegenüber Strömungsmischern einige Vorteile auf. Es sind sehr kleine Mischvolumina auch bei kurzen Topfzeiten und weit auseinander liegenden Mischverhältnissen mit weitgehend beeinfluß- und kontrollierbaren Mischergebnissen erreichbar. Aufgrund wesentlich kleinerer Mischkammergrößen ist eine sicherere Reinigung mit entsprechend kleineren Stoffverlusten möglich. Daher dürfte auch der höhere Preis akzeptabel sein.

3.3.4 Topfzeiten und Stoffaustausch

Unabhängig vom Mischverfahren verweilt das Stoffgemisch vom Augenblick des Zusammenführens der Komponenten bis zum Aufbringen oder Verlassen der Austragsdüsen (samt möglicher Verarbeitungszeiten) eine bestimmte Zeit im Mischgefäß, also im Mischervolumen. Daher spielt die Topfzeit eine entscheidene Rolle, denn sofort nach dem Zusammenbringen der Komponenten beginnt die chemische Aushärtungsreaktion, welche durch Wärme beschleunigt wird: Vereinfacht gilt, daß je 10°C Temperaturerhöhung die Reaktion etwa doppelt so schnell abläuft.

Das betrifft unter anderem in besonderer Weise die Topfzeit-Angaben der Stofflieferanten, welche oft sehr unterschiedliche Werte aufweisen. Grund hierfür sind die stark mengenabhängig-schwankenden Topfzeitmessungen [12]:

- Größere Mischmengen führen zu kürzeren Topfzeiten, da die Reaktionswärme wesentlich schlechter abgeführt wird.
- Kleinere Mischmengen hingegen zeigen längere Topfzeiten, da durch eine bessere Wärmeableitung kein beschleunigender Wärmestau auftritt (Bild 3.47).

Besonders berücksichtigt werden muß die oft erhebliche Temperaturerhöhung bei Rührmischern in Abhängigkeit von etwa „scharfen" Rührerformen und hohen Mischerdrehzahlen. Aus Gründen der Funktionssicherheit wird daher ein zeitorientiert-mehrfacher Austausch der Mischermengen gefordert. Die Angaben der Gerätehersteller hierzu schwanken im Bereich des 3- bis 12-fachen Durchsatzes innerhalb der Topfzeit [9].

Ein vereinfachtes Beispiel zur Abschätzung solcher Zusammenhänge nach [12]:

Methode	Menge A+B (g)	Art und Durchmesser des Meßgefäßes (mm)	gemessene Topfzeit (sec)
manuelles Mischen bei 20°C bis zum Festwerden der Mischung (Fadenabriß)	8,5	Pappe = 45	104
	17,0	Pappe = 45	114
	68,0	Pappe = 45	194
	68,0	Metall = 45	138
in Rotationsviskosimeter, (Contraves Rheomat, Meßsystem 125), bei 20°C mit Systemkühlung 25°C	25,5	Metall = 27	
bis 100.000 m Pas			122
bis 200.000 m Pas			155

Bild 3.47: Topfzeiten eines schnellhärtenden 2K-PUR-Klebstoffs nach verschiedenen Methoden (Th. Goldschmidt, Essen)

Ein getakteter Fertigungsprozeß arbeitet mit einer Ausstoßmenge 1g/Schuß bei einer Schußzeit (t_s) von einer Sekunde und einer Taktpause (t_p) von zwei Sekunden, wobei das Mischkammervolumen V_m 4 ml und die Dichte der Mischung 1,5 g/ml beträgt. Der Gerätelieferant sieht einen 5-fachen Austausch des Mischers innerhalb der Topfzeit vor. Welche Mindesttopfzeit muß der 2K-Stoff besitzen?

Mischmengengewicht: $G = V_m \cdot \rho = 4 \cdot 1,5 = 6$ g

Ein 5-facher Durchsatz – also 30 g – während der Zeit t ($t_s + t_p$) von 3 sec ergibt 90 sec. Mit einem Sicherheitsfaktor 2 für Unwägbarkeiten der Topfzeitangaben beträgt die zu fordernde Mindesttopfzeit (t_{min}) 180 Sekunden. Diese Zeit wird vom Kleb- oder Dichtstoff erfüllt oder aber: Der Fertigungsprozeß wird anders zeitorientiert oder ein neuer Mischkopf konzipiert, welcher die gestellten Forderungen erfüllt.

Dieses Beispiel zeigt gleichzeitig die Bedeutung des direkten Kontakts zu den Geräteherstellern samt deren technischen Beratung mit meist aus jahrzehntelanger Erfahrung resultierenden Spezialkenntnissen.

3.3.5 Mischerreinigung

Wesentlich für die Funktionsfähigkeit jeglichen Mischgeräts ist die rechtzeitig noch vor Topfzeitende durchgeführte Reinigung aller mischungsbenetzten Bereiche. Seit Jahrzehnten wird hierfür die *Lösemittel-Spülung* (meist CKW's, wie Methylenchlorid) praktiziert. Die Reinigungswirkung innerhalb kürzester Zeiten ist ausgezeichnet und die Entfernung oder Trocknung durch anschließende Blasluft-Anwendung perfekt.

Nahezu alle Mischköpfe verfügen über zwei zusätzliche Dosierventile für Reiniger und Druckluft samt deren automatischer Inbetriebnahme bei Arbeitspausen mit möglicher Topfzeitüberschreitung über vorwählbare Zeitschaltungen. Die CKW-Anwendung

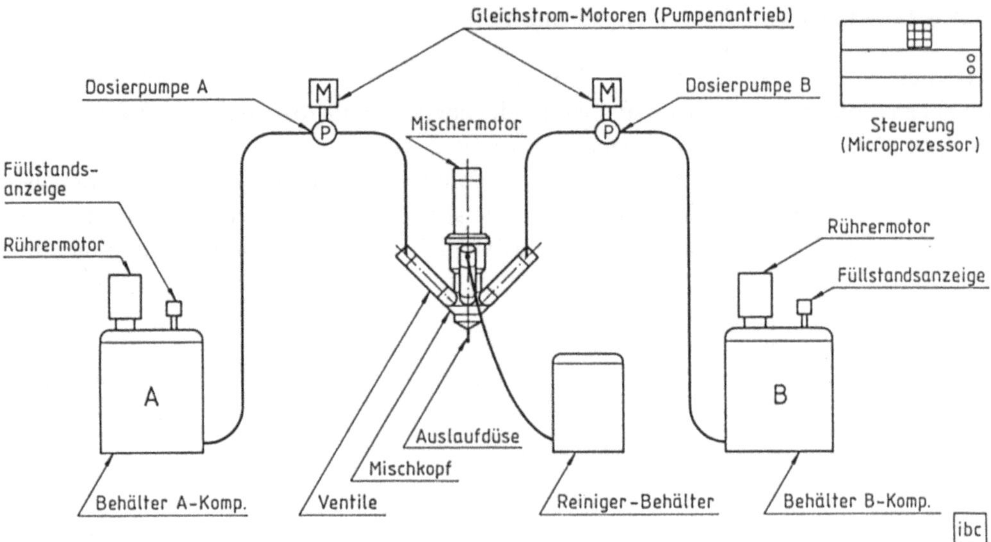

Bild 3.48: Schema einer 2K-Dosier- und Mischanlage

wird jedoch durch gesetzgeberische Maßnahmen laufend erschwert. Die für solche Reinigungsvorgänge in Zukunft geforderten geschlossenen Reinigungssysteme sehen unter anderem eine völlig autarke und damit kostenaufwendige CKW-Regenerierung vor, denn nur relativ wenige CKW-Entsorger und -Aufbereiter sind in diesem Bereich überhaupt tätig. Längerfristig müßten daher sowohl die Geräte- wie die Stoffhersteller reagieren, aber das Ergebnis ist wenig erfreulich: *Gerätetechnisch* durchführbare Maßnahmen stellen meist Stoffverluste dar, nämlich:

- Das Setzen von Leer-Schüssen in Wegwerfbehälter, die über den Gewerbemüll entsorgt werden oder
- die Benützung nur einer (volumenanteil-überwiegenden und eventuell billigeren) Komponente als Leer-Spülschuß womit eine Sondermüllentsorgung der nicht reagierten Komponente erforderlich wird!

Von der infrage kommenden *Reiniger-Entwicklung* her bieten sich an:
- Formulierungen auf Basis hochsiedender Benzine eventuell mit Weichmachern wie etwa Alkylsulfonsäureester oder Dioctylphtalat und/oder
- Wäßrige Formulierungen mit Tensiden und Emulgatoren samt reduzierten Lösemittelanteilen.
- Dicarbonsäure-Ester (DBE) stellen im Falle der Polyurethan-Verarbeitung eine neuere Möglichkeit dar.

Aber auch solche Formulierungen (welche mehr oder minder ausreagierte Monomere oder Polymere enthalten) bedürfen einer Entsorgung, für die meist nur der Sondermüll infrage kommt, da keine Wiederverwendung möglich ist. So gesehen ist das mögliche Recycling der CKW's eher als das kleinere Übel zu sehen!

3.3.6 Grenzen von Mischvorgängen

Mischungsmengen, Komponenten-Viskositäten, Topf- und Austragzeiten sowie eventuell in den Stoffen enthaltene mehr oder minder abrasive Füllstoffe stehen in Zusammenhängen, die ein technisch noch machbares Limit aufweisen.

Strömungsmischer sind (wie bereits ausgeführt), vor allem bei großen Volumenströmen in etwa gleicher Komponentenmenge ähnlicher (geringerer) Viskositäten vorteilhaft anwendbar. Mehr oder minder abrasive Füllstoffe führen zwar zur unvermeidli-

	Stoffverarbeitung		
	problemlos	schwierig	sehr schwier.
Mischungsverhältnis (Gew. Teile)	100 : 30 bis 100 : 100	100 : 10 bis 100 : 30	100 : 1 bis 100 : 10
Viskosität (mPa·s bei 20°C)	1000 bis 5000	< 1000 5000 bis 50000 1)	< 100 50000 bis ca. $5 \cdot 10^6$ 1)
Differenz-Viskosität (A/B; B/A)	10 : 1	100 : 1	$\geq$ 1000 : 1
Dosiermenge (g/s)	0,1 bis 1,0	< 0,1 1,0 bis 5,0 2)	0,1 bis 0,001 5,0 bis 9,0 2)
Dosierzeit (s)	> 1	0,5 bis 1	0,2 bis 0,5
Topfzeit (s)	> 600	10 bis 60	5 bis 10
ohne Füllstoff	x		
mit Füllstoff, wenig abrasiv (Mohs-Härte 0-5) Gehalt (Gew. %) Korngröße (µm)		bis 100 < 1 bis 20	> 100 10 bis 140 3)
mit Füllstoff, abrasiv (Mohs-Härte 7) Gehalt (Gew. %) Korngröße (µm)			bis 100 < 1 bis 140 3)
mit Füllstoff, stark abrasiv (Mohs-Härte 9) Gehalt (Gew. %) Korngröße (µm)			bis 100 < 1 bis 140 4)
Stoffbasis EP	x		
PU		x	
SR	x	x	x
MMA		x	x
UP		x	x
PU-Schaum		x	x

1) soweit nicht beheizt und damit die Viskosität vermindert wird
2) bei Viskosität ca. 5000 mPa·s (sonst viskositätsabhängig)
3) ab ca. 50 µm mit Zahnradpumpen fraglich, dann Kolbenpumpen
4) nur mittels Kolbendosierern bzw. Kolbenpumpen

Bild 3.49: Grenzen der 2K-Rührmischung aufgrund von Erfahrungswerten
(nach Ivanfi, Schramberg)

chen Erosion im Mischrohrinneren jedoch wird die Mischqualität dadurch (in entsprechenden Grenzen) kaum nennenswert beeinflußt.

Rührmischer bieten zwar ein breites Anwendungsspektrum, verlangen jedoch wegen der komplizierten Mischergeometrie nach intensiverer Überwachung und Kontrolle samt zeitorientierten Wartungsarbeiten sowie dem erforderlichen Austausch der durch (reinigungsabhängig-unvermeidbar) verfestigt-angelagerten Aufbauten aus Mischungsresten oder durch enthaltene abrasive Füllstoffe entstandenem Verschleiß [13].

Die Tabelle in Bild 3.49 versucht, die derzeitigen Grenzen darzustellen [2]. Daraus geht hervor, daß insbesondere die Mischung füllstoffhaltiger und dickpastöser Komponenten nur mehr unter „sehr schwierig" einzustufen ist.

Fazit dieses Kapitels ist die Feststellung: Mischprozesse sind oftmals schwer durchschaubare Vorgänge die in Abhängigkeiten von Stoffeigenschaften und (je nach Anforderungen) realisiertem Mischverfahren unter mehr oder minder beeinflußbaren und/oder zwangsläufigen Einflußgrößen stehen [9]. Das setzt Grenzen, die von den industriellen Stoffanwendern in ihrem wahren Umfang selten durchschaut werden. Vielmehr kann nur durch direkte Kontakte mit renommierten Spezialisten eine befriedigende Lösung von Problemen der mehrkomponentigen Dosier-Misch-Verarbeitung abgeschätzt werden: Vollmundige Werbeversprechen irgendwelcher, den allgemeinen Trend nutzender „Newcomer" enden erfahrungsgemäß nicht selten mit einem „Flop"!

3.4 Auf- oder Eintrag der Stoffe

Der Auftrag von und/oder Benetzung mit 1K-Produkten, Schmelzklebstoffen oder 2K-Gemischen ist ein wichtiger Arbeitsschritt, der oft als geringfügig und allgemein bekannt vorausgesetzt, in seinen vielfältigen Möglichkeiten jedoch nur unvollständig durchschaut wird. Als wichtige Einflußgröße bei unterschiedlichen Möglichkeiten des Auf- oder Eintrags gelten:
- Art und Viskosität der Stoffe mit je nach Erfordernissen geforderter vorheriger
- Einseit(Primär-)benetzung nur eines Klebpartners und erst beim Fügen erfolgender Kontakt (Sekundär-)benetzung oder der
- Zweiseitbenetzung vor dem Fügen beispielsweise aufgrund besserer Klebspaltfüllung, getrennt-gefordertem Komponentenauftrag (NoMix-Systeme) oder erforderlicher Vortrocknung (Kontaktklebstoff) oder die
- nachträgliche Benetzung von durch bereits erfolgtes Fügen (auch mittels anderer Fügemethoden) entstandenen Volumina beziehungsweise Spalten, wobei die
- Auf- oder Eintrags-Formen und -Mengen im Hinblick auf die verschiedenen Möglichkeiten in Punkt-, Linien- oder Flächenform sinnvoll angepaßt werden.

Aus QS-Sicht handelt es sich um die wichtigsten (zu dokumentierenden) Kontrollfunktionen innerhalb einer Fertigung mit Kleb- und Dichtstoffen. Zur Beantwortung der Frage: „Wurden die Flächen mit der geforderten Stoffmenge benetzt?" stehen bisher nur

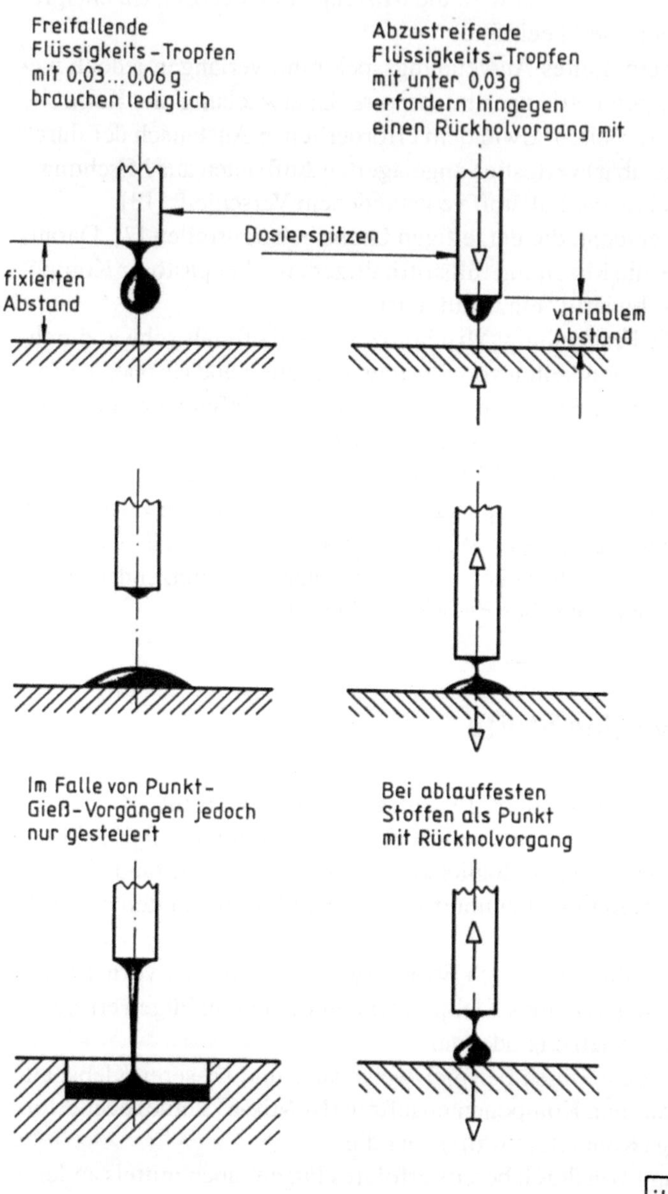

Bild 3.50: Punktförmige Benetzungsarten

(allerdings sehr genaue) Kontrollmethoden bereit, welche sich auf die Dosier- oder Misch- und Abgabemenge an den Düsen (Dosierspitzen-Druckerfassung) beziehen. Ob die vorgesehenen Mengen aber auch die zu benetzenden Flächen erreicht haben, ist Aufgabe der *Benetzungskontrolle* mittels spezieller Sensorsysteme. Deren Entwicklungsstand (mit Ausnahme des Lichtreflexions- und Luminiszenz-Verfahrens über UV-lichtreflexionsfördernde-Stoffzusätze und der Wärmestrahlungsmessung bei Schmelzklebstoffen) läßt jedoch noch manche Wünsche offen. Dies gilt auch für die neuere Laser-Abstandsmessung zur Schichtdickenfeststellung (siehe Abschnitt 5 „QS").

3.4.1 Punktförmiger Auftrag

Diese Auftragsart ist vor allem mit geringen Stoffmengen gekoppelt und reicht etwa bei der SMD-Verklebung (Surface Mounted Device = oberflächenbefestigte E-Bauteile) bis in den Extrembereich von 0,02 bis 0,5 mg/Dosierung (Stecknadelkopf-Größe) (Bild 3.50).

3.4.1.1 Flüssige Stoffe

Sie können frei fallend (also berührungslos) in Tropfenform aufgebracht werden. Die selbsttätig abreißende Tropfengröße beträgt 0,03 bis 0,06 g (je nach Viskosität und Strömungs- beziehungsweise Druckverhältnissen). Mengen unter 0,05 g hingegen müssen abgestreift oder durch Tropfenkontakt mit den Oberflächen aufgebracht werden.

Zur Punktbenetzung auch vertikal oder Überkopf liegender Kleinflächen dient ein spezielles 1K-Dosierventil mit Nutzung der Betätigungs-Druckluft als Blasluft (Bild 3.52).

Es ist ebenfalls für 1K-Cyanacrylat-Klebstoffe – die zu raschen Feuchtereaktion an Dosierspitzen neigen (und damit deren Zusetzen in Arbeitspausen) – aufgrund der gleichzeitigen Reinigungsfunktion als Dosierspitze gut geeignet. Typische Punktauftragungen dünnflüssiger Stoffe und Stoffgemische sind beispielsweise auch nachträgliche Klebdichtungen elektrisch-leitender Durchführung oft auch in einem 2-Stufenverfahren für die getrennt-kombinierte Kleb- und Dichtstoffanwendung (Bild 3.53).

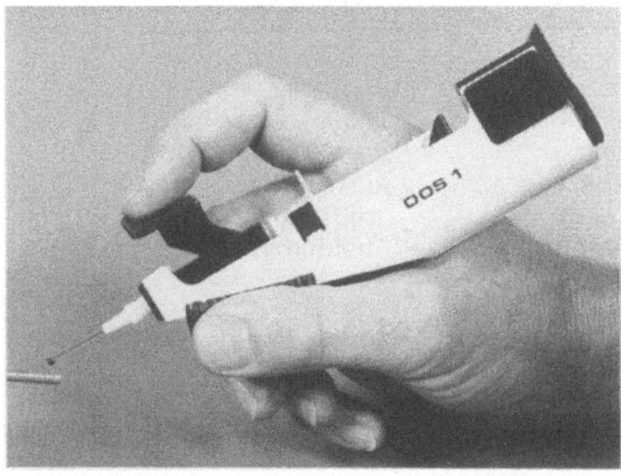

Bild 3.51:
Handbetätigtes Kleinstmengen-Dosiergerät für 1K-Stoffe (Steinhagen, Meersburg)

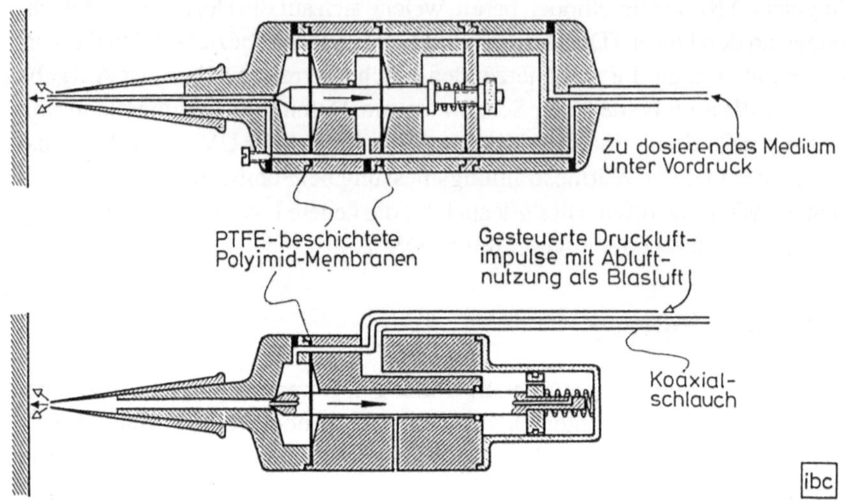

Bild 3.52: Dosierventil-Bauarten mit Blasluftnutzung für vertikale Punktbenetzung

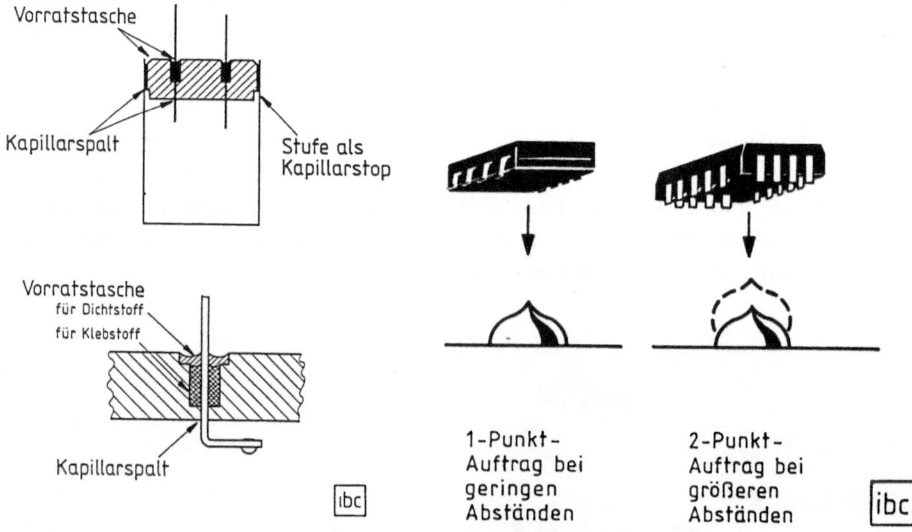

Bild 3.53:
Gestaltung für eine nachträgliche
Klebdichtung (auch im 2-Stufen-
Verfahren)

Bild 3.54:
Auftrag stehenbleibender Stoffpunkte
bei der SMD-Verklebung

3.4.1.2 Pastöse Stoffe

Pastöse Stoffe sind wesentlich schwerer punktförmig aufzubringen. Sie bedürfen – zumal in der meist gewünschten „Zwiebelform" bei der SMD-Verklebung – der präzisen Hinführung (Positionierung) feinster Dosierspitzen (Injektionsnadeln) bis auf einige 1/10 mm sowie bei der 2 Punkt-Dosierung eines zweiten Vorgangs mit verringertem Abstand auf den ersten Punkt samt kontrolliertem Zurückziehen. Eine andere hierfür nutzbare Möglichkeit ist das sogenannte Punktstempelverfahren. Es basiert auf dem wechselweisen Eintauchen werkstückorientiert-plazierter Nadeln in definiert-ausgestrichene Schichten und deren punktgenaue Übertragung auf zu benetzende Oberflächen. Diese Art des kontaktierenden Stempel-Bonder-Verfahrens wird später noch beschrieben.

3.4.2 Linienförmiger-Auftrag

Diese Auftragsart kann in Form von „Fäden" mittels dünnflüssigen Stoffen oder in Form von „Raupen" mittels pastösen Stoffen erfolgen. Sie entstehen im Grunde aus dem Punktauftrag mit längerem Dosierimpuls und gleichzeitiger Bewegung von Abgabedüse oder Fügeteil (mit oder ohne Unterbrechung).

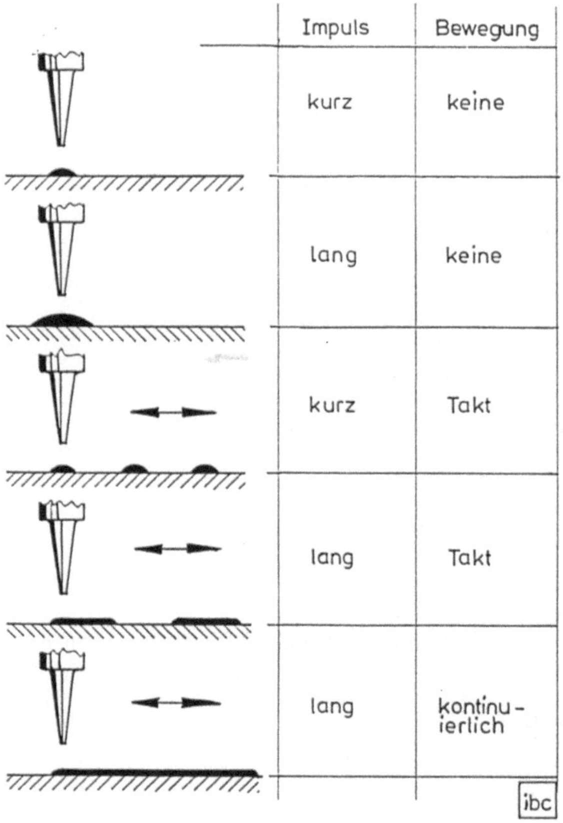

Bild 3.55:
Schema der Zusammenhänge zwischen Punkt-, Strich- und Raupenauftrag

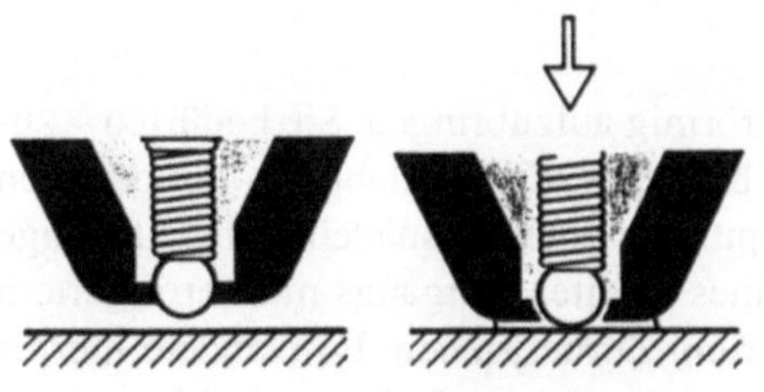

Bild 3.56:
Prinzip des „Kugelschreiber"-Ventils (Pafra Ltd/Ribler, Stuttgart)

Eine abweichende Art der kombinierten Berührungs-Benetzung beim Linienauftrag stellt das „Kugelschreiber"-Prinzip dar. Diese Auftragsart ist jedoch nur in eingeschränktem Maße (vor allem für Dispersionsklebstoffe in der Verpackung) verwendbar [2].

3.4.2.1 Flüssige Stoffe bei Rundflächen

Die Linienbenetzung von Rundteilen kann sowohl die Außen- wie die Innen-(Bohrungs-)flächen betreffen. Bei Welle-Nabe-Verbindungen oder Schrauben und Rohrgewinden erfolgt die Benetzung im Regelfall rundum am zu fügenden oder montierenden Werkstückende. Sie kann bei feststehender Düse aber auch in Ring- oder Spiralform erzeugt wer-

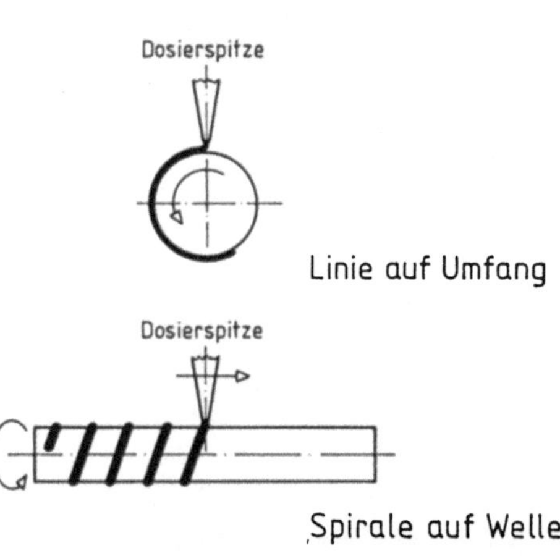

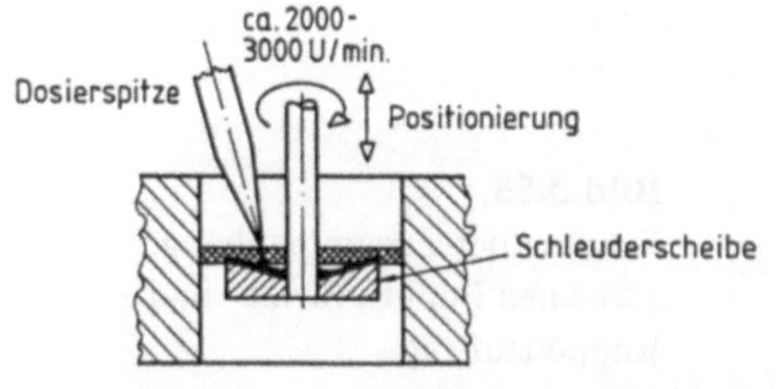

Bild 3.57:
Verschiedene Rundteil-Benetzungsformen

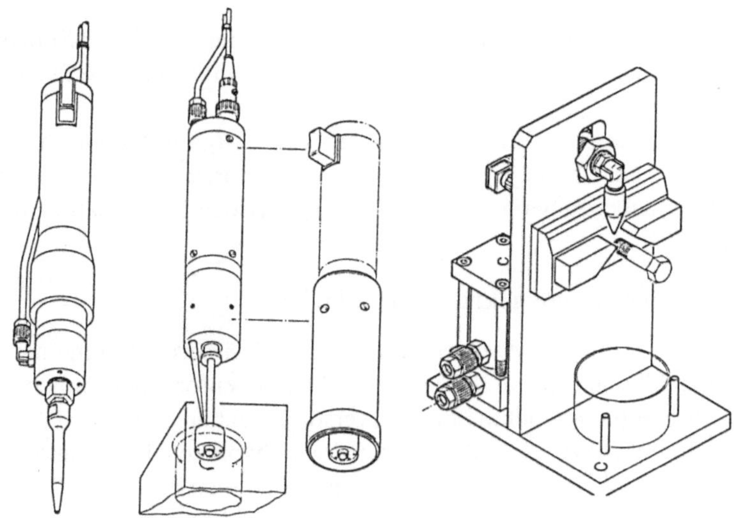

Bild 3.58: Außen- und Innenbenetzung durch verschiedene Zusatzgeräte (Drei Bond, Eching)

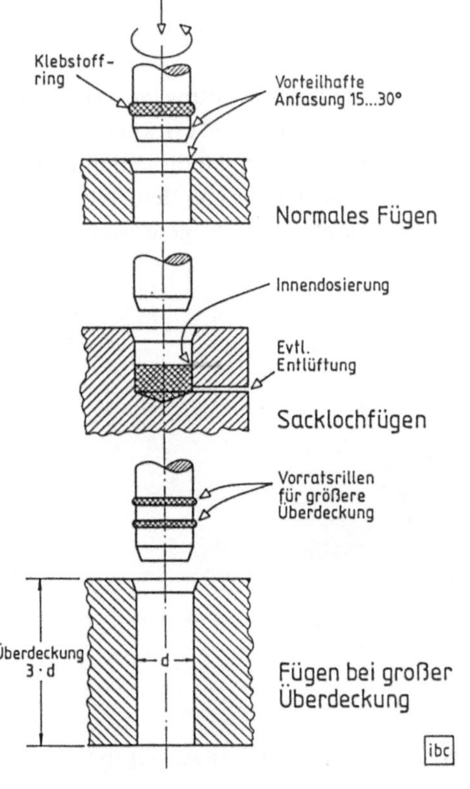

Bild 3.59:
Stoffverteilung bei Rundverbindungen durch Scherbeanspruchung

den. Bohrungsflächen-benetzende Ringe werden meist mittels sogenannter Rotor-Sprays hergestellt, das heißt angepaßten Schleuder- oder Topfscheiben, in welche die Dosierung erfolgt (Bild 3.58 Mitte).

Die Benetzung von Rundteilen setzt einige konstruktiv und fertigungstechnisch auf die optimale Spaltfüllung bei der Montage ausgerichtete Punkte voraus. Bild 3.59 zeigt eine Zusammenstellung der dabei zu berücksichtigenden Einflüsse in Kombination mit der Stoffauftragsmethode [2].

3.4.2.2 Pastöse Stoffe bei ebenen und gekrümmten Flächen

Der Raupenauftrag pastöser Stoffe auf *eben-orientierten Flächen* bereitet keine nennenswerte Schwierigkeiten. Zumal dann nicht, wenn über die Raupenform bestimmende Auf- oder Austragsdüsen lediglich gleichmäßig stoffversorgte Bahnen gelegt werden sollen. Dann kann die Führung der Austragsdüsen über eine Schablonenabtastung oder indirekt nach Pantographenart erfolgen. Vermehrt kommen jedoch auch Positioniertische (Kreuztische) oder x-y-Steuerungen unter feststehenden Austragsdüsen zur Anwendung [2].

Wesentlich schwieriger gestaltet sich der Stoffauftrag in vorbestimmten Formen auf *gekrümmte Flächen mit wechselnden Auftragsmengen.* Hier wird wegen der präzisen Bahnsteuerung im Zusammenhang mit
- in Ecken und engen Radien zu verringernder Auftragsgeschwindigkeit und/oder zu reduzierender Auftragsmenge beziehungsweise
- fallweise rasch erforderlichem Wechsel unterschiedlicher Auftragsarten und -mengen im Sinne einer flexiblen Fertigung ein erhöhter Aufwand erforderlich.

Er macht den Robotereinsatz samt dessen vielfältigen Steuerungsmöglichkeiten unabdingbar. Voraussetzung hierfür sind präzise *Dosiersteuerungen* von der Faßförderung über gut regel- und kontrollierbare Volumendosierer und neuere Regeldosierventile zu den Abgabedüsen [7,8].

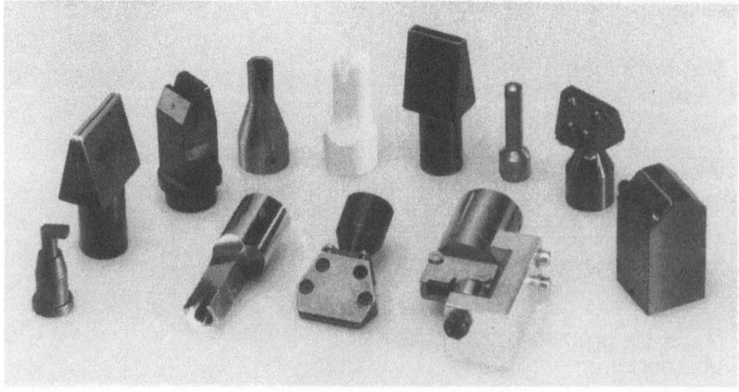

Bild 3.60: Stoffauftragsdüsen für unterschiedliche Anwendungen (KUKA, Augsburg)

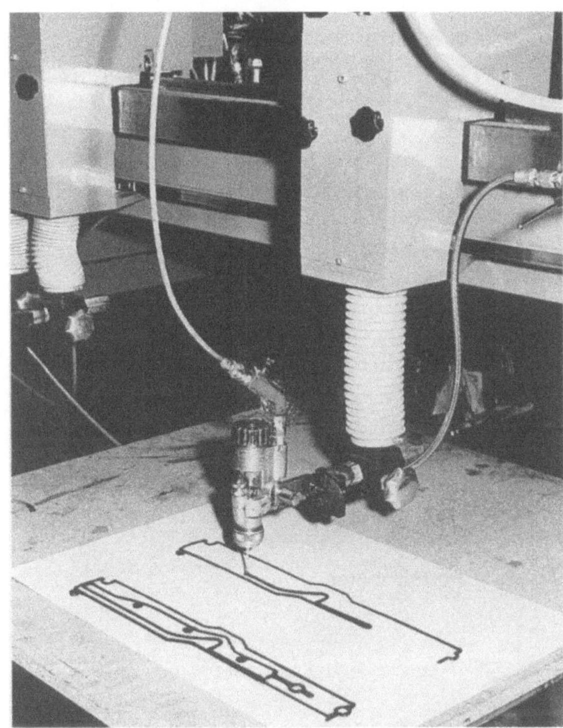

Bild 3.61:
Konturgesteuerte Linienauftrags-
maschine (aus Brennschneid-
maschine abgeleitet) (Messer-
Griesheim, Frankfurt)

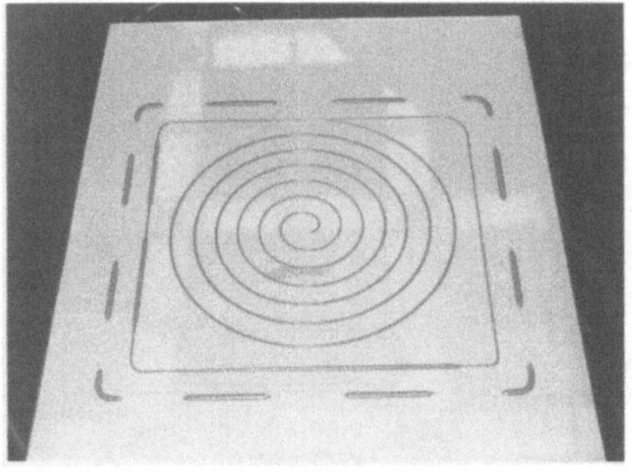

Bild 3.62:
 Geregelter Stoffauftrag bei unterschiedlichen Raupengeometrien
(auf räumliche Gegebenheiten
übertragbar) (KUKA, Augsburg)

Im einfachsten Falle kommen Portalroboter hierfür zum Einsatz (Bild 3.63). Meist aber
übernehmen, wie in der Automobilindustrie üblich, Gelenkroboter vielfältige Stoffauf-
tragsaufgaben in verschiedensten Formen. Die zu realisierende Raupenform ist meist
von Stoff- und Montagegegebenheiten eventuell mit Unterbrechungen abhängig. Bild
3.64 zeigt die typische halbkreisförmige Auftragsart bei der sogenannten *Falznaht-Verklebung* (oft fälschlich als Bördelnaht-Verklebung bezeichnet!) von Türen und Hauben

Bild 3.63: Linienbenetzung gekrümmter Teile auf Portalroboter

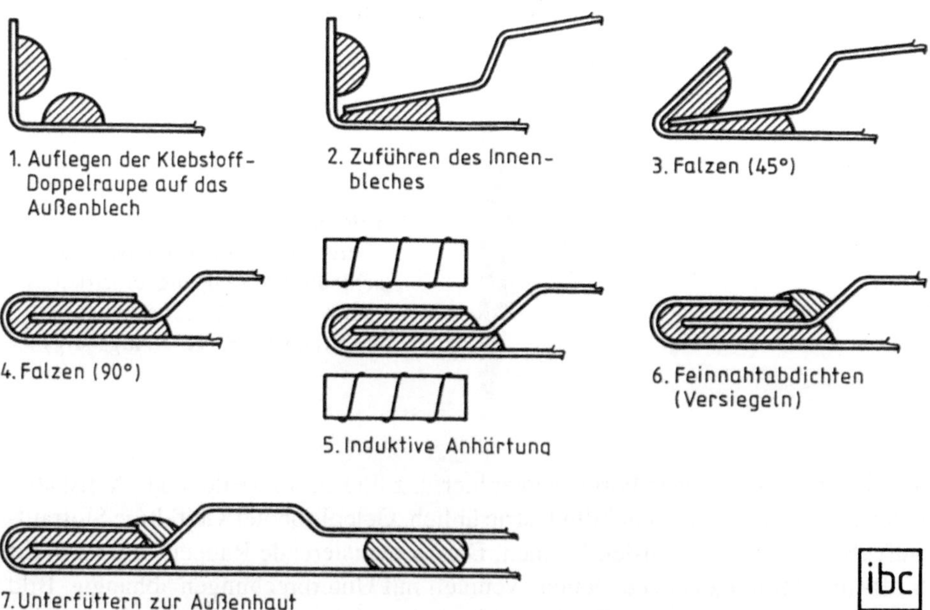

Bild 3.64: Arbeitsschnitte oder Falznaht-Verklebung und nachfolgender Ergänzung

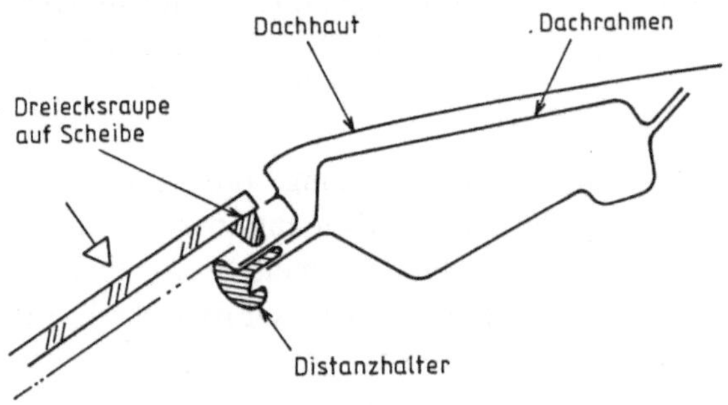

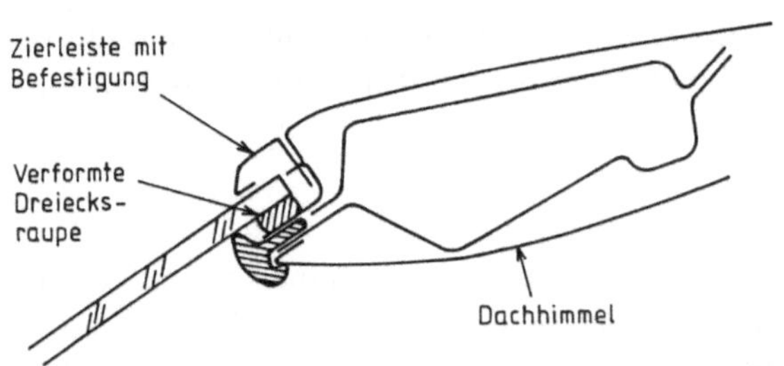

Bild 3.65:
Typischer Stoffauftrag und
Montage beim Scheiben-
kleben

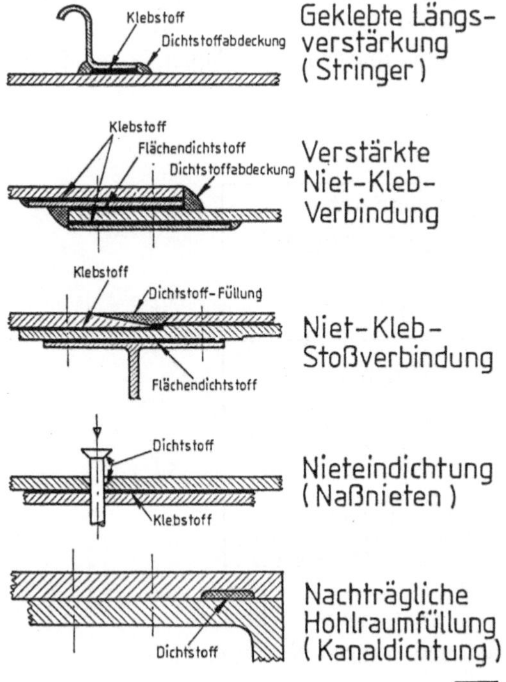

Bild 3.66:
Dichtstoffanwendungen im
Flugzeugbau

mit den inneren Verstärkungsblechteilen für optimale Steifigkeit und Korrosionsschutz in sieben Arbeitsschritten. Die Abstimmung der einzusetzenden Stoffe (meist warmhärtende 1K-Epoxide und PVC-Plastisole) ist mit den jeweiligen Arbeitsvorgängen eng verknüpft.

Die im Fahrzeugbau praktizierte sogenannte „Direkteinglasung" oder *Scheibenverklebung* hingegen verlangt wegen des zwangsläufig abstandsorientiert-kontrollierbaren Fügens in Fensterausschnitten samt deren seitlicher Führung meist spitzgiebelige Raupenformen. Bild 3.65 zeigt den typischen Fügevorgang einer Pkw-Frontscheibe in den Fensterausschnitt samt anschließenden Montagevorgängen [15].

Der Flugzeugbau hingegen ist neben dem flächigen Stoffauftrag (siehe später) vor allem durch *1/4-Dichtstoff-Raupenformen* zum zusätzlichen Schutz der Verklebungen gekennzeichnet. Solche Anwendungen besitzen den Vorteil, im Regelfall keine seperaten Führungen der Dosierdüsen zu benötigen, da sie den Werkstückkanten entlangführbar sind. Jedoch kommen auch hierfür zunehmend Roboter zum Einsatz [2] (Bild 3.66).

3.4.3 Flächiger Auftrag

Dem eben-orientierten Flächenauftrag der Stoffe kommt wegen seiner weiten Verbreitung und den vielen Möglichkeiten eine besondere Bedeutung zu.

Zwischen verschieden eben-orientierten Werkstück-Formen, den eingesetzten Stoffen und deren wirtschaftlichen Auftragsarten, besteht ein enger Zusammenhang.

Eine Notwendigkeit flächig aufzutragen entsteht immer dann, wenn beispielsweise
– großflächige Benetzungen ohne nennenswerte Stoffüberschüsse erfolgen sollen;
– relativ weiche Werkstoffe dünn zu beschichten sind (wie etwa Papier, Folien, Schäume) oder

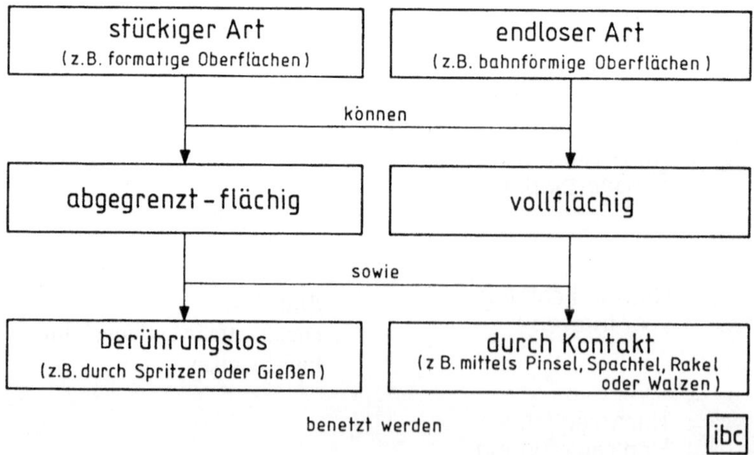

Bild 3.67: Werkstückformen mit möglichen oder notwendigen Auftragsarten

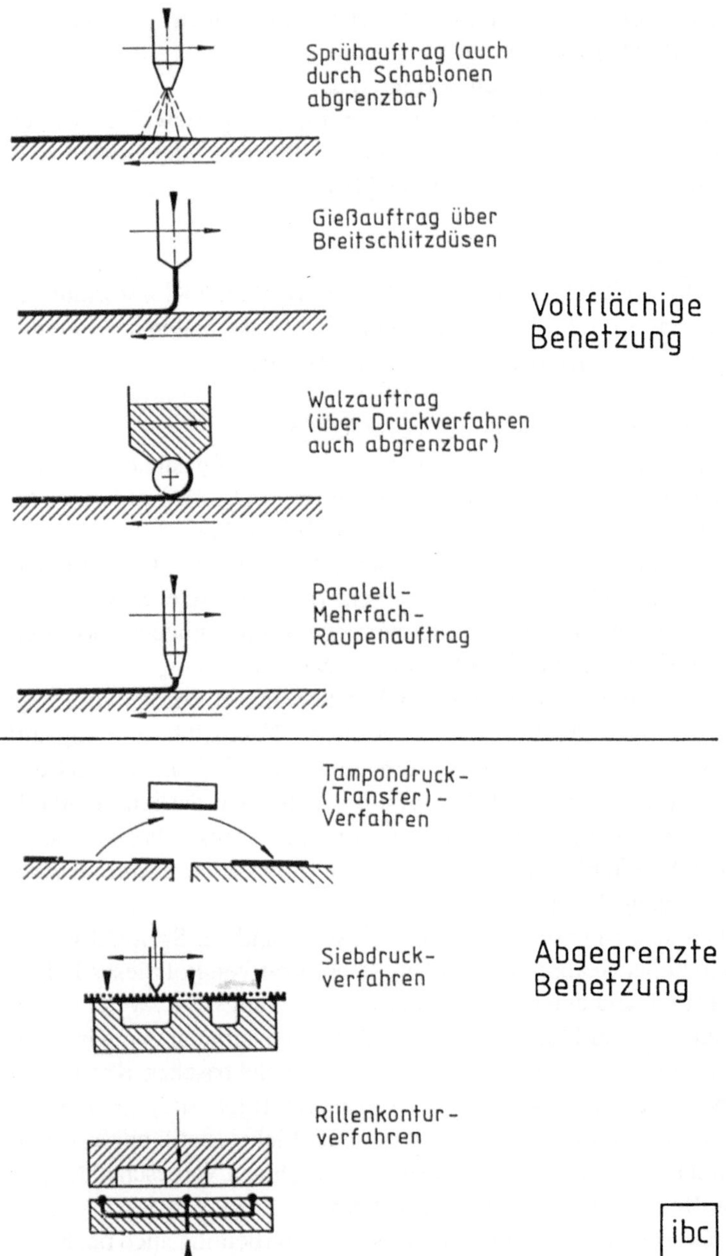

Bild 3.68: Schema der wichtigsten Flächenbenetzungs-Verfahren

– nur bestimmte Flächenabschnitte gleichmäßig benetzt werden sollen (Teilbenetzung von Kleb- oder Dichtflächen) (Bild 3.67).

Das Schema in Bild 3.68 zeigt die wichtigsten Verfahren der abgegrenzten und der vollflächigen Stoffbenetzung sowie Kombinationen beider. Beispielsweise können berührungslos erfolgende, vollflächige Benetzungen mittels Spritzen oder Gießen auch durch Schablonen abgegrenzt oder abgedeckt werden [16].

3.4.3.1 Spritzen

Das Lackspritzen wird schon seit Jahrzehnten auch für den flächigen Klebstoffauftrag benützt. Je nach gefordertem Spritzbild, Schichtdicken, Stoffviskositäten sowie realisierbaren Bedingungen, unterscheidet man verschiedene Verfahren

– des Naßauftrags und

– des Trockenauftrags (Pulverbeschichtung) (Bild 3.69).

Die *Luftzerstäubung* mit weiterentwickelten Spritzpistolen oder luftgesteuerten Automatik-Spritzdüsen, fordert dünnflüssige (spritzfähig-eingestellte) Stoffe mit Viskositäten von etwa 18 bis 30 DIN-Sekunden (Auslaufzeit nach DIN 53211).

Die Stoffversorgung erfolgt durch verschiedene Becher-Pistolen, aus Materialdrucktanks oder über Material-Umlaufanlagen mit zentraler Versorgung mehrerer Spritzstellen. Die Luftzerstäubung von dünnflüssigen zweikomponentigen Stoffen hingegen erfordert jedoch ein Sondergerät mit vorgeschalteten Mischrohren (In-Linie).

Das *Warmspritzen* (meist als Heißspritzen bezeichnet) benützt die durch vorherige Temperaturerhöhung der Stoffe (40 bis 80 °C) mögliche Viskositätssenkung auf Spritzviskosität. Damit werden auch lösemittel-ärmere Stoffe bei relativ niedrigen Luft- und Materialdrücken gut verarbeitbar. Bild 3.72 gibt das dann erforderliche Umlaufsystem zur gleichmäßigen Einhaltung der temperaturbestimmten Spritzviskosität wieder und zeigt gleichzeitig die Möglichkeit auf, Spritzsysteme durch *Elektrostatik-Ausrüstungen* in manchen Anwendungsbereichen auszuweiten.

Das Prinzip: Zwischen dem zu beschichtenden Werkstück und der Spritzdüse wird ein elektrostatisches Feld hoher Spannung aufgebaut. Den positiven Pol dieses Feldes bildet das geerdete Werkstück und den negativen der Beschichtungsstoff, welcher vor, bei oder nach der Zerstäubung über Hochspannungsgeneratoren aufgelanden wird. Dabei wandern die negativ geladenen Stoffteilchen entlang den elektrischen Kraftlinien zum Werkstück und geben (auch im Umgriff auf der Werkstück-Rückseite) ihre Ladung ab, die zur Erde abgeleitet wird (Bild 3.73). Naturgemäß ist Elektrostatik nur anwendbar bei: Metallen, Holz mit hoher Feuchte (ab 12%) und E-leitfähigen Vorbeschichtungen nicht-leitfähiger Werkstoffe, wie etwa Kunststoffe, Keramik.

Die *luftlose Zerstäubung* (Airless) ermöglicht die Spritzverarbeitung auch bei höheren Stoffviskositäten im Bereich von 80 bis 280 DIN-Sekunden. Zur Anwendung kommen dafür im Regelfall Material- oder Stoffdrücke von 150 bis 300 bar. Sie können jedoch im Höchstdruckbereich bis zu 450 bar erreichen, womit auch dickflüssige Stoffe durch Spritzen verarbeitbar werden. Die Geräte können vielfältig sein: Vom Kolbenan-

Verfahrensart	Anwendung	Stoffviskositäten (Auslaufzeit in DIN-Sekunden)	Arbeitsdrücke (bar)	Möglichkeiten für		
				Elektrostatik	1K-Stoffe	2K-Stoffe *)
Luftzerstäubung	dünnflüssiger (meist stark verdünnter) Stoffe	18 – 30	1 – 10 Luftdruck	üblich	Regelfall	mit Sondergerät
Warmspritzen	mittelviskoser (weniger verdünnter) Stoffe bei 40 – 80°C	25 – 50	4 – 10 Luftdruck / bis 30 Materialdruck	üblich	Regelfall	selten
Luftlose Zerstäubung (engl. = Airless)	dickflüssigerer Stoffe mit guter Fließfähigkeit	80 – 280	150 – 300 Materialdruck	üblich	Regelfall	mit Sondergerät
Luftunterstütztes Airless	mittelviskoser bis dickflüssigerer Stoffe (auch in Kombination mit Warmspritzen)	60 – 180	4 – 10 Luftdruck	möglich	Regelfall	mit Sondergerät
Schmelzklebstoff-Spritzen	vorgeschmolzen-verflussigter Stoffe mit Airless und zusätzl. Warmluftzerstäubung	unterschiedl. Schmelz-Viskosität	70 – 150 Materialdruck	in Erprobung	Regelfall	in Überlegung
Elektrostatischer Pulverauftrag	von Schmelzklebstoff-Pulvern erfordert nachträgliche Erwärmung gefügter Teile auf Schmelztemperatur	nicht relevant	4 – 10 Luftdruck	obligatorisch	im Versuchsstadium	in Überlegung

Zeilen 1–5: Naßauftrag · Zeile 6: Trockenauftrag

*) Die erforderliche Mischung erfolgt entweder mit vorgeschalteten statischen Mischrohren oder einer Doppeldüsen-Anordnung mit Mischung im Sprühstrahl.

ibc

Bild 3.69: Schema der Klebstoff-Spritzverfahren

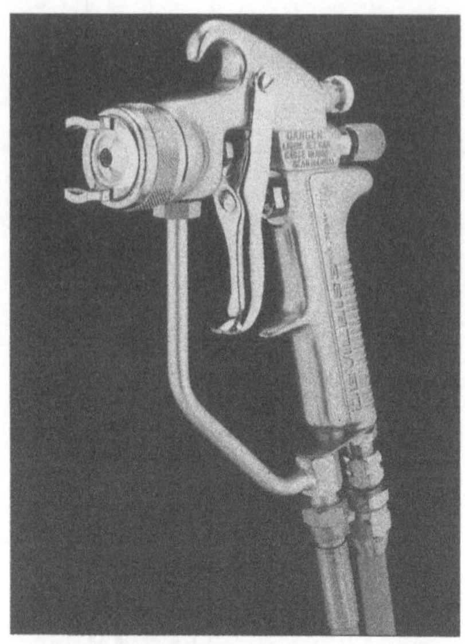

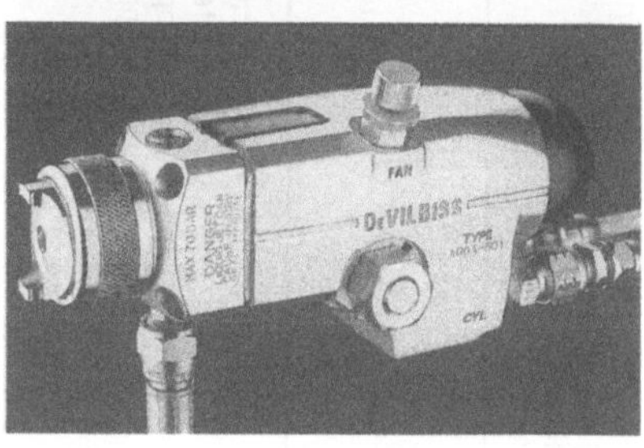

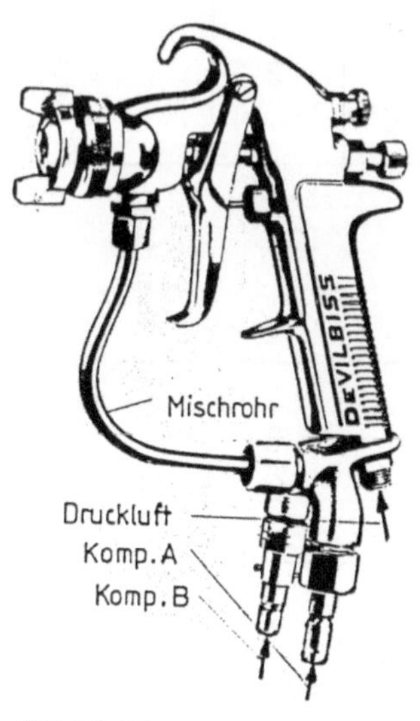

Bild 3.71:
Luftzerstäubende Spritzpistole für 2K-Stoffe aus
Drucktanks (De Vilbiss, Dietzenbach)

Bild 3.70:
Luftzerstäubende Spritzpistole (oben) und
Automatik-Spritzdüse (unten) für 1K-Stoffe aus
Drucktanks (De Vilbiss, Dietzenbach)

antrieb durch Wechselstrom-Schwinganker mit Saugbecher über Membranpumpen im
Hochdruckbereich bis 250 bar auf den Vorratsbehältern, bis zu druckübersetzten Kolbenpumpen für 1K- und 2K-Stoffen. Bei letzteren kann die erforderliche Mischung (meist mittels statischen Mischrohren) noch vor dem Spritzvorgang oder über Doppeldüsen-Spritzgeräte im Spritzstrahl erfolgen. Das *luftunterstützte Airless* verbindet die Luftzerstäubung mit dem reinen Airless in vorteilhafter Form bei dann möglichen reduzierbaren Materialdrücken.

Das *Schmelzklebstoff-Spritzen* stellt eine Modifikation letzteren Verfahrens dar: Die aufgeschmolzenen Schmelzklebstoffe werden meist mittels Zahnradpumpen (Niederdruck) oder druckübersetzten Kolbenpumpen (Hochdruck) zu den Spezialdüsen gefördert, wo sie mit Unterstützung von Warmluft zerstäubt werden. Sämtliches Gerät, inklusive Materialschläuchen ist beheizt.

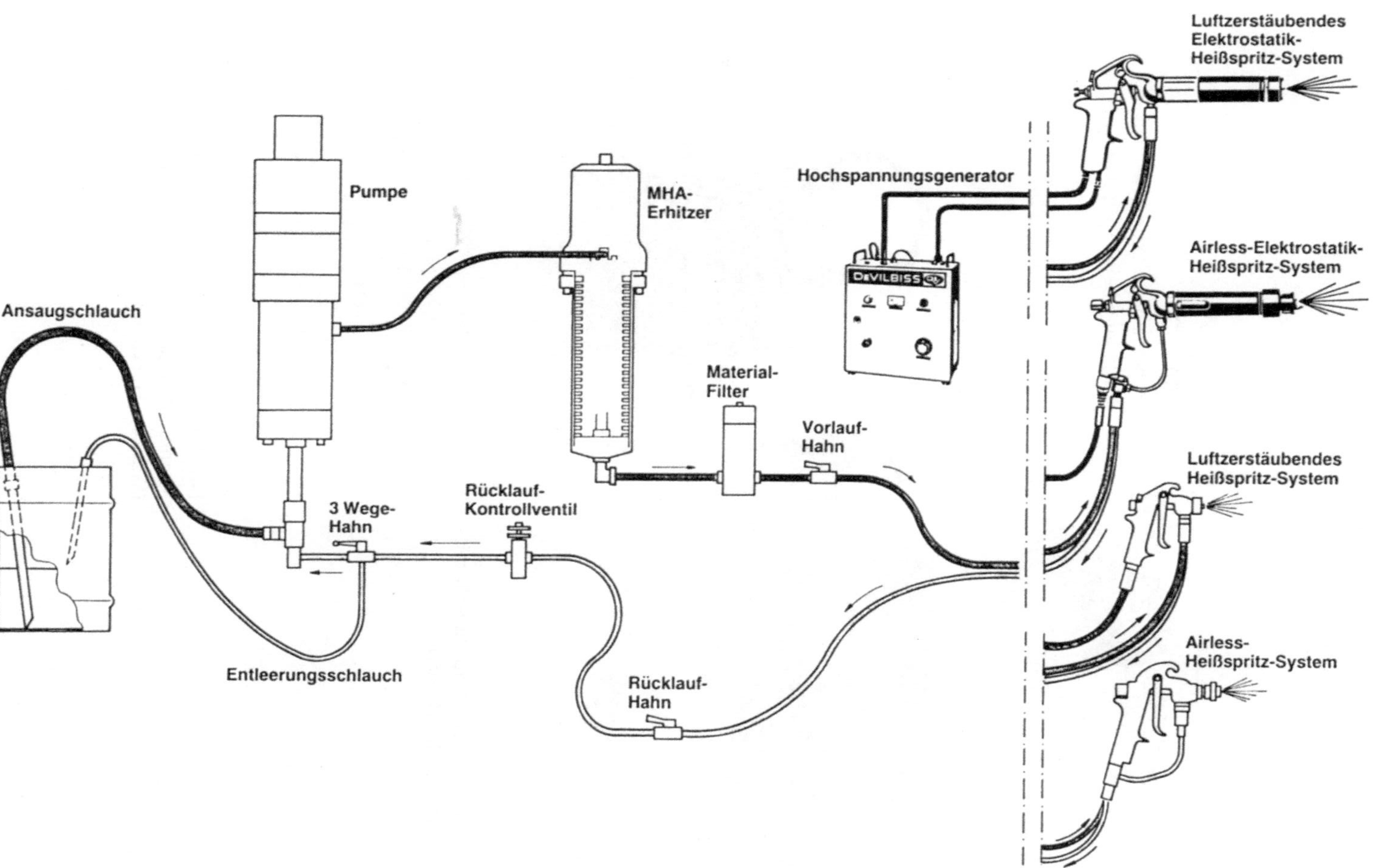

Bild 3.72: Schema des Umlaufsystems einer Warmspritzanlage (De Vibiss, Dietzenbach)

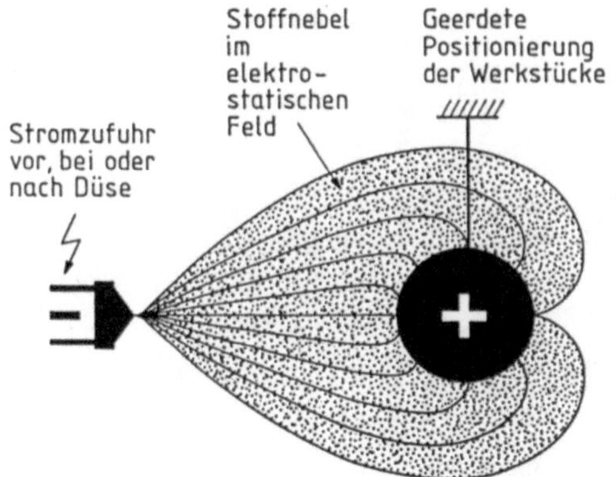

Bild 3.73:
Schema der elektrostatischen
Aufladung beim Spritzvorgang

Bild 3.74:
Elektomagnetisches Airless-Spritzgerät mit
Saugbecher (Wagner, Markdorf)

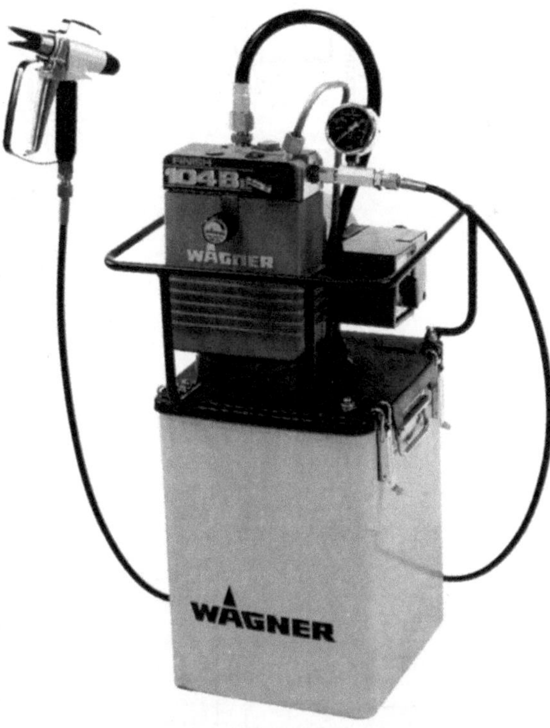

Bild 3.75:
Druckluftbetriebenes Airless-Spritzgerät mit
Membranpumpe für den Hochdruckbereich
(Wagner, Markdorf)

Bild 3.76:
Druckluftbetriebenes
Airless-2K-Spritzgerät
mit druckübersetzten
Kolbenpumpen (Wagner,
Markdorf)

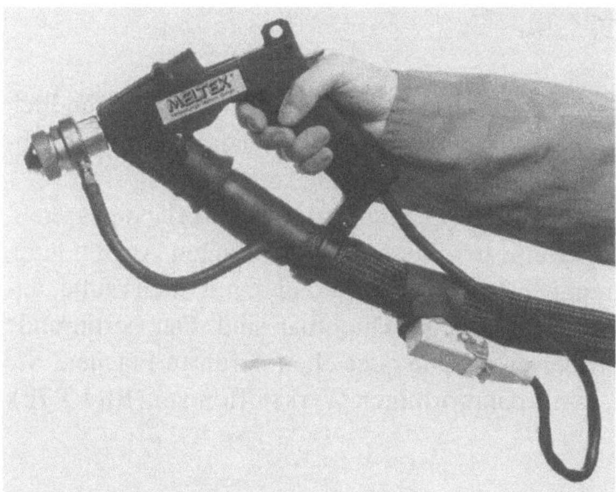

Bild 3.77:
Schmelzklebstoff-Spritzpistole
mit Heizschlauch-Zuführung
(Meltex, Lüneburg)

Der Trockenauftrag mittels *Pulverbeschichtung* basiert auf dem Anhaften von Schmelz-klebstoffpulvern verschiedener Art durch elektrostatische Verfahren mit vorheriger oder nachheriger Erwärmung auf Pulver-Schmelztemperaturen oder dem Pulveraufstäuben auf vorher erwärmte Teile in geschlossenen Kammern allseitig (bekannt als Wirbel-sintern) oder im Durchlauf einseitig.

Nur in Einzelfällen läßt sich die Zuführung der anderen Fügepartner in noch schmelz-flüssigem Stoffzustand realisieren, weshalb nach Montage ein erneuter Aufheizvorgang erforderlich ist! Das Verfahren ist nicht allgemein anwendbar und daher auf Sonderfälle beschränkt [20] (Bild 3.78).

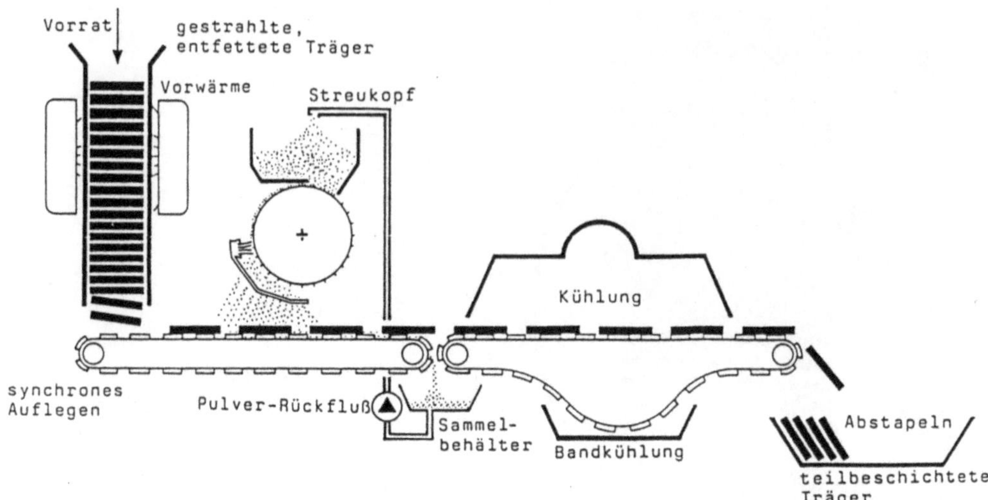

Bild 3.78: Anlagenschema einer Einseit-Pulvervorbeschichtung (Beiersdorf, Hamburg)

3.4.3.2 Gießen

Der Ausdruck kann im Zusammenhang mit dem flächigen Stoffauftrag mißverständlich sein. Besser wäre „berührungsloser Schlitzdüsen-Auftrag", denn damit kann eine Abgrenzung gegenüber dem „berührenden Schlitzdrüsen-Auftrag" erfolgen.

Insbesondere der *berührungslose Schlitzdüsen-Auftrag* wird bisher als flächiges Gießverfahren angesehen. Es findet vorzugsweise bei Plattenbeschichtungen Anwendung, denn der besondere Vorteil, etwa gegenüber den Walzen ist, daß damit auch rauhe, unebene oder geringverformte Flächen gleichmäßig beschichtbar sind. Der berührende Schlitzdüsen-Auftrag hingegen fordert bereits ebene oder eben geführte Flächen. Sie liegen im Regelfall nur bei dünneren, meist bahnförmigen Werkstoffen vor (Bild 3.79).

3.4.3.2 Pinseln und Spachteln

Pinseln und Spachteln sind gewiß die ältesten Stoffauftrags- und Verteilungsmethoden auf eben-orientierten Flächen. Beim Pinselauftrag kommen vielfach druckbeaufschlagte Behälter mit auswechselbaren Pinseleinsätzen zum Einsatz (Bild 3.80).

Der Spachtelauftrag erfolgt mit Hilfe von Kanten geradlinig endender Spachtelwerkzeuge bei Hinterlassung (druckabhängig) stark unterschiedlicher Schichtdicken. Kontrollierbarer Mengenauftrag ist nur mittels sogenannter Zahnspachtel möglich. Bild 3.81 zeigt die durch unterschiedliche „Zahnungen" erreichbaren Stoffmengen beim Auftrag auf ebene Flächen, wie etwa im Fußbodenbereich.

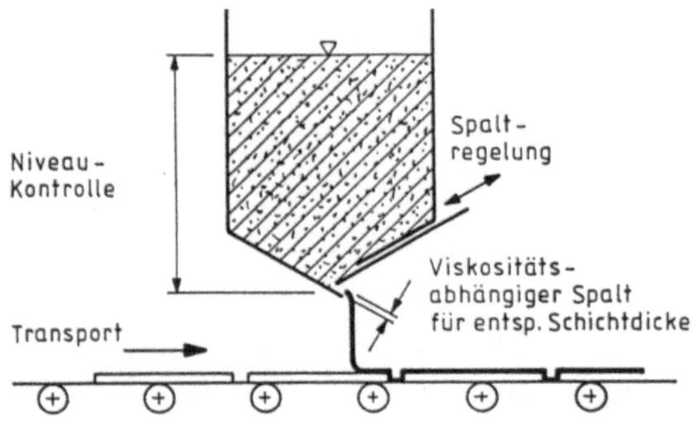

Schlitzdüsenauftrag
über Niveaudruck

Berührungslos
(bevorzugt Platten)

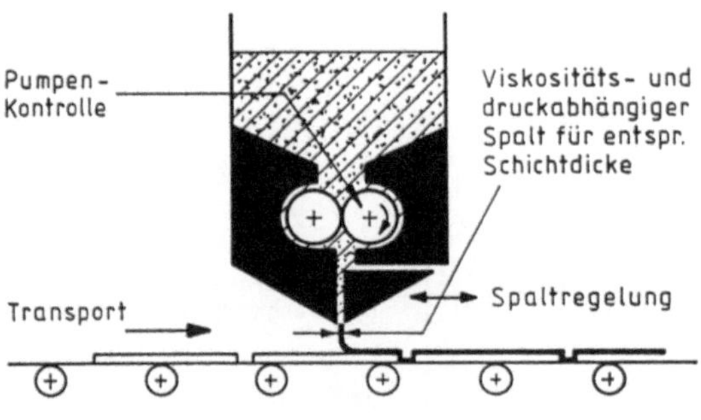

Schlitzdüsenauftrag
über Pumpendruck

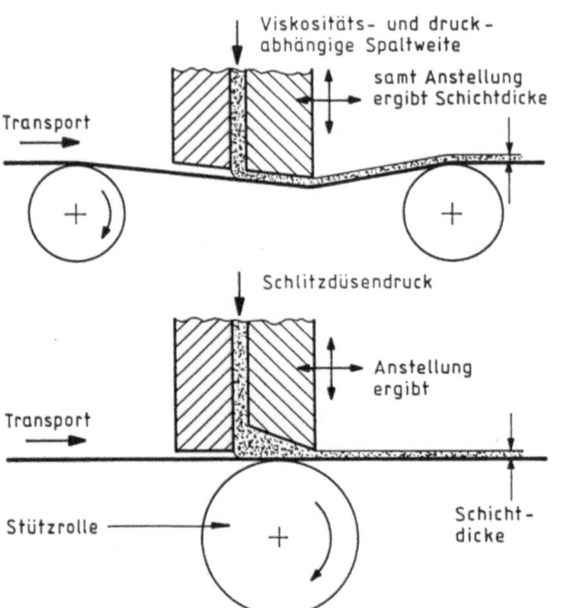

Schlitzdüsenauftrag
unter Bahnspannung

Berührend
(bevorzugt Bahnen)

Schlitzdüsenauftrag
als Rakelkombination
mit Stützrolle

Bild 3.79: Beispiele von Schlitzdüsenanwendungen

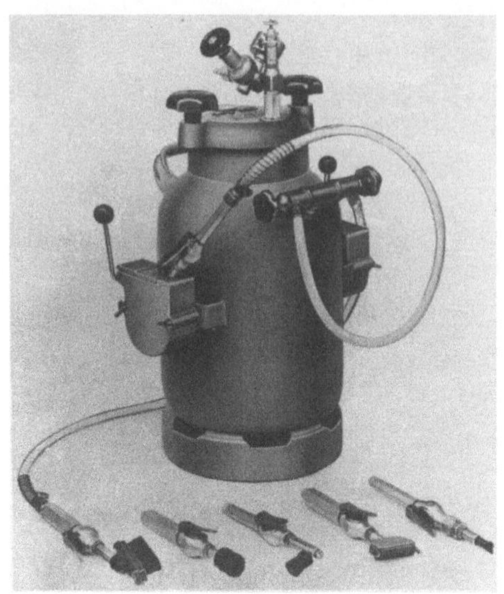

Bild 3.80:
Druckluftbeaufschlagter Behälter mit auswechselbaren, Benetzungswerkzeugen (Pinsel, Walze, Flachdüse) (Fortuna, Stuttgart)

Zahnungsgruppe	Zahnform	Verarbeitbare Stoffdichte (g/cm^3)	Auftragbare Stoffmenge (g/m^2)
A Feinzahnung			250 – 350
		0,95 – 1,4	300 – 400
			250 – 350 (beidseit. Auftrag v. Kontaktklebst.)
B Grobzahnung			400 – 600
		1,5 – 1,7	500 – 700
			700 – 1000
C Spezialzahnung			1000 – 1500
		1,8 – 2,1	500 – 800 (kohlefaserhaltige, elektr. leitfähige Klebstoffe)

ibc

Bild 3.81: TKB (Technische Komission Bauklebstoffe des Industrieverbandes Klebstoffe e.V.) - Auswahl von Spachtelzahnungen

3.4.3.4 Walzen

Die relativ einfachste Form des Flächenauftrags stellt eine von Hand über die zu benetzende Fläche geführte Gummiwalze zur Verteilung des vorher aufgebrachten Stoffs dar.

Wird die Walze von einem Reservoir aus versorgt und der Überschuß durch einstellbare Rakel auf bestimmte Schichtdicken abgestreift, so können definierte Stoffmengen auf die zu benetzenden Oberflächen übertragen werden. Im Prinzip der Druckindustrie entlehnt, werden Walzenauftragsverfahren in verfeinerter Form vor allem zum Stoffbeschichten bahnförmiger Stoffe eingesetzt (Bild 3.84).

Das *Tiefdruckverfahren*, wobei formgravierte oder geätzte Walzen einer Vorratswanne Klebstoff entnehmen. Der Überschuß wird abgerakelt, der in den Vertiefungen verbleibende Klebstoff direkt auf die zu beschichtende Bahn übertragen. Diese wird mit einer Gummiwalze auf die Druckwalze gepreßt. Das Verfahren kann durch Zwischenschalten einer elastischen Übertragungswalze mit glatter Oberfläche modifiziert werden. Gravur und Klebstoff müssen so aufeinander abgestimmt sein, daß unterschiedliche Auftragsdicken samt kompletter Klebstoffentnahme auf der Rasterwalze möglich sind.

Das *Hochdruckverfahren* ist auch als Flexodruck bekannt. Dabei taucht eine Gummiwalze in ein Klebstoffbad und überträgt den Klebstoff auf eine Positiv-Rasterwalze. Über eine weitere glatte Gummiwalze wird er auf das Bahnmaterial übertragen. Die Auftragsmenge ergibt sich durch den Anpreßdruck zwischen Tauch- und Rasterwalze.

Das *Reversierroll-Verfahren* basiert auf einem durch entgegengesetzte Walzenlaufrichtungen möglichen Rakeleffekt und damit sich ergebenden Stoffdicken-Regelung in sehr geringen und reproduzierbaren Mengen, wobei eventuelle Änderungen der Stoffviskosität gut ausregelbar sind.

Beim *Kisscoat-Verfahren* wird die zu beschichtende Bahn durch Ausdrücken einer geregeltbeschichteten Übertragungswalze (ohne Andruckwalze) gegen das zwischen zwei

Bild 3.82:
Handwalzenbenetzung ebener
Oberflächen (Loctite, München)

Bild 3.83:
Walzenauftragsgerät für kleinere
Flächen

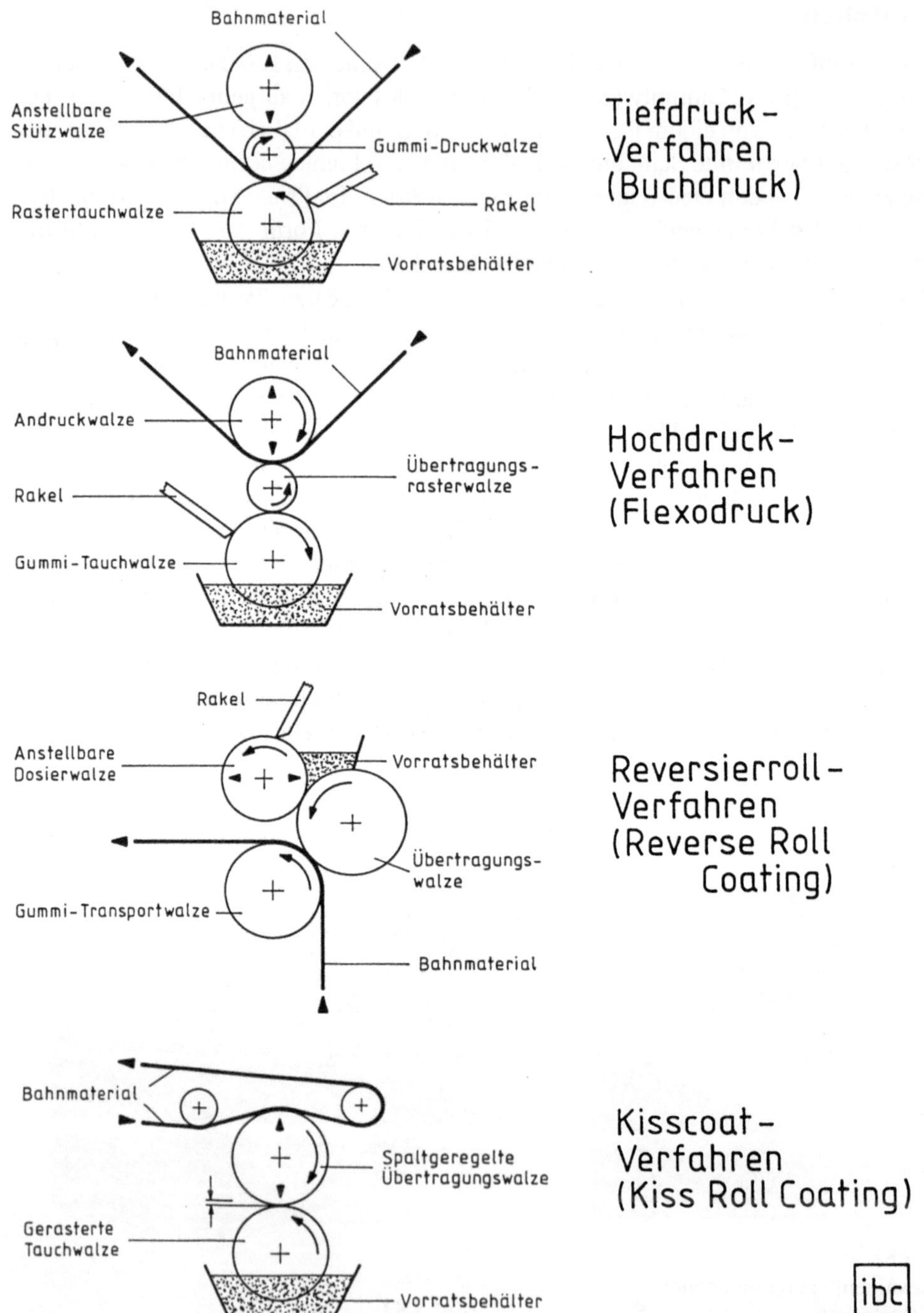

Bild 3.84: Meistverwendete Flächenbenetzungsverfahren für bahnförmige Werkstoffe

Rollen unter Spannung stehende Bahnmaterial benetzt. Die Auftragsmenge wird durch Bahnspannung, Umschlingungswinkel und Schichtdicke auf der Übertragungswalze bestimmt.

Das *Magnetroll-Verfahren* unterscheidet sich gegenüber vorstehenden Verfahren im Hinblick auf die mögliche Walzen-Arbeitsbreite, denn wegen deren zunehmender Durchbiegung ab etwa 2 m sind immer steifere und damit aufwendigere Konstruktionen erforderlich. Eine neuere Problemlösung mit Arbeitsbreiten bis 6 m stellt dieses (mehrfach patentierte) Walz-Verfahren dar: Dabei werden innerhalb rohrförmiger Walzen oder unterhalb ebener Auflagen aus amagnetischen Werkstoffen regelbare E-Langmagnete installiert, die Walzen (Eisen ummantelt) geringer Durchmesser gleichmäßig anziehen, womit eine gleichzeitige Dosierung und Klebstoffdicken-Einstellung erfolgt. Voraussetzung sind naturgemäß Bahnen aus amagnetischen Werkstoffen (Kunststoff- oder NE-Metall-Folien) [17] (Bild 3.85).

Walzenbenetzungen werden vor allem bei den verschiedenen *Kaschiertechniken* eingesetzt: Das „Kaschieren" als Umschreibung des Klebens, vorwiegend dünnschichtiger Verbunde, ist in diesem Bereich stark verbreitet. Man unterscheidet verfahrenstechnisch nach der

- Naßkaschierung, das heißt das Andrücken des anderen Klebepartners auf die noch „nasse"Klebschicht mit anschliessender Trocknung und Aushärtung und der
- Trockenkaschierung, das heißt das Zusammenführen vorgetrockneter Stoffschichten unter Druck und Erwärmung (Bild 3.86).

Im Laufe der Zeit entstand eine Vielzahl von Verfahrensarten für Kaschierungen von 2 oder mehr Substraten, welche sich sowohl nach Auftragsverfahren, verwendeter Klebtechnik, Materialart und Geschwindigkeit unterscheiden.

Bei der *Naßkaschierung* werden geeignete Klebstoffe (meist Dispersionen auf Latex-, Casein- oder Acrylatbasis) über eines der vorher beschriebenen Verfahren (Flexo- oder Tiefdruck) auf eine Materialbahn gebracht und anschließend die zweite Bahn angedrückt. Da das Wasser der Dispersion aus dem Verbund herausgetrocknet wird, muß mindestens eine der beiden Bahnen porös sein. Klebstoffmengen von 1,5 bis 3,0 g/m² bei 25 bis 60% Festkörpergehalt sind üblich.

Das *Trockenkaschieren* kann auch zur Verklebung zweier oder mehrerer undurchlässiger Substrate eingesetzt werden, da Klebstoffsysteme verwendet werden, deren Lösemittelanteile vor dem Zusammenbringen der Bahnen weitgehend abgedunstet werden, wie etwa Polyurethan-Gemische mit enthaltenen organischen Lösemitteln (25 bis 50%). Die Klebsysteme sind meist reaktiv und durch Wärme stark zu beschleunigen. Am häufigsten werden hierfür Tiefdruckverfahren eingesetzt. Die Auftragsgewichte liegen bei etwa 1 bis 5 g/m². Zunehmend werden auch vorbereitete Schmelzklebstoff-Folien zwischen die Materialbahnen geführt und unter Wärmezuführung (bei Schmelztemperatur) verpreßt.

Das PUR-LF (PolyURethan Lösemittel-Frei)-Verfahren kann zwischen den vorbeschriebenen Verfahren angesiedelt werden. Dabei werden lösemittelfreie zweikomponentige Polyurethansysteme eingesetzt. Durch fehlende Trockenzonen ist es relativ

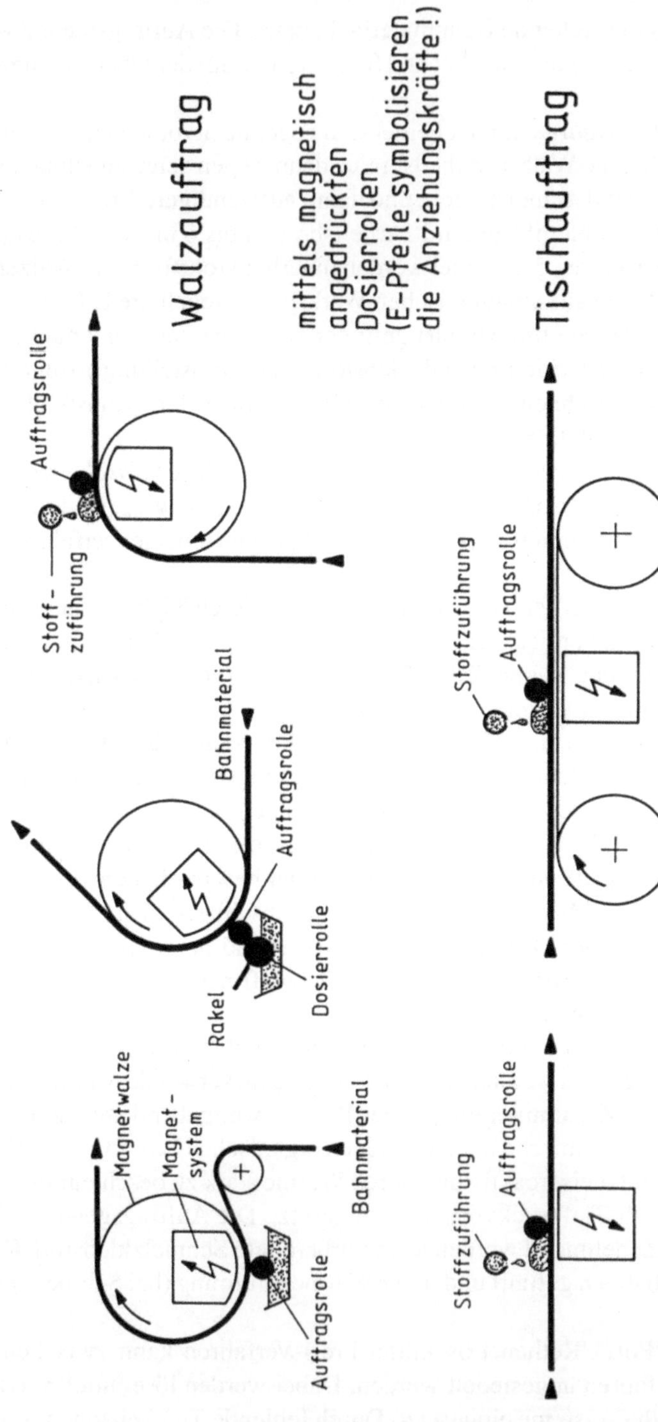

Bild 3.85: Möglichkeiten der vollflächigen Magnetroll-Benetzung bahnförmiger Werkstoffe (nach J. Zimmer, Klagenfurt)

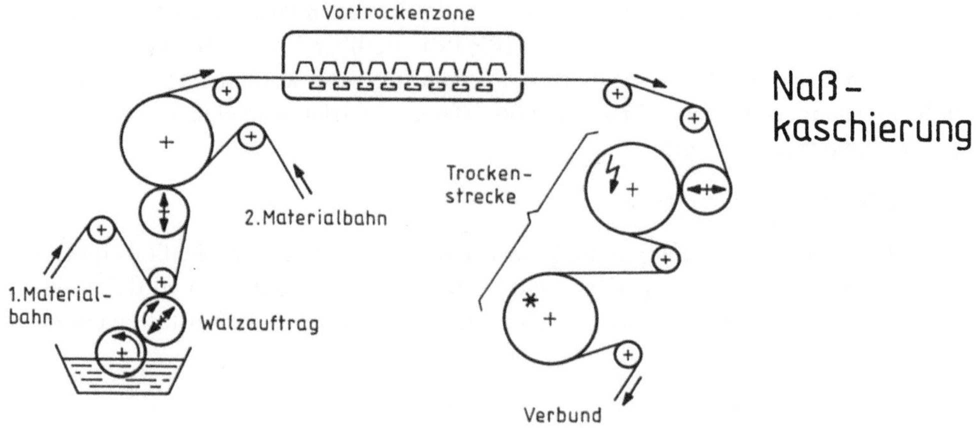

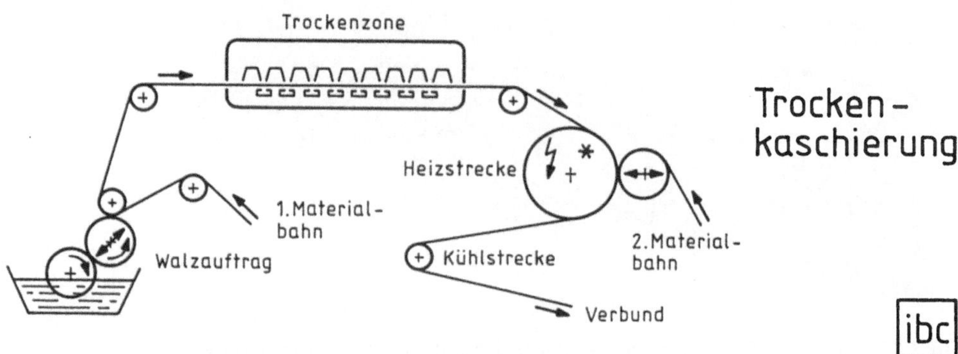

Bild 3.86: Prinzip der Naß- und Trockenkaschierung

kostengünstig. Allerdings ist die Dosierung und Bereitstellung entsprechender Verarbeitungsmischungen (innerhalb der Topfzeiten) aufwendiger. Die Klebstoffe liegen in ihren Viskositäten zwischen 500 und 10.000 m Pa · s. Auftragsgewichte von 0,8 bis 1,5 g/m² für Kunststoff-Folien und etwa 2 bis 5 g/m² für Papierkaschierung bedingen ein „Herunterziehen" der Filmdicke über mehrere Stufen. Erreicht wird dies über Walzenvordosierung, Feindosierung (über unterschiedliche Transferwalzen-Laufgeschwindigkeiten) und Auftrennen der Klebstoffschicht in mehreren Stationen, bis zur Übertragung der so gewonnenen Dünnstschicht auf die Materialbahn. Das Verfahren arbeitet mit sehr gleichmäßigen Klebstoffschichten und gehört zu den modernsten des letzten

Die *Extrusionskaschierung* nimmt ebenfalls eine Zwischenposition ein. Ein Verfahren mittels schmelzflüssigen Polyolefinen (PE/PP), die über Breitschlitzdüsen (siehe dort) vor dem Zusammenführen der Materialbahnen zugeführt werden. Es werden relativ hohe Flächengewichte eingebracht (15 bis 50 g/m^2), so daß man eher von einem 3-Lagen-Verbund sprechen kann.

3.4.3.5 Mehrfachlinien-Auftrag

Prinzipiell ähnelt dieses Verfahren der Zahnspachtel-Anwendung, das heißt es hinterläßt linienförmige „Raupen" aus Kleb- und Dichtstoffen. Das Verfahren wird vorwiegend bei dickflüssigen Klebstoffen und hier wiederum bei Schmelzklebstoffen eingesetzt.

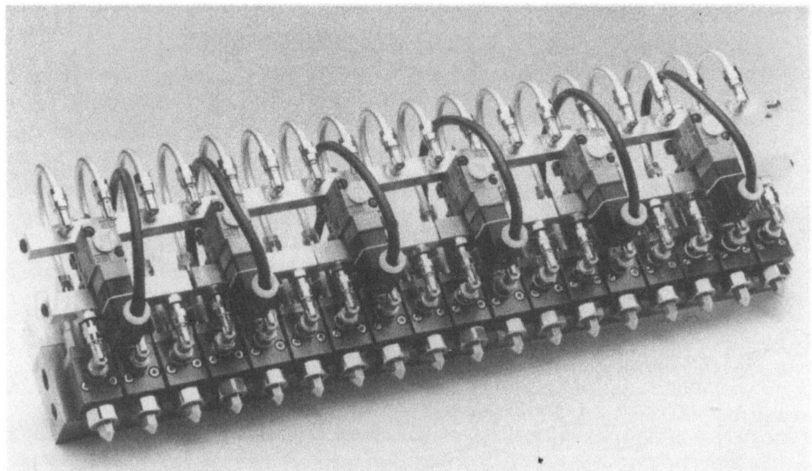

Bild 3.87: Mehrfach-Düsenkopf für Schmelzklebstoffe in 3-er Gruppierung (Nordson, Erkrath)

Bild 3.88:
Kreisförmiger Mehrfach-Linienauftrag über rotierende Auftragsköpfe (Lutzke, Augsburg)

Ein Beispiel der hierfür verwendeten Mehrfach-Auftragsköpfe zeigt Bild 3.87 in einer 3er-Gruppierung, womit Auftragsbreiten bis zu 2500 mm zusammenstellbar sind [18].

Neben dem geradlinigen Mehrfachauftrag ist der sich überschneidende kreisförmige Mehrfachlinienauftrag möglich. Er fordert jedoch spezielle Rotor-Auftragsköpfe und pumpbare Stoffviskositäten. Das (patentierte) Verfahren ersetzt zunehmend das Gießen, Walzen oder Spritzen im Falle großflächiger Benetzungen wie etwa von Sandwich-Aufbauten im Wohnwagenbau [39].

3.4.3.6 Tampon- oder Stempeldruck

Er wird ausschließlich zum abgegrenzten Stoffauftrag für kleinere Einzelflächen in hohen Stückzahlen eingesetzt. Typisches Beispiel hierfür ist die Chip-Verklebung in der Elektronikindustrie. Hierfür werden dann „Stempelbonder"-Geräte eingesetzt. Das Prinzip: Der Klebstoff wird in der laufend stoffversorgten Vorratsschale mittels Rakel auf eine einstellbare Schichtdicke ausgestrichen. Eine Drehtisch- oder Linearvorrichtung mit dem Stempel berührt diese Schicht und überträgt sie auf die zu benetzende Teileoberfläche. Wegen der Kleinheit der zu benetzenden Teile kann der Vorgang im Fadenkreuz des Mikroskops überwacht werden.

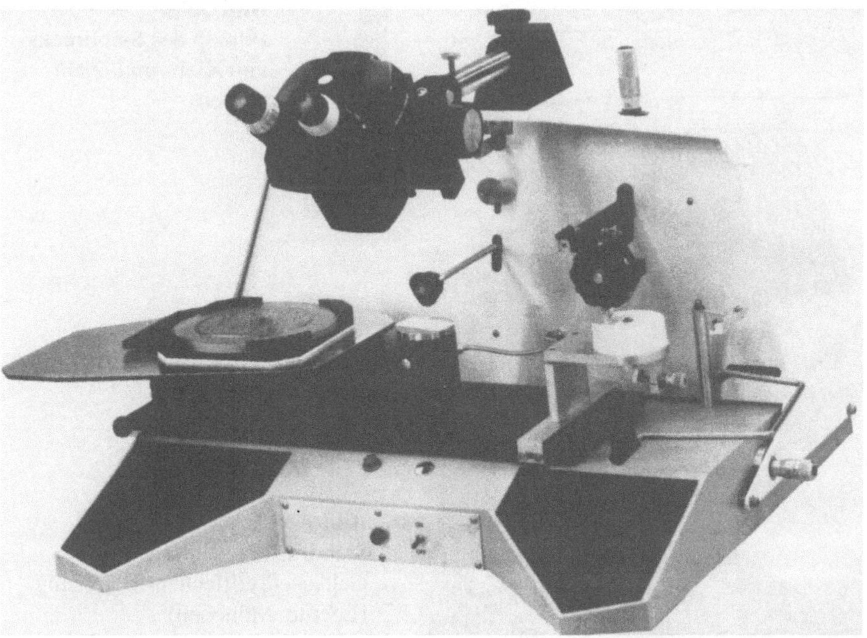

Bild 3.89: Stempelbonder-Gerät zum flächigen Klebstoff-Übertrag auf Chips (Polytec, Waldbronn-Karlsruhe)

3.4.3.7 Sieb- oder Schablonendruck

Er wird vorwiegend zum Stoffauftrag auf kompliziert geformte Flächen in Serien eingesetzt und ermöglicht die konturorientiert-abgegrenzte Flächenbenetzung.

Das Prinzip geht aus Bild 3.90 für den *Flach-Siebdruck* hervor: Es handelt sich also um ein Rakelverfahren, wobei der Beschichtungsstoff in vorbestimmt-durchlässigen Bereichen eines Metall- oder Kunststoff-Siebgewebes durchgedrückt wird und die darunter oder dahinter befindlichen Flächen benetzt. Die Bestimmung der Schichtdicke erfolgt meist durch die überstehende Dicke der flexiblen Siebabdeckung. Bild 3.91 zeigt das Beispiel eines Schwenk-Rakelvorgangs, welcher dem Linear-Rakelvorgang, insbesondere bei kleineren Benetzungsflächen, vorzuziehen ist.

Der *Rund-Siebdruck* (auch von Schmelzklebstoffen) erfolgt aus dem Inneren rotierender Siebtrommeln mit dort fixierter Stoffzuführung samt Rakel. Aufgrund der durch den Trommelumfang begrenzten Arbeitsfläche und des kontinuierlichen Verfahrens wird

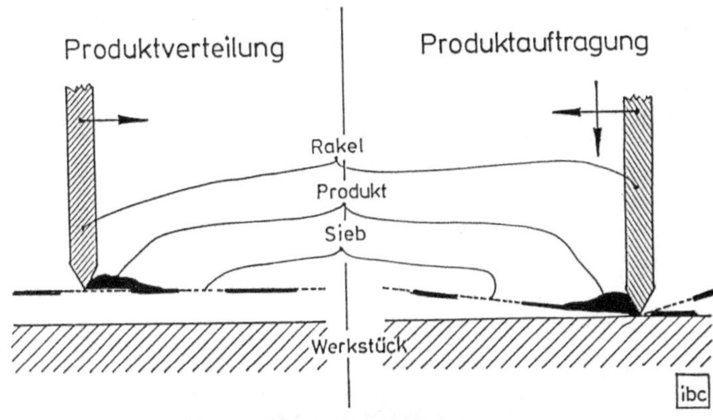

Bild 3.90:
Prinzip des Siebdrucks
von Kleb- und Dicht-
stoffen

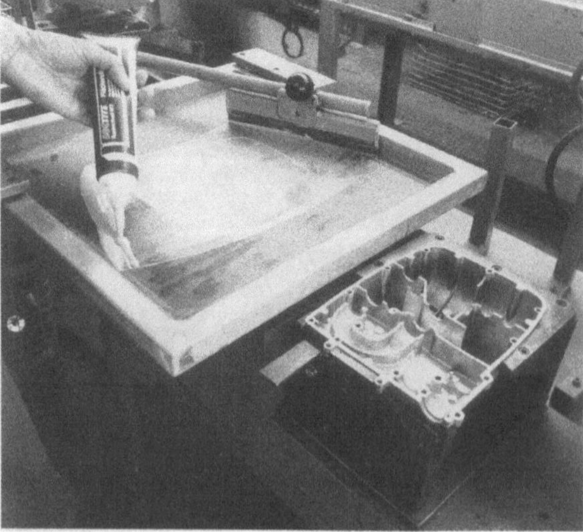

Bild 3.91:
Siebdruckanwendung bei
Gehäuse-Teilflächen-Benetzung
(Loctite, München)

der Rund-Siebdruck vorwiegend bei bahnförmigen Werkstoffen und sich wiederholen-
den „Musterungen" eingesetzt.

3.4.3.8 Rillenkonturbenetzung

Sie stellt ein abgegrenzt-flächenbenetzendes Abdruckverfahren dar, bei welchem ein
vorwiegend eben-liegendes, formangepaßtes Unter-Werkzeug über ein Bohrungs-Sy-
stem mit kontur-entsprechenden Nuten oder Rillen die Oberseite mit Stoffüberschuß
versorgt. Er wird je nach (höherer) Viskosität herausgedrückt und benetzt durch kontrollierten Kontakt die von oben herangeführte Werkstückoberfläche in den gewünschten
Konturen. Das Verfahren stellt in bestimmten Bereichen der abgegrenzten Flächenbenetzung eine interessante Alternative zum Siebdruck dar [19].

Naturgemäß konnte an dieser Stelle nur ein Überblick gegeben werden, welcher keinen Anspruch auf Vollständigkeit darstellt. Ein rascher technischer Fortschritt der Kleb-
und Dichtstoff-Anwendung verlangt auch bei den flächigen Auftragstechniken nach an-
dauernder Information über den jeweils neuesten Stand.

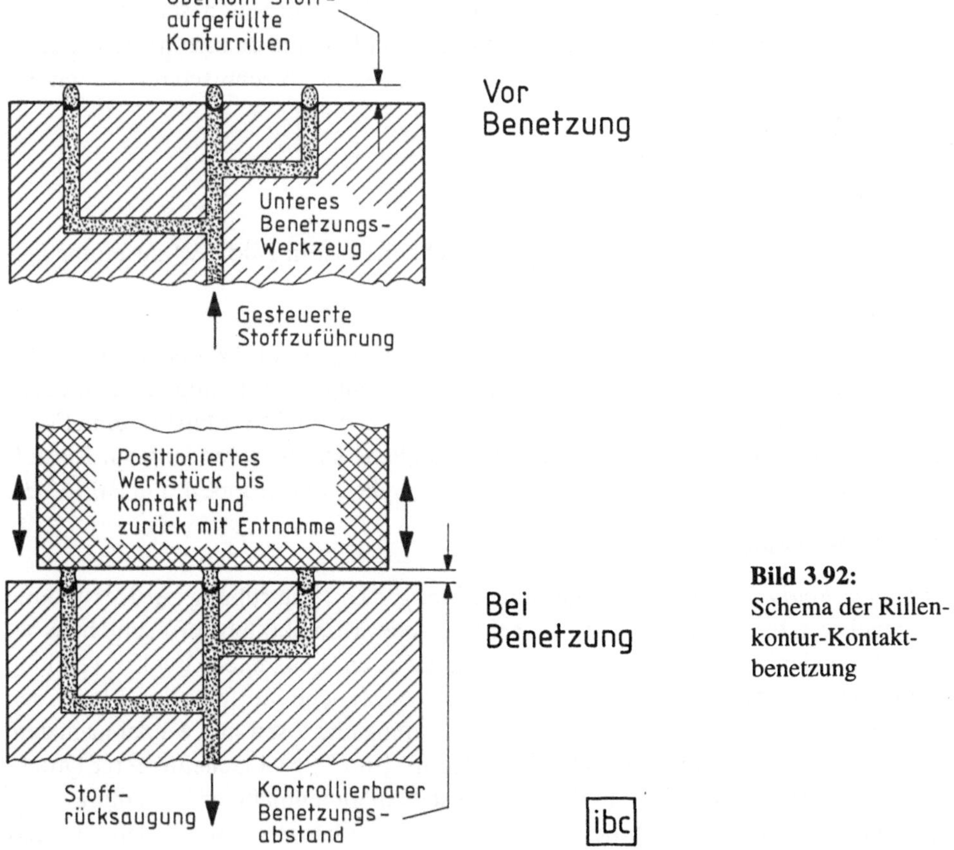

Bild 3.92:
Schema der Rillen-
kontur-Kontakt-
benetzung

3.5 Füge- und Montagevorgänge

Grundlage dieses Arbeitsschritts ist DIN 8593 „Fertigungsverfahren Fügen". Die Norm betrifft das Zusammenbauen, Montieren und Verbinden (entsprechend der Zusammenfassung der Fertigungsverfahren nach DIN 8580 in Bild 1.1). Sie bezieht sich auf das Fügen von Metallen, Kunststoffen, Holz und kann auf andere Werkstoffe angewandt und „... von Hand, mittels Maschinen oder anderer Fertigungseinrichtungen in Industrie und Handwerk ausgeführt werden".

3.5.1 „Stoffvereinigen" als Ergebnis

Wie die vollständige Gruppeneinteilung des Fügens in Bild 3.93 aufzeigt, sind im Hinblick auf den klebtechnischen Arbeitsschritt die Gruppen 4.1 bis 4.5 (mit Einschränkungen) anwendbar, während die Gruppe 4.6 „Stoffvereinigen" im Grunde das Ergebnis dieser Fügevorgänge (nach dem anschließenden Arbeitsschritt 3.6 „Verfestigen") darstellt: Schließlich bedarf jedwede Kleb- oder Dichtstoffanwendung eines Fügevorgangs bevor sie überhaupt wirksam werden kann! Aus diesen Gegebenheiten ist auch die erforderliche Überarbeitung der DIN 8593 im Hinblick auf kleb- und dichttechnische Belange erkennbar. Nachfolgend die Gruppenbeschreibung von klebtechnisch relevanten Bereichen der jetzigen Norm.

3.5.2 Zusammenlegen

Eine prinzipielle Darstellung dieser Fügemöglichkeiten ist in Bild 3.94 zusammengefaßt.

Die Beschreibung lautet:
„...ist eine Sammelbezeichnung für das Zusammenbringen von Werkstücken..." Das Verbleiben in gefügtem Zustand bis zur Stoffverfestigung wird im allgemeinen durch Schwerkraft, Form- oder Kraftschluß der Kombinationen bewirkt. Meist ist eine Fixierung der Teile bis zur Verfestigung und/oder zusätzliche Druckanwendung zur Einstellung eines vorbestimmten Klebspalts erforderlich (siehe auch Gruppe 4.3 in Bild 3.93).

3.5.2.1 Flachverbindungen

Bei *Flachverbindungen* mit möglicher linienförmiger Druckausübung zur Herstellung von kurzzeitigen Intensivkontakten, wie bei Haft- oder Kontaktklebstoff-Schichten bedarf dies besonderer Beachtung. Bei dieser als „Anwalzen" bekannten Druckanwendung muß vor allem der Zeitfaktor berücksichtigt werden: Manche Stoffe besitzen nicht den hierfür notwendigen „Tack", die sofortige Klebehaftung und lösen sich wieder nach dem Anwalzen (Aufstehen etwa auf weicheren Partnern) (Bild 3.95). Flächenförmige Druckausübung zur oft gleichzeitigen Fixierung soll stets in gleichmäßiger Verteilung erfolgen. Sie kann vor allem hinsichtlich des Preßdrucks problematisch sein – denn: Er darf

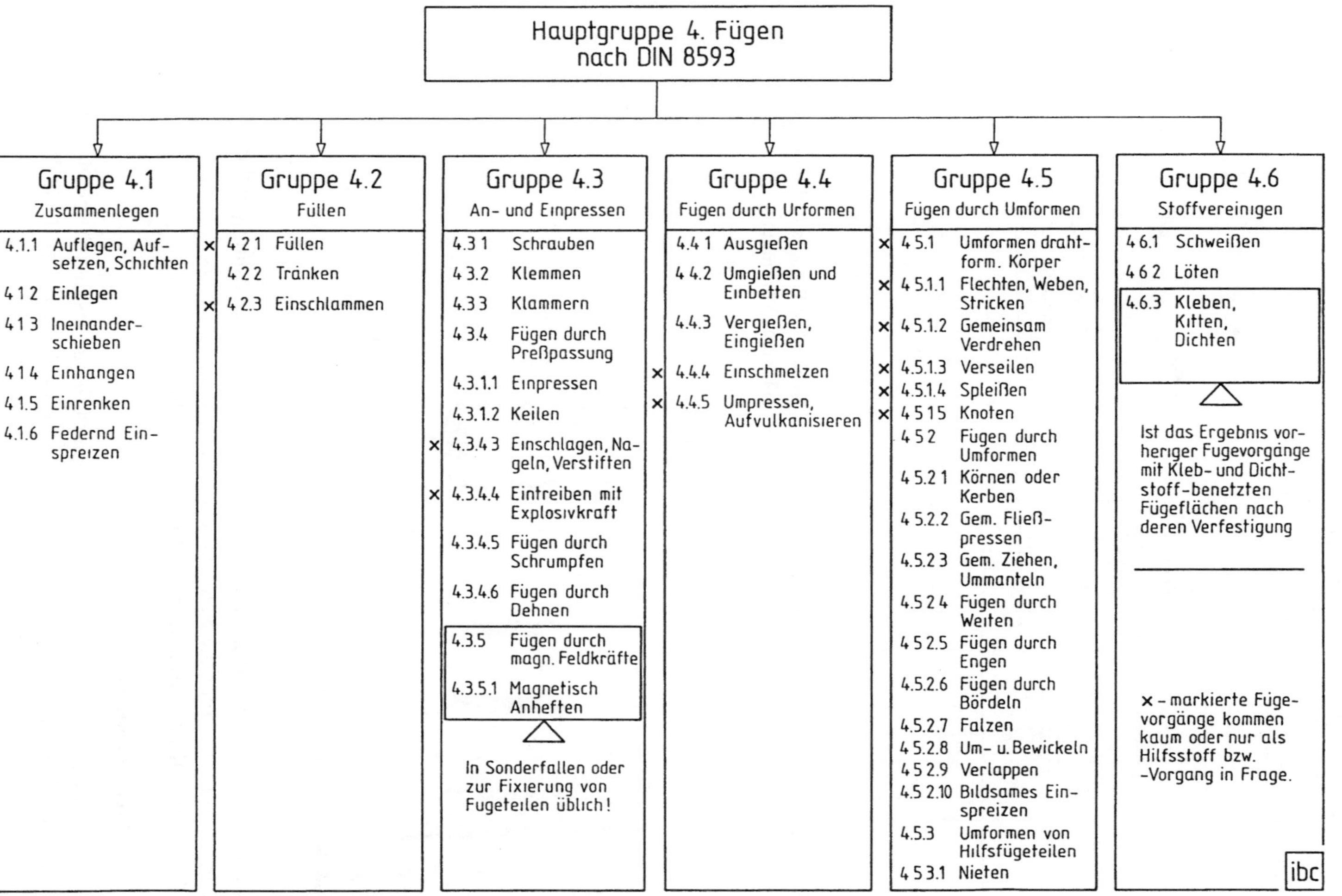

Bild 3.93: Bisherige Gruppierung des Fügen nach DIN 8593 samt klebtechnisch-bedingten Korrekturen und Anmerkungen

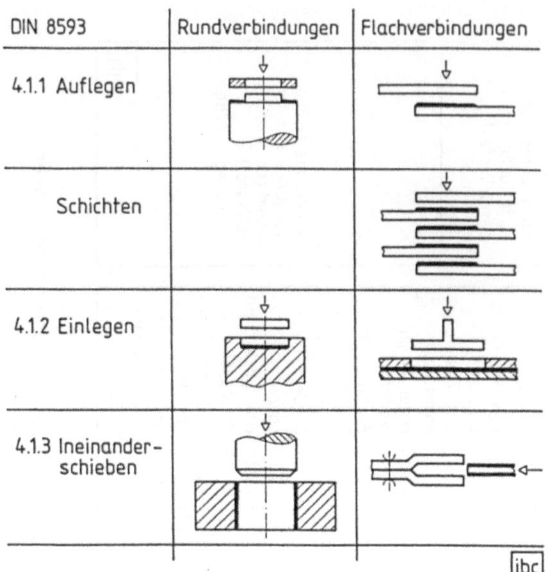

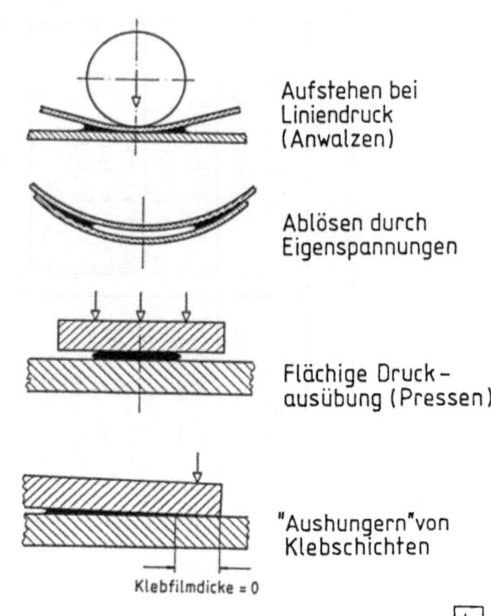

Bild 3.94: Schema der Gruppe 4.1 „Zusammenlegen" nach DIN 8593

Bild 3.95: Druckausübung bei flächiger Verklebung

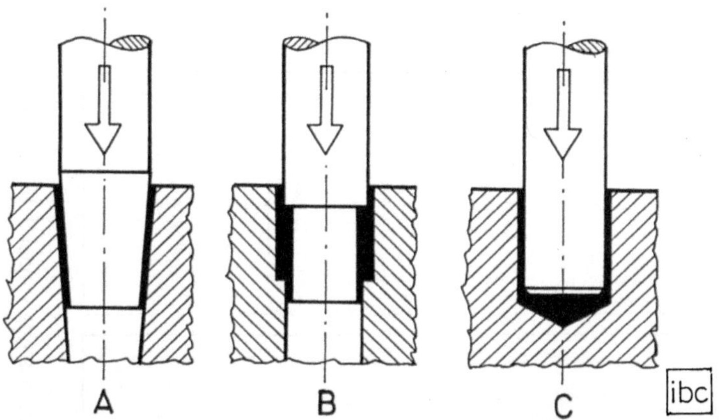

Bild 3.96: Montagegestaltungen von Rundverbindungen

nicht zu hoch werden, damit nicht ein meist unerwünschtes „Aushungern" der Klebschichten eintritt, das heißt die Schichtdicken unter 0,01 mm sinken, womit dann oft keine akzeptablen Klebfestigkeiten mehr erreichbar sind.

3.5.2.2 Rundverbindungen

Bei *Rundverbindungen* gestaltet sich die Klebspaltfüllung wesentlich schwieriger. So kann etwa bei Welle/Nabe-Verbindungen nur in einzelnen Fällen (wie Preß- und

Schrumpfsitzen) eine Pressung erreicht werden. Vielmehr sollte von vornherein versucht werden, auch ohne Anpressen eine optimale Spaltfüllung zu erreichen. Bewährte Methoden hierfür stellen einige in Bild 3.96 dargestellte Montagegestaltungen für Rundverbindungen dar. Der Fall C des Sackloch-Fügens sollte allerdings stets auch unter dem Vorbehalt der in Bild 3.59 dargestellten Stoffverteilungs-Voraussetzungen gesehen werden.

Die Stoffverteilung und Spaltfüllung erfolgt durch eine langsame Schiebe/Drehbewegung mit den vorher (am besten beidseitig) benetzten Fügeenden in Form einer Stoffvolumen-Verdrängung. Die ebenfalls mögliche Spaltverengung durch Dehnen oder Schrumpfen wird später beschrieben.

3.5.3 Füllen

Es wird in DIN 8593 als Fügen „...durch Einbringen von flüssigen, breiigen, gas- oder dampfförmigen sowie von pulvrigen oder körnigen Stoffen in hohle oder poröse Körper..."definiert. Im Zusammenhang mit Kleb- und Dichtstoffanwendungen hat jedoch nur die Untergruppe 4.2.2 „Tränken" nennenswerte Bedeutung. Für die auch als *Imprägnieren* bezeichnete Verwendung dünnflüssig-penetrierender und anschließend verfestigender Stoffe ergeben sich die Bereiche der nachträglichen
- Dichtung poröser oder rißhaltiger Fe- und NE-Gußstücke,
- der Befestigung von Draht- und Blechwickeln oder Schichtungen in vorgegebenen Formen oder die
- Füllung enger Klebspalte bereits montierter Werkstücke ohne die Möglichkeit eines vorherigen Stoffauftrags.

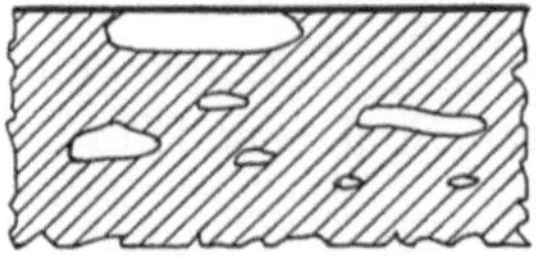

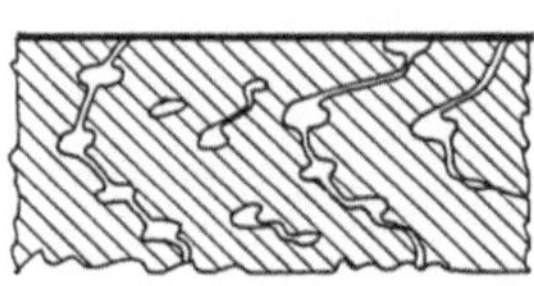

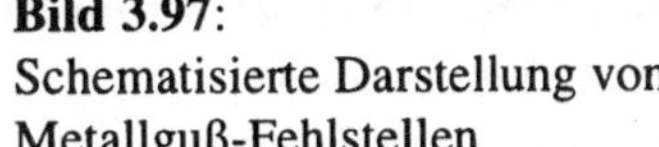

Bild 3.97:
Schematisierte Darstellung von
Metallguß-Fehlstellen

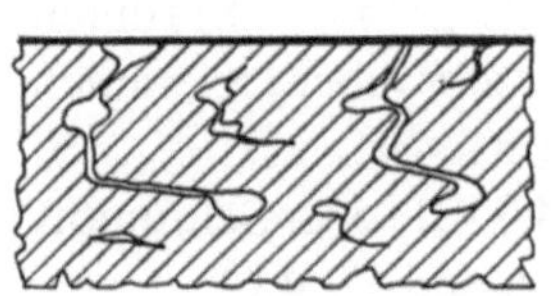

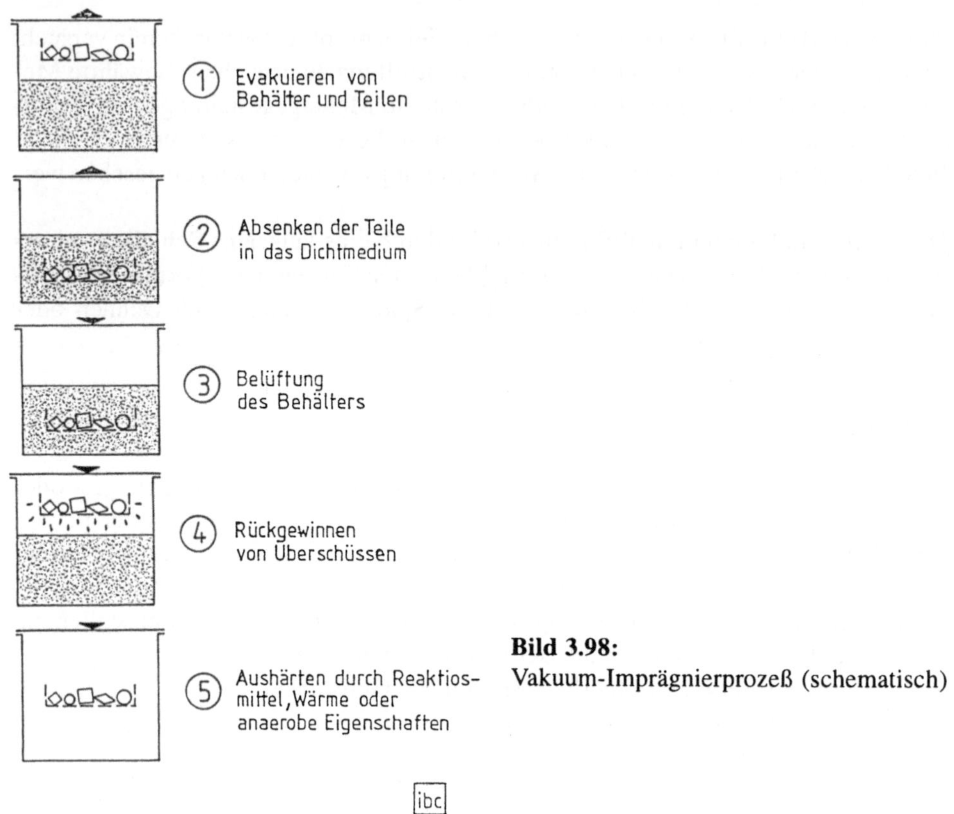

Bild 3.98:
Vakuum-Imprägnierprozeß (schematisch)

Basis dieser Anwendungsgruppe ist der als *Kapillarität* definierte „...Sammelbegriff für physikalische Erscheinungen, die infolge der Oberflächenspannung von Flüssigkeiten an oder in engen Hohlräumen von Festkörpern, das heißt Kapillaren, Spalten und Porositäten..." auftreten [21].

Die erforderliche Spaltfüllung kann oft nur durch die sogenannte *Vakuum-Imprägnierung* über einen Tauchvorgang in besonderen Anlagen erreicht werden. Es wird auch von einer Reihe spezieller Lohnbetriebe durchgeführt [22].

3.5.4 An- und Einpressen

Diese Gruppe DIN 8593 betrifft im Falle von Kleb- und Dichtstoffanwendungen beide Bereiche des Fügens durch

- Anpressen unter Verwendung von Schraubverbindungen (Untergruppe 4.3.1) durch Anschrauben, Aufschrauben, Einschrauben, Ver- oder Festschrauben, Klemmen (Untergruppe 4.3.2) und Klammern (Untergruppe 4.3.3) sowie
- Preßpassungen (Längspreßpassungen gemäß Untergruppe 4.3.4.1) oder Schrumpfpassungen (Querpreßpassungen gemäß Untergruppe 4.3.4.5 und 4.3.4.6)

3.5.4.1 Schraubverbindungen

Schraubverbindungen bedürfen im Hinblick auf ihren Funktionszweck jedoch einer zusätzlichen Unterteilung in
- lösbar-bleibende Verschraubungen wie zur Erzeugung eines temporären Andrucks (Fixierdruck) vorher stoffbenetzter Fügeteile im Rahmen von Spannvorgängen
- der vibrationsfest-betriebsgesicherten Verschraubung durch verschiedene Klebsicherungen (KS) bei der Montage.

Gerade letzterer Vorgang erwies sich seit zwei Jahrzehnten als wirksamste Möglichkeit einer zuverlässigen gleichzeitig gedichteten Schraubensicherung (Bild 3.100). Ihre Anwendung erfolgt entweder über

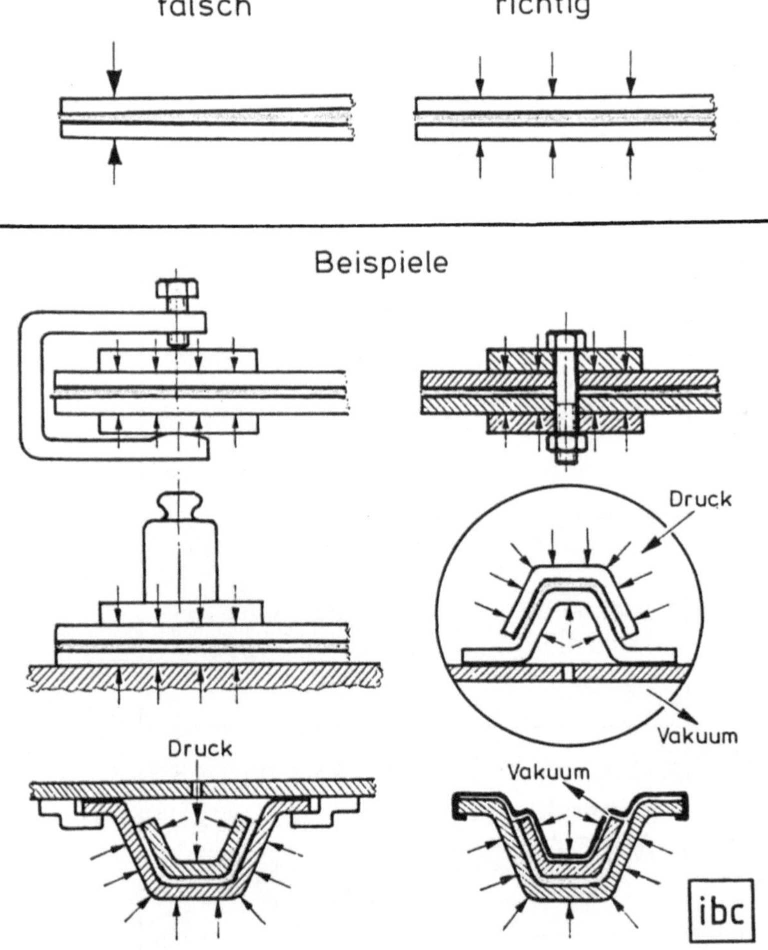

Bild 3.99: Verschiedene Methoden der Druckausübung

- Dosiervorgänge flüssiger oder pastöser Stoffe auf die Gewindeanfänge bei der Montage oder die
- Vorbeschichtung der Gewinde vor der Montage mittels spezieller (meist mikrokapselhaltiger) Vorbeschichtungen (Bild 3.101).

Die Vorbeschichtung erfolgt entweder bei Schraubenherstellern oder Lohnbeschichtern [23].

Nr.	Beispiele	Übliche Gruppe-Bezeichnung	Regeln für Wirksamkeit
1		mitverspannt-federnd	Wird nicht als wirksame Sicherung gegen Losdrehvorgänge unter wechselnden Querschiebungen angesehen. Begrenzte Wirksamkeit bei axial beanspruchten Schrauben der Festigkeitsklasse ≤ 6.9. Zur beschränkten Kompensierung von Setzbeträgen.
2		form-schlüssig	Geeignet nur für überwiegend axial beanspruchte Schrauben der Festigkeitsklasse ≤ 6.9. Bei höheren Festigkeitsklassen mögliche Zerstörung des Formschlusses.
3	oder	klemmend	Nur dort empfehlenswert, wo bei querbelasteten Verbindungen primär eine Restvorspannkraft zu erhalten ist und ein Auseinanderfallen verhindert werden, also eine Verliersicherung gegeben sein soll.
4	und	sperrend (verzahnt)	Dort zu empfehlen, wo hoch vorgespannte Verbindungen vorzugsweise quer zur Schraubenachse beansprucht werden. Begrenzte Wirksamkeit bei gehärteten Oberflächen mit H Rc > 35.
5	oder	klebend (stoff-und formschlüssig)	Gesamter Bereich gering- und hoch-vorgespannter, vorzugsweise quer zur Schraubenachse beanspruchter Verbindungen, auch bei harten Oberflächen. Vor allem, wenn gleichzeitige Eindichtung verlangt wird. Begrenzt mit +200°C.

Bild 3.100: Schema der gebräuchlichsten Schraubensicherungsmethoden

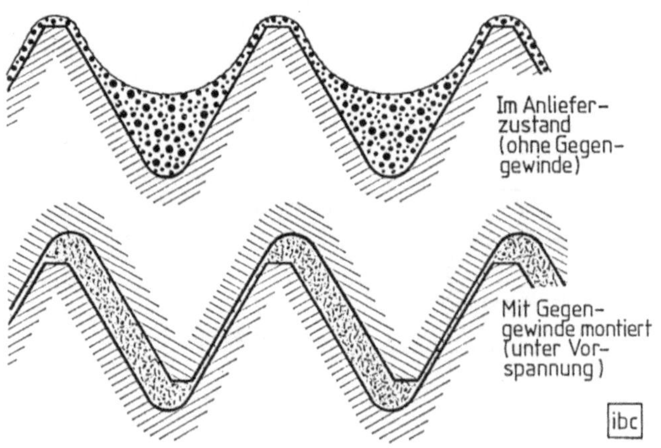

Bild 3.101:
Funktion mikrokapselhaltiger
Gewindevorbeschichtungen

3.5.4.2 Preßpassungen

Preßpassungen werden schon seit drei Jahrzehnten vorteilhaft mit Klebstoffen (meist anaerober Art) kombiniert. Davon überwiegend betroffen sind Rundverbindungen, wie etwa Nabe-Verbindungen und Lagerbefestigungen verschiedener Art, auch im Übergangsbereich von Preßsitzen zu Spielsitzen, wie Bild 3.102 an einigen Beispielen aufzeigt.

Die besonderen Vorteile sind in „entfeinerten" (und damit wirtschaftlicher herstellbaren) Passungen und höheren Befestigungskräften bei verbesserten Dauerfestigkeiten zu sehen [24].

Diese Fügeart wird bekanntlich unterteilt in

- Längspreßpassungen (Einpressen), wobei zwischen Innen- und Außenteil ein Übermaß besteht. Hierbei bedarf die Auftragsart der (meist dünnflüssigen) Stoffe besonderer Berücksichtigung (siehe auch Bild 3.59), da die Möglichkeit des Abschiebens beim Fügevorgang besteht.
- Querpreßpassungen (Schrumpfen und Dehnen), wobei der zwischen Innen- und Außenteil zunächst bestehende stoffbenetzte Spalt radial angenähert wird, zum Beispiel durch Schrumpfvorgänge erwärmter Außenteile oder Dehnvorgänge unterkühlter Innenteile.

Das Explosions- beziehungsweise Magnetumform-Kleben hingegen basiert auf der mechanischen Radialverformung wie etwa von Ringen auf Wellen oder Rohrenden in Rohrböden und kann sowohl zu dieser wie der nächsten Gruppe gezählt werden [25, 26].

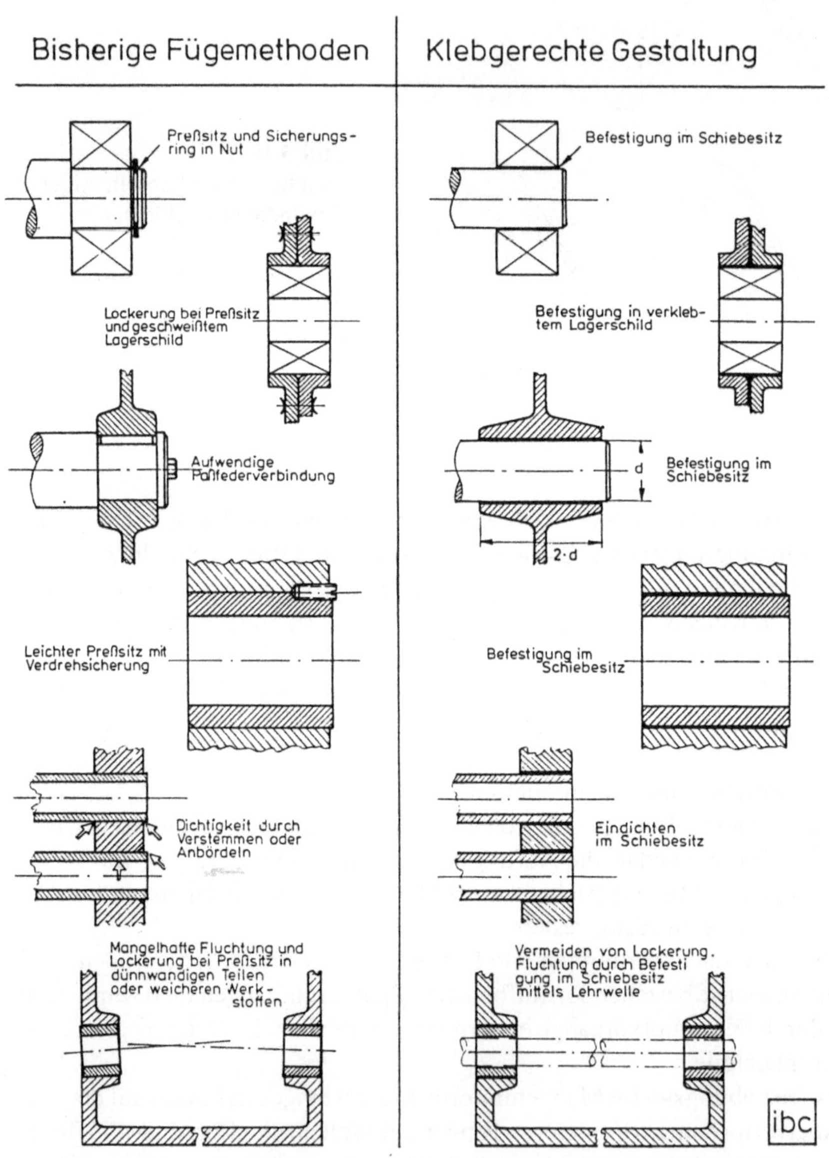

Bild 3.102: Unterschiedliche Sitzbefestigungen im Vergleich

3.5.5 Fügen durch Urformen

Dieser Vorgang bezeichnet nach DIN 8593 verschiedene Verfahren
  - bei denen „...entweder zu einem Werkstück ein Ergänzungsstück aus formlosem Stoff gebildet wird oder
  - bei denen mehrere Fügeteile durch dazwischengebrachten Stoff verbunden ... werden".

Auf Kleb- und Dichtstoffe übertragen kommen drei Verfahren zum Einsatz, die sich jedoch im eigentlichen Sinn von allgemein üblichen Kleb- und Dichtvorgängen unterscheiden.

3.5.5.1 Ausgießen

Das Ausgießen kann sowohl die Füllung vorbereiteter Oberflächenbereiche beispielsweise in Nuten oder auch als Austrag entsprechender Stoffe auf (eventuell abgegrenzt) ebene Flächen verstanden werden. Dabei können die Stoffe ihre Auftragsform beibehalten (zum Beispiel bei RTV 1-Silikon-Kautschuken) oder vergrößern (zum Beispiel bei standfesten Polyurethan-Schäumen). In den jeweiligen Formen verfestigen sie und werden erst danach montiert (sogenannter Trockenverbau).

Die zweite Möglichkeit besteht im sogenannten Naßverbau in noch bildsamen Zustand der ausgetragenen Stoffe. Die Unterschiede sind in Bild 3.104 dargestellt. Voraussetzung ist stets der jeweilige Anforderungszustand an solche vorwiegenden Dichtungsanwendungen.

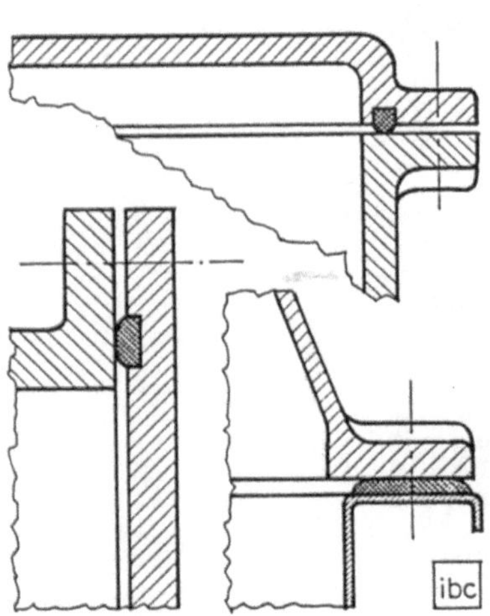

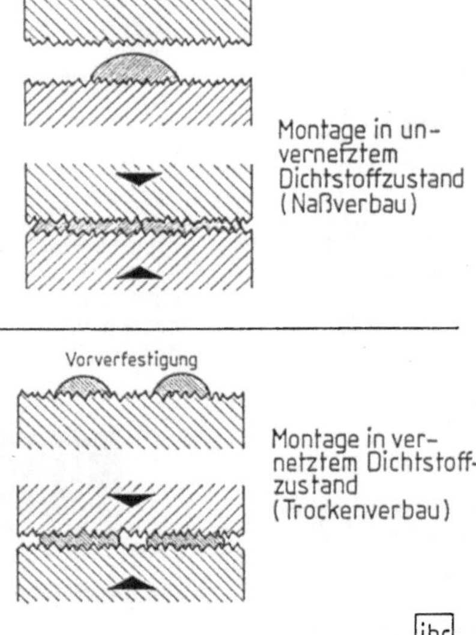

Bild 3.103:
Ausgetragen - verfestigte elastische
Stoffe in ihrer (vorwiegenden)
Dichtfunktion

Bild 3.104:
Tocken- und Naßverbau von Dichtstoff-
Auftragungen

3.5.5.2 Umgießen und Einbetten

Umgießen und Einbetten wird oftmals sehr speziell und als eigene „Gießtechnik" bezeichnet. Dabei handelt es sich um die fixierend-befestigende und/oder hermetisch-dichtende Anwendung geeignet-verfestigender Stoffe über Füllungen der Leerräume zwischen Bauelementen! Sie können je nach Beanspruchungsart eingeteilt werden in vorwiegend

- mechanisch beanspruchte Zwischenräume, wie etwa beim Umgießen von Stanzstempeln im Werkzeugbau mittels spezieller, füllstoffverstärkter 2K-"Gießharze" [27, 28]
- außenbeanspruchte Zwischenräume im Hinblick auf den hermetisch-dichten und gleichzeitig vibrationsfest fixierten Bauelemente-Inhalt mit meist nach speziellen Gesichtspunkten formulierten „Gießharzen" auf Epoxi- oder Polyurethan-Basis.

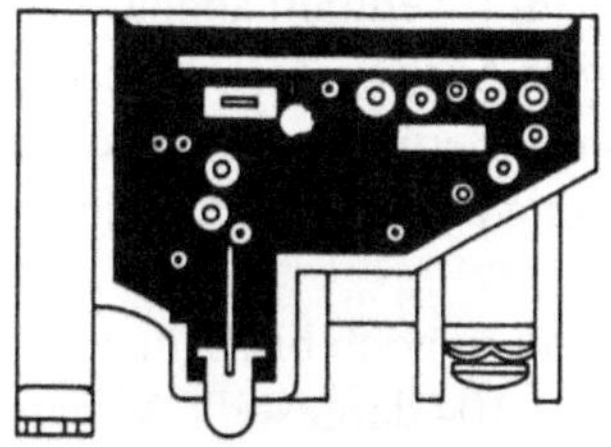

Elektronik-Bauteil mit PU-Harz ausgegossen.

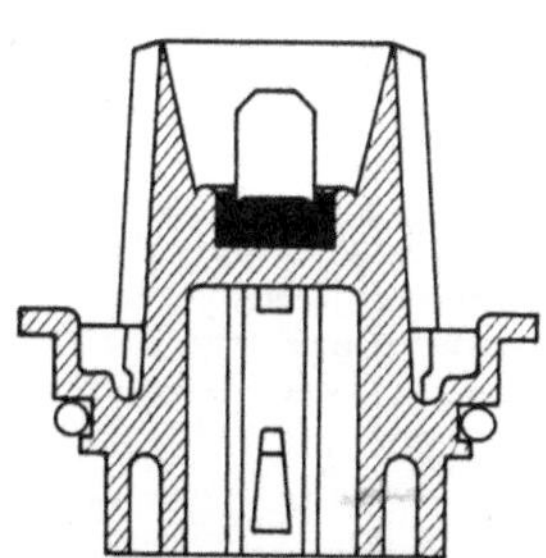

Elektro-Bauteil Kunststoff-Metall: Verbindung mit PU-Gießharz verklebt und abgedichtet.

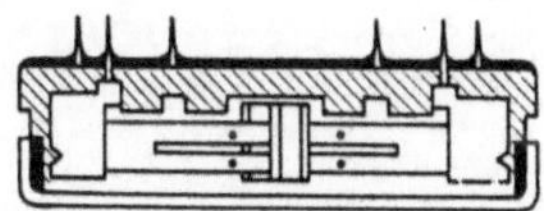

Elektro-Bauteil. Grundkörper und Deckel mit Epoxid-Harz geklebt und an den Lötfahnen waschfest abgedichtet.

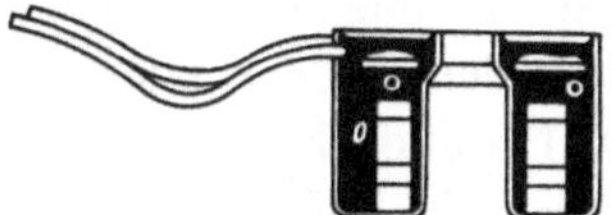

Elektronik-Bauteil mit Epoxiharz zwei-schichtig ausgegossen.

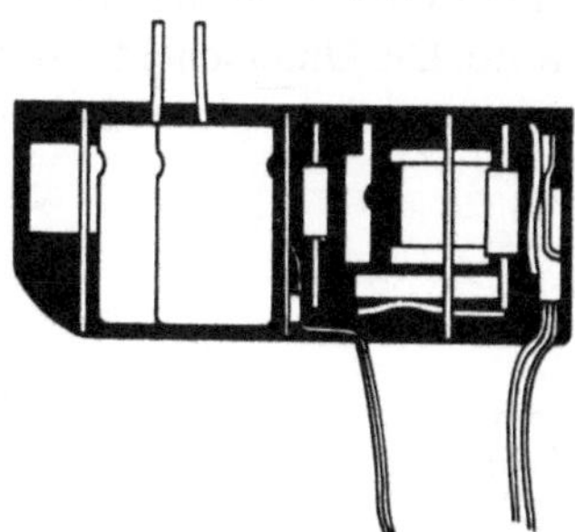

Elektronik-Bauteil mit Epoxi-Harz ausgegossen: Die Deckschicht oben wird nach dem Gelieren der ersten Vergußmasse nachgegossen

Elektronik-Bauteil mit PU-Schaum ausgeschäumt.

Bild 3.105: Beispiele von Umgieß- und Einbett-Vorgängen

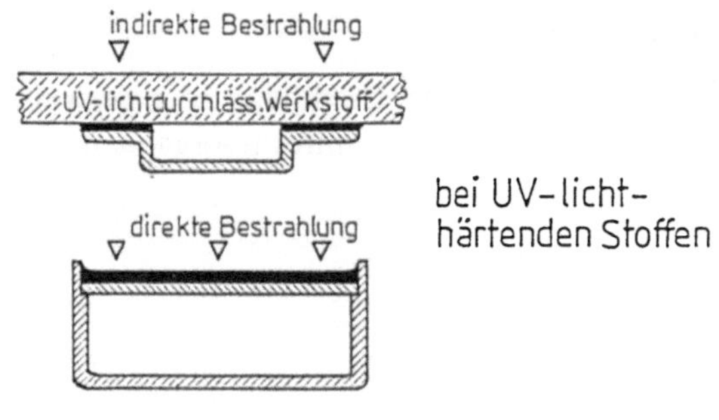

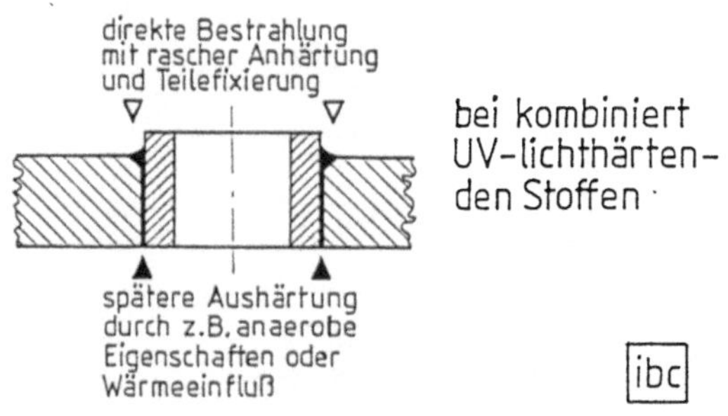

Bild 3.106:
Härtungsauslösende UV-Strahlung ist besonders zur Gießdichtung (oben) vorteilhaft

3.5.5.3 Vergießen

Das Vergießen wird oftmals auch als „Gießdichten" bezeichnet. Gemeint ist vorwiegend der nachträgliche „Verguß" von nach außen tretenden Spalten verschiedener Bauteilgestaltungen, wie beispielhaft in Bild 3.106 im oberen Bereich (unten) zeigt. Neben den dargestellten UV-lichthärtenden 1K-Stoffen sind dafür jedoch auch z.B. gießbare 2K-Stoffe geeignet.

3.5.6 Fügen durch Umformen

Diese Sammelbezeichnung umfaßt in Untergruppen nach DIN 8593 verschiedene Fügeverfahren, nämlich das Fügen durch Umformen
–   drahtförmiger Körper
–   Blech-, Rohr- und Profilteilen sowie
–   Hilfs- und Verbindungsfügeteile.
Bei der ersten Gruppe dienen Kleb- und Dichtstoffe lediglich einer eventuell erforderlichen Rand- oder Endenfixierung gitterartiger Flächen- oder Wickelgebilde aus drahtförmigen Erzeugnissen (zum Beispiel Spulenenden- oder Geweberand-Festlegungen). Die zweite und dritte Untergruppe jedoch bildet in der Kombination mit Kleb- und Dichtstoffen wichtige Füge- und Montagebereiche (Bild 3.107).

3.5.6.1 Umformen von Blech-, Rohr- und Profilteilen

Sowohl als Montagefixierung wie als verstärkende Klebe- oder Dichtbefestigung erweisen sich verschieden-geeignete Stoffe bei ebenso verschiedenen Umformvorgängen.

DIN 8593	Beispiele
4.5.2.1 Körnen und Kerben	
4.5.2.2 Gemeinsam Fließpressen	
4.5.2.3 Gemeinsam Ziehen und Ummanteln	
4.5.2.4 Weiten durch Rohreinwalzen, Aufweiten und Knickbauchen	
4.5.2.5 Engen durch Rundkneten, Einhalsen und Sicken	
4.5.2.6 Bördeln	
4.5.2.7 Falzen	
4.5.2.8 Um- und Bewickeln	
4.5.2.9 Verlappen durch Biegen oder Drehen	
4.5.2.10 Bildsames Einspreizen	ibc

Bild 3.107: Beispiele zur Gruppe 4.5.2 „Fügen durch Umformen"

Die von der fertigungsorientierten Anwendung, Dosierung und Auftragung der Stoffe her bestimmte Füge- oder Montageart ergibt sich jeweils von Fall zu Fall unterschiedlich. Solche Umformvorgänge üben meist eine *Fixierfunktion* bis zum Stoffaushärten aus.

Besondere Bedeutung erlangte vor allem der im Automobil-Karosseriebereich als Falznaht-Verklebung bezeichnete kombinierte Kleb-Umform-Vorgang, wie bereits in Bild 3.64 dargestellt [13,14].

3.5.6.2 Umformen von Hilfs- und Verbindungselementen

Die bekannteste Anwendung des hier angesprochenen Bereichs sind die verschiedenen Nietarten des Beidseit- und Einseit(Blind)-Nietens nach verschiedensten Verfahren.

Werden zusätzlich Kleb- und Dichtstoffe auch im Rahmen des sogenannten „Naßnietens" eingesetzt, so sind neben der Dichtwirkung vielfach erhebliche Festigkeitssteigerungen erreichbar, wie Bild 3.108 anhand verschiedener Anwendungsarten zeigt. Überraschenderweise ergibt das vorherige Kleben und nachherige Nieten die besten Resultate [29].

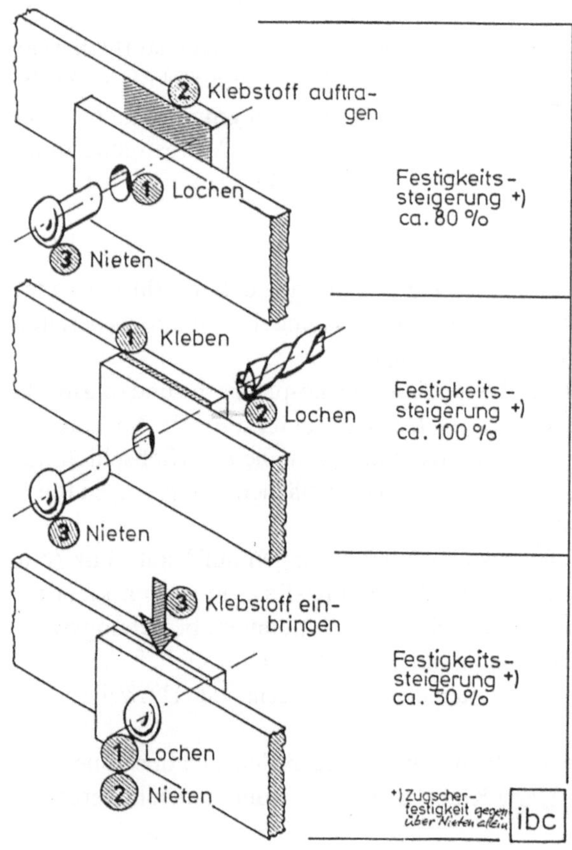

Bild 3.108:
Mögliche Niet-Kleb-Vorgänge mit erreichbaren Festigkeitssteigerungen

3.6 Verfestigungsvorgänge

Die oft wahllos benützten Ausdrücke Abbinden, Trocknen, Vernetzen, Festwerden, Polymerisieren oder Aushärten beziehen sich auf diesen letzten Arbeitsschritt. Er ist von größter Bedeutung, denn: Ohne vollständige Verfestigung bleiben alle vorherigen Arbeitsschritte nutzlos. Die Verfestigungsarten bilden auch die Basis für eine Gruppierung der Kleb- und Dichtstoffe (siehe Bild 1.8). „Einleitung" in
  - physikalisch abbindende und/oder
  - chemisch reagierende Stoffe.

Das „und/oder" deutet an, daß häufig auch Kombinationen beider vorkommen, wie etwa bei physikalisch-abbindenden Kontaktklebstoffen zugemischte „Verstärker", die chemisch nachreagieren oder bei Schmelzklebstoffen auf PUR-Basis, die durch Feuchte chemisch nachreagieren. Die nachfolgende Einteilung erfolgt gemäß dem vorstehend erwähnten Bild 1.8.

3.6.1 Physikalische Abbindung

Dieser Gruppe werden alle natürlichen und synthetischen Kleb- und Dichtstoffe thermoplastischer Art zugeordnet, die bereits im Ausgangszustand als hochmolekulare Verbindungen (aus fadenförmigen Makromolekülen) vorliegen. Sie sind grundsätzlich löslich und/oder schmelzbar. Mit Ausnahme der Haftklebstoffe tritt ihre Verfestigung durch physikalische Vorgänge wie Trocknung oder Erstarrung von Schmelzen ein [30].

3.6.1.1 Haftklebende Stoffe

Sie widersprechen als Einzige dem althergebrachten Grundsatz, daß nur flüssig-benetzende und danach verfestigende Stoffe kleben können. Es handelt sich um vorbereitete Klebschichten aus dauerklebrigen Stoff-Formulierungen.

Die Oberflächenbenetzung erfolgt durch kombiniert visko-plastische und -elastische Fließvorgänge infolge Druckbeaufschlagung der Klebschichten mit Aufbau von Adhäsionsbindungen. Da der relativ zähe Fließvorgang nur nahe der Klebschicht liegende Bereiche erfaßt, wird lediglich auf relativ glatten Oberflächen (mit geringen Rauhtiefen) eine gute „Benetzung" erreicht.

Man unterteilt die vielfältigen Haftklebstoff-Formulierungen auf Kautschuk (NR, SBR, SIS, CR)-, Schmelzklebstoff- und Acrylat/Methacrylat-Basis in „weich-klebrige" und „hart-trockene" Arten. Damit werden die Kohäsionsbindungen beziehungsweise die Klebschicht-Eigenfestigkeiten umschrieben, welche die Verbundfestigkeit mitbestimmen. Die gebräuchlichen Haftklebstoff-Anordnungen mit entsprechenden Hinweisen zeigt Bild 3.109.

Der *Andruckvorgang* selbst kann manuell, mittels Andruckrollen oder über eine formflächig-angepaßte Pressung erfolgen. Harte Klebschichten erfordern einen höheren An-

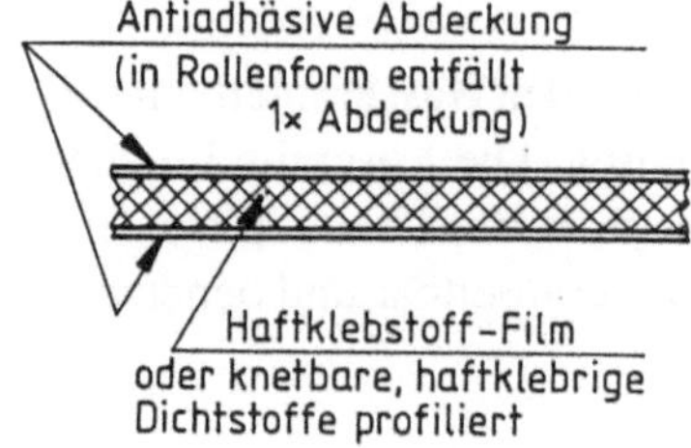

**Trägerlose
haftklebende Stoffe**

Beidseitig klebend, meist
in weicher Einstellung für
glatte Oberflächen und
geringen Andruck.

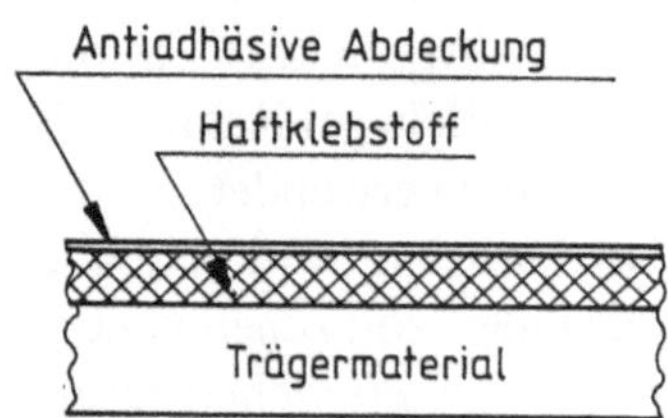

**Einseitig
haftklebende Stoffe
mit Träger**

aus Papieren, Geweben,
Kunststoff- oder Metall-Folien,
Haftklebstoffe in weicher
bis harter Einstellung, mit
geringem bis höherem Andruck.

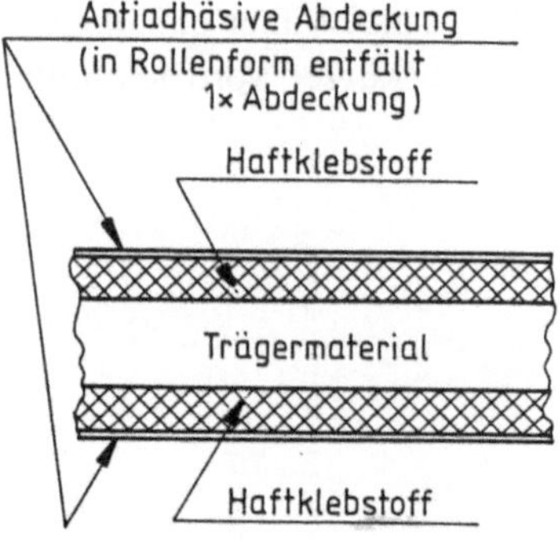

**Doppelseitig
haftklebende Stoffe
mit Träger**

aus Papieren, Vliesen, Gelegen,
Geweben, Folien oder Schäumen,
vorwiegend in harten
Einstellungen mit höherem
Andruck. Mit Schäumen als
Träger auch für rauhere
Oberflächen geeignet.

Bild 3.109: Haftklebstoff-Anordnungen

druck als weiche. Zudem spielt die Andruckdauer eine Rolle: Sie sollte wegen des zeitorientierten Fließvorgangs nicht zu kurz bemessen sein!
Die verbreitete Meinung, daß haftklebende Stoffe sofort nach Andruck belastbar seien, bedarf einer Korrektur: Gerade die harten Klebstoffe von auf Festigkeit ausgerichteten doppelseitig-klebenden Anordnungen sind erst nach einer Wartezeit von mindestens 24 Stunden bei Raumtemperatur voll belastbar: So erfolgen etwa Festigkeitsprüfungen von Haftklebverbunden grundsätzlich erst nach 72 Stunden [31].

3.6.1.2 Lösemittelhaltige Stoffe

Verdunsten, Wegschlagen oder Diffundieren der Lösemittel- oder Wasseranteile in solchen Formulierungen ist Voraussetzung für ihre Verfestigung. Die Lösemittel dienen lediglich dazu, die zäh-flüssig vorliegenden Polymere (Naturstoffe, Thermoplate, Elastomere) zu verflüssigen, also über eine flüssige Phase gut verarbeitbar und benetzend aufzubereiten.

Man unterscheidet

- Lösungen (auch als „Kleblösungen" bezeichnet) der Basispolymere in rasch verdunstenden Lösemitteln oder Gemischen, wie CKW's (Methylenschlorid), Estern (Ethyl- und Butylacetat), Ketonen (Aceton und Ethylmethylketon) und/oder Alkoholen. Bei anlösbaren Thermoplasten wie PVC, PS, PMMA und PC werden sowohl artgleiche Formulierungen, wie obige Lösemittel allein im Rahmen der Diffusionsklebung (auch als „Quellschweißung" bezeichnet) verwendet.
- Dispersionen feinstverteilt-fester Basispolymere in langsam verdunstenden wässrigen Dispersionsmitteln und geringen Lösemittelanteilen. Mit zunehmendem Wasserentzug schließen sich die fein- bis grobdispersen Polymerteilchen zusammen und „Verfilmen" oder „Verfilzen" untereinander. Ähnliche Vorgänge finden sich sinngemäß bei wasserlöslichen oder -quellbaren Polymeren pflanzlicher und tierischer Herkunft bei Wasserentzug.

Die Anwendung lösemittelhaltiger Stoffe dieser Gruppe erfolgt meist über eine sogenannte *Naßverklebung* der einseitig benetzten Fügeteile mit nur kurzer Vortrocknung

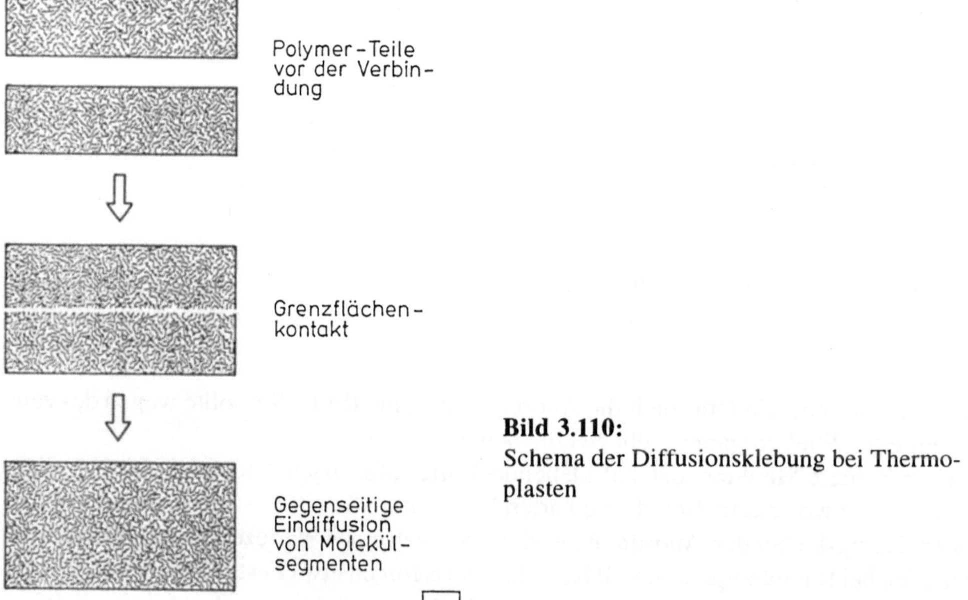

Bild 3.110:
Schema der Diffusionsklebung bei Thermoplasten

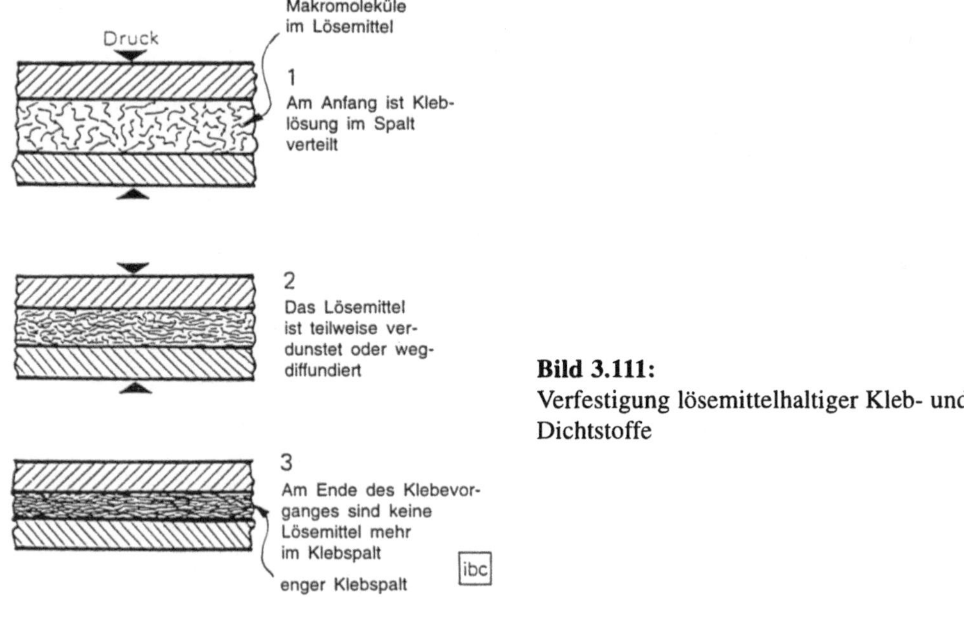

Bild 3.111:
Verfestigung lösemittelhaltiger Kleb- und Dichtstoffe

innerhalb der lösemittel- und temperaturorientierten Naßklebzeit (siehe auch Bild 3.113).
Aufgrund des unvermeidlichen Schrumpfs der Stoffschichten nach dem Fügen ist hierbei
ein ausgleichender Fixierdruck erforderlich. Seine Dauer ist stark von der Werkstoff-
paarung abhängig, das heißt vor allem von deren „Ableitungsfähigkeit" für die Löse-
mittel- oder Wasseranteile [2].

Höhere Temperaturen (<80° C) in Form von Warmluftanwendung, Infrarot-Bestrah-
lung sowie die neuere Mikrowellen-Anwendung (vor allem bei Dispersionen) beschleunigt die Verfestigung meist erheblich.

Einseitig aufgetrocknete Stoffe dieser Gruppe finden häufig Anwendung als Kleb-
stoff-Vorbeschichtung. Ihre spätere Aktivierung mit Wiederverfestigung kann je nach
Formulierung erfolgen durch:

- Lösemittelbenetzung mit Aufweichen der Klebschicht vor dem Fügen unter Druck
  (selten angewandt)
- Wasserbenetzung löslicher Klebfilme vor dem Fügen unter Druck (wie etwa bei
  Briefmarken) oder
- Temperaturanwendung mit Erweichung nach dem Fügen (wie etwa bei Heißsiegel-
  Klebstoffen oder Schmelzklebstoff-Dispersionen) unter Druck.

3.6.1.3 Kontaktklebende Stoffe

Sie werden oft als Untergruppe lösemittelhaltiger Formulierungen angesehen. Tatsächlich kann einer Abgrenzung unter anderem nur der beidseitige Auftrag dienen, da die
Stoff-Formulierungen selbst ähnlich denen im vorherigen Abschnitt aufbauen.

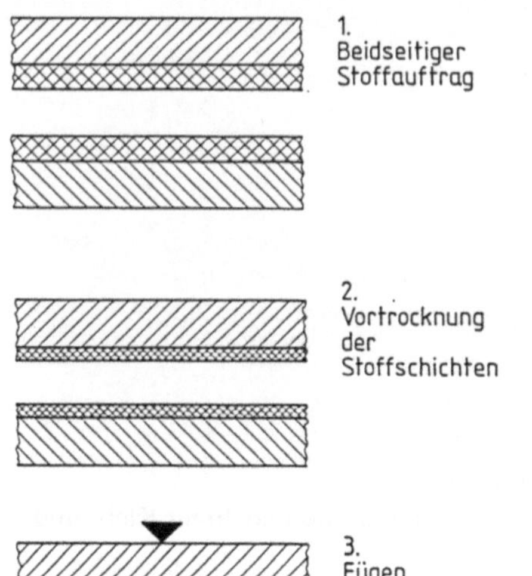

Bild 3.112:
Schema der Kontaktklebung

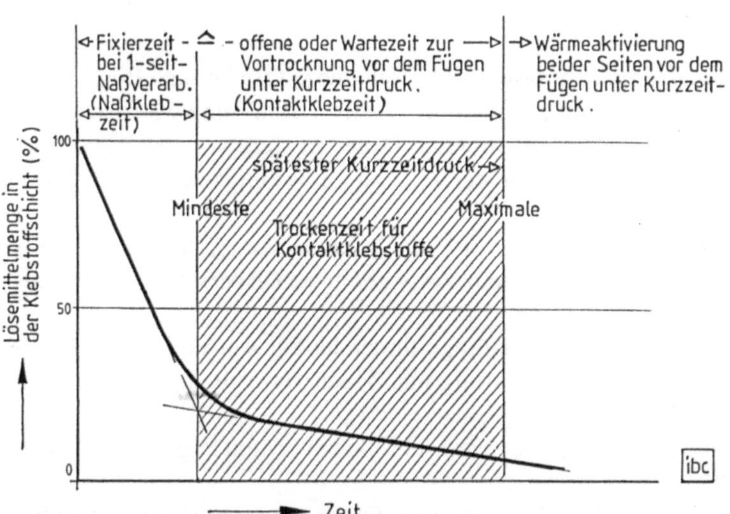

Bild 3.113: Zeitlicher Verlauf bei Naß- und Kontaktklebungen (nach G. Habenicht)

Im Gegensatz zur Naßverklebung handelt es sich hier um eine Trockenverklebung, deren Schema in Bild 3.112 wiedergegeben ist.

Die Vorteile dieser Klebart sind unübersehbar:

– Rasche Entfernung der größten Lösemittelanteile (eventuell mittels erhöhter Temperaturen) noch vor dem Fügevorgang.

– Mögliche Verklebung auch diffusionsdichter (nicht saugfähiger) Werkstoffe, wie Metalle, Duroplaste, Lack- oder Keramikoberflächen.

– Sofortige Haftung nach kurzzeitiger Pressung auch ohne zusätzliche Anwendung höherer Temperaturen.

Der Zeitpunkt des *Preßvorgangs* jedoch ist limitiert. Man unterscheidet eine mindeste und längste Trockenzeit innerhalb welcher der Füge- und Preßvorgang stattfinden muß. Es handelt sich um den schraffierten Bereich in Bild 3.113.

Über die zu verwendenden Termini herrscht Uneinigkeit. Die Vortrockenzeit, offene Zeit oder Wartezeit wird am besten als *Kontaktklebzeit* bezeichnet. Das Überschreiten dieser Zeit mit vollständiger Abtrocknung der Lösemittelanteile führt zum unerwünschten Klebrigkeitsverlust beider Klebschichten. Da es sich im Regelfall um Thermoplaste handelt, ist jedoch mittels Wärmeanwendung (< 80° C) eine oft praktizierte erneute Aktivierung möglich.

3.6.1.4 Gelierende Stoffe

Klebepastisole basieren meist auf PVC-Plastisolen. Dabei handelt es sich um Anpastungen feinteiliger PVC-Pulver in nicht-flüchtigen organischen Flüssigkeiten, zum Beispiel Weichmachern (wie Diallylphtalat) und Zusatzstoffen (wie Haftvermittler, Füllstoffe).

Ihr Abbindemechanismus: Das pastös-vorliegende PVC-/Weichmacher-Gemisch (ein Sol) wird bei Temperaturen von + 130° C bis 180° C in ein quasi-festes Produkt (ein Gel) mit flexiblen Eigenschaften umgewandelt. Im Sol bewegten sich die PVC-Teilchen frei, während sie im Gel (ohne chemische Reaktion!) netzartig miteinander verbunden sind.

Wichtigster Anwendungsbereich sind die Blechkonstruktionen des Karosseriebaus. Besonderer Vorteil ist, daß die Gelierung gleichzeitig mit der Lackhärtung bei 130° C

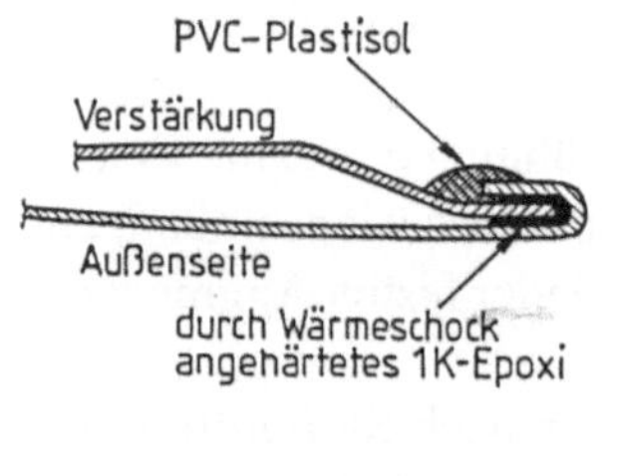

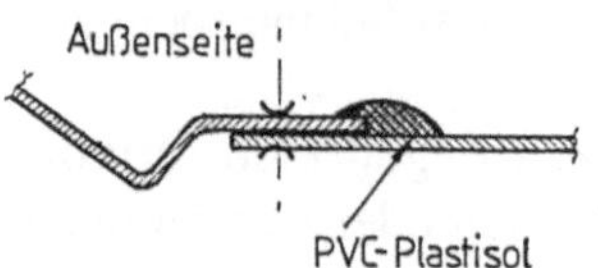

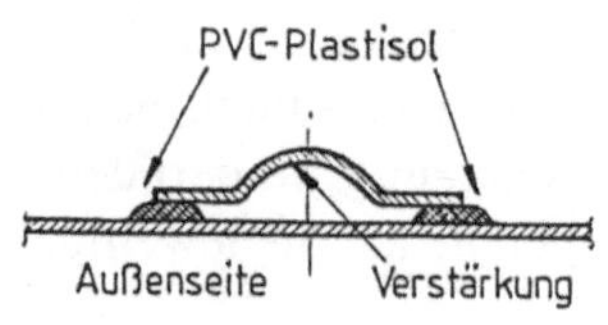

Bild 3.114:
Anwendungsbereiche für PVC-Plastisole im Karosseriebau

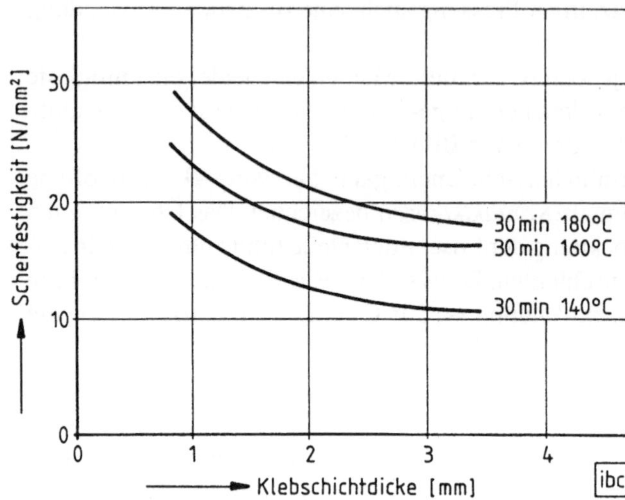

Bild 3.115:
Typische Verfestigung von
PVC-Plastisolen

bis 180° C erfolgen kann. Hinzu kommt die gute Eignung zur Überbrückung und Füllung von Spaltweiten von etwa einem bis mehreren Millimetern [33].

3.6.1.5 Schmelzklebstoffe

Der Name umschreibt bereits die Funktionsart dieser Klebstoffgruppe auch ohne die vom englischen „Hotmelt" eingedeutschte Übertreibung „Heißschmelz"-Klebstoffe. Es handelt sich um bei Raumtemperatur feste, thermoplastische Formulierungen verschiedener Art. Erhöhte Temperaturen bewirken zunächst ein Erweichen, danach ein Schmelzen der Stoffe mit sich ergebenden geringen Schmelzviskositäten und guten Benetzungseigenschaften.

Der umgekehrt verlaufende Prozeß mit entsprechender Abkühlung führt zum Erstarren der Schmelzen bei gleichzeitigem Aufbau von Adhäsions- und Kohäsionsbindungen.

Der reversible Übergang vom festen in den flüssigen und wieder festen Aggregatzustand ergibt zwei Fügearten, nämlich

– aus der Schmelze (direkt), das bedeutet, sofortiges Fügen nach Stoffauftrag mit Druckausübung bis etwa 30° C unterhalb der jeweiligen Klebstoff-Schmelzbereiche und

– aus dem festen Zustand (indirekt), das bedeutet, durch Fügen klebstoffvorbeschichteter Fügeflächen oder eingelegter Klebstoff-Folien oder Netzen unter Druck und Erwärmung bis zu den jeweiligen Schmelzbereichen.

Zum ersten Punkt ergibt sich als wichtiges Verarbeitungsmerkmal die Berücksichtigung unterschiedlicher Wärmeleitfähigkeiten von zu verklebenden Fügeteilen: Es muß auf jeden Fall vermieden werden, daß es beim Kontakt der Schmelze etwa mit kalten, metallischen Fügeteilen infolge rascher Wärmeabfuhr zu (die Benetzung hindernden) Viskositätsanstiegen kommt: Dann ist die Vorwärmung der Fügeteile auf die jeweilige

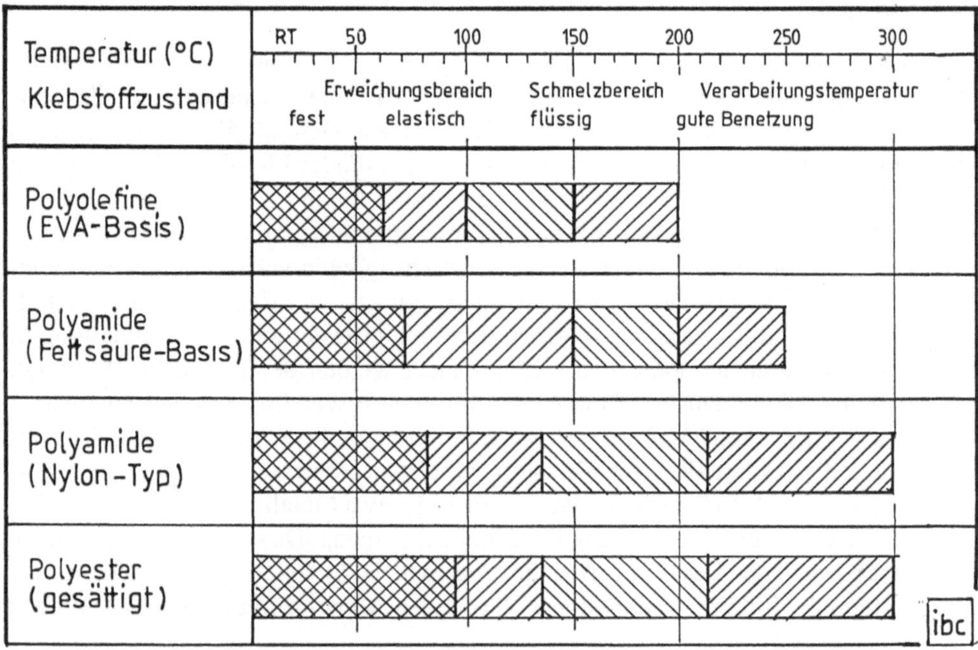

Bild 3.116: Schmelzklebstoff-Basis und Temperaturbereiche

Schmelztemperatur und Aufrechterhaltung des Preßdrucks bis zur Abkühlung des Klebverbundes auf etwa 30° C unter den Schmelzbereich erforderlich [32].

3.6.2 Chemische Reaktion

Unter diese Gruppe fallen alle synthetischen Kleb- und Dichtstoffe thermoplastischer, duromerer oder elastomerer Art. Sie liegen meist als Monomere vor, deren Einzelmoleküle infolge mindestens zweier reaktionsfähiger (funktioneller) Gruppen in der Lage sind, durch eine chemische (Poly-)Reaktion ein Polymer auszubilden. Man unterscheidet einkomponentige und zweikomponentige Stoffe, welche

- aus blockierten Vorformulierungen mehrerer Komponenten bestehen, deren Re
  aktion durch äußere Einflüsse (etwa Luftfeuchte, Metallkontakt unter Luftab
  schluß, Strahlung oder Wärme) ausgelöst wird, oder
- bei Mischung in stöchiometrischen (mengenmäßig Reaktionen verursachenden)
  Verhältnissen eventuell unter Temperatur und Druckausübung zeitabhängig ver
  festigen.

In beiden Fällen entstehen über vielfache Verknüpfungen oder Vernetzungen der Grundmoleküle je nach Monomerarten verschiedenartige Polymere.

3.6.2.1 Feuchte-härtende Stoffe

Die Auslösung der Verfestigungsreaktion erfolgt durch adsorbierte oder kondensierte Feuchte auf den Fügeflächen zusammen mit einer Diffusion von Luftfeuchte in die Stoffe: Voraussetzung ist daher eine relative Luftfeuchte von mehr als 50 bis 80 Prozent im Arbeitsraum. Andernfalls ist eine Luftbefeuchtung und/oder Fügeflächenbedampfung erforderlich!

Je nach Verfestigungszeiten kann die Stoffunterscheidung erfolgen nach:
- nahezu sofort anhärtenden *Cyanacrylat-Klebstoffen* in verschiedenen Formulierungen und Viskositäten für kleinflächige Kunststoff-, Elastomer- und Metallverbindungen. Es ist kurzzeitiger Fixierdruck erforderlich. Die Klebhaftung in Sekundenbereichen sollte nicht mißverstanden werden, denn wie Bild 3.117 zeigt, ist eine höhere Beanspruchbarkeit des Verbunds erst ab drei Stunden gegeben.
- Rasch verfestigenden *Polyurethan-Klebstoffen* für ebene Verklebungen feuchtehaltiger oder -durchlässiger Werkstoffe (wie etwa Hölzer oder offenporige Schäume). Feuchtediffusionsdichte Werkstoffe (wie etwa Metalle oder Kunststoffe) bedürfen einer Feuchtebenetzung vor dem Fügevorgang. Da solche Formulierungen durch freiwerdendes CO_2 gering aufschäumen, ist Druckanwendung bis zur Verfestigung erforderlich (etwa 1/2 bis 3 Stunden Anhärtezeit und 6 bis 12 Stunden Aushärtezeit).
- Langsam verfestigende Klebdichtstoffe auf Basis weich-pastöser RTV 1-Silikonkautschuke zur elastischen Fugendichtung verschiedener Werkstoffe und

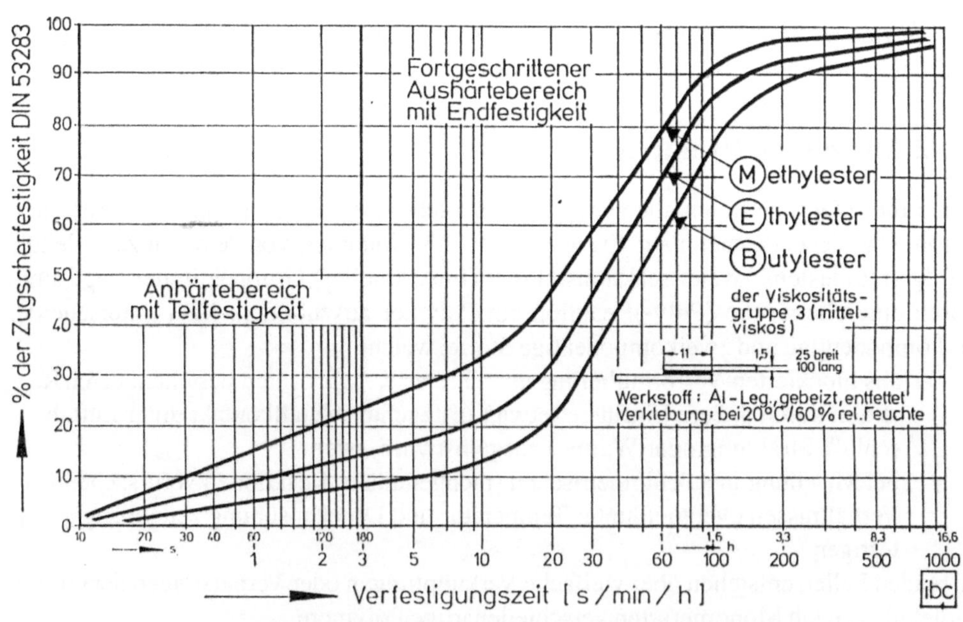

Bild 3.117: Typische Verfestigungszeiten von Cyanacrylat-Klebstoffen

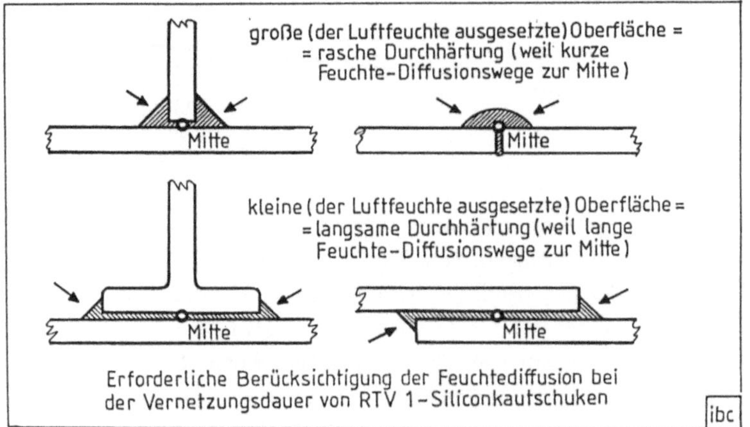

Bild 3.118: Berücksichtigung von Feuchtediffusionswegen

zäh-pastöser *Polyurethan-Formulierungen* zur vorwiegenden Glas-/Metall-Verklebung (Direkteinglasung). An den direkt der Luftfeuchte ausgesetzten Stoffoberflächen zeigt sich zwar rasch (ab 10 Minuten bei Raumtemperatur) eine Hautbildung, aber in das Stoffinnere hinein verlangsamt sich die Reaktion. Verfestigungsfortschritte ab etwa 2 bis 4 mm pro Tag bei Raumtemperatur sind üblich. Wie Bild 3.118 aufzeigt, bedürfen daher vor allem die Feuchtediffusionswege einer fertigungsorientierten Berücksichtigung, wobei insbesondere Klebdichtungen in tiefen Spalten vermieden werden sollten.

Einen Sonderfall stellen die neueren Schmelzklebstoffe auf Polyurethan-Basis dar, welche zwar wie die Stoffgruppe 3.6.1.5 angewandt werden, jedoch durch Feuchtediffusion (ebenfalls langsam) chemisch nachreagieren [2].

3.6.2.2 Anaerob-härtende Stoffe

Die Verfestigungsreaktion beginnt meist rasch nach dem Fügen benetzter metallischer Teile durch den dann zwangsläufigen Luft(Sauerstoff-)ausschluß. Voraussetzung ist also das Vorliegen von Metallpaarungen oder mindestens eines metallischen Fügeteils.

Die Metalle wirken wie Katalysatoren: Als „aktive" Metalle gelten beispielsweise C-Stähle, Ms, Bz, Cu oder blankes Al und als „inaktive" Metalle beispielsweise Ni, Cr, Zn, Cd und Edelstähle sowie natürliche oder künstliche Oxidschichten. Um die bei inaktiven Metallen und Nichtmetallen oft erhebliche Verlangsamung der Verfestigung aufzufangen, können spezielle „Aktivatoren" oder kurzzeitige Wärmebeaufschlagung (100° C über 15 bis 30 Minuten) eingesetzt werden. Die dann unterschiedlichen Verfestigungszeiten sind aus Bild 3.119 ersichtlich [34].

Übrigens: Die in Luftkontakt stehenden Stoffmengen aus Überschüssen oder an Klebspaltenden bleiben flüssig, wodurch oft der Eindruck unausgehärteter Stoffe entsteht!

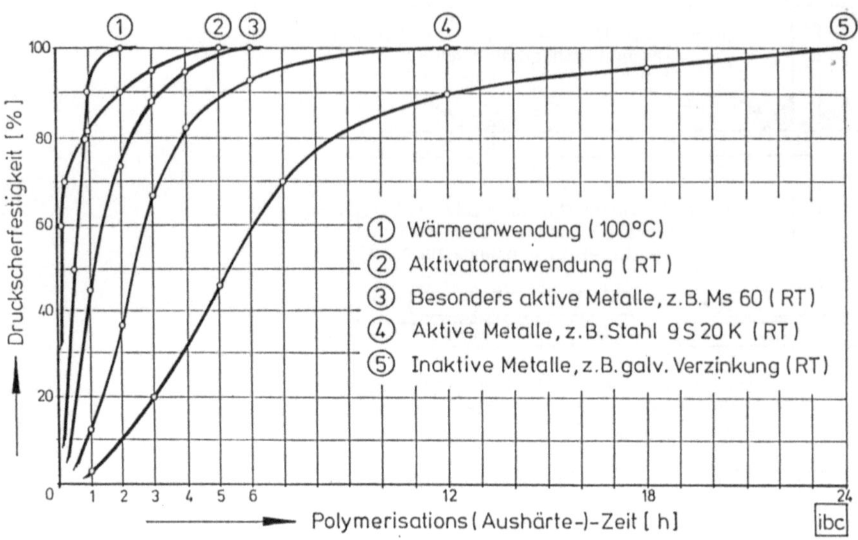

Bild 3.119: Typische Verfestigungen anaerober Klebstoffe

Lediglich bei Wärmeanwendung verfestigen auch diese äußeren Stoffbereiche. Einen Sonderfall stellen die neueren (durch UV-Bestrahlung anhärtbaren) kombiniert-verfestigenden anaeroben Stoffe dar, die in der nächsten Gruppe 3.6.2.3 beschrieben werden.

3.6.2.3 Strahlungs-härtende Stoffe

Der allgemein verwendete Ausdruck „Strahlungshärtung" umfaßt den gesamten Bereich der Anwendung elektromagnetischer Strahlung zur Verfestigung entsprechender Stoff-Formulierungen.

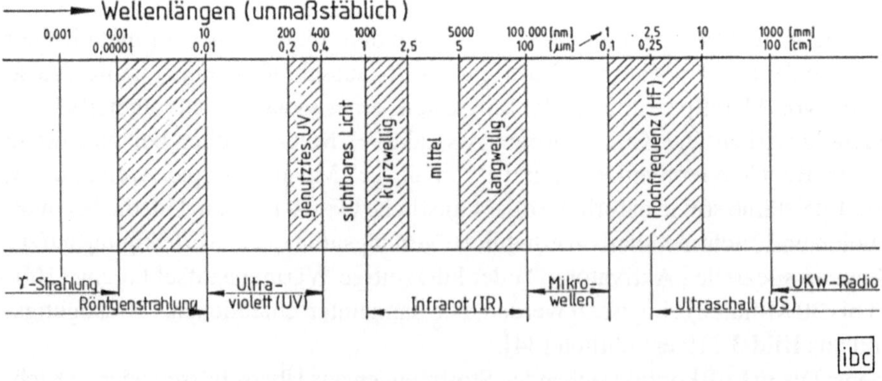

Bild 3.120: Elektromagnetisches Strahlungsspektrum für Verfestigungsreaktionen

Zur industriellen Nutzung stehen zur Verfügung:
- Mikrowelle: Sammelbezeichnung für den Wellenlängenbereich 1 mm bis 60 cm (Milli-, Zenti-, oder Dezimeterwellen) bei Hochfrequenz (300 bis 0,5 GHz). Ihre Nutzung scheint etwa bei Dispersionsklebstoffen vorteilhaft und ist als „HF-Verklebung" bei manchen Holz- und Folienverklebungen bereits realisiert.
- Laser-Strahlung: Sie stellt die quasi-Fortsetzung der Mikrowellentechnik im Bereich sehr hoher Frequenzen dar und liefert je nach Laser-Typ eine infrarote, sichtbare und/oder ultraviolette Strahlung. Ihre Nutzung ist zwar aussichtsreich, beschränkt sich jedoch derzeit auf die Dentalmedizin mit beispielsweise laserlichthärtenden Zahnfüllstoffen.
- Elektronenstrahlung: Ein Elektronenbeschleuniger emittiert die beschleunigte und fokussierte Strahlung, welche im absorbierenden Klebverbund Verfestigungsreaktionen auslöst. Wegen entstehender Röntgenstrahlung sind aufwendige Abschirmungen erforderlich. Die Nutzung beschränkt sich auf dünne Beschichtungen und Kaschierungen bahnförmiger Materialien.

Nachfolgend ist vor allem die vielgenutzte Ultraviolett (UV)-Strahlung beschrieben, während die Wärme- und Infrarot (IR)-Strahlung im nächsten Abschnitt 3.6.2.4 angesprochen werden.

Der Beginn dieser Strahlungsart liegt am kurzwelligen Ende des sichtbaren Lichts bei etwa 44 nm (Nanometer) und reicht bis an die Grenze der Röntgen- und Elektronenstrahlung bei etwa 100 nm. Der UV-Bereich unterteilt sich nach DIN 5081 Teil 7 in:

UV-A mit Wellenlängen von 380 bis 315 nm
UV-B mit Wellenlängen von 315 bis 280 nm
UV-C mit Wellenlängen von 280 bis 100 nm.

Die UV-Strahlung mit Wellenlängen unter 200 nm wird von der Luft vollständig absorbiert, wobei starke Ozonbildung (187 nm) auftritt. Dessen MAK-Wert liegt bei 0,1 ppm und darf nicht überschritten werden. Hinzu kommt die starke biologische Wirkung (mögliche Haut- und Augenschäden) des Wellenbereichs 100 bis 300 nm, weshalb in der Regel nur UV-A und sichtbares Licht eingesetzt werden [36].

Die Verfestigung UV-lichthärtender Stoffe setzt die Übereinstimmung von Strahlungsquelle (also deren Emissionsspektrum) und den Fotoinitiatoren in den Stoffen (also deren Absorptionsspektrum) voraus. Die jeweils notwendige Strahlungsdosis ergibt sich aus dem Produkt von UV-Intensität (Energiedichte und Abstand der Strahlungsquelle) mit der Bestrahlungszeit und liegt meist in Sekundenbereichen [35].

Die *Zugänglichkeit* für UV-Strahlung bei offen vorliegenden Stoffen und direkter Strahlungseinwirkung stellt den Idealfall dar. Sollen zwei Fügeteile verklebt werden, so muß mindestens ein Teil UV-lichtdurchlässig für die erforderlichen Wellenlängen sein. Das ist selbst bei Mineral- oder Acrylgläsern keineswegs der Regelfall. Daher ist eine vorherige Druchlässigkeitsprüfung mittels UV-Meßgeräten angebracht.

Die häufig vorhandene Unzugänglichkeit für UV-Strahlung (Schattenzonen) erfordert kombiniert-härtende oder vorher lichtaktivierte Stoffe (siehe Bild 3.121 unten). Üblich ist sowohl die anaerobe Nachhärtung (siehe Abschnitt 3.6.2.2) sofern mindestens ein

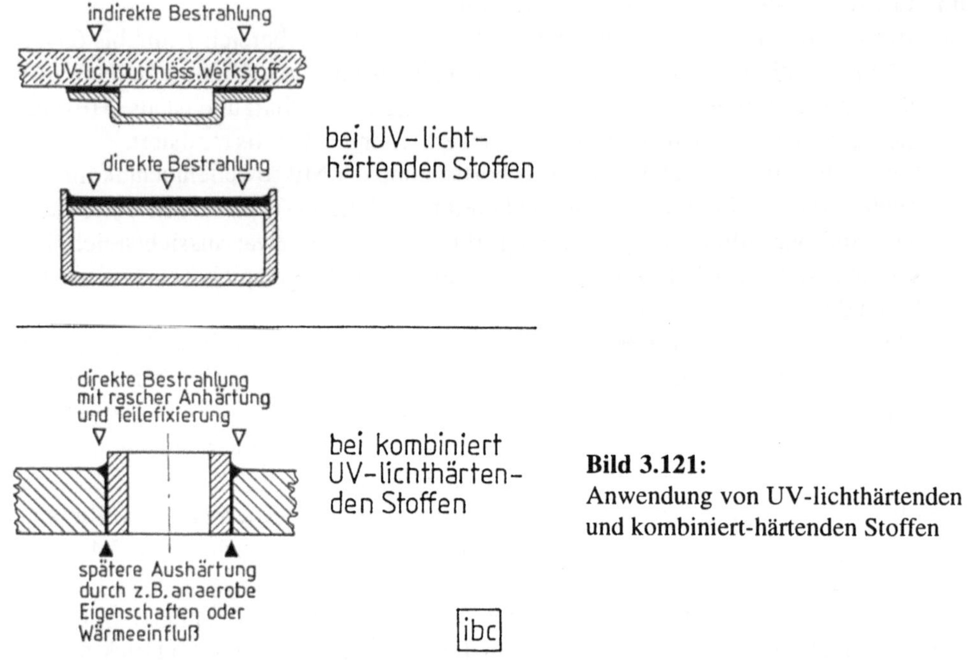

Bild 3.121:
Anwendung von UV-lichthärtenden
und kombiniert-härtenden Stoffen

metallisches Fügeteil vorliegt, als auch die Wärme-Nachhärtung bei 100° bis 150° C. Bei Kunststoff-Fügeteilen besteht die Möglichkeit einer vorherigen Aktivator-Anwendung.

Eine neuere Möglichkeit bieten mittels sichtbarem Licht (400 bis 500 nm) kurz vor dem Fügevorgang aktivierte Epoxi-Formulierungen. Die Vorbestrahlungszeiten liegen zwischen 20 und 30 Sekunden, fordern jedoch danach sofortige Montagen im Bereich von 1 bis 5 Minuten mit anschließenden Härtezeiten bis 24 Stunden bei Raumtemperatur [38].

3.6.2.4 Warm-härtende Stoffe

Die Wärme- und Infrarot (IR)-Strahlung (siehe Bild 3.120) ist die wichtigste Strahlungsart zur Verkürzung der Verfestigungszeiten und Erhöhung der Festigkeiten reaktiver 2K-Stoffe (siehe auch nächster Abschnitt 3.6.2.5). Sie ist bei der hier angesprochenen Gruppe der warm- (oder übertrieben als heiß-) härtenden 1K-Stoffe eine Bedingung für deren Verfestigung. Die anzuwendenden Temperaturen liegen je nach Formulierung zwischen 100° und 250° C (Bild 3.122).

Wesentlich ist die Berücksichtigung oft sehr unterschiedlicher Fügeteilmassen und Wärmeleitfähigkeiten der druckbeaufschlagten Klebverbunde: Die jeweilige Temperatur-Zeit-Kombination gilt für den stoffgefüllten Klebspalt, weshalb entsprechende Aufheiz- (und Abkühl-) zeiten hinzukommen.

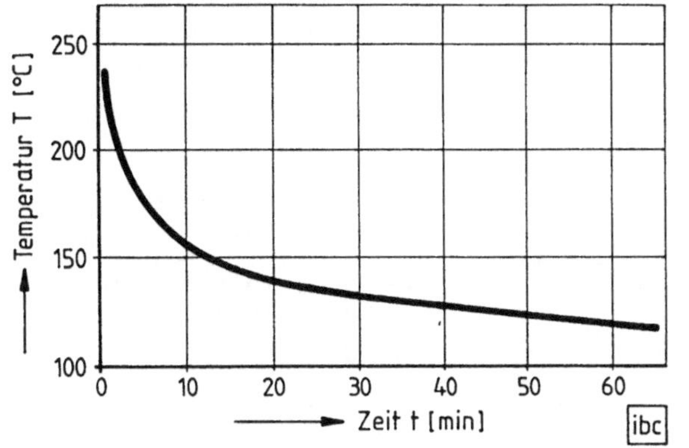

Bild 3.122:
Ungefähre Verfestigungszeiten in Abhängigkeit von Temperaturen bei 1K-Reaktionsklebstoffen (Epoxibasis)

Die Höhe der anzuwendenden *Preßdrücke* steht unter anderem Zusammenhang mit der jeweiligen Reaktionsart und Anwendungsform:

– Polyadditions-Stoffe wie etwa auf Epoxi- und Polyurethan-Basis liegen oftmals als Pasten, Filme oder Pulver vor, welche Preßdrücke zwischen 0,2 und 1 N/mm^2 fordern.

– Polykondensations-Stoffe, wie etwa auf Basis von Phenol-Resorcin- und Melamin-Formaldehydformulierungen oder Polyimiden: Sie liegen in flüssig bis pastösem Zustand (manchmal lösemittelhaltig mit erforderlich Vortrocknung) oder als Filme vor und erfordern höhere Preßdrücke (> 1 N/mm^2).

Für beide Gruppen gilt, daß die jeweiligen Preßdrücke bis zur Abkühlphase aufrecht erhalten werden [2, 20].

3.6.2.5 Reaktions-härtende 2-Komponenten-Stoffe

Es handelt sich um die größte Gruppe, deren Verfestigung wiederum durch die jeweiligen Reaktionsarten gekennzeichnet ist:

– Polymerisations-Stoffe bieten eine große Formulierungsvielfalt: Die Reaktionszeiten sind durch Modifizierung mit Beschleunigern und/oder durch Variation der Härtermengen in weiten Grenzen beeinflußbar. Stoffe auf *Methylmethacrylat (MMA)-Basis* bieten zudem verschiedene Anwendungsmöglichkeiten in Form des Mix-, Teilmix (A/B)- und NoMix-Verfahrens mit Verfestigungszeiten kleiner als drei Stunden bei Raumtemperatur. Wegen der relativ kurzen Härtezeiten werden kaum höherer Temperaturen eingesetzt [34] (Bild 3.123).

– Polyadditions-Stoffe dieser Gruppe sind meist auf Epoxi- oder Polyurethan-Basis aufgebaut. Die Verfestigungszeiten bei Raumtemperatur sind im Fall beider Gruppen stark formulierungsabhängig an den Hauptanwendungen orientiert, weshalb keine allgemeinen Aussagen möglich sind.

Insbesondere bei *zweikomponentigen Epoxiden* nehmen die B-(Härter)Komponenten vielfach entscheidenden Einfluß auf die Verarbeitungszeiten (Topfzeiten)

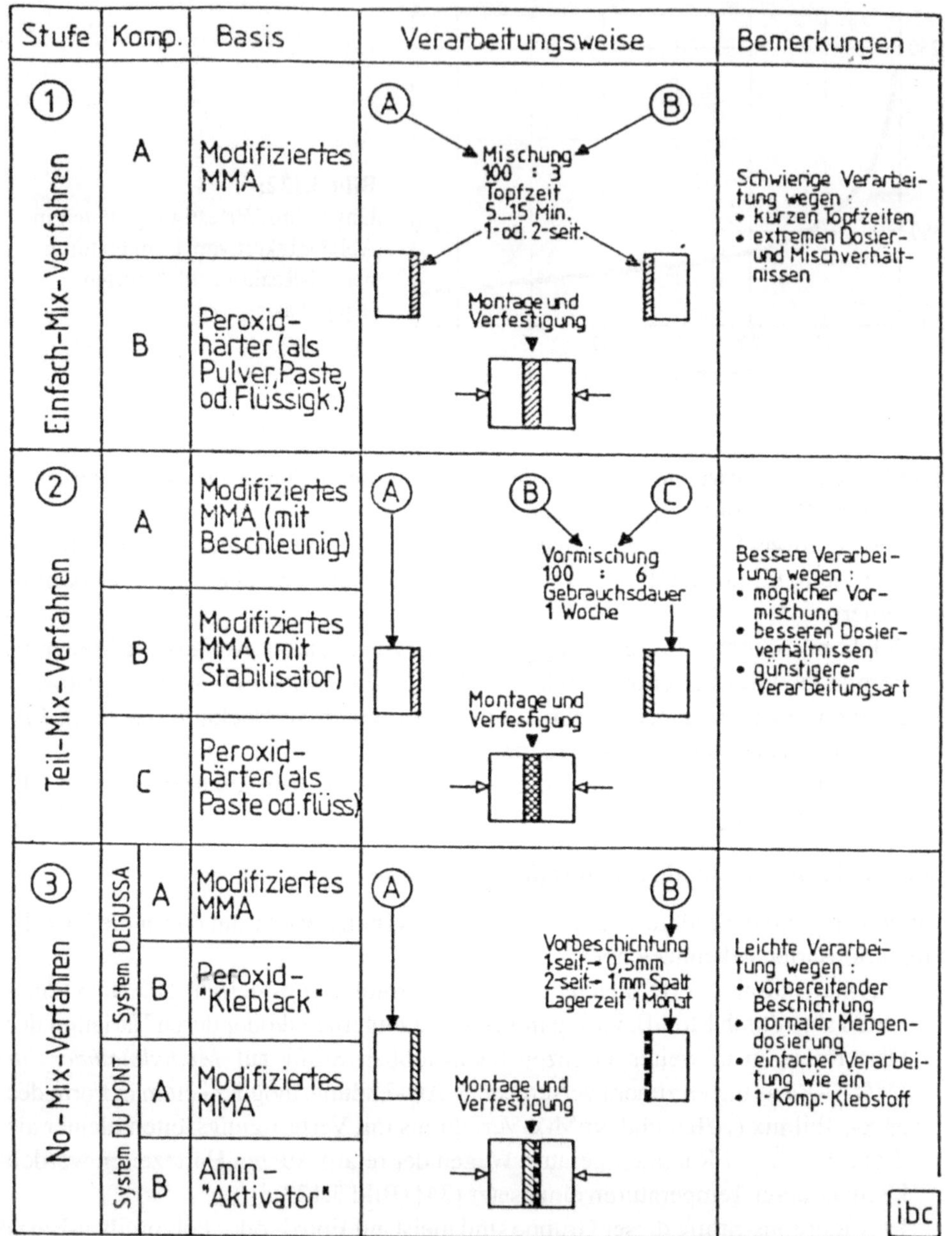

Bild 3.123: Zweikomponentige Systeme auf modifizierter MMA-Basis

Härterbasis(B) für 2K-Epoxisysteme	Mischverhältnisse m.Harz(A) in Gew.Teilen	Erforderliche Dosiergenauigkeit	Topf- und Härtezeiten bei RT	Stoffeigenschaften
Polyaminoamide	120 : 100 bis 100 : 60	gering	mittel bis lang	mittelfest bis fest
Aliphatische Amine	100 : 5 bis 100 : 25	hoch	mittel bis lang	fest bis (spröd-) hochfest
Merkaptane	100 : 70 bis 100 : 100	hoch	kurz bis mittel	geringfest (weich) bis mittelfest

Bild 3.124: Einflußnahme der Härterformulierungen (Komponente B) auf Verarbeitung und Stoffeigenschaften von Epoxiden

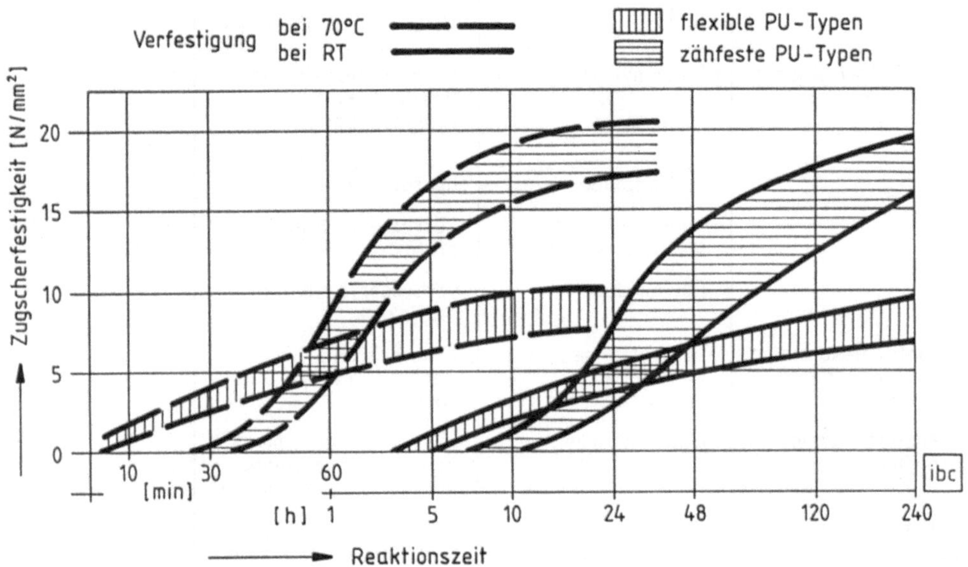

Bild 3.125: Typischer Verlauf der Reaktionszeiten bei Kalt- und Warmhärtung von 2K-Polyadditionsstoffen

der Mischungen, die Verfestigungszeiten und auf die Stoffeigenschaften (Bild 3.124). Richtwerte für die Topfzeiten liegen bei fünf bis neun Minuten (in Sonderfällen bis zu vier Stunden) und die dazugehörigen Härtezeiten bei 2 bis 24 Stunden bei Raumtemperatur. Nach dieser Zeit werden jedoch keine Endfestigkeiten, sondern etwa 80 bis 90 Prozent davon erreicht. Die sogenannte Nachhärtung kann bis zu einer Woche andauern.

Ähnliches gilt für zweikomponentige Polyurethane, deren Hauptmerkmal vor allem in der vielfältig-möglich-flexiblen Einstellung der Endeigenschaften nach Verfestigung zu sehen ist. Hier bestimmen die A-Komponenten aus verschiedenen Polyol-Formulierungen die Verarbeitung und Verfestigung, während die B-Komponenten – der Härter (meist aromatische Diisocyanate) – nur eingeschränkt formulierbar sind. Die Topf- und Härtezeiten sind mit den von Epoxi-Formulierungen vergleichbar, jedoch ist die Nachhärtung bei Raumtemperatur deutlicher ausgeprägt (Bild 3.125). Daraus ist auch die stark beschleunigende Wirkung schon gering erhöhter Temperaturen zu entnehmen, was im übrigen auch für Epoxiformulierungen gilt. Damit gekoppelt sind zudem erhöhte Festigkeiten ohne sonstige Nachhärtung [37].

Basis	Modifikation mit	Eigenschaften und Anwendung
Phenol-Formaldehydharze (PF)	• Polyvinylformal	hohe Festigkeit und Beständigkeit (Flugzeugbau)
	• Polyvinylbutyral und Epoxide	erhöhte Temperatur-beständigkeit
	• Polychloropren und Nitrilkautschuk	gesteigerte Flexi-bilität
	• Polyamiden	verbesserte Schlag-festigkeit
Kresol-/Resorzin-Formaldehydharze	verschiedene Stoffe (wie bei PF)	hohe Festigkeit und Beständigkeit (Holzbau)
Harnstoff-Formal-dehydharze (UF)	Melaminharzen	(Span͡platten, Sperr-holz, Furniere, Boots- und Segelflugzeugbau)
Melamin-Formal-dehydharze	PVC und Polyvinylalkohol'	bessere Flexibilität u. schnellere Abbindung (Holzindustrie)
Polyamidharze (PA)	• Epoxide mit Polyaminoamiden	erhöhte Festigkeit (hochfeste Klebverbind)
	• Kolophonium und Phenolharze	Schmelzklebstoffe für höhere Ansprüche
Polyimide (PJ)	als Lösungen oder Filme	hohe Temperatur-beständigkeit (Spezialanwendungen)

ibc

Bild 3.126: Schema der wichtigsten Polykondensationsstoffe

Eine Ausnahme bilden *zweikomponentige Polyurethan-Schäume,* deren Topfzeiten vorwiegend im Bereich von ein bis fünf Minuten liegen und deren Volumenzunahme mit Verfestigung meist nach ein bis zwei Stunden bei Raumtemperatur abgeschlossen ist.

– Polykondensations-Stoffe unterscheiden sich von Polymerisations- und Polyadditions-Stoffen dadurch, daß die Verfestigungsreaktion bei Temperaturen von 100 bis 200° C unter Abspaltung von Wasser oder Alkohol erfolgt, weshalb gleichzeitig Preßdrücke von 1 bis 3 N/mm^2 erforderlich werden. Bild 3.126 zeigt die mögliche Formulierungsvielfalt mit jeweils unterschiedlichen von den Temperaturen abhängigen Verfestigungszeiten und Stoffeigenschaften.

Aus einem kritischen Vergleich der chemisch-reagierenden ein- und zweikomponentigen Stoffe ergibt sich stets die Forderung, vor allem die Verfestigungsbedingungen Temperatur, Zeit und Druck möglichst genau und reproduzierbar einzuhalten.

Literatur

[1]   Firmenunterlagen von Meltex GmbH, Lüneburg und Siebe GmbH, Neuwied-Fernthal

[2]   Endlich, W.: „Kleb- und Dichtstoffe in der modernen Technik", Vulkan-Verlag Essen 1990

[3]   Vetter, G.: „Oszillierende Dosierpumpen in leckfreier Ausführung" in „Leckfreie Pumpen", Haus der Technik-Fachbuchreihe, Vulkan-Verlag Essen 1990

[4]   Fritsch, H.: „Leckfreie Dosierpumpen" in „Leckfreie Pumpen", Haus der Technik-Fachbuchreihe, Vulkan-Verlag Essen 1990.

[5]   Baust, E.: „Praxishandbuch Dichtstoffe", IVD Industrieverband Dichtstoffe e.V. Wiesbaden 1988

[6]   Firmenunterlagen von Lenhart Maschinenbau GmbH, Neuhausen-Hamburg und Spritztechnik AG, CH-Tübach

[7]   Endlich, W.: „Druck- und Temperatursensoren - Kontrollierter Auftrag pastöser 1K-Stoffe in der Kleb- und Dichttechnikfertigung", Adhäsion kleben & dichten 3 (1993)

[8]   Technische Unterlagen „NEMO Robo-Dispenser" der Netzsch-Mohnopumpen GmbH, 84478 Waldkraiburg

[9]   Sauer, J.: „Dynamisches Mischen zweikomponentiger Klebstoffe", Adhäsion 4 (1990)

[10] Schneider, G. und Grosz-Röll, F.: „Im Druckgefälle homogenisiert", Industrieanzeiger Nr. 87

[11] Maly-Motta, M.: „Funktion und Auslegung von dynamischen Mischköpfen zur Verarbeitung von Mehrkomponentenmaterial" Manuskript der GIV-BSA Dosiertechnik, 8033 Martinsried

[12] Wacker, H.: „Aspekte zur Auswahl von Klebstoffen und Auslegung von Fertigungsabläufen unter besonderer Berücksichtigung zweikomponentiger Reaktions-Klebstoffe" Veröffentl. der Th. Goldschmidt AG, 4300 Essen

[13] Ivanfi, P.: „Verarbeitung von 1- und Mehrkomp.-Kleb- und Dichtstoffen", Adhäsion 3 (1988)

[14] Krazer, M.: „Abdichten, Kleben und Fügen mit Robotersystemen", Teil 1, 2 und 3 in „Der Betriebsleiter" 5/90, 7-8/90 und 9/90

[15] N.N.: „Automatische Fertigungssysteme mit Robotern zum Kleben, Dichten und Konservieren", KUKA Schweißanlagen + Roboter GmbH, Augsburg (1991)

[16] Endlich, W.: „Klebstoffauftrag auf ebene Flächen", Adhäsion 4 (1990)

[17] Firmenunterlagen der Joh. Zimmer Maschinenfabrik, A-9020 Klagenfurt

[18] Firmenunterlagen der Nordson GmbH, Erkrath
[19] Firmenunterlagen der Drei Bond GmbH, 85386 Eching
[20] Firmenunterlagen der Beiersdorf AG, Bereich technicoll Hamburg 20
[21] Neumüller, O.-A.: „Basis-Römpp" Band 1, Franckh'sche Verlagshandlung Stuttgart 1970
[22] Endlich, W.: „Gut geflickt", Maschinenmarkt 94 (1988) 14
[23] Endlich, W.: „Winzig verpackt", Maschinenmarkt 96 (1990) 9
[24] Hahn, O. und Schuht, U.: „Haftbeiwertsteigerung bei Längspreßpassungen durch Klebstoffe, Adhäsion 7/8 (1989)
[25] Balazs, G. und Erdössi, J.: „Neues kombiniertes Fügeverfahren durch Kleben und Magnetumformung", Schweißtechnik 26 (1976) 9
[26] Balazs, G. und Czegledi, G.: „Neues kombiniertes Fügeverfahren durch Kleben und Explosionsumformung", Plaste und Kautschuk 26 (1979) 2
[27] Richtlinie VDI 3369 „Gießharze im Schnitt- und Stanzwerkzeugbau", VDI-Handbuch „Betriebstechnik", VDI-Verlag GmbH Düsseldorf 1965 (Beuth-Vertrieb GmbH, Berlin)
[28] Richtlinie VDI 2007 „Epoxigießharze im Fertigungsmittelbau", VDI-Handbuch „Kunststofftechnik", VDI-Verlag GmbH Düsseldorf 1966 (Beuth-Vertrieb GmbH, Berlin)
[29] Schliekelmann, R. und Mittrop, F.: „Konstruktion und Fertigung in der Praxis des Metallklebens", DVS-Verlag Düsseldorf 1972
[30] Fauner, G. und Endlich, W.: „Angewandte Klebtechnik", Carl Hanser Verlag München Wien 1979
[31] Firmenunterlagen der Lohmann GmbH, 5450 Neuwied 12
[32] Eichhorn, A. und Reiner, T.: „Hochfeste Schnmelzklebstoffe für Metallkleben", Industrieanzeiger 103 (1981) 54
[33] Gierenz, G.: „Die Klebung von Dünnblechkonstruktionen mit PVC-Plastisolen", DFBO-Mitteilung (1968) 7
[34] Endlich, W.: „Zeitgemäße Acrylat-Klebstoffe für den Zusammenbau", Uta Groebel-infotip Limeshain 1985
[35] Endlich, W.: „Nur Licht gibt den Halt", Maschinenmarkt 96 (1990) 27
[36] Dollinger, M.: „UV-Strahlung härtet Klebstoffe", Adhäsion 1/2 (1990) 1-2
[37] Habenicht, G.: „Kleben", Springer-Verlag Berlin Heidelberg New York Tokyo 1990
[38] Firmenunterlagen der DELO Kunststoffchemie GmbH & Co., 82166 Gräfelfing
[39] Firmenunterlagen der LUTZKE Maschinen- und Anlagenbau GmbH, Augsburg

4 Fertigungsmethoden

Die bei der Herstellung von Kleb- und Dichtverbunden eingesetzten Fertigungsarten
oder -methoden sind so vielfältig, daß keine allgemeinen Beschreibungen möglich sind.
Vielmehr soll anhand von Beispielen gezeigt werden, daß es auf eine jeweils aufgaben-
und sachorientierte Kombination der in Abschnitt 3. „Verarbeitungsvorgänge" beschriebenen Arbeitsschritte ankommt.

Von Bedeutung ist zunächst eine grobe Einteilung nach Einzelfertigung, Serienfertigung und Massenfertigung. Hauptmerkmale sind Stückzahlen mit entsprechender Auslastung des eingesetzten Geräts und dessen Integration hin zur flexiblen Automatisierung.

Die auszuwählenden Fertigungsmethoden stehen in direktem Zusammenhang mit den
jeweiligen Zustands- und Lieferformen der Kleb- und Dichtstoffe. Daran orientieren
sich auch die anzuwendenden Methoden samt Stoffverarbeitungsgeräten. Hierbei läßt
sich jedoch nur schwer eine Grenze zwischen der manuellen und mechanisierten sowie
der Serien- oder Massenfertigung ziehen, weil etwa für die mechanisierte Fertigung geeignete Geräte mit entsprechenden Ausbauten auch für die Serienfertigung einsetzbar
sind und umgekehrt.

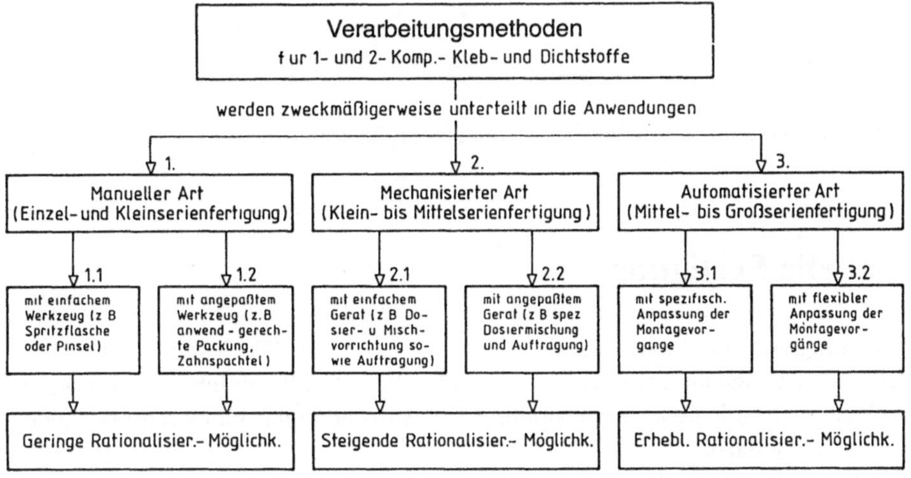

Bild 4.1: Schema der stückzahlorientierten Verarbeitungsmethoden

Anwen-dungs-arten	Lieferzustände				
	dünn-flüssig (bis ca 1000 mPa·s)	dick-flüssig (bis ca. 200 000 mPa s)	pastös (bis ca 1 Mill mPa·s)	quasifest (haftklebrig)	fest (stuckig, pulver- oder filmförmig)
Tropfen	X				
Spritzen	X				X (schmelz-flüssig)
Tauchen	X				
Gießen	X				
Drucken	X				
Walzen	X	X			X (schmelz-flüssig)
Streichen / Pinseln	X	X			
Rakeln		X			
Faden legen		X			
Spachteln			X		
Raupe / Punkt legen			X		X (schmelz-flüssig)
Andrücken				X	
Vorbeschichten				X	X
Schmelzen					X
Heißpressen					X

Bild 4.2: Abhängigkeit der Anwendungsarten von den Stoffzustandsformen   ibc

4.1 Manuelle Fertigung

Die Verarbeitung von Hand stand seit altersher am Beginn aller Kleb- und Dichtstoffanwendungen. Sie ist auch heute bei der Mehrzahl der Einsatzfälle üblich, beispielsweise
- bei Hobby- und handwerklich orientierten Anwendungen kleineren oder gelegentlichen Bedarfs
- in industriellen Bereichen des Maschinenbaus, der durch etwa 80 Prozent Einzel- und Kleinserienfertigungen charakterisiert ist

- fallweisen Anwendungen bei Hilfs- und Fixierkleb- oder Dichtfällen, anläßlich von Außenmontagen oder Reparaturen
- bei Kleinserienanwendungen, deren präzisen Ausführung manuell oft günstiger realisiert werden kann, als durch aufwendige Anlagen.

Dabei sind alle in Bild 4.2 angeführten Anwendungsarten je nach Stofftyp praktizierbar, gleichgültig ob mit einfachen oder speziell angepaßten Hilfsmitteln, Geräten oder Vorrichtungen und Werkzeugen. Eine Schwachstelle dieser Fertigungsart ist jedoch der Mensch, wie in den Einzelstufen des vorherigen Abschnitts immer wieder erwähnt!

Damit entstehen zwangsläufig Probleme der Qualitätssicherung (QS). Ihnen kann primär nur mit geschultem, motiviertem und zuverlässigem Personal begegnet werden – denn: Die QS bei dieser Verarbeitungsmethode kann oft nur mit Einschränkungen (etwa durch Stichprobenprüfung kleinerer Teile im Falle größerer Stückzahlen) oder überhaupt nicht (wie etwa bei der Einzelmontage großer Teile) wirtschaftlich realisiert werden.

Nachfolgend eine Auswahl repräsentativer Beispiele manueller Verarbeitung zur Erläuterung dieser Zusammenhänge.

4.1.1 Befestigung von Wälzlager-Außen- und Innenringen mit anaeroben Klebstoffen

Anlaß: Die Erzeugung der Festsitze von Wälzlagern erfolgte seit altersher durch Preßpassungen (Längspreßverbunde) oder Schrumpfpassungen (Querpreßverbunde). Ihre Nachteile zeigen sich vor allem in den zwangsläufigen axialen und radialen Verspannungen infolge unberücksichtigter Temperaturwechsel, sowie möglicher Passungs-, Fertigungs- und Montagefehler, ganz abgesehen von eventuellen Passungsrostbefall, der eine Demontage erschwert.

Fall: Zunehmend erfolgt daher die spannungsfreie Klebbefestigung realisierter Übergangs- oder Spielsitze mittels anaeroben Klebstoffen. Die meist dünnflüssig bis mittelviskosen Produkte füllen die Spalte vollständig und härten dort infolge Luftabschluß und Metallkontakt (Bild a) aus. Sie dichten gleichzeitig die Spalte hermetisch ab und verhindern Passungsrost.

Anwendung: In der meist vorliegenden Einzel- oder Kleinserienfertigung ist die manuelle Dosierung und Auftragung entsprechender Stoffmengen vor der Montage direkt aus den Kunststoff-Spritzflaschen auf den Wellenbereich üblich (Bild b). Im Falle größerer Lagermontagen (Bild c) ist es erforderlich beide Fügeflächen zu benetzen und eine Pinselverteilung vorzunehmen.

Qualität: Stark eingeschränkte QS wegen erforderlicher Personal-Selbstkontrolle, die dessen Zuverlässigkeit verlangt.

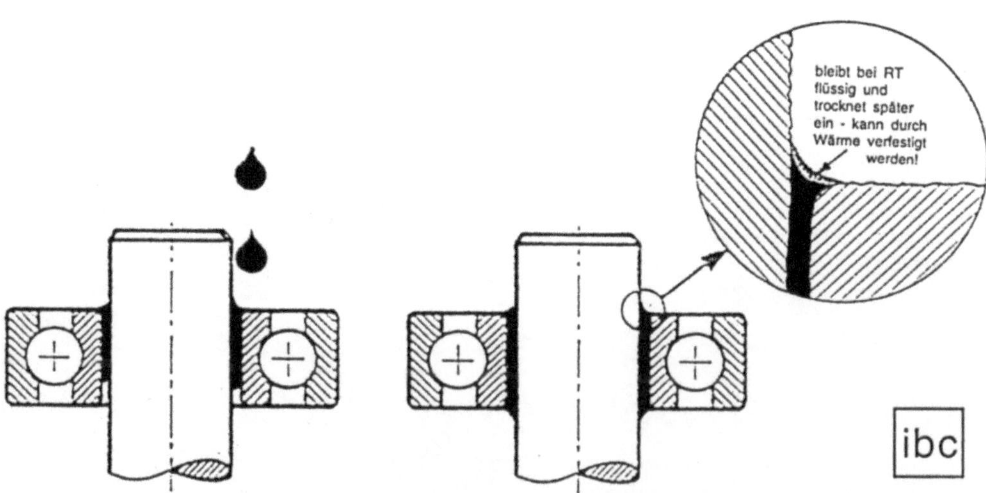

Bild 4.1.1.a: Wirkungsweise anaerober Klebstoffe

Bild 4.1.1.b:
Befestigung vibrationsbeanspruchter
Zylinderrollenlager-Innenringe im
Baumaschinenbereich (Sichel, Hannover)

Bild 4.1.1.c:
Verklebung großer Pendelrollenlager-
Außenringe im Werkzeugmaschinenbau
(Loctite, München)

4.1.2 Gewindefestlegung und -dichtung an Großdieselmotoren mit anaeroben 1K-Klebstoffen

Anlaß: Die Verschraubungspraxis zeigt häufig vibrationsbegründete Klemmkraftverluste durch Lockern infolge von Setzerscheinungen und/oder Lösen durch erzwungene Gleitbewegungen (vor allem quer zur Schraubenachse). Dem Ersteren wird konstruktiv durch längere und taillierte (daher elastische) Dehnschrauben begegnet.

Fall: Beim Zweiten handelt es sich um relativ kurze und daher besonders losdrehgefährdete Schrauben oder Gewindestifte. Hierfür hat sich die Klebsicherung mit anaerob-härtenden 1K-Stoffen seit drei Jahrzehnten bewährt. Die Produkte liegen in verschiedenen Viskositäten (je nach Gewindedurchmesser oder -spalt) und Scherfestigkeiten (je nach Demontage-Forderungen) vor. Durch vollständige Gewindespalt-Füllung können sie gleichzeitig Dichtfunktionen übernehmen, wie bei den Gewindestopfen für Ölbohrungen in Bild c.

Anwendung: In der Einzelfertigung des Großmotorenbaus ist die manuelle Dosierung und Auftragung erforderlicher Mengen vor der Montage direkt aus Kunststoff-Flaschen mit Spritztülle auf die Außengewinde (Bild a, b) der Regelfall. Handelt es sich jedoch um Sacklochgewinde so erwies sich die Benetzung des Innengewindes als vorteilhafter.

Qualität: Es ist nur eine stark eingeschränkte QS möglich, da die Anwendung allein von der zuverlässigen Arbeitsweise des Personals von der Betriebsanweisung abhängig ist.

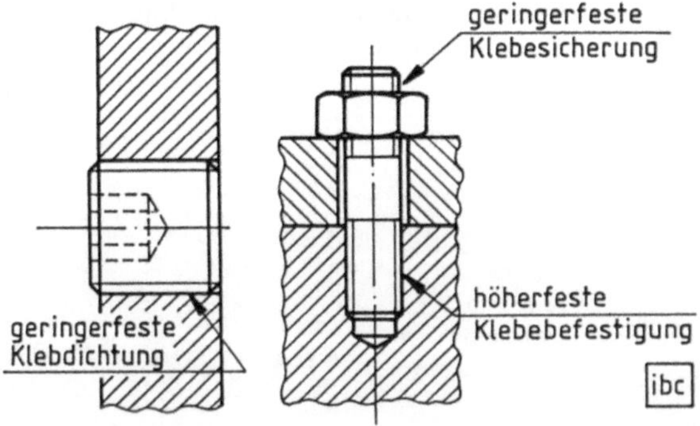

Bild 4.1.2.a: Schema von Einsatzstellen

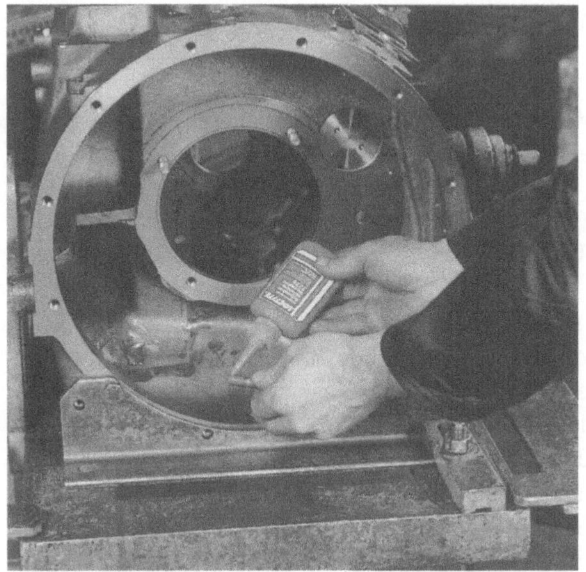

Bild 4.1.2.b:
Benetzung der Außengewinde von
Lagerdeckelstiftschrauben
(Loctite, München)

Bild 4.1.2.c:
Benetzung der Gewindestopfen
für Ölbohrungen (Loctite,
München)

4.1.3 Kfz-Scheibenverklebung bei Reparaturen mit 2K-PUR-Klebdichtstoffen

Anlaß: Im Jahre 1991 wurden über 60 Prozent aller fabrikneuen Fahrzeuge mit verklebten (direktverglasten) Front- und Heckscheiben ausgerüstet. Damit sind die Scheiben tragende Elemente der Karosserien. Verwendet werden im Regelfall langsam-feuchtehärtende 1K-PUR-Klebdichtstoffe (Bild a). Gelegentliche Scheibenbrüche oder Rißbildungen (infolge Steinschlag oder Unfällen) bedürfen einer unverzüglichen Scheibenreparatur.

Fall: Vor allem Kfz-Werkstätten stehen oft unter erheblichem Zeitdruck. Aus dieser Forderung heraus entstand eine spezielle, raschhärtende 2K-PUR-Kombination, die wesentlich kürzere Werkstattzeiten ergibt.

Anwendung: Nach Ausglasung der Scheibenreste (Schneidvorgang mit weitgehender Restentfernung) erfolgt der Rundum-Raupenauftrag auf den Fensterflansch (Bild c) aus einer Doppelkartuschen-Kombination mit Mischkopf über eine entsprechendes Gerät (Bild b). Danach wird die entfettet-geprimerte Scheibe über spaltsichernde Distanzstücke im Klebstoffbett fixiert. Nach etwa einer halben bis einer Stunde bei Raumtemperatur werden Teilfestigkeiten erreicht, die eine Fahrzeugbewegung erlauben.

Qualität: Die Ausführung ist nahezu ausschließlich von der zuverlässigen Arbeitsweise des Personals abhängig.

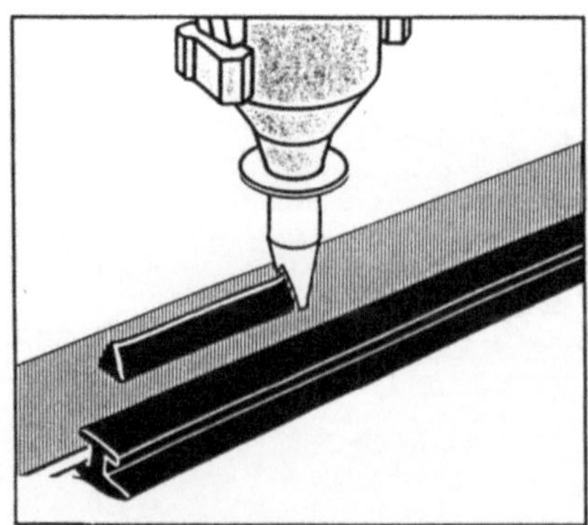

Bild 4.1.3.a: Raupenauftrag und Einsetzen der Scheibe (Gurit-Essex, CH-Freienbach)

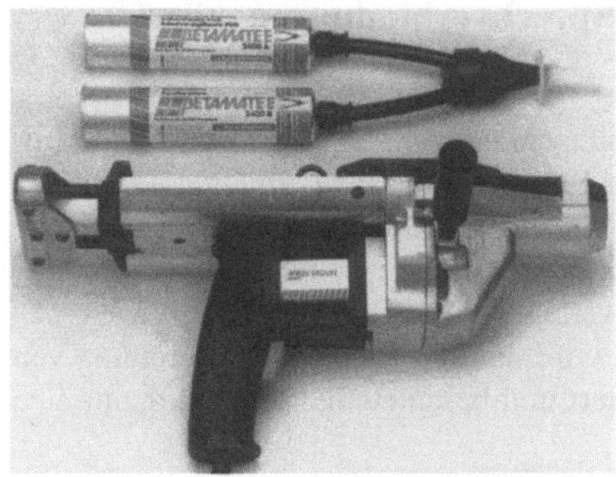

Bild 4.1.3.b:
Doppelkartusche mit Mischkopf (oben) und Verarbeitungsgerät (unten) (Gurit-Essex, CH-Freienbach)

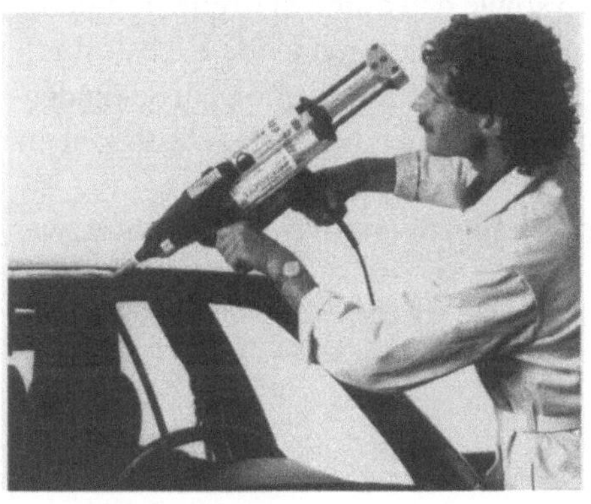

Bild 4.1.3.c:
Anwendung bei Raupenauftrag auf Fensterausschnittbereich (Gurit-Essex, CH-Freienbach)

4.1.4 Verklebung von Schutzhelm-Sprechverbindungen mittels Cyanacrylat-Klebstoffen

Anlaß: Das Fügen von Kunststoffgehäusen mit metallgekapselten elektronischen Klein-baugruppen etwa, wie Hör- und Mikrophon-Kapseln, stellt oft Fertigungs-Probleme. Beispielsweise ergeben infrage kommende Schnapp-Verbindungen der Kunststoffseite lose Sitze und Umform-Verbindungen der Metallseite deformierende Spannungen. Da-her werden zunehmend spannungsfreie Klebverbindungen realisiert.

Fall: Die manuelle Klebstoffanwendung wird durch sortierende Vorbereitung von jeweils 20 Teilegruppen in Paletten erleichtert und beschleunigt. Sie läßt damit eine erste Stufe der Mechanisierung erkennen.

Anwendung: Wegen der vorliegenden Kleinserienfertigung mit einem ablauffesten CA-Typ und einem flüssig-kriechfähigen CA-Typ sowie den durch die Teilevielfalt be-dingt stark schwankenden Klebstoffmengen erfolgt der gezielt-manuelle Klebstoffauf-trag direkt aus den Liefergebinden. Die Anhärtung der CA-Klebstoffe erfolgt in Sekunden-bereichen durch kurzes Andrücken der Teile, womit ausreichende Montagefestigkeit er-reicht wird.

Qualität: Eingeschränkte Qualitätssicherung durch Eigenkontrolle des Personals, was dessen hohe Zuverlässigkeit verlangt.

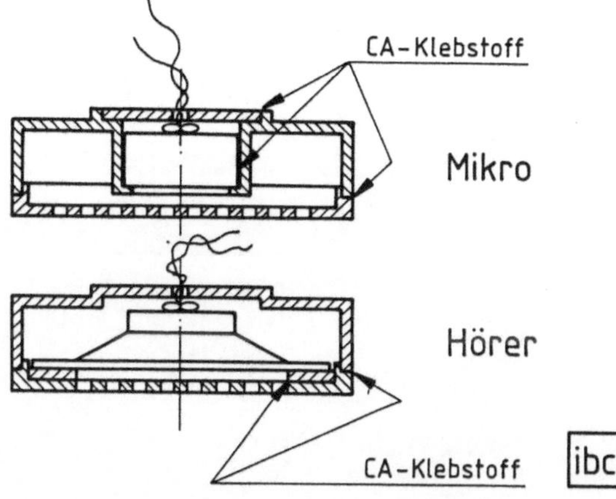

Bild 4.1.4.a: Schema der Einsatzstellen

Bild 4.1.4.b: Gelartiger CA-Klebstoff bei Mikros verhindert Weglaufen und Verschmutzung (Loctite, München)

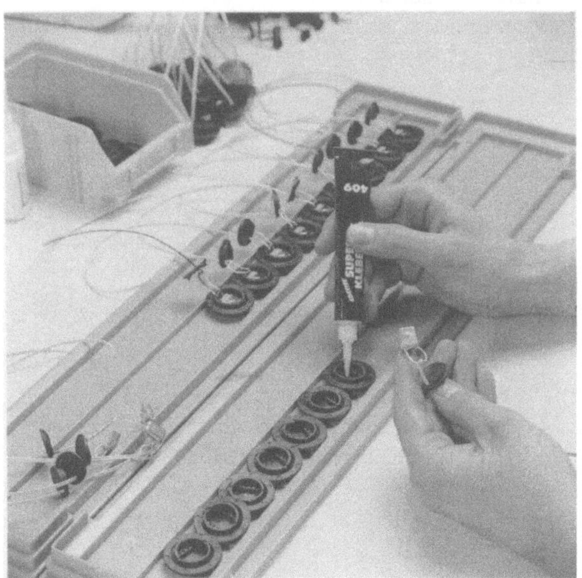

Bild 4.1.4.c: Klebmontage von Hörern in Zentriervorrichtung mit flüssigem CA-Klebstoff (Loctite, München)

4.1.5 Aufbau von Parabolspiegeln aus filmverklebten Sandwich-Segmenten

Anlaß: Das Radioteleskop auf dem La Silla/Chile besteht aus vier Parabolspiegeln mit 15 m Durchmesser und jeweils 176 Sandwich-Segmenten, die in sechs konzentrischen Ringen (Bild a) angeordnet sind.

Fall: Die gewählte Verbundklebung muß eine hohe Verbindungssteifigkeit und Formgenauigkeit der Segmente aufweisen, weshalb ein Schichtaufbau (Bild b) ausgeführt wurde.

Anwendung: Auf formbestimmenden, beheizbaren Unterwerkzeugen werden Kohlenstoff-Faser-Prepreg (vorimprägnierte C-Fasergewebe)-Zuschnitte mit arteigenem Epoxi-Klebfilm-Zuschnitten belegt (Bild c). Hierauf kommen einseitig mit Al-Blechen vorverklebte Al-Wabenkern-Zuschnitte. Die Aushärtung erfolgt durch Warmverpressung bei etwa 120° C. Anschließend erhalten die Segment-Spiegelseiten einen Belag aus Al-beschichteter PTFE-Folie. Vermessungen der Spiegeloberflächen ergaben Formabweichungen von weniger als 15 µm für die größeren und 10 µm für die kleineren Segmente im Innenbereich.

Qualität: Trotz weitgehend festgelegter Formen und vorbestimmter Klebfilmdicken ist eine hohe Zuverlässigkeit des Personals erforderlich.

Bild 4.1.5.a:
Eine der aus Sandwich-Segmenten verklebten
Parabolspiegel-Antennen (Ciba-Geigy, Wehr)

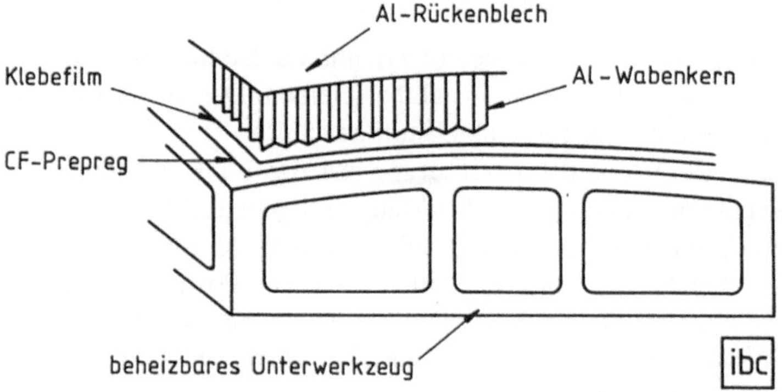

Bild 4.1.5.b: Schichtaufbau der Segmente

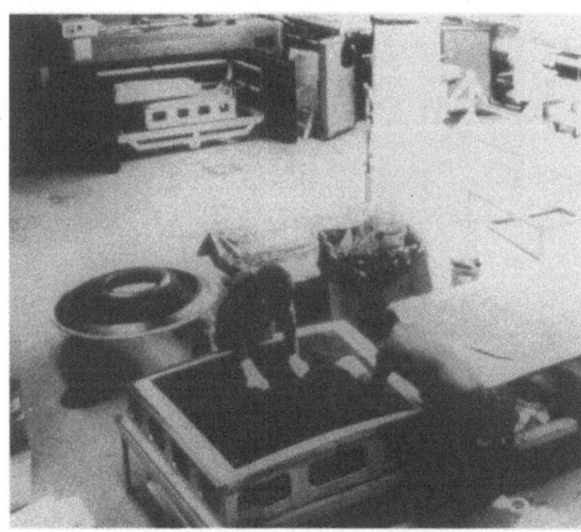

Bild 4.1.5.c:
Im Handauflegeverfahren zusammen-
gestellte Verbunde (Ciba-Geigy,
Wehr)

4.1.6 Designer-Möbel-Herstellung mittels 2K-Epoxidklebstoffen

Anlaß: Die Konstruktion aus Steinplatten mit Edelhölzern und Edelstahlrohren (Bild a) sollte so erfolgen, daß die Verbindungsstellen unsichtbar bleiben. Deshalb wurde ein farblos-transparenter, fugenfüllender 2K-Epoxidklebstoff gewählt.

Anwendung: Die manuelle Klebstoffverarbeitung erfolgt über mechanische Ausdrückpistolen, welche gut regelbar vorgemischte Mengen abgeben (Bild b). Auf der Unterseite von jeweils zehn Tischen werden mittels Schablonen die Klebbereiche markiert und mit gerade ausreichenden Klebstoffmengen benetzt. Die Positionierung der Flach- und Rohrteile erfolgt mittels einfacher Vorrichtungen und Schraubzwingen. Nach 30 bis 50 Minuten je nach Raumtemperatur ergeben sich Montagefestigkeiten, die eine Weiterverarbeitung der Tische erlauben.

Qualität: Trotz ausgeschlossener Dosier- und Mischfehler ist eine hohe Zuverlässigkeit des Personals mit Selbstkontrolle erforderlich.

Bild 4.1.6a:
Verklebte Tischkombination aus Marmor, Holz und Edelstahlrohr (Ciba-Geigy, Wehr)

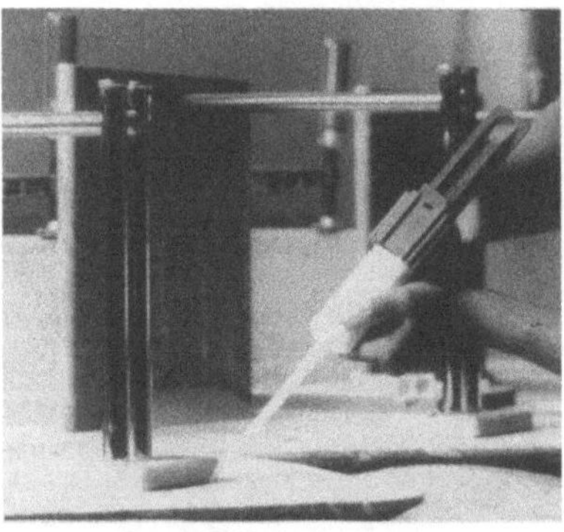

Bild 4.1.6.b:
Verarbeitung über Doppel-Parallel-Kartuschen mit statischem Mischrohr (Ciba-Geigy, Wehr)

4.1.7 Getriebefertigung mittels anaerober Kleb- und Dichtstoffe

Anlaß: Bei traditionellen Welle/Nabe-Verbindungen über Paßfedern etwa nach DIN 6885 (Bild a) kann im Falle schlagartiger Beanspruchung infolge „Stop and Go"-Betrieb oder Drehrichtungswechseln ein seitliches Ausschlagen stattfinden. Die hämmernde Wirkung der Lastwechselschläge vergrößert die Spiele bis zum Verbindungsversagen.

Fall: Insbesondere bei spielarmen Getrieben des Werkzeug- und Textilmaschinenbaus hat sich die Spielausschaltung durch zusätzliches Verkleben der Welle/Nabe-Verbindungen bewährt.

Anwendung: Wegen meist vorliegender Kleinserienfertigung erfolgt die Anwendung geeigneter anaerober Klebstoffe bei der Montage direkt aus den Kunststoff-Spritzflaschen mit Pinselverteilung auf den entfetteten Fügeflächen (Bild b).

Beim Getriebezusammenbau erfolgt die Dichtung der Gehäuseteilflächen über den manuellen Auftrag eines anaeroben Flächendichtstoffes (Bild c). Diese Dichtmethode erwies sich als wirtschaftlicher, als das Einlegen vorgeformter Flachdichtungen.

Qualität: Die QS wird durch Selbstkontrolle der Werker erreicht, was deren hohe Zuverlässigkeit verlangt.

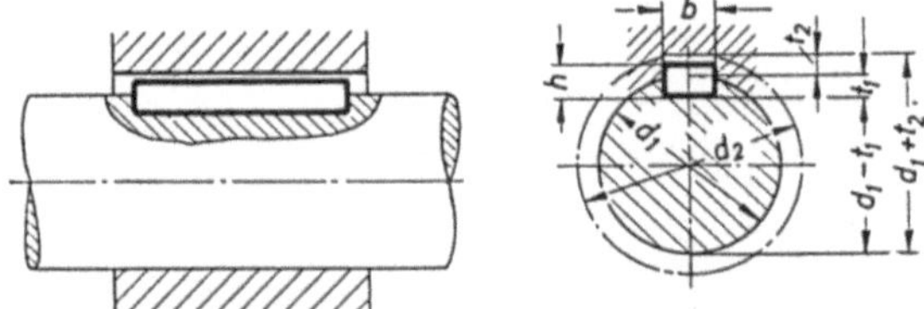

Bild 4.1.7.a: Paßfederverbindungen für Werkzeugmaschinen (hohe Form DIN 6885 Bl.2)

Bild 4.1.7.b: Manuelles Auftragen direkt aus Kunststoffspritzflaschen vor der Montage (Loctite, München)

4.1.8 Flächige Verklebung verschiedener Werkstoffe mit 1K-PUR- oder Dispersions-Klebstoffen

Anlaß: Der Einsatz unterschiedlicher Werkstoffe und rationelle Arbeitsmethoden fordern praxisgerechte Verarbeitungsgeräte. In den 80er Jahren haben die feuchtigkeitshärtenden einkomponentigen PUR-Klebstoffe ihren Einzug gehalten. Da nicht nur investitionsstarke Unternehmen diese Klebstoffe einsetzen, wurden preiswerte Auftragsgeräte gefordert.

Fall: Gerade für Handwerksbetriebe und Unternehmen mit Fertigungsbereichen, welche eine automatische Produktion nicht kostengerecht zulassen, bieten Handauftragsroller (Bild a) und kleine Walzenauftragsgeräte (Bild b) oftmals die gesuchte Problemlösung. Hierfür bieten antihaftbeschichtete Auftragsroller ein praxisgerechtes und vor allem ein umweltfreundliches Arbeitsgerät.

Vorgang: Die in einem Spezialverfahren beschichteten Auftragsroller ermöglichen ein einfaches Entfernen der ausgehärteten trockenen Klebstoffrückstände vom Klebstoffbehälter. Für den Einsatz von Walzenauftragsgeräten werden spezielle walzengeeignete feuchtigkeits-härtende PUR-Klebstoffe angeboten. Zur Reinigung dieser Walzengeräte wurden lösemittelfreie oder -arme Reiniger entwickelt.

Qualität: Sie bleibt stets von der Zuverlässigkeit des anwendenden Personals abhängig.

Bild 4.1.8a: Vorwiegend in Vertikallage benützbarer Handauftragsroller mit Klebstoff-Vorratsbehälter (Ruderer, Zorneding)

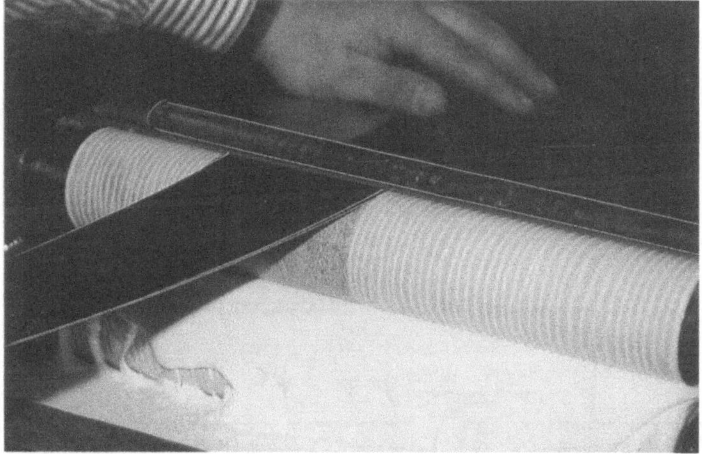

Bild 4.1.8.b: Kleines Walzenauftragsgerät zur Flächenbenetzung von Klebbereichen (Ruderer, Zorneding)

4.1.9 Klebreparatur der Isolierwand-Aufbauten von Fahrzeugen mit 1K-PUR-Klebstoffen

Anlaß: An der zunehmenden Verwendung von (im Außenbereich meist Al-Blech-verklebten) Vollsandwich-Aufbauten für Caravans, Wohnmobile oder auch Kühlfahrzeuge sind feuchtehärtende einkomponentige PUR-Klebstoffe wesentlich beteiligt (Bild a).

Fall: Die Beseitigung von Unfallschäden kann entweder durch kostspieligen Austausch kompletter Wandelemente oder wesentlich preisgünstiger durch die Klebreparatur der betroffenen Teilbereiche mittels desselben feuchtehärtenden 1K-PUR-Klebstoffs erfolgen.

Vorgang: Nach dem Abschälen des beschädigten Außenbleches werden die Löcher im Isolierschaum ausgefüllt und der Klebstoff aus Kartuschen auf die Wand aufgebracht, mit einem Zahnspachtel gleichmäßig verteilt (Bild b) und anschließend mit Wasser eingesprüht (Bild c). Jetzt braucht nur noch das entfettete neue Blech angelegt und gutflächig fixiert werden. Nach einer Härtezeit von etwa drei Stunden bei 20° C können die Anbauteile wieder montiert werden.

Qualität: Naturgemäß erfordert solch manuelle Klebstoffverarbeitung zuverlässiges Personal.

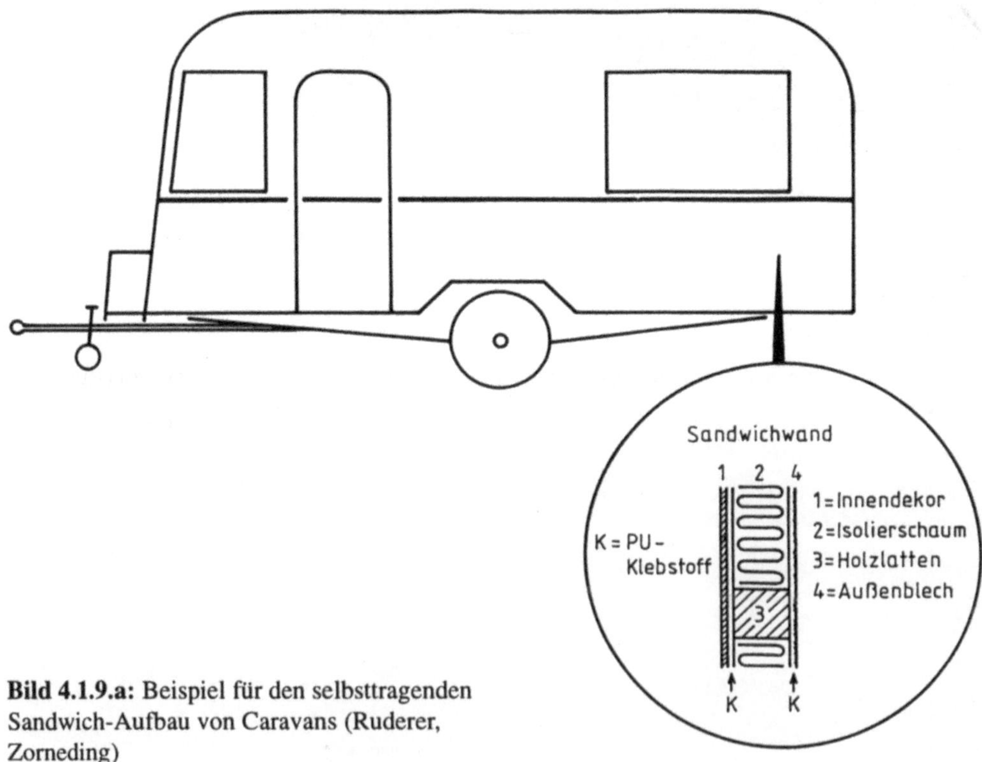

Bild 4.1.9.a: Beispiel für den selbsttragenden Sandwich-Aufbau von Caravans (Ruderer, Zorneding)

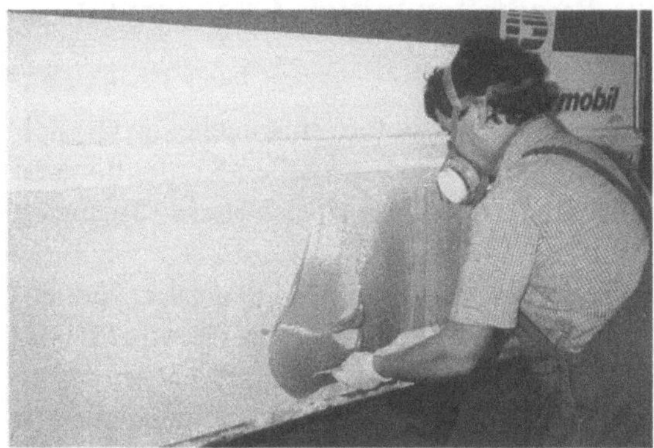

Bild 4.1.9.b: Nach Kartuschenauftrag erfolgt Zahnspachtel-Verteilung (Ruderer, Zorneding)

Bild 4.1.9.c: Die feuchtebenetzte Klebfläche vor der Auflage der Al-Beplankung (Ruderer, Zorneding)

4.1.10 Paketverklebung von Akku-Rundteilen mittels Cyanacrylat-Klebstoffen

Anlaß: Für den netzunabhängigen Betrieb von E-Geräten liefern entsprechende Hersteller meist Standard-Rundelemente hoher Stückzahl, die von speziellen Konfektionären zu Akku-Packs in geforderten Abmessungen samt entsprechender elektrischer Spannung verbunden werden (Bild a).

Fall: Nicht alle Kunststoffbeschichtungen solcher Akku-Elemente sind direkt verklebbar (beispielsweise PVC oder Polyester). Schwer verklebbare Kunststoffe (wie PP oder PE) bedürfen vor ihrer Verklebung einer Vorbehandlung, etwa durch Beflammen sofern sie nicht schon vor dem Bedrucken vorbehandelt wurden. Als Klebstoffe werden meist schnellhärtende, dickflüssige Cyanacrylat-Klebstoffe verwendet.

Vorgang: Die in Vorrichtungen aneinandergereihten Rundelemente erhalten je nach ihrer Länge mittig oder zweireihig direkt aus den Plastikflaschen einen Klebstoffauftrag in die Zwischenräume, worin der Klebstoff selbsttätig verfließt und rasch aushärtet.

Qualität: Sie ist stark abhängig von Oberflächenbehandlung und Zuverlässigkeit des Personals.

Bild 4.1.10.a: Möglichkeiten der Akku-Pack-Verklebung (Ruderer, Zorneding)

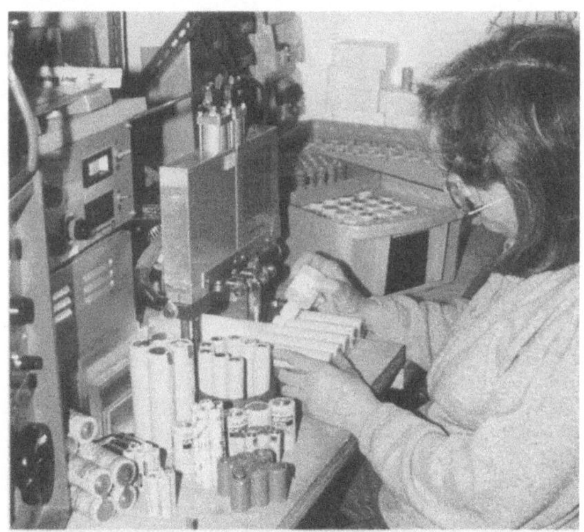

Bild 4.1.10.b: Manueller Klebstoff-Auftrag aus Original-Flaschen (Ruderer, Zorneding)

4.1.11 Klebdichten der Kabelausgänge von E-Magnet-Kupplungen mit 1K-Silikon-Kautschuk

Anlaß: Die Herausführung der Spulenenden-Anschlüsse aus den Kupplungsgegenseiten zu den Schleifringen der Stromversorgung erfolgte bisher durch aufwendige, isolierend-ausgerüstete mechanische Befestigungen. Feuchtehärtend-ablauffeste RTV 1K-Silikonkautschuke boten eine wirtschaftliche und zuverlässige Lösung.

Fall: Aufgrund geringer Stückzahlen wurde eine manuelle Direktverarbeitung aus der 300 ml-Eurokartusche über mechanische beziehungsweise Druckluftpistolen gewählt.

Anwendung: Bei Montage der Kupplung werden die Anschlußkabel der Wicklung durch eine Querbohrung im Gehäuse nach außen geführt (Bild a). Diese Bohrung wird zunächst abgedichtet. Nach Fertigmontage mit den Schleifringen wird der gesamte Anschlußraum mit dem Silikon aufgefüllt und anschließend bündig verstrichen (Bild b). Die Aushärtung nimmt etwa 72 Stunden in Anspruch, wobei nach der Hautbildungszeit von etwa einer Stunde bereits ausreichende Hantierbarkeit zum Weiterverarbeiten gegeben ist.

Qualität: Die weitgehende Selbstkontrolle setzt eigenverantwortlich-zuverlässiges Personal voraus.

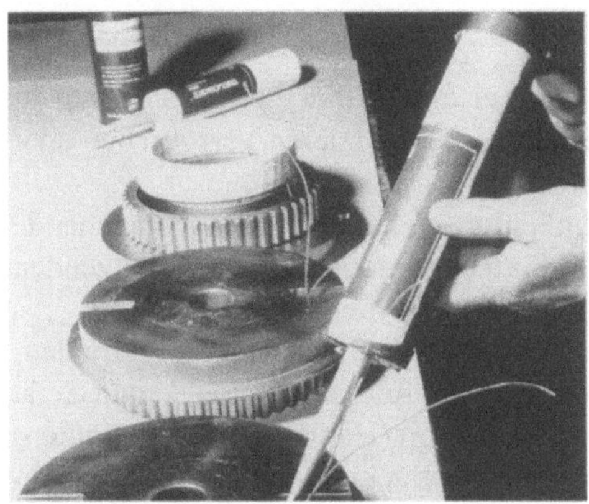

Bild 4.1.11.a: Der Anschlußraum wird mit Silikonkautschuk aufgefüllt
(Delo, Gräfelfing)

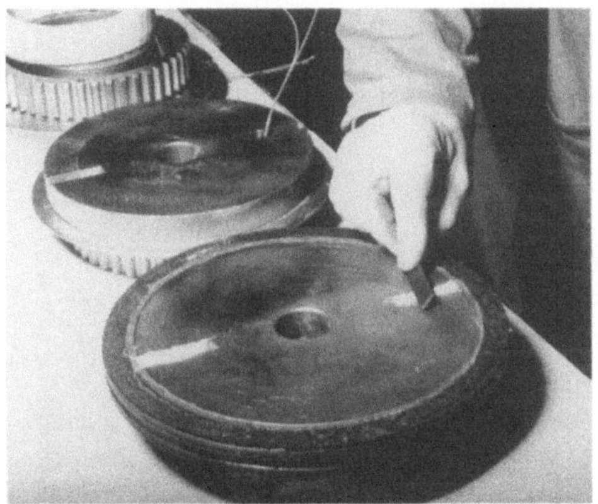

Bild 4.1.11.b: Der Silikonkautschuk wird bündig angeglichen (Delo, Gräfelfing)

4.1.12 Naht- und Fugendichtung punktgeschweißter Blechteile mit modifizierten 1K-Polymeren

Anlaß: Die Versiegelung nach außen führender Spalte erfolgte bisher meist durch Raupenauftrag von (oft lösemittelhaltigen) pastösen Dichtstoffen und deren Verstreichen oder Anpassen mit Pinsel oder Spachtel vor der Verfestigung.

Fall: Neuere, weichpastös-ablauffeste Nahtdichtungen können über entsprechende Düsenformen (Bild a) im Niederdruckbereich (4 bis 6 bar) mittels einer unterstützenden Luftkegels als kantenscharfe Dichtschichten ausgetragen werden.

Anwendung: Die Schweißbereiche oder stufenförmigen Blech- oder Unterbodenschutzübergänge werden einfach mittels dieses Systems aus Kartuschenprodukt und Gerät überdeckt (Bild b und c). Die Feuchtehärtung beginnt sofort (Hautbildung: 20 Minuten) mit einem Härtefortschritt von etwa 3 mm/Tag. Eine Überlackierbarkeit ist ohne weiteres möglich.

Qualität: Die optische Kontrolle der durchgehend-gleichen Schichtdicken samt deren Aushärtung ist weitgehend personalabhängig.

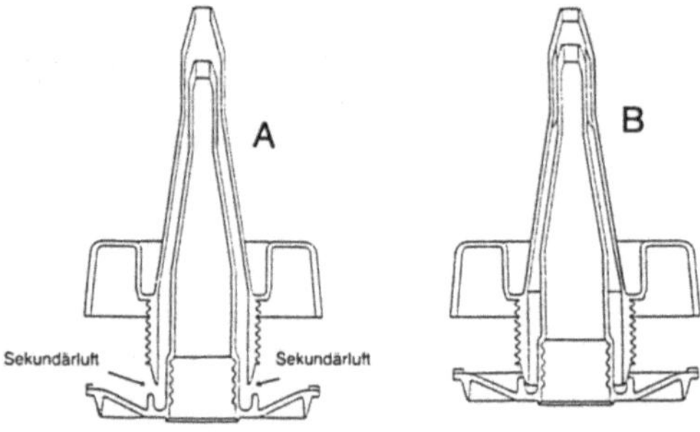

Bild 4.1.12.a: Verstellbare Düsenstellungen erlauben sowohl Raupen- wie Sprühauftrag (Teroson, Heidelberg)

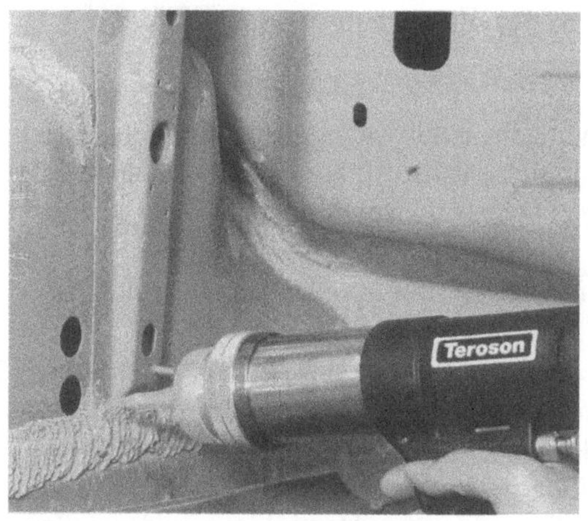

Bild 4.1.12.b:
Einfache Handhabung des Geräts
(Teroson, Heidelberg)

Bild 4.1.12.c:
Überkopf-Spritzanwendung ist
möglich (Teroson, Heidelberg)

4.1.13 Flächendichtung von Waggon-Radlagerungen mit RTV 1K-Silikonkautschuken

Anlaß: Die bisher gehandhabten Flächendichtungen mittels vorgestanzter Flachdichtungen erwiesen sich als zu unwirtschaftlich, weshalb sich pastöse Silikonkautschuk-Dichtstoffe auch im Instandhaltungsbereich als alleinige Dichtstoffe mehr und mehr durchsetzten.

Fall: Die Flanschflächen von Radsatz-Lagerungen fettbefüllter Wälzlager in GG-Gehäusen (Bild a) werden vor ihrer Montage linienförmig mittels manuellem Auftrag benetzt (Bild b) und montiert.

Anwendung: Voraussetzung für jedwede Dichtstoffanwendung sind entfettend-gereinigte Oberflächen. Wesentlich ist der sparsame Einsatz der Dichtstoffe, um ein Wegdrücken und schädliche Dichtstoff-Überschüsse in Innenräume zu verhindern. Das Abwarten vorbestimmter Aushärtezeiten vor Inbetriebnahmen ist besonders bei RTV 1K-Silikonkautschuken zu berücksichtigen. Nach einer raschen Hautbildung an den außenliegenden Stoffoberflächen liegt der Aushärtefortschritt in das Innere bei 2 bis 3 mm/Tag, so daß bis zur Inbetriebnahme oftmals einige Tage erforderlich sind.

Qualität: Sie ist weitgehend von der persönlichen Einstellung und der Zuverlässigkeit des Personals abhängig.

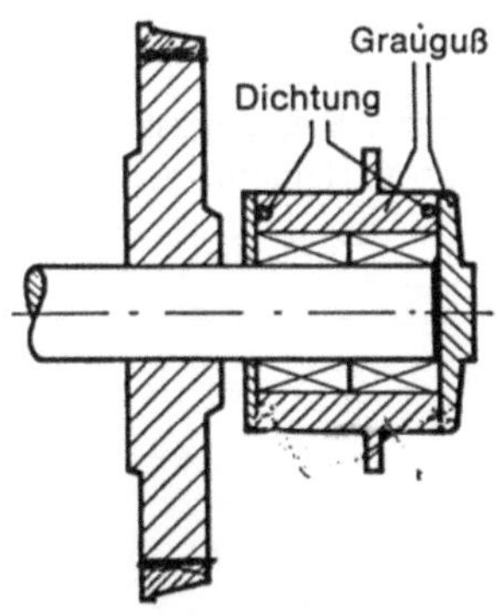

Bild 4.1.13.a:
Schema von Waggon-Radsatz-Lagerungen (Teroson, Heidelberg)

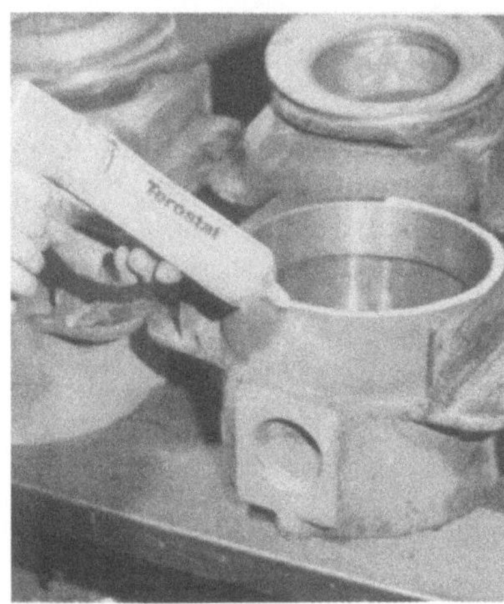

Bild 4.1.13.b:
Flächendichtstoff-Auftrag aus der Tube oder Kartusche
(Teroson, Heidelberg)

Bild 4.1.13.c: Vormontierte Radsätze vor dem Einbau
in Waggons (Teroson, Heidelberg)

4.2 Mechanisierte Fertigung

Sie geht aus der manuellen Fertigung hervor durch organisatorische und fertigungstechnische Verbesserungen, die sich aus der mehrmaligen Wiederholung derselben Arbeitsschritte ergeben. Die hierfür meist erforderliche stärkere Arbeitsteilung erlaubt eine raschere und sicherere Durchführung einzelner Arbeitsgänge, bringt jedoch zwangsläufig

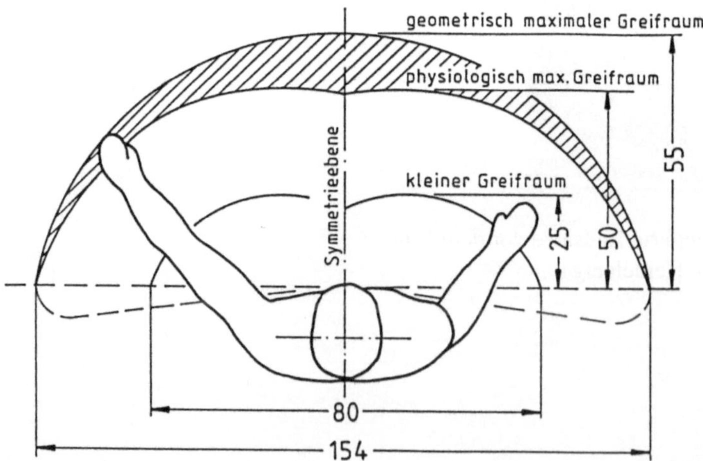

Bezeichnung	Maße (mm)
Arbeitshöhe Feinarbeit Maschinenarbeit Handarbeit	A (Richtwert) 1275 1100–1200 1000
Lage d. Arbeitstelle Feinarbeit Maschinenarbeit Handarbeit,	B (Richtwert) 200 300 max. 325
Einrücktiefe der Sitzfläche	C min. 50
Knieeinrückraum	D min. 700 E min. 400
Fußvorstoßraum	K min. 350 L min. 300
Fußauflage	M 230–340 verst.b. N min. 400
Fußeinrückraum	O min. 200 P min. 200
Nasenwurzel–Werk- stück–Abstand Feinarbeit Maschinenarbeit Handarbeit,	S 280 Richtwerte 270 am fertigen 450 Arbeitsplatz

Bild 4.3: Standardmaße eines kombinierten Handarbeitsplatzes (nach Kirn/Bosch)

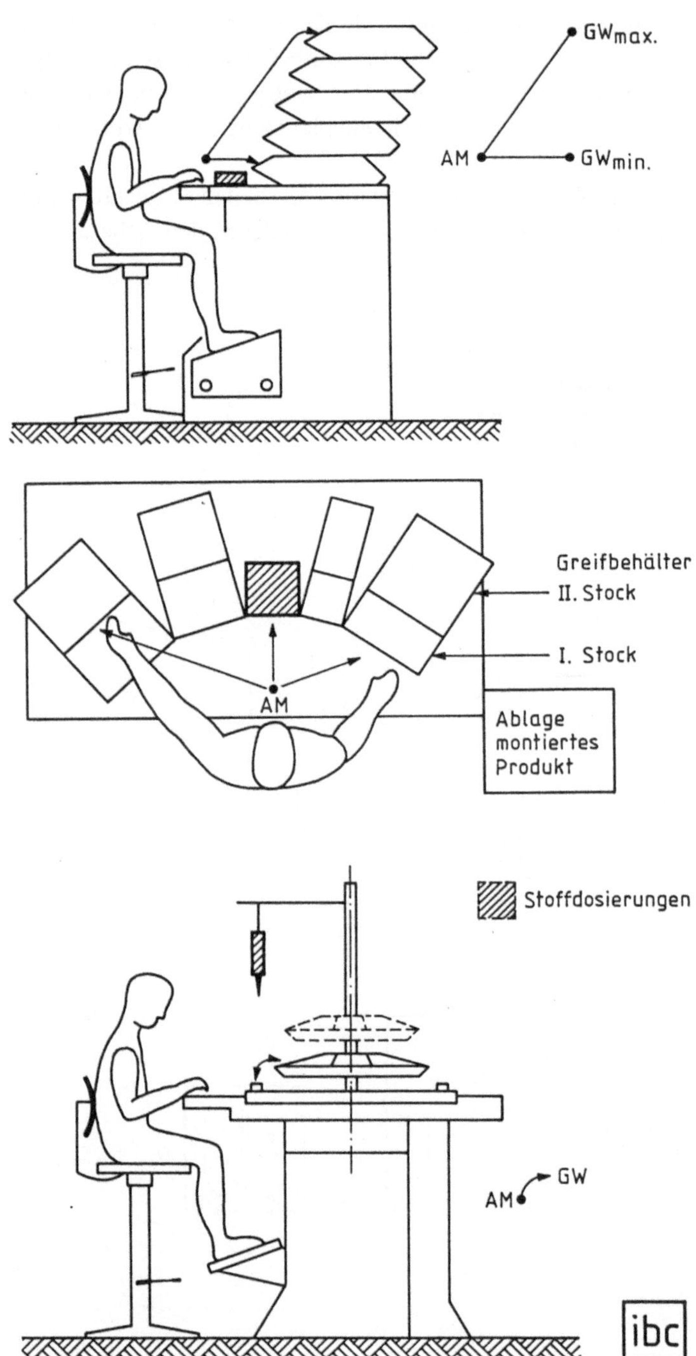

Bild 4.4: Möglichkeiten von Einzelmontageplätzen mit Klebausrüstung (nach Lotter)

einen erhöhten Geräte- und Arbeitsmitteleinsatz mit sich. Der im Mittelpunkt stehende Mensch bedarf besonderer Berücksichtigung. Seine Leistungsfähigkeit ist von vielgestaltigen Umweltfaktoren abhängig wie etwa Raum- und „Betriebs"-Klima, Geruchs- und Lärmentwicklung, notwendigen Erholungspausen und nicht zuletzt der Arbeitsplatzgestaltung.

Vor allem die arbeitspsychologisch (ergonomisch) richtige Arbeitsplatzgestaltung hat überragende Bedeutung, das heißt die Fertigungsmethoden müssen den Arbeitsplatz-

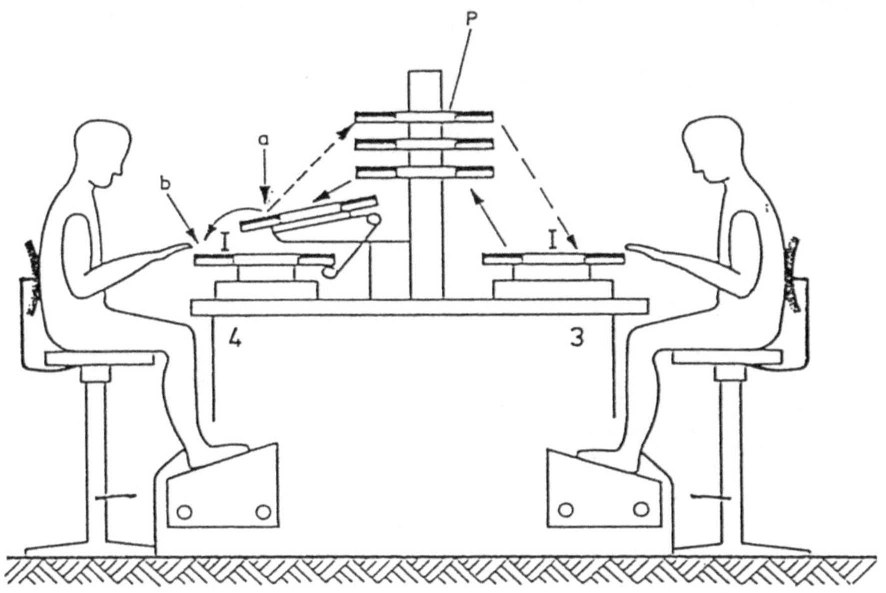

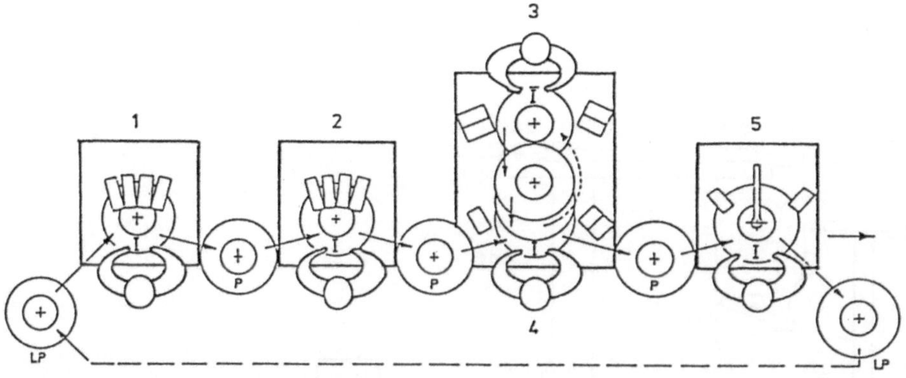

Bild 4.5: Zusammenstellung von Fertigungslinien aus Einzelarbeitsplätzen (nach Lotter)

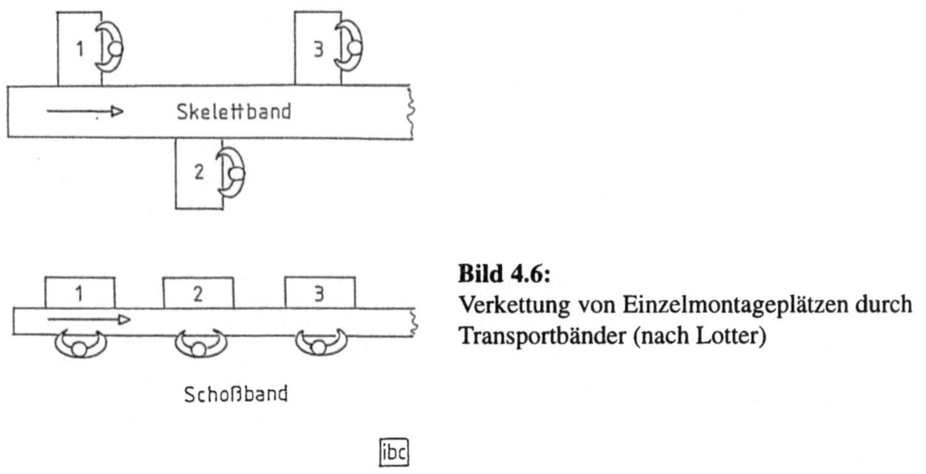

Bild 4.6:
Verkettung von Einzelmontageplätzen durch
Transportbänder (nach Lotter)

forderungen angepaßt sein. Hierfür bestehen eine Reihe von Regeln (Bild 4.3). Voraussetzung ist die mehrfach erwähnte montagegerechte Gestaltung der zu fügenden Einzelteile [1].

Einzelmontageplätze basieren meist auf der anzustrebenden Verkürzung der zeitaufwendigen Greifwege, weshalb oft nur Klebstoff-Abgabedüsen oder Arbeitsgeräte im Greifwegbereich selbst liegen. Infrage kommen vor allem fremdgesteuerte (wie mit Hand-, Fuß- oder Näherungsschalter-ausgelöste) Dosiergeräte mit angepaßter Auftragsausrüstung(Bild 4.4)

Wesentliches Merkmal der mechanisierten Fertigung ist die *Verkettung von Einzelarbeitsplätzen* zu Fertigungslinien. Erste Möglichkeiten hierzu bietet die Nebeneinander-Anordnung von Einzelarbeitsplätzen mit jeweils eigenem Teilevorrat sowie dazwischengeschalteten Puffern (P) und/oder die gekoppelte Gegenüber-Anordnung von zwei Arbeitsplätzen mit gemeinsamen oder wechselweise bedienbaren Drehteller-Anordnungen (Bild 4.5). Erst mit höheren Stückzahlen kommt beispielsweise die Fließbandmontage infrage. Die kann differenziert werden nach den Gesichtspunkten.

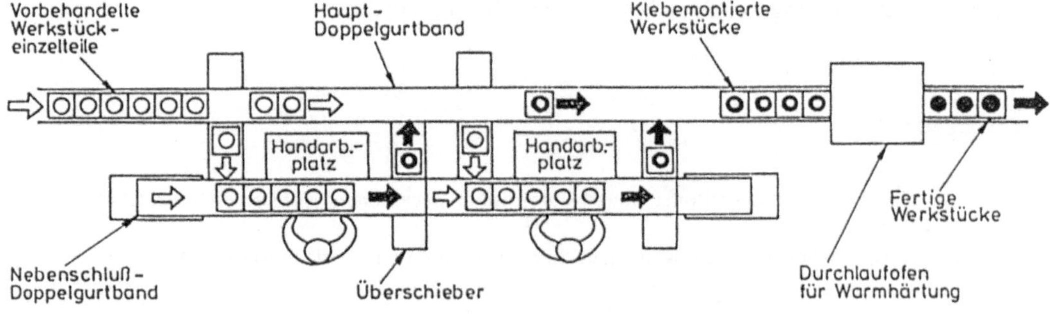

Bild 4.7: Flexible Fertigungslinie mit Geräten und Handarbeitsplätzen

- Fließbänder als Transportbänder. Sie erhöhen die Sekundärmontagezeiten, da an jedem Arbeitsplatz vom Fließband abgegriffen werden muß, um am Platz den Fügevorgang durchführen zu können und nach dem Vorgang die Teile wieder auf das Band zurückzulegen (Bild 4.6).
- Fließbänder als Montagebänder. Die Anordnung des Teiletransportbandes als sogenanntes Schoßband eignet sich besonders für die direkte Montage, sofern das Band nicht kontinuierlich läuft, sondern getaktet wird. Hierbei werden Sekundärmontagevorgänge vermieden.

Der Teiletransport kann naturgemäß nicht nur in linearer Anordnung erfolgen sondern auch kreisförmig in Form von Schalttellern oder Rundschalttischen. Sie übernehmen ihrerseits sowohl Transport- wie Zwischenspeicher-Aufgaben.

Die *kombinierte Verkettung* im sinne fertigungstechnisch-optimierter (weil sekundärzeit-minimierter) Anwendungen findet sich in vielen industriellen Montagelinien, vor allem klebtechnischer Art. Sie erfolgt meist in der sogenannten Nebenschlußart. Überschieber sorgen nach Dosierung und Montage für den Weitertransport zur Klebstoffhärtung. Im Hinblick auf weiterführende Informationen wird auf [2] verwiesen (Bild 4.7).

Obwohl der *Industrieroboter* in seinen verschiedenen Formen allgemein als Automatisierungsbaustein gilt, kann er bereits in der mechanisierten Fertigung etwa bei Handhabeoperationen sperriger oder schwerer Teile samt Stoffauftragung vorteilhaft eingesetzt werden. Roboter arbeiten präzise und sind unempfindlich gegenüber oben erwähnten Umweltfaktoren, wodurch den Menschen belastende oder gesundheitsschädliche Tätigkeiten vermieden werden. Dies kommt letztenendes einer gleichmäßig hohen Qualität zugute.

Typisch für diesen Bereich ist der Robotereinsatz in *Fertigungszellen*. Sie sind dadurch gekennzeichnet, daß nur ein Industrieroboter die Verarbeitungsschritte durchgeführt, ohne daß die Teile oder Teilegruppen zwischen den einzelnen Schritten zu anderen Arbeitsstellen transportiert werden müssen. In diesem Fall bedarf es für die Zufuhr und Entnahme samt Stapeln der Werkstücke sowie ihren Weitertransport nurmehr angelernte Hilfskräfte (Bild 4.8). Nachfolgend eine Auswahl verschiedener Beispiele zur mechanisierten Verarbeitung. Sie zeigen die mögliche Bandbreite dieses Fertigungsbereichs von ersten Mechanisierungsschritten bis zu ersten Robotereinsätzen.

Literatur

[1]   Gairola, A.: „Montage automatisieren durch montagegerechtes Konstruieren", VDI-Z 127 (1985) 1
[2]   Lotter, B.: „Arbeitsbuch der Montagetechnik, Vereinigte Fachverlage Mainz, 1985

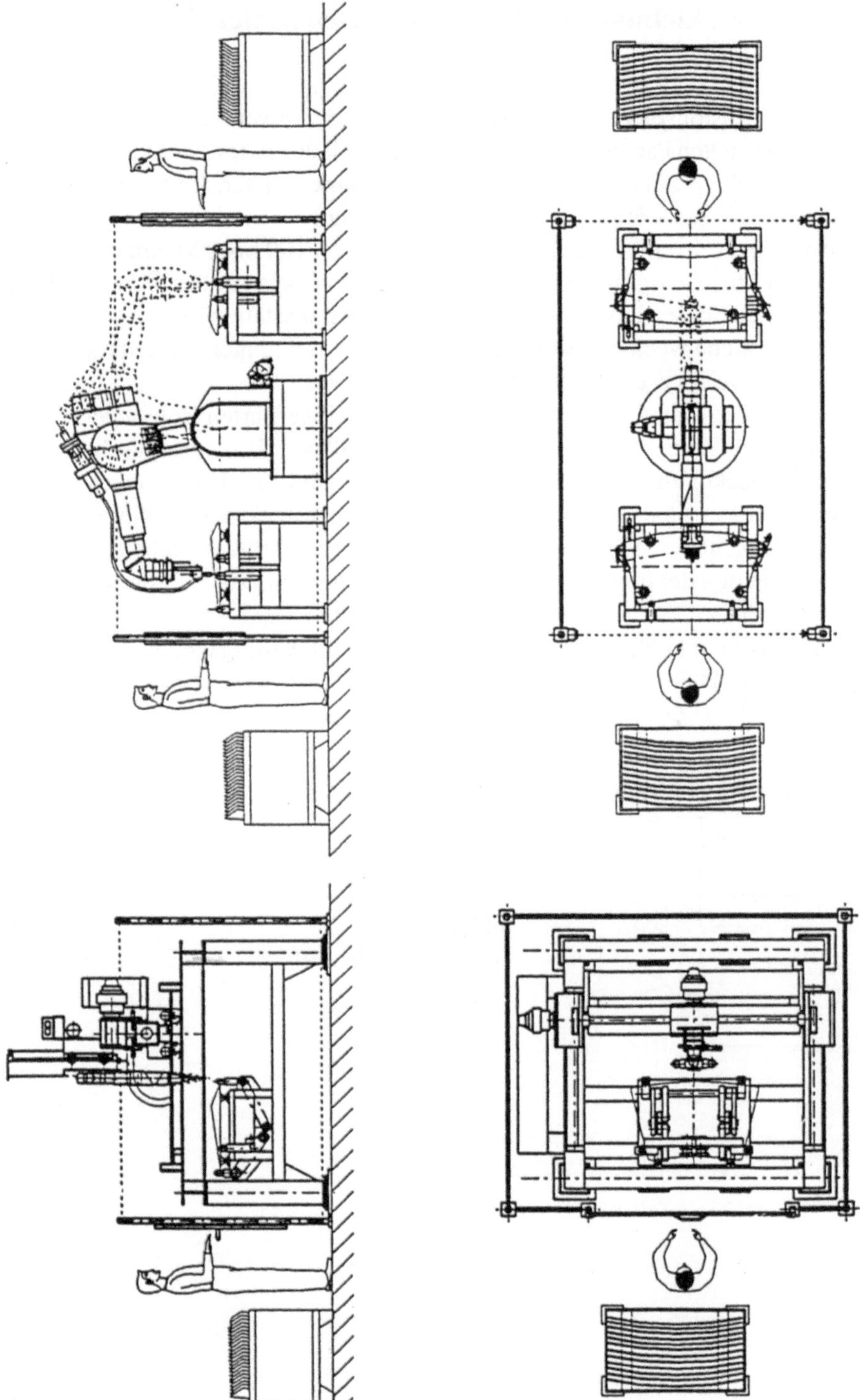

Bild 4.8: Fertigungszellen mit Portal- oder Gelenkrobotern (KUKA, Augsburg)

4.2.1 Deckelverklebung auf Rohrabschnitten mittels 2K-PUR-Klebstoffen

Anlaß: Bei der diffusionsdichten Deckelverklebung einer Umverpackung aus kunstharz-imprägniert gewickelten Papierrohren mit Weißblechdeckeln erwies sich ein raschhärtend-flexibler Klebstofftyp auf PUR-Basis wegen der stark schwankenden Umgebungstemperatur von -40° bis + 80°C als besonders vorteilhaft.

Fall: Aufgrund schwankender Rohrdurchmesser von 100 bis 200 mm und der Notwendigkeit eines beidseitig-gleichbleibenden Raupenauftrags vor der Montage (Bild a) wurde eine in drei Achsen bewegliche Mischkopf-Auftragsstation für die beiden Fügeteile realisiert, welche wechselweise über zwei Drehvorrichtungen (horizontal und vertikal) unter der jeweils geschwenkten Abgabedüse rotieren.

Anwendung: Die manuell in die Drehvorrichtung eingeführten Rohrenden erhalten innen eine Klebstoffraupe (Bild b), nach deren Abschluß der Mischkopf geschwenkt und der rotierende Deckel ebenfalls eine Klebstoffraupe (Bild c) erhält. Danach wird das Rohr entnommen, vertikal mit dem Deckel zusammengesteckt und in dieser Lage zur Anhärtung für eine halbe Stunde bei Raumtemperatur abgestellt. Wichtig ist hierbei das erwünschte Ablaufen der Innenraupe auf die Deckelinnenseite zur erforderlichen Hohlkehlen-Ausbildung.

Qualität: Trotz gut kontrollierter Dosier-, Misch- und Auftragsbedingungen ist eine Selbstkontrolle des Personals erforderlich.

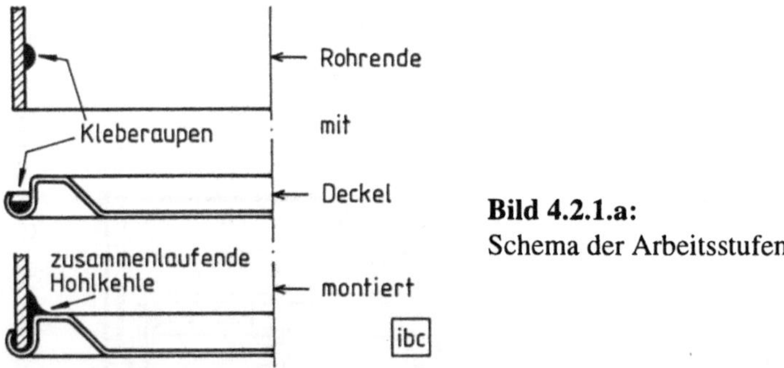

Bild 4.2.1.a:
Schema der Arbeitsstufen

Bild 4.2.1.b:
Benetzung des rotierenden Rohrs (GIV-BSA,
Martinsried)

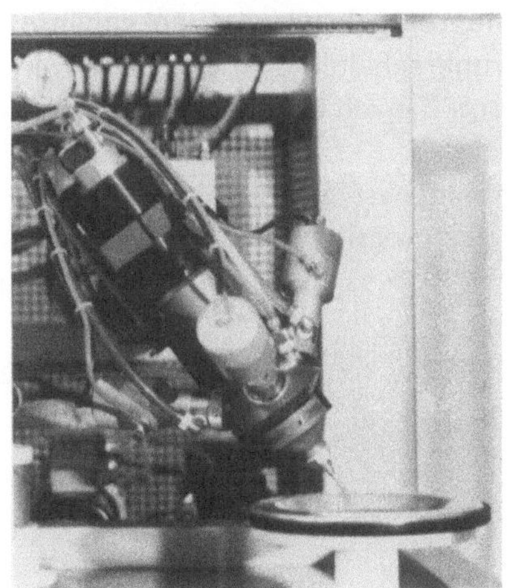

Bild 4.2.1.c:
Benetzung des rotierenden Deckels (GIV-BSA,
Martinsried)

4.2.2 Rillenkontur-Benetzung von Getriebegehäuse-Flanschflächen mit Dichtstoffen

Anlaß: Die Dichtung eben bearbeiteter Teilfugen verschraubter Gehäuse erfolgte bisher meist mittels vorbereitet-eingelegter Flachdichtungen DIN 3750 aus verschiedenen Werkstoffen. Zunehmend werden jedoch an Ort und Stelle „verformbare" pastöse Dichtstoffe (engl. Formed-In-Place (FIP-)Sealants) hierfür eingesetzt, welche im Regelfall von oben aufgetragen werden. Die oft zerklüfteten Gehäuseaußenformen verlangen dann Aufnahmevorrichtungen zur ebenen Dichtflächen-Fixierung.

Fall: Zweckmäßiger erscheint es daher, die ebenen Gehäusedichtflächen von unten her zu benetzen, wobei lediglich ein lagerichtiges Aufliegen der Flächen erforderlich ist. Das Rillenkontur-Verfahren (Bild a) verlangt spezielle Unterwerkzeuge mit einer der Dichtstoffraupe folgenden Reihe vieler kleiner Bohrungen, welche von unter her über eine dazwischen liegende Rillen-Querverbindung (Bild b) und Dosierventile mit Rücksog für die erforderlichen thixotropen Dichtstoffe versorgt werden.

Anwendung: Die manuell mit der Planseite nach unten eingelegten Getriebegehäuse (Bild c) werden in ihrer Position über mehrere Näherungsschalter lagerichtig kontrolliert, welche auch die dosierte Benetzung starten. Sofort danach können die Teile entnommen und verbaut oder verschraubt werden.

Qualität: Trotz kontrolliert-gewährleisteter Dosiermenge ist eine Sichtkontrolle der entnommenen Gehäusedichtflächen vor der Montage erforderlich, was zuverlässiges Personal fordert.

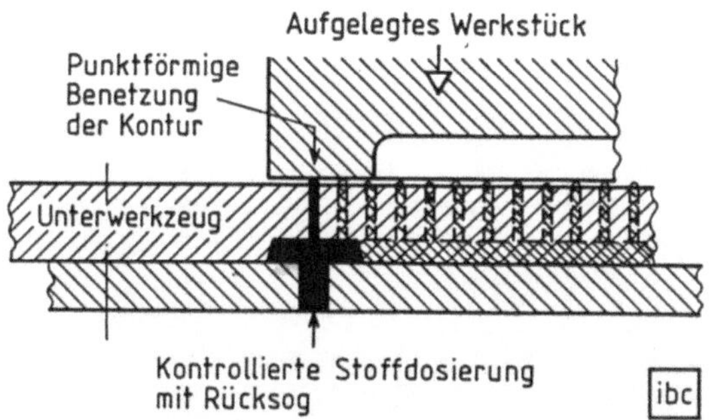

Bild 4.2.2.a: Schema der Rillenkontur-Benetzung

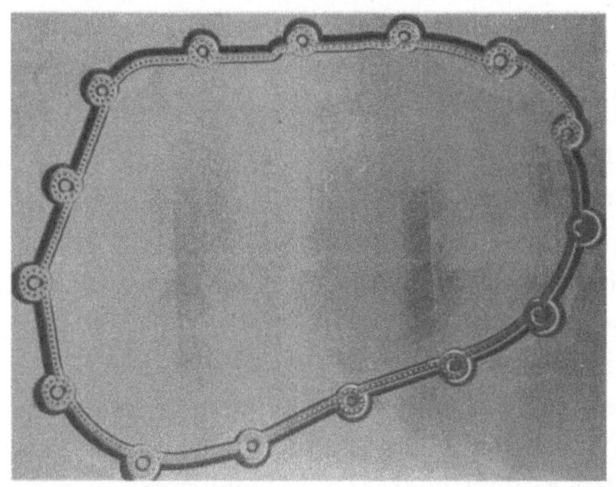

Bild 4.2.2.b:
Rillenquerverbindung der Bohrun-
gen im Unterwerkzeug (Drei Bond,
Eching)

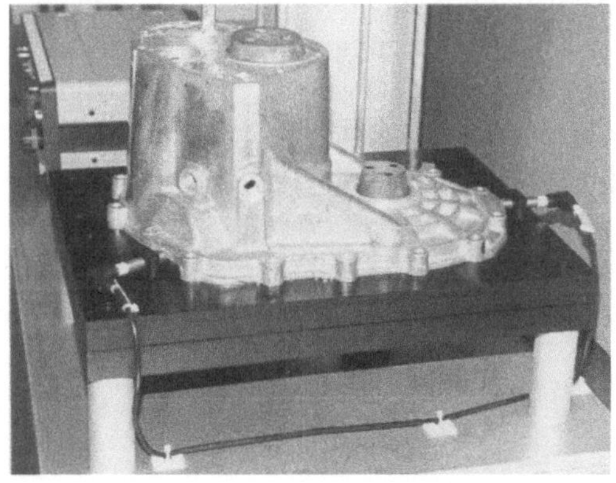

Bild 4.2.2.c:
Dichtfläche von Kfz-Getriebe-
gehäusen auf Unterwerkzeug (Drei
Bond, Eching)

4.2.3 Siebdruck-Benetzung der Flanschflächen von Zahnradölpumpen-Deckel mit Dichtstoffen

Anlaß: Für die Dichtung eben-verschraubter Gehäuse-Teilflächen wurden bisher Flachdichtungen verschiedenster Art nach DIN 3750 eingesetzt. Die Vorteile der neueren FIP (engl. Formed-In-Place = an Ort und Stelle geformte)-Dichtstoffe sind jedoch nicht zu übersehen, unter anderem der Wegfall vielfältig-vorbereiteter Flachdichtungen wegen sich sofort anpassender, pastös-verformbarer Dichtstoffe.

Fall: Der Siebdruck thixotroper Dichtstoffe mittels linearem oder rotierendem Rakel (Bild a) ist eine bewährte Methode der abgegrenzten Dichtflächenbenetzung. In vorliegendem Fall wurde wegen höherer Stückzahl und kleineren Dichtflächen das Rundrakel-Verfahren mit stoffsparend-nachgeführten Rückführ-Rakeln (DGM) realisiert.

Anwendung: Jeweils drei Teile werden im stationären Siebdruck-Unterteil von Hand fixiert und das Oberteil in einem manuellen Schwenkvorgang über die Teile in Arbeitsposition gebracht. Dadurch wird gleichzeitig der Rakelvorgang gestartet (Bild b) nach einer Umdrehung gestoppt und das Oberteil zur Teilentnahme weggeschwenkt (Bild c).

Qualität: Trotz durch den Siebdruckvorgang kontrolliert-gewährleisteter Benetzungsmenge ist eine Sichtkontrolle bei Teile- Entnahme oder vor der Montage erforderlich, was zuverlässiges Personal erfordert.

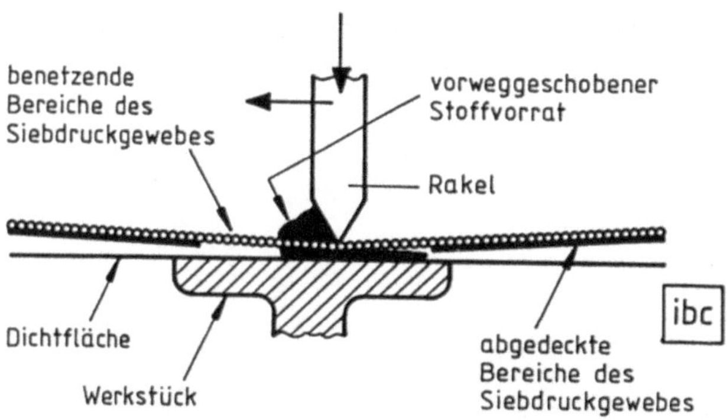

Bild 4.2.3.a: Schema der Siebdruckbenetzung

Bild 4.2.3.b:
Rundrakelvorgang für jeweils
drei Pumpendeckel-Dichtflä-
chen (Drei Bond, Eching)

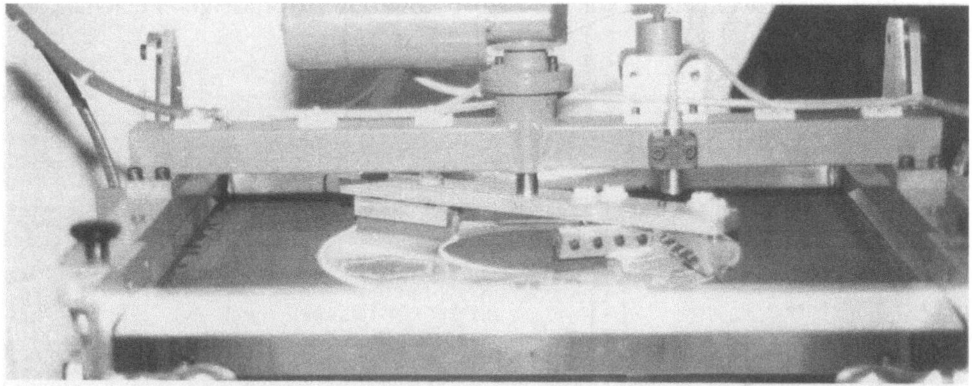

Bild 4.2.3.c: Rundrakelgerät in Beschichtungs- und Entnahmeposition (Drei Bond, Eching)

4.2.4 Elektromotoren-Fertigung mittels anaerober Klebstoffe

Anlaß: Die E-Motorenfertigung ist oft mit einer Reihe von traditionell bedingten Befestigungsproblemen konfrontiert. Abgesehen von der Imprägnierharz-Fertigung von Wicklungen sind vor allem Klebbefestigungen von Rotor/Wellen, Wellen/Lagerungen und Stator/Verschraubungen Standard moderner E-Motorenfertigung (Bild a).

Fall: Vorliegend sollte das separate Auffädeln bisher verwendeter Zahnscheiben (deren Sicherungswirkung umstritten ist) durch die zuverlässige Klebsicherung ersetzt werden.

Vorgang: Es erfolgte eine Umstellung der bisherigen Arbeitsstufe an einem Dreh-tisch-Arbeitsplatz auf das vorherige-definierte Eintauchen der Schraubenenden (Bild b) mit Einführung zum Verschrauben (Bild c) mit anschließender maschineller Verschraubung.

Qualität: Sie ist weitgehend von der Selbst-Kontrolle zuverlässigen Personals abhängig.

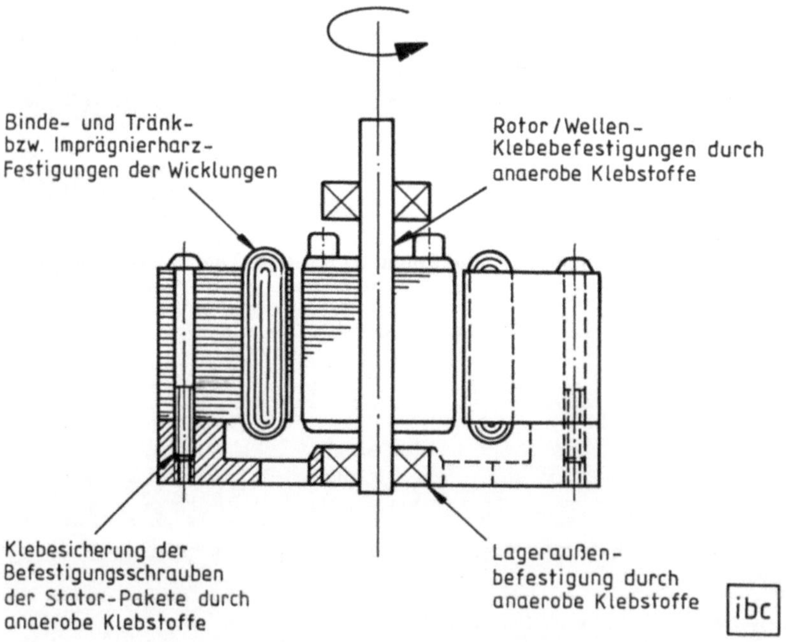

Bild 4.2.4.a: Klebstoff-Einsatzstellen in der E-Motorenfertigung

Bild 4.2.4.b:
Sichtkontrolliertes Eintauchen der Schraubenenden vor Montage (Lock Europa, Graz)

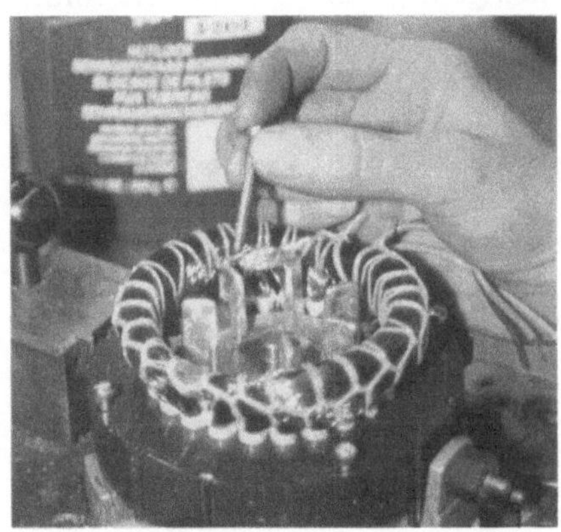

Bild 4.2.4.c:
Einführung der enden-benetzten Schrauben (Lock Europa, Graz)

4.2.5 Buchdecken-Herstellung mittels modifizierten Glutin-Klebstoffen

Anlaß: Buchdecken aus Pappezuschnitten werden außen mit dekorativen Einbandstoffen unter Randumschlag beklebt. Die Rückstellkräfte der Einbandstoffe fordern ein kurzfristiges „Anziehen" der Klebstoffe besonders in Randbereichen ohne Verzugserscheinungen. Hierfür haben sich Glutinklebstoffe (in der Branche als Leime bezeichnet) bei gering erhöhten Temperaturen von etwa 60°C bewährt.

Fall: Buchdeckenmaschinen arbeiten mit 60 bis 120 Takten/Minute. Die Andrückzeiten sind kurz und eine Wärmetrocknung nicht vorgesehen. Beschickung und Entnahme erfolgen manuell.

Vorgang: Die erwärmten Glutinleime werden mit einem Walzenanleimwerk auf die Einschlagstoff-Zuschnitte aufgebracht (Bild a), wobei die Mengenregelung über den Walzenabstand erfolgt. Die beleimten Zuschnitte werden mit den Vorder- und Hinterdeckeln sowie den schmaleren Buchrücken belegt, die Kopf-, Fuß- und Seiteneinschläge ausgeführt und kurzzeitig angedrückt. Auf den Pappen gelieren die Glutinleime sofort und nehmen deren Wasseranteile auf (Bild b). Eine weitere Trocknung erfolgt beim Stapeln (Bild c) selbsttätig.

Qualität: Die QS erfolgt durch Inspektion der fertigen Buchdeckel durch das Personal, was dessen Zuverlässigkeit und Sorgfalt erfordert.

Bild 4.2.5.a:
Einlauf der Zuschnitte in das Walzenanleimwerk (Häcker, Vaihingen/Enz)

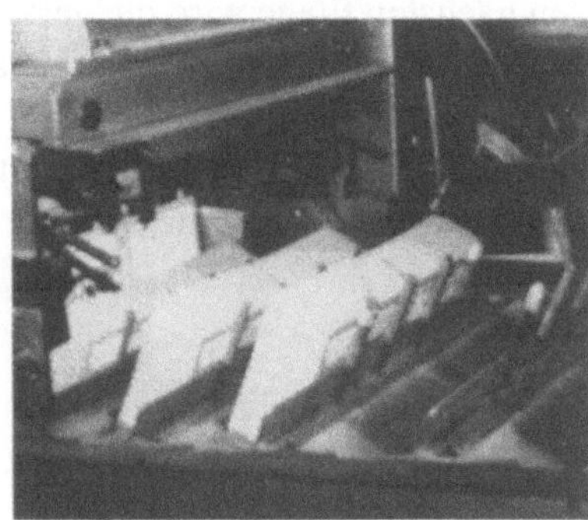

Bild 4.2.5.b:
Ausgabe der verleimten Buchdecken in kleinen Stapeln (Häcker, Vaihingen/Enz)

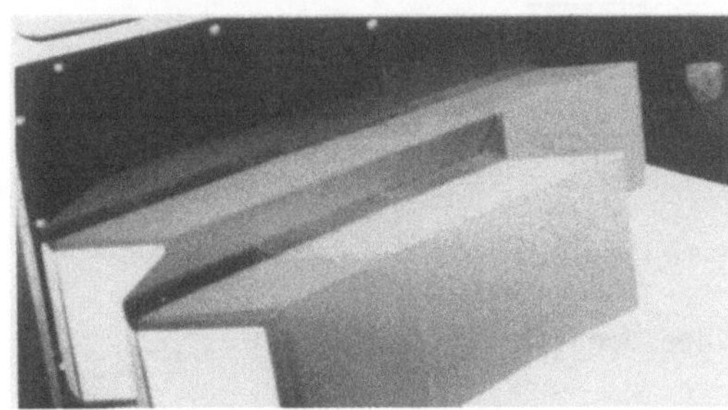

Bild 4.2.5.c:
Zum vollständigen Trocknen gestapelte Buchdecken (Häcker, Vaihingen/Enz)

4.2.6 Holzwerkstoff-Verklebung mittels modifizierten PVAc-Klebstoffen

Anlaß: Die steigende Verwendung von Holzverbund-Werkstoffen (Bild a) fordert eine rationellere Fertigung in den Holzverarbeitungsbetrieben, Sägewerken und/oder bei Möbelherstellern. Hierfür entstanden eine Reihe beheizter Mehrfach-Etagen-Verleim-Stationen und -Anlagen (die Holzverarbeiter bestehen weiterhin auf der Bezeichnung „Leim" statt Klebstoff!)

Fall: Zeitsparende Verklebung von Massivholz-Platten auf einer druckluftbetriebenen sechs Etagen-Verleimanlage mit zwei E-Heizplatten je Etage und einer Umlaufzeit von etwa 30 Minuten (Bild b).

Vorgang: Die auf den Schmalseiten über eine Leimwalze (Pfeil in Bild b) klebstoff-benetzten Holzleisten werden in der offenen Etage manuell zusammengestellt. Eine Ausführung des Leimangabegeräts mit vertikaler Leimwalze zeigt Bild c. Bei Inbetriebnahme schließt die obere Heizplatte, während ein abgestimmter Druck die Leimfugen zusammendrückt. Aus der sich selbsttätig öffnenden nächsten Etage wird die verklebte Platte pneumatisch ausgehoben und kann entnommen werden. Danach erfolgt die manuelle Neubeschickung der Etage wie oben beschrieben.

Qualität: Lediglich die Sichtkontrolle bei Beschickung und Entnahme erfordert zuverlässiges Personal, während der Trockenvorgang selbsttätig kontrolliert wird.

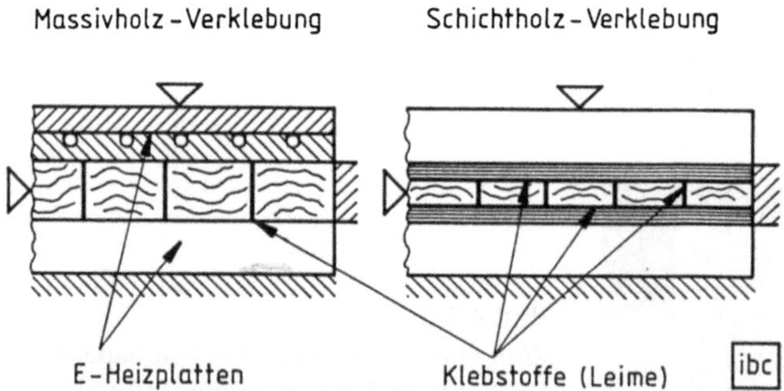

Bild 4.2.6.a: Beispiele der in Etagenpressen erfolgenden Holzverklebungen

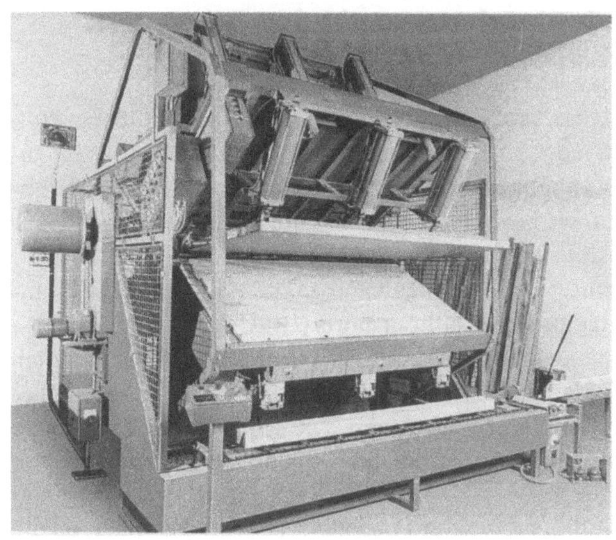

Bild 4.2.6.b.:
Rotierende sechs Etagenanlage mit E-beheizten Druckplatten (Polzer, Herborn)

Bild 4.2.6.c:
Seitliche Leimangabe über (auch profilierte) vertikale Auftragswalzen (Polzer, Herborn)

4.2.7 Verklebte Seitenwandverstärkung von Muldenfahrzeugen mittels 1K-PUR-Klebstoffen

Anlaß: Die oft aus Korrosionsgründen praktizierte Dichtverschweißung äußerer Hutprofilverstärkungen an Muldenfahrzeug-Aufbauten erschien aufwendig und erzeugt zudem Verzugserscheinungen des Innenbereichs. Versuche ergaben mittels Klebverbindungen gleiche Steifigkeiten wie bei Schweißverbindungen mit dem Vorteil keines Verzugs und geringerer Korrosionsanfälligkeit (Bild a).

Fall: Vorliegend erfolgt in Kleinserien die Seitenwandverstärkung von Großraum-Muldenfahrzeug-Aufbauten vorwiegend des Mülltransports (Bild b).

Vorgang: In die linienförmig manuell aus druckluftbetriebenen Kartuschenpistolen aufgetragenen Klebstoffraupen (Bild c, mit Pfeil) werden die gereinigten St-Profile gesetzt und durch aufgelegte Gewichte in ihrer Lage fixiert. Die Anhärtung erfolgt meist über Nacht (etwa 6 bis 12 Stunden bei Raumtemperatur), so daß die Seitenwände am nächsten Tag handhabbar sind.

Qualität: Die QS verlangt sorgfältig arbeitendes und zuverlässiges Personal, da die Selbstkontrolle eine Basis der QS in der hier vorliegenden Kleinserienfertigung darstellt.

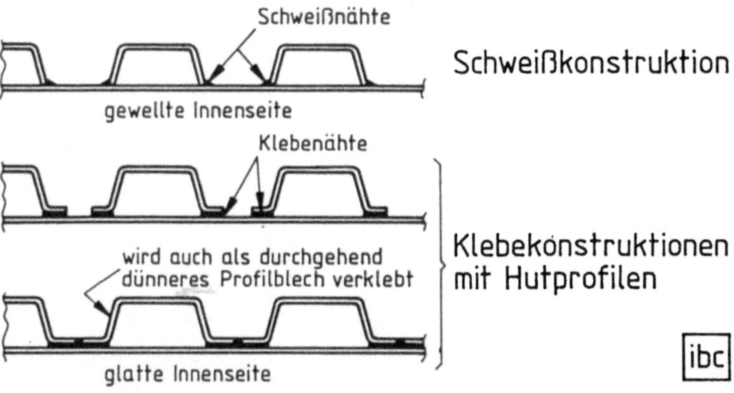

Bild 4.2.7.a: Schema gebräuchlicher äußerer Verstärkungen

Bild 4.2.7.b:
Muldenkipperaufbau mit kleb-
verstärkten Seitenwänden (Sika, Bad
Urach)

Bild 4.2.7.c:
Klebstoff-Linienauftrag aus druckluft-
betriebenen Kartuschenpistolen (Sika, Bad
Urach)

4.2.8 Verklebte SMC-Front- und Heckabschlüsse im Waggonbau mittels 1K-PUR-Klebstoffen

Anlaß: Strömungsgünstig-geformte Front- und Heckteile im Waggonbau werden zunehmend als warmverform- und härtbar-imprägnierte SMC (Sheet Moulding Compounds) hergestellt. Für ihre Verbindung mit meist Al-verschweißten Aufbauten haben sich flächige Klebverbindungen besonders bewährt.

Fall: Vorliegend werden S-Bahnzüge als Al-Schweißkonstruktion mit Frontkabinen- und Heckabschlußteilen aus SMC-Teilen in Serienfertigung (Bild a) verklebt.

Vorgang: Die klebtechnisch-vorbereiteten Klebflächen der Heckteile sind in Bild b) sichtbar. Der (nichtdargestellte) Klebstoffauftrag erfolgt als Raupe aus druckluftbetriebenen Kartuschenpistolen. Er verlangt entsprechende Sorgfalt bei der Austragung. Danach werden die SMC-Teile über entsprechende Drücke angebracht und fixiert. Die Anhärtung erfolgt meist über Nacht bis 6 bis 12 Stunden bei Raumtemperatur, so daß am nächsten Tag die Fixiervorrichtungen entfernt werden können (Bild c).

Qualität: Es wird sorgfältig arbeitendes und zuverlässiges Personal verlangt, da lediglich eine Sichtkontrolle der Verklebung erfolgen kann.

Bild 4.2.8.a: Front- und Heckverklebung von SMC-Teilen mit Al-Waggons (Sika, Stuttgart)

Bild 4.2.8.b:
Hintere Klebfläche der Al-Konstruktion vor
dem Klebstoffauftrag (Sika, Bad Urach)

Bild 4.2.8.c:
SMC-Heckabschluß in fixiertem Klebzustand
(Sika, Bad Urach)

4.2.9 Verklebte Al-Blechverkleidung auf Stahlstrukturen von Feuerwehrfahrzeugen mit 1K-PUR-Klebstoffen

Anlaß: Die Verbindung von Fe-Gitterrohrrahmen mit Al-Beplankungen stellt meist Probleme wegen möglicher Kontaktkorrosion und erfordert oft aufwendige Vorbeugung oder Isoliermaßnahmen.

Fall: Der Stahlgitterrohr-Rahmen von Feuerwehr-Tankfahrzeugen (Bild a) wird mit Al-Beplankungen außen verklebt.

Vorgang: Die gekantet-abgegrenzten Bereiche der Außenverkleidung der Rohrrahmen (Bild b) erhalten im Klebbereich manuell über druckluftbetriebene Kartuschenpistolen die entsprechenden Klebstoffraupen und werden danach mit den fixierdruck-ausübend formgenauen Al-Blechzuschnitten belegt (Bild c). Die Anhärtung erfolgt meist über Nacht (etwa 6 bis 12 Stunden bei Raumtemperatur), so daß am nächsten Tag die Fixiervorrichtungen entfernt werden können und die Teile weiterverarbeitbar sind.

Qualität: Es wird sorgfältig arbeitendes und zuverlässiges Personal verlangt, da lediglich eine Sichtkontrolle der Verklebung erfolgen kann.

Bild 4.2.9.a:
Neuzeitlich-gestaltetes Feuerwehr-Tankfahrzeug (Sika, Bad Urach)

Bild 4.2.9.b:
Verschweißter Stahlgitter-Rohrrahmen des Tankfahrzeug-Aufbaus (Sika, Bad Urach)

Bild 4.2.9.c:
Anbringung der Al-Bleche auf dem klebstoffbenetzten Stahlgitter-Rohrrahmen (Sika, Bad Urach)

4.2.10 Seilbahnkabinen-Verklebung der Verkleidung mit 1K-PUR-Klebstoffen

Anlaß: Auf verschweißten Al-Skeletten moderner Seilbahnkabinen (Bild a) werden als Decken, Seiten und Böden zunehmend vorverklebte (wellpappeähnliche, tragende Al-Verbundwerkstoffe hoher Steifigkeit) eingesetzt. Als Fügetechnik hierfür erwies sich das artverwandte Kleben als ideal.

Fall: Deformationsfreie manuelle Verklebung zugeschnittener Al-Verbundwerkstoff-Platten mit dem Al-Rahmen in einer Kleinserienfertigung.

Anwendung: Die vorbereiteten Ausschnitte erhalten über kartuschen-beschickte Druckluftpistolen einen vorbestimmten Stoff-Raupenauftrag (Bild b). Danach werden die jeweiligen Zuschnitte von Hand in das Klebstoffbett eingelegt und fixiert. An Hinterschneidungen sind die Al-Verbundplatten angeschnitten (Bild c). Das Eigengewicht sorgt für den definierten Andruck während der feuchte-initiierten Aushärtung.

Qualität: Die QS ist stark eingeschränkt, da allein von der zuverlässigen Arbeitsweise des Personals abhängig.

Bild 4.2.10.a: Vorverschweißte Al-Skelette von Seilbahnkabinen (Sika, Bad Urach)

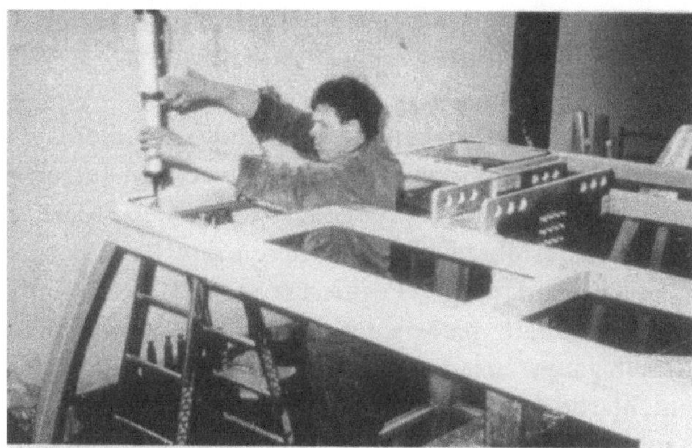

Bild 4.2.10.b: Raupenauftrag über druckluftbeaufschlagte Kartuschenpistolen (Sika, Bad Urach)

Bild 4.2.10.c: Einlegen der Al-Verbunde in das Klebstoffbett (Pfeil zeigt hinterschneidende Dickenreduzierung) (Sika, Bad Urach)

4.2.11 Fixierklebung von Anschlußkontakten bei E-Steckermontagen mit Cyanacrylat-Klebstoffen

Anlaß: Bei vielen aus mehreren Einzelteilen zusammengesetzten Industriegütern besteht während der Montage das Problem, daß erst mit dem letzten eingesetzten Teil eine Fixierung der übrigen gewährleistet wird. So etwa bei vorliegenden speziellen Steckern für die Landanschlußversorgung von Wasserfahrzeugen. Erst durch ihre Komplettierung werden die Anschlußkontakte in ihrer endgültigen Position gehalten.

Fall: Um bei der Handmontage der Bauteile nicht jedes einzeln komplettieren zu müssen, wurden jeweils gleiche Arbeitsgänge zusammengefaßt. Damit beim Palettentransport die Kontakte ihre Lage nicht verändern oder sogar verloren gehen können, werden sie in der Anschlußbuchse mit einem Cyanacrylat-Klebstoff innerhalb von fünf Sekunden fixiert.

Anwendung: Die Kontakte werden in die Aufnahmen (Bild a) gefügt und sofort mittels je einem Tropfen aus einem Dosiergerät fixiert (Bild b). Die Klebstoff-Viskosität wurde so gewählt, daß eine ausreichende Verteilung der voreingestellten Menge stattfindet, aber kein Produkt wegfließen kann. Die jeweilige Auslösung des Dosiervorgangs erfolgt über einen Fußschalter.

Qualität: Sogleich nach dem Aufpressen der Anschlußbuchse erfolgt eine optische Kontrolle. Das fordert jedoch zuverlässiges Personal.

Bild 4.2.11.a: Vormontieren der Steckerkontakte (Delo, Gräfelfing)

Bild 4.2.11.b: Sofort im Anschluß an das Vormontieren erfolgt die Fixierung durch Klebstoff-punkte (Delo, Gräfelfing)

4.2.12 Walzenbenetzung ebener Flächen mit 1K-Klebstoffen verschiedener Art

Anlaß: Mit zunehmenden Klebtechnik-Einsätzen steigt der Bedarf flächiger Stoff-
benetzungen, welche in vielen Anwendungsbereichen dominieren. Eines der hierfür
möglichen Systeme sind Walzenauftragsgeräte für die verschiedensten Anwendungen
(Bild a).

Fall: Je nachdem, ob von unten, oben oder beidseitig bzw. in vorbestimmten Formen
aufgetragen oder in welchen Schichtdicken je nach Produktviskosität der Stoffauftrag
erfolgen soll, kommen unterschiedliche Geräte samt entsprechenden Walzenoberflächen
zum Einsatz.

Anwendung: Die zu benetzenden Werkstückarten und -formen samt entsprechenden
Walzenbreiten bestimmen weitgehend auch die jeweiligen Mechanisierungsstufen. Bild
b zeigt die Anwendung an relativ schmalen Benetzungsflächen, welche jedoch aufgrund
der Walzenbreite manuell sofort vergrößerbar sind. Bild c hingegen zeigt ein von vorneherein auf flachliegende Werkstücke ausgerichtetes Walzenauftragsgerät.

Qualität: Die optische Kontrolle des flächigen Klebstoffauftrags verlangt stets zuverlässiges Personal.

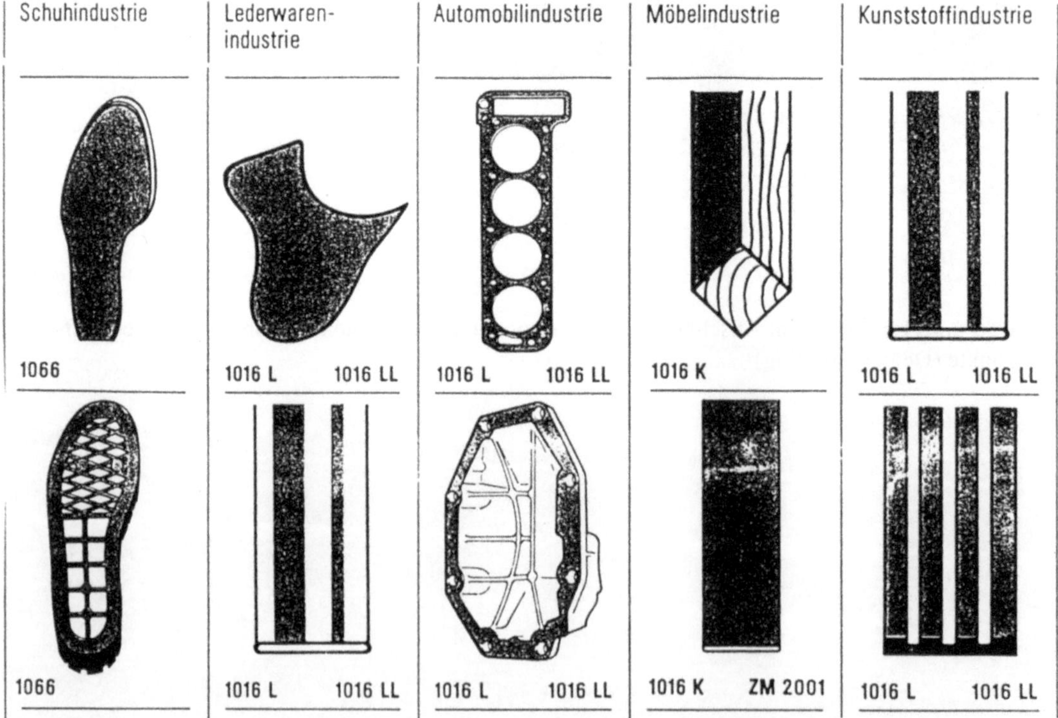

Bild 4.2.12.a: Flächige Stoffbenetzung in verschiedensten Industriezweigen
(Fortuna, Stuttgart)

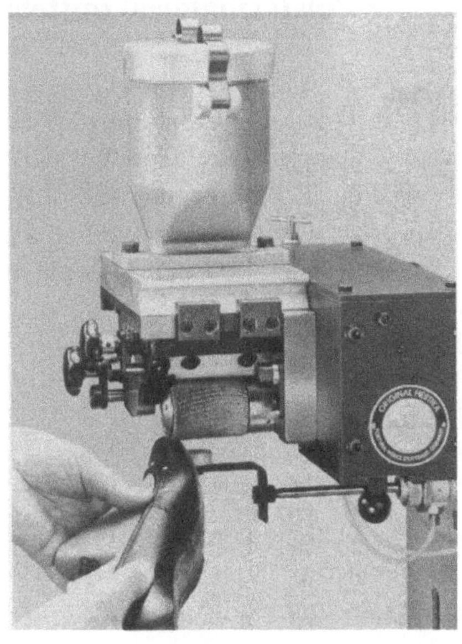

Bild 4.2.12.b:
Walzenbenetzung schmaler Klebflächen von
unten (Fortuna, Stuttgart)

Bild 4.2.12.c: Walzenbenetzungsgerät für breitere Flächen von unten (Fortuna, Stuttgart)

4.2.13 Verklebung von Auto- und Flugzeugsitz-Polstermaterial mittels Dispersionsklebstoffen

Anlaß: Die Sicherheitsanforderungen im Automobil-, und stärker noch, im Flugzeugbau verlangen den Einsatz flammhemmender oder schwerbrennbarer Materialien. Dies gilt auch für die bei der Klebung von Polstermaterialien zum Einsatz kommenden Klebstoffe (Bild a). Zwar können diese Klebstoffe im Verarbeitungszustand Lösemittel enthalten, die damit hergestellten Sitze müssen jedoch den nationalen und internationalen Brandschutzbestimmungen entsprechen.

Fall: Bisher übliche Polychloropren-Lösemittelklebstoffe werden zunehmend durch ein- oder zweikomponentige wäßrige Klebstoffe abgelöst. Sie werden als die zukunftsorientierten Klebstoffe angesehen, selbst unter Inkaufnahme wesentlich längerer Vortrockenzeiten.

Anlaß: Die Verarbeitung erfolgt manuell durch Spritzauftrag (Bild b). Die mit Klebstoff beaufschlagten Polstermaterialien durchlaufen anschließend einen Trockenkanal zur Abdunstung der Wasseranteile. Nach der Trocknung erfolgt innerhalb der offenen Zeit von etwa fünf Minuten die Klebung durch manuelles Zusammenfügen und Andrükken.

Qualität: Der (trotz Mechanisierung vieler Vorgänge) manuelle Spritzauftrag verlangt sich selbst kontrollierendes und zuverlässiges Personal.

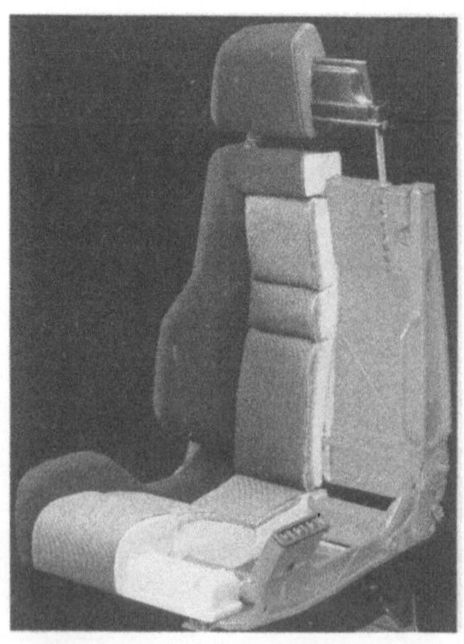

Bild 4.2.13.a:
Flächenverklebung von Untergrund-, Polstermaterial und Bezugsstoffen bei Flugzeugsitzen (Jowat, Detmold)

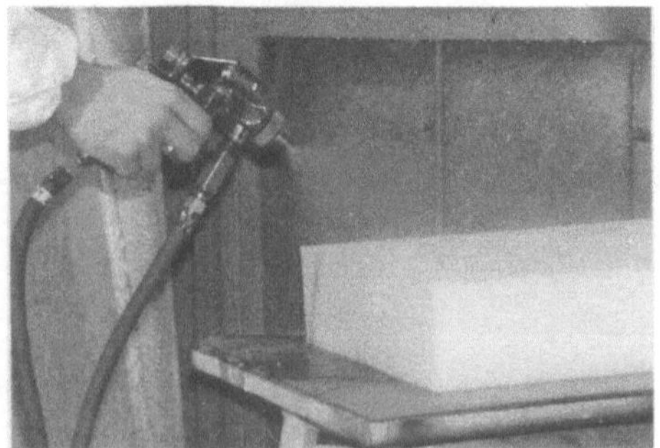

Bild 4.2.13.b:
Druckluft-Sprühauftrag von Dispersionsklebstoffen (MGV Moest, Landsberg)

4.3 Automatisierte Fertigung

Alle weiterführenden Fertigungstechniken über die halb-zur vollautomatisierten Kleb-Montage, geraten unweigerlich in die beiden Überlegungen

- Investitionsarme Automatisierung: Sie bedeutet die ergänzende und angepaßte Automatisierung vorhandener Ausrüstung im Sinne einer Verbesserung und Modernisierung unter Einsatz von Stoffverarbeitungsgeräten.
- Produktivitätssteigernde Automatisierung: Sie setzt neue Systemlösungen nach Modularkonzepten als Bausteine für Speichern, Zubringen, Handhaben, Stoffauftragen, Verfestigen, Kontrollieren (inklusive Transportieren, Lagern, Steuern und Überwachen) voraus.

Naturgemäß kann auch eine Kombination beider Überlegungen sinnvoll sein. Diese, als flexible Automatisierung immer wieder diskutierten Überlegungen räumen den Einzweck-Montagemaschinen oder Montageautomaten eine geringere Bedeutung ein, denn sie sind ihrer Funktion nach Sondermaschinen, selbst wenn sie aus standardisierten Baueinheiten oder Baugruppen hergestellt werden. Das Investitionsrisiko ist damit jeder anderen Sondermaschine gleichzustellen, denn: Mit dem Absetzen des darauf gefertigten Produkts kann die Maschine oft ihren Wert (mit Ausnahme der wiederverwendbaren, standardisierten Baugruppen) verlieren.

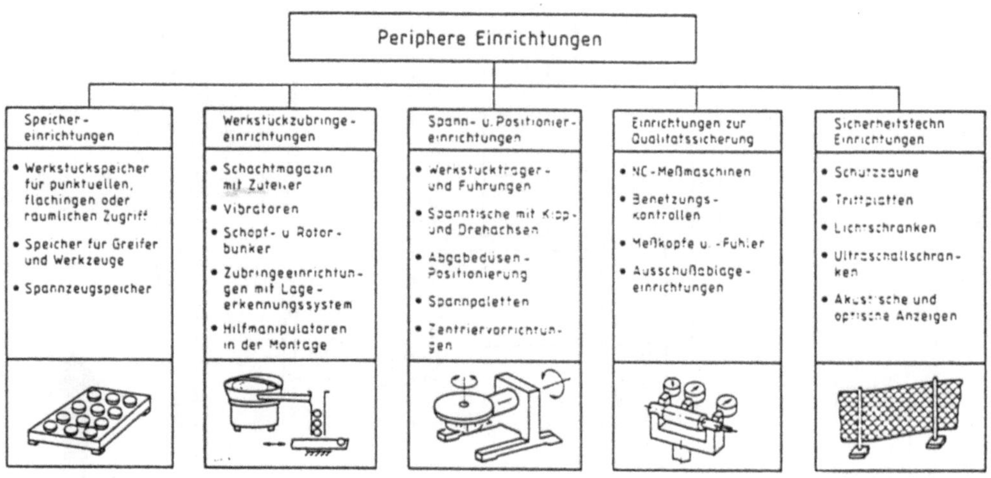

Bild 4.9:
Schema der peripheren Einrichtungen zur mechanisierten und/oder automatisierten Fertigung

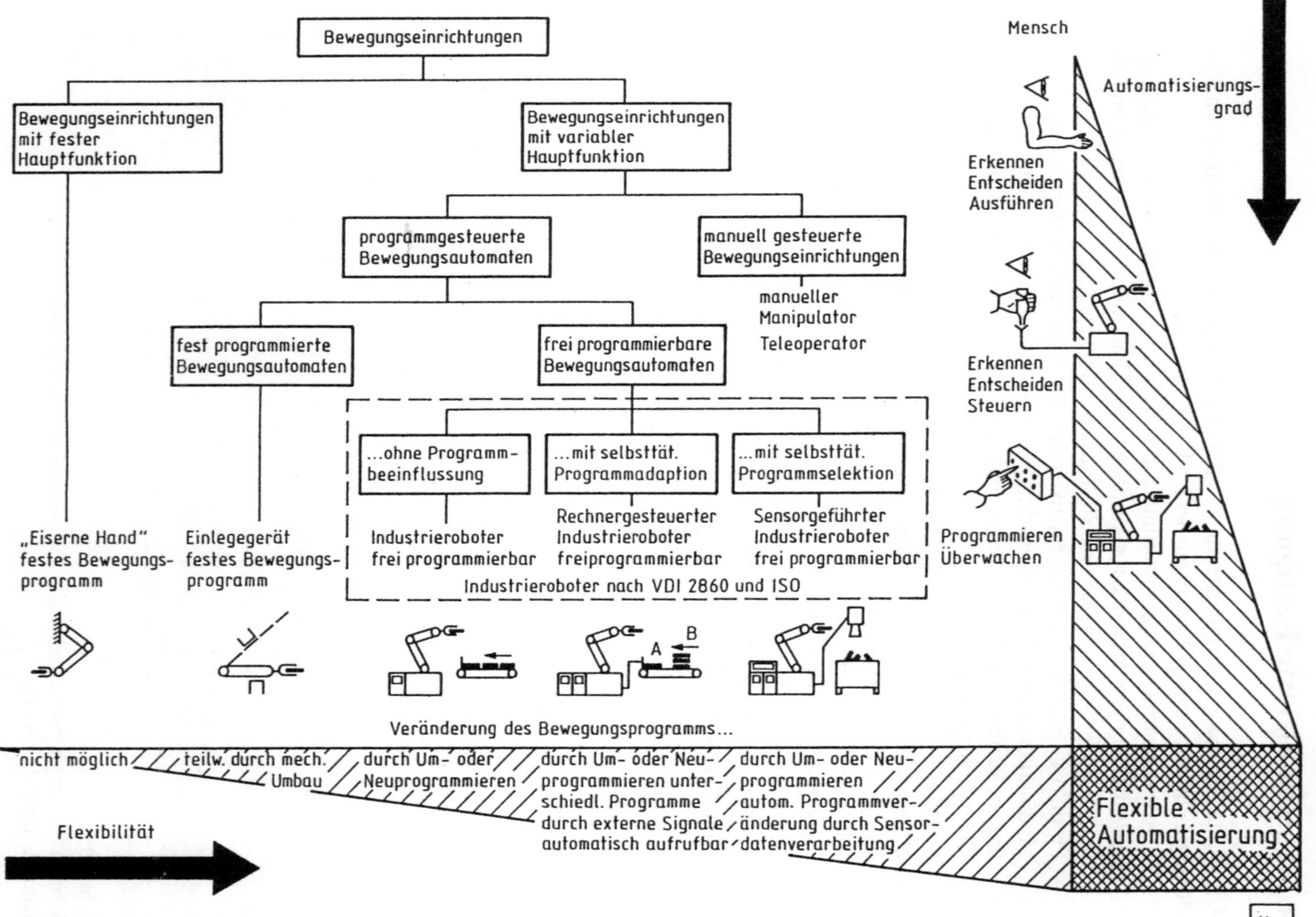

Bild 4.10: Automatisierungsgrad gegen Fertigungsflexibilität

Hier kommt es gemäß Bild 4.9 zur zwangsläufigen Abhängigkeit vom anzustrebenden
- Automatisierungsgrad. Im Rahmen der mechanisierten oder automatisierten Fertigung und der
- Flexibilität dieser Fertigung, vor allem durch Veränderungsmöglichkeiten der auszuführenden Bewegungen.

Wichtigster Bestandteil der teil- und vollautomatisierten Fertigung von Kleb- oder Dichtverbindungen sind neben der Stoffversorgung und der Transportverkettung die *peripheren Einrichtungen.*

Gemäß Bild 4.10 handelt es sich dabei vor allem um Speicher-, Zubringer-Spann- oder Positioniereinrichtungen, Kontrolleinrichtungen der Qualitätssicherung sowie sicherheitstechnische Einrichtungen, welche in die automatisierten Fertigungslinien zu integrieren sind.

Die eigentliche Dosierung und Auftragung ist wiederum abhängig von der Stoffart (in fester sowie flüssig bis pastöser Form). Hierzu gibt es eine Vielzahl von Problemlösungen der verschiedensten Art. Nachfolgend typische Beispiele der automatisierten Fertigung.

4.3.1 Befestigend-dichtendes Vergießen induktiver Näherungsschalter mit 2K-Epoxidformulierungen

Anlaß: Das Vergießen von 24 verschiedenen Typen induktiver Näherungsschalter (Initiatoren) in zwei Stufen (Vorverguß mit Anhärtung 12 Minuten und anschließender Feinverguß mit Gesamthärtung 120 Minuten) (Bild a) erfolgte bisher relativ personalaufwendig über eine mit umstellbaren 2K-Dosier- und Mischanlagen lediglich mechanisierte Fertigung. Höhere Stückzahlen von 1,2 Million pro Jahr forderten eine Automatisierung samt erheblicher Personalreduzierung.

Fall: Die Realisierung in vorliegendem Fall erfolgte mittels eines die Arbeitsstufen verkettenden neuartigen Transportsystems, dessen die Teile fixierende Werkstückpaletten beim Einlauf eine codierte Teilekennung für das weitere Handling erhalten.

Vorgang: Die Palettenmarkierung wird von jeweils einer der beiden CNC-gesteuerten Gießstationen (Bild b) für Vor- und Feinverguß berührungslos erkannt, die Werkstükke stückweise mit dem jeweiligen Epoxidtyp entsprechender Menge ausgegossen und die Palette zum Wärmetunnel transportiert. Dort erfolgt aufgrund der Markierung die Schleusung für kürzere (Vorverguß) oder längere (Feinverguß) Zeit durch den Wärmetunnel und nach der Abkühlstrecke die jeweilige Weiterführung oder Palettenentnahme (Bild c).

Qualität: Infolge CNC-gesteuertem Mischkopf samt durchgehend temperaturkontrollierter Materialversorgung wird ein hoher Sicherheitsgrad erreicht.

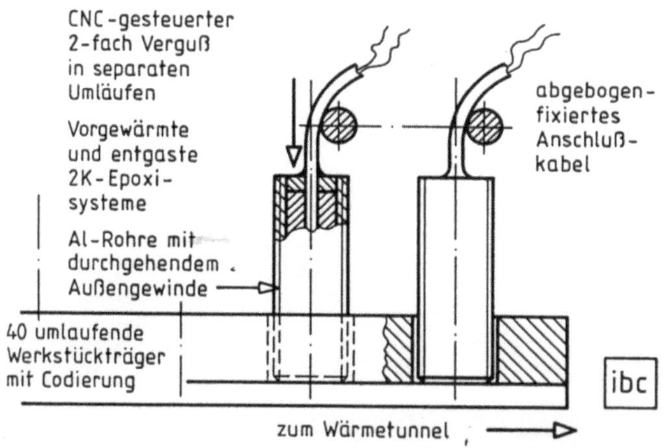

Bild 4.3.1.a: Schema der Näherungsschalter im Werkstückträger

Bild 4.3.1.b: Werkstückträger in einer der beiden Gießstationen mit CNC-gesteuertem Gießkopf (GIV-BSA, Martinsried)

Bild 4.3.1.c: Transportsystem mit vier Handarbeitsplätzen zur Beschickung und Entnahme. Im Hintergrund der Wärmetunnel mit zwei Parallelstrecken für 12- und 120 minütigen Durchlauf (GIV-BSA, Martinsried)

4.3.2 Verklebung kleiner Kunststoff- mit Metallteilen über lichtaktivierte 1K-Epoxidacrylat-Klebstoffe

Anlaß: Für die schnelle nicht sichtbare Verbindung von Metall- mit Kunststoffteilen, wie etwa an den Stirnseiten von Schreibgeräten (Bild a) bietet sich das Kleben als einziges Fügeverfahren an. Wegen hoher Spannungsriß-Empfindlichkeit der verwendeten PC (Polycarbonat)-Teile wurden lichtvoraktivierbare, raschhärtende, flexible Epoxidacrylate gewählt, welche die vorliegende Taktzeit von etwa zwölf Sekunden ermöglichen.

Anwendung: Automatisch an einem Rundschalttisch mit fünf Stationen (Bild b): Bei 1 werden die vormontierten Kappen manuell auf Dorne gesteckt und ausgerichtet. Der Klebstoffauftrag erfolgt bei 2 automatisch durch ein integriertes Dosiergerät (Bild c, links) tropfenförmig-mittig auf den Kappenkopf. Die Aktivierung des Klebstoffes mittels einem Lichtstrahler geschieht bei 3 (Bild c, rechts) ebenfalls automatisch. Der nächste Schritt ist die Positionierung des Kunststoffteils auf der Kappe, wobei die Haltezeit 1,2 Sekunden beträgt. Danach ist ein Verrutschen nicht mehr möglich. Die Nachhärtung erfolgt bei Raumtemperatur. Die verklebten Teile können in der letzten Station manuell entnommen werden.

Qualität: Es erfolgt eine automatische Dosiermengenkontrolle des Geräts sowie eine Sichtkontrolle bei Entnahme, welche jedoch zuverlässige und eigenverantwortliches Personal erfordert.

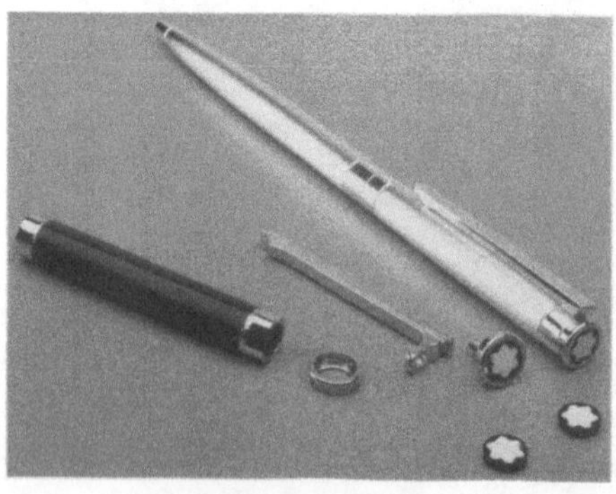

Bild 4.3.2.a:
Metallteile mit einzuklebenden Kunststoff-
Firmenlogo (Montblanc, Hamburg)

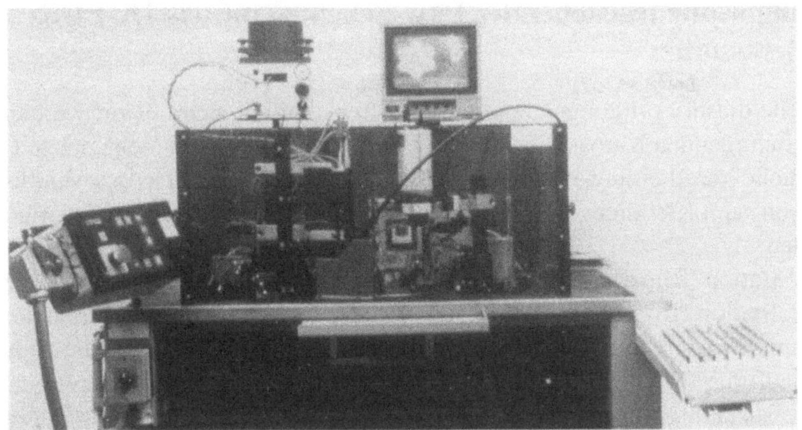

Bild 4.3.2.b: Gesamtansicht der automatischen Rundtischanlage mit manueller Eingabe und Entnahme (Delo, Gräfelfing)

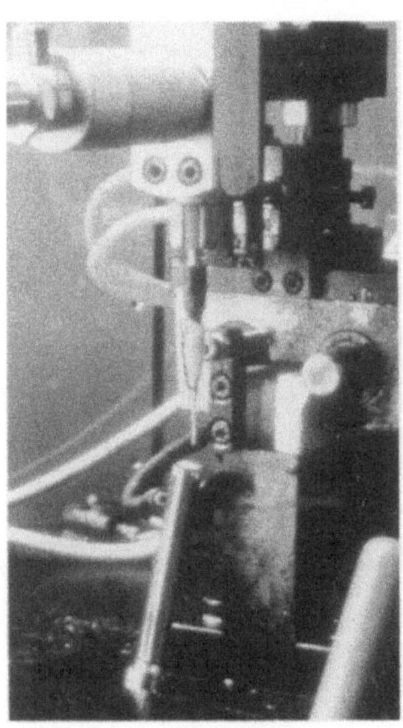 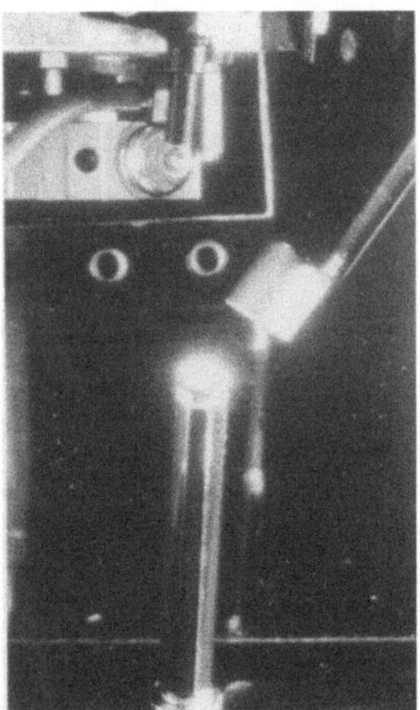

Bild 4.3.2.c: Details des Klebstoffauftrags und dessen Lichtaktivierung (Delo, Gräfelfing)

4.3.3 Klebeinglasung feststehender Pkw-Scheiben mittels 1K-PUR-Klebdichtstoffen

Anlaß: Die Vorteile dieser Fertigungsmethode sind offensichtlich, denn damit werden Verglasungen zum tragenden Karosserieelement. Bisher erfolgte jedoch meist die zeitaufwendige manuelle Verarbeitung. Neuere Fertigungsstraßen beinhalten jedoch sämtliche Vorbereitungen samt Klebdichtstoffauftrag mit Robotermontage in automatisierten Fertigungsschritten.

Fall: In der 1. Station (Bild a) handhabt ein Roboter spezielle Reinigungswerkzeuge (Pos. 8). In der 2. Station (Bild b) übernimmt ein weiterer Roboter das Einsprühen der Scheibenränder mit Primer (Pos. 10). In der 3. Station teilen sich zwei Roboter die Aufgabe des Raupenauftrags (Pos. 11). Der eine ist mit einem Doppeldosierer für die Front- und Heckscheibe zuständig, der andere für den Seitenscheibenauftrag. Zwei weitere Roboter je Linie (Pos. 17, 18, 19) übernehmen jeweils die Front- und Heckscheiben sowie die feststehenden Seitenscheiben und fügen diese mit Hilfe von Lichttastern mit einer Genauigkeit besser als 1 mm (Bild c).

Qualität: Infolge zuverlässiger Vorbereitung, definiert-mengenkontrolliertem Auftrag und überwachtem Fügevorgang ist größtmögliche Zuverlässigkeit gegeben.

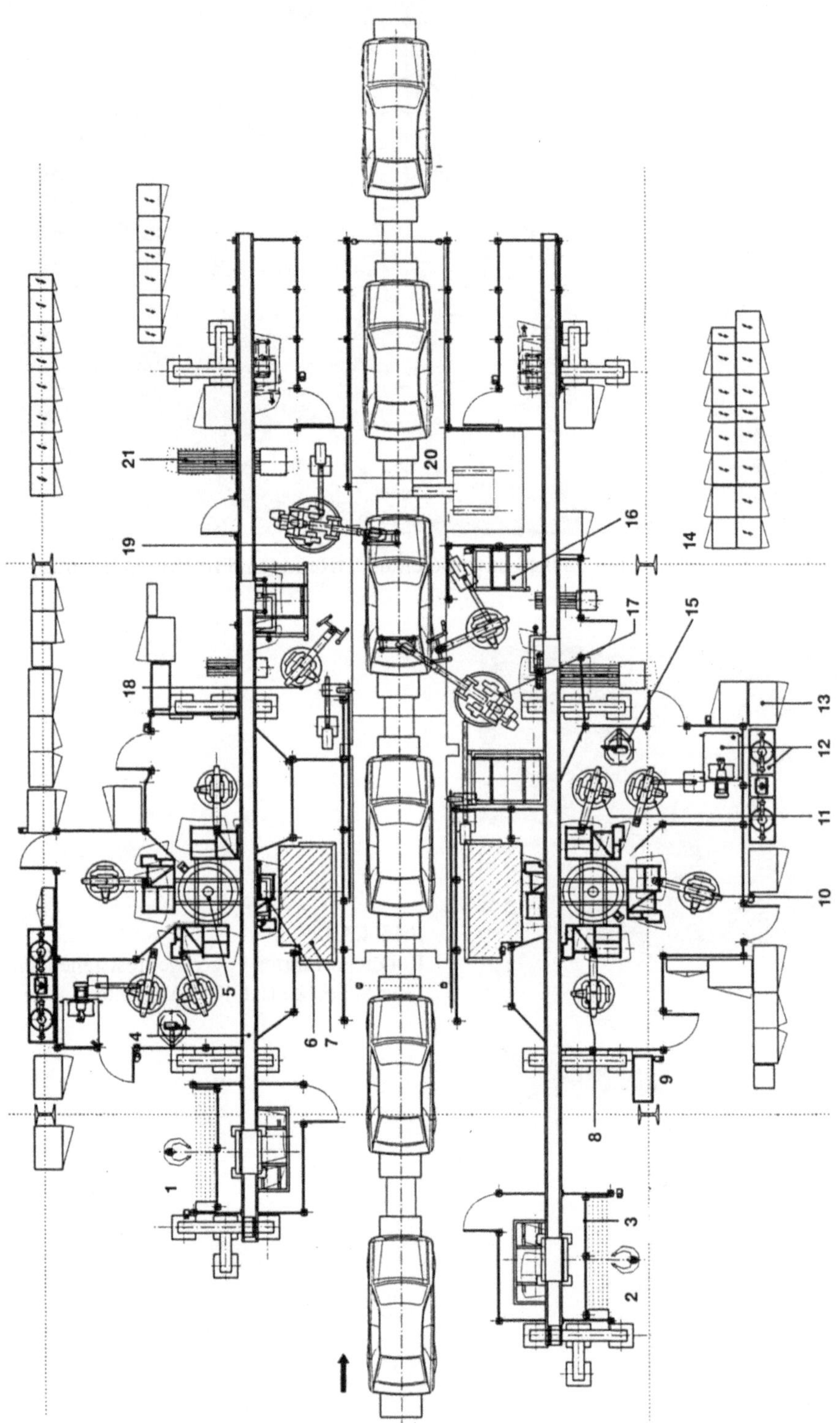

Bild 4.3.3.a: Layout eines automatischen Fertigungssystems für die Pkw-Scheibendirektverglasung (KUKA, Augsburg)

Bild 4.3.3.b: Anlagenausschnitt „Scheibenvorbereitung" (Reinigen, Primern, Stoffauftrag)
(KUKA, Augsburg)

Bild 4.3.3.c:
Robotergeführtes Fügen der feststehenden
Pkw-Scheiben (KUKA, Augsburg)

4.3.4 Etikettierung von Kunststoff- und Blech-Behältern mit Schmelzklebstoffen

Anlaß: Von Glas-, Kunststoff- oder Blech-Behältern sollen die Etiketten nicht ablösbar sein. Verschiedentlich müssen auch Etiketten aus Kunststoff-Folien verklebt werden. Für diese Bedingungen haben sich Schmelzklebstoffe (Hotmelts) bewährt. Häufig verwendet werden Typen mit einer Verarbeitungstemperatur von + 150° bis + 170°C.

Fall: Aufgrund hoher Stückzahlen sind vollautomatische Etikettiermaschinen mit beheizten Klebstoffbehältern und Auftragswalzen sowie Thermostat-Steuerung zur genauen Einhaltung der Verarbeitungstemperaturen erforderlich.

Vorgang: Die in die Maschine einlaufenden Behälter werden von der Einlaufschnecke an den Einlaufstern und von diesem auf die Drehteller übergeben. Danach erfolgt in der ersten Station der Auftrag des Mitnehmerklebstoffs auf die Behälter. Sie rotieren auf das Vorderende des Etikettenstapels zu und entnehmen ein Etikett, dessen Ende beim Herausziehen aus dem Etikettenmagazin an der zweiten Station einen Überlappungs-Klebstoff-Auftrag erhält. Unmittelbar danach werden die Etiketten angebürstet und angedrückt.

Qualität: In der Praxis gibt es kaum Probleme. Eine Fehlflaschen-Ausscheidung ist nicht nötig, weil nur neu produzierte Einwegbehältnisse etikettiert werden. Durch die sehr kurze Verfestigungszeit können sich Etiketten selbst bei einem Transportgedrängel der etikettierten Behälter kaum mehr verschieben.

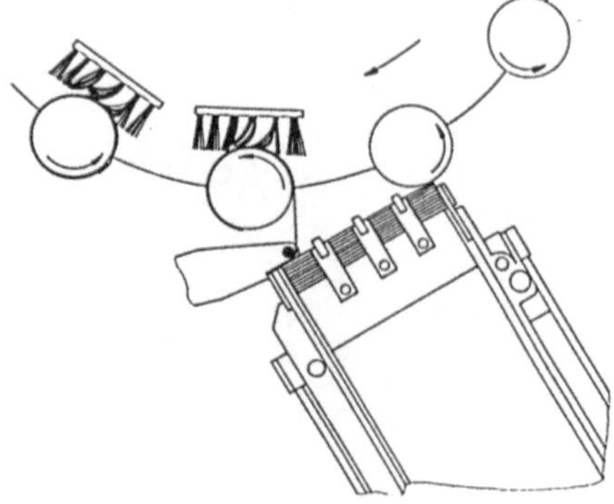

Bild 4.3.4.a: Die von rechts einlaufenden Kunststoff-Flaschen werden beleimt, treffen auf den Etikettenstapel und entnehmen je ein Etikett, dessen Ende ebenfalls beleimt und überlappend angedrückt wird (Krones, Neutraubling)

Bild 4.3.4.b: Etikettiervorgang schematisch. Es fehlt lediglich das erste Leimwerk zur Flaschenbeleimung. Am linken Ende des Etikettenstapels die sehr kleine Leimwalze für die Überlappungsbeleimung (Krones, Neutraubling)

4.3.5 Etikettierung von Bierflaschen mit modifizierten Kasein-Klebstoffen

Anlaß: Mehrweg-Glasflaschen erhalten herstellerseitig eine antiadhäsiv-wirkende Oberflächenvergütung. Zurückgekommene Flaschen durchlaufen Flaschenwaschmaschinen zur Innen- und Außenreinigung. Nach Befüllung mit kaltem Bier bilden sich Kondensatfilme: Die stets vorhandenen Feuchtefilme fordern rasch „anziehende" jedoch wasserlösliche Kasein-Klebstoffe (nachfolgend als Leim bezeichnet) zur Etikettierung.

Fall: Die wegen hoher Stückzahlen vollautomatischen Etikettiermaschinen verfügen über ein Leimwerk mit Leimwalze samt Rakel und einer Leimtemperiereinrichtung für etwa 24° bis 28°C (Bild c).

Vorgang: Die gefüllten und verschlossenen Flaschen werden der Etikettiermaschine (Bild a) über Flaschentransportschnecke und Einlaufstern automatisch zugeführt und lösen beim Einlauf über Tastschalter jeweils die teilungsgerechte Bereitstellung der beleimten Etiketten aus. Die Etiketten werden durch die von der Leimwalze beleimten Paletten aus dem Etikettenbehälter entnommen, von einem Greiferzylinder übernommen und an die daran vorbeigeführten Flaschen übergeben. Danach werden die Etiketten angebürstet oder angedrückt. Die etikettierten Flaschen verlassen über den Auslaufstern die Etikettiermaschine.

Qualität: Automatische Fremdflaschen-Ausscheidung vor dem Einlauf in die Etikettiermaschine und elektronische Etikettierprüfeinrichtung, welche Flaschen mit fehlenden Etiketten und Etikettiermängeln ausscheidet, sichern die Qualität.

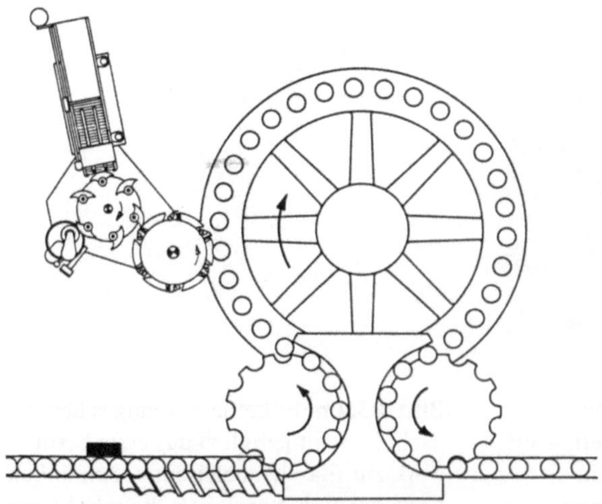

Bild 4.3.5.a: Schematische Darstellung einer Etikettiermaschine für Flaschenetikettierung (Krones, Neutraubling)

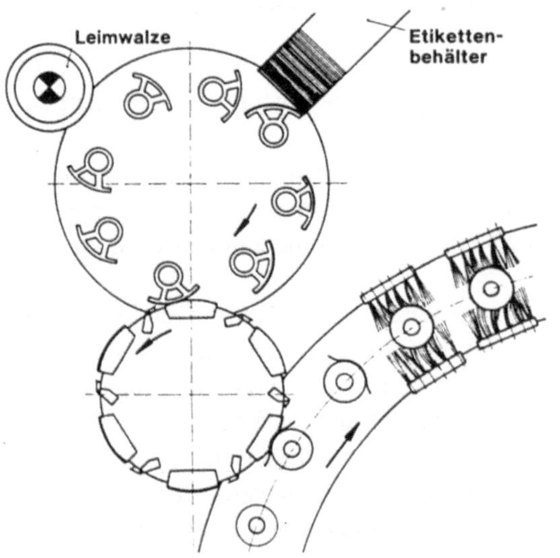

Bild 4.3.5.b:
Weg der Etiketten vom Etikettenbehälter über die beleimten Paletten
und den Greiferzylinder bis zum
Webekontakt mit den Flaschen. Nach
dem Aufkleben der Etiketten machen
die Flaschen eine 80°-Drehung und
durchlaufen danach die
Anbürststrecke (Krones,
Neutraubling)

Bild 4.3.5.c:
Die Leimtemperiereinrichtung ist
elektrisch beheizt (Krones,
Neutraubling)

4.3.6 Etikettierung von Sektflaschen mit Dispersionsklebstoffen

Anlaß: Sektflaschen erhalten nach Füllung und Verdrahtung der Verschlüsse eine Sektkapsel aus Metallfolien. An ihrem Übergang zum Flaschenhals erfolgt die Überdeckung mittels verklebten Sektschleifen.

Fall: Für die Verklebung dieses Übergangsbereichs (vergütete Glasoberfläche/bedruckte Metallfolie) eignen sich nur spezielle Polyvinylacetat (PVAc)-/Kasein-Klebstoffe (in dieser Branche als Leim bezeichnet) bei Verarbeitungstemperaturen von 23° bis 27°C über Temperiergeräte.

Vorgang: Die gefüllten und verschlossenen Flaschen mit der bedruckten Sektkapsel werden der Etikettiermaschine (Bild a) über Flascheneinteilschnecke und Flascheneinlaufstern zugeführt. Im Bereich des Flascheneinlaufsterns werden die Flaschen nach der Markierung am Unterrand der Sektkapseln ausgerichtet und an die Flaschenteller der Etikettiermaschine übergeben. Dabei löst jede Flasche über einen Tastschalter die teilungsgerechte Bereitstellung der beleimten Etiketten aus. Die Etiketten werden über die Leimwalzen den Etikettenbehältern entnommen, von den Greiferzylindern übernommen und an die daran vorbei geführten Flaschen übergeben. Danach werden die Etiketten angebürstet und angedrückt und die etikettierten Flaschen verlassen über den Auslaufstern die Etikettiermaschine.

Qualität: Hoher Qualitätsstandard durch präzise Ausrichtung der Sektschleifen vor dem Andrücken und kamerabestückter Endkontrolle.

Bild 4.3.6.a: Die gefüllten und verschlossenen Flaschen mit der Kapsel werden von rechts per Einlaufschnecke zugeführt (Krones, Neutraubling)

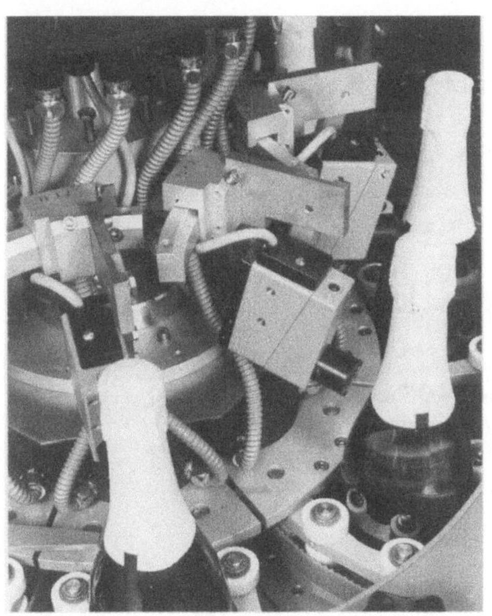

Bild 4.3.6.b:
Im Einlaufstern werden die Flaschen nach dem Farbbalken an der Kapsel ausgerichtet, bevor sie auf die Flaschenteller der Etikettiermaschine übergeben werden (Krones, Neutraubling)

4.3.7   Gewindefestlegung von Pneumatik-Kolbenstangen in Kolben mit anaeroben Klebstoffen

Anlaß: Die Festlegung kurzer Gewinde in den jeweiligen Gegengewinden erfolgte bisher meist durch Übermaß-Gewindepassungen. Das bedeutet eine aufwendige hohe Maßgenauigkeit der Gewinde, um die zwangsläufigen Deformationen zumal bei der Montage mit weicheren Gegenwerkstoffen wie Al in Grenzen zu halten.

Fall: Vorliegend erfolgt eine spannungs- und deformationsfreie Festlegung von Regelgewinden mittels anaeroben Klebstoffen höherer Festigkeit in einer automatischen Rundtischanlage.

Anwendung: Die Verschraubstation ist mit einer pneumatisch-wegfahrbaren, schlittengeführten Kombination der Dosierspitze und dem Lichtleiter eines Luminiszenztasters (Bild b) ausgerüstet. Der Dosiervorgang und die Kontrolleinheit werden mittels Steuergeräten überwacht, die mit dem Computer der Gesamtanlage vernetzt sind.

Voraussetzung: Mit Fluoreszenzpigmenten markierte Klebstoffe, die UV-Strahlungslicht als sichtbares Licht reflektieren.

Qualität: Hoher Sicherheitsgrad infolge doppelter Überwachung, nämlich der kontrolliert-dosierten Klebstoffmenge und der erfolgten Oberflächenbenetzung vor dem Verschraubungsvorgang.

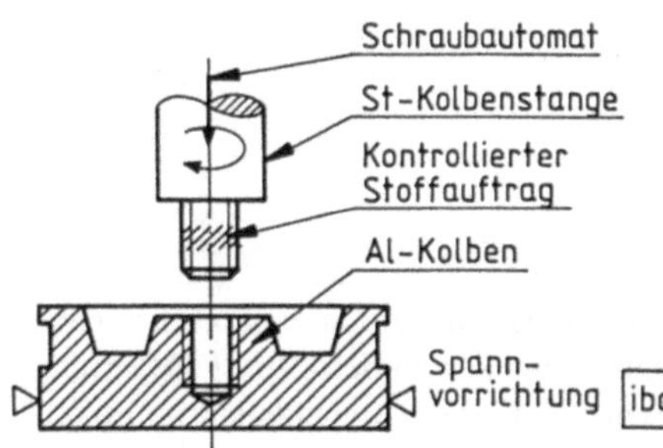

Bild 4.3.7.a:
Schema der Einsatzstelle

Bild 4.3.7.b:
Schlittengeführte Kombination von Dosierspitze
und Lichtleiter des Luminiszenztasters (Loctite,
München)

Bild 4.3.7.c: Anordnung der Rundtischanlage (Loctite, München)

4.3.8   Falznahtverklebung von Lkw-Türen mit zwei verschiedenen Klebdichtstoffen

Anlaß: Diese Verbindung von Türaußen- mit dem Innenblech erfolgte bisher durch manuellen Auftrag von warmhärtendem 1K-Klebstoff im Falznahtbereich zur Unterfütterung des eingelegten Innenbleches. Personaleinsparungen und Rationalisierungsgründe forderten einen Robotereinsatz in dieser Stufe.

Fall: Der verwendete Roboter handhabt einen Doppelauftragskopf mit zwei winklig zueinander angeordneten Stoffauslaßventilen, die er je nach Bedarf in Arbeitsposition dreht (Bild a). Beschickt wird die Station weiterhin manuell (Bild b), wobei über eine Spannvorrichtung eine Positionierung der unterschiedlichen Türgrößen vor dem Stoffauftrag erfolgt. Danach erfolgt die automatische Zusammenführung mit dem Innenblech in der Taktzeit von einer Minute und der Weitertransport zum Falzvorgang auf der Bördelpresse (Bild c).

Qualität: Der gesteuert-kontrollierte Stoffauftrag erfolgt analog zur Robotergeschwindigkeit und damit auch in Ecken und Radien absolut gleichmäßig. Er ist damit den früheren Unsicherheiten des manuellen Auftrags weit überlegen.

Bild 4.3.8.a:
Robotergeführter Doppelauftragskopf
für 1K-Epoxid- und PVC-Plastisol-
Klebdichtstoffe (KUKA, Augsburg)

Bild 4.3.8.b:
Manuelles Einlegen der Türaußenbleche
zum Stoffauftrag (KUKA, Augsburg)

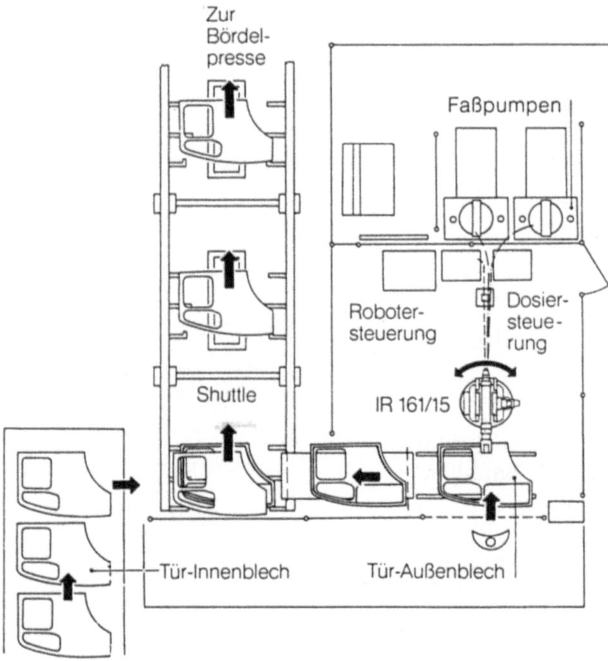

Bild 4.3.8.c:
Schema der Fertigungsstation
Stoffauftrag und Teile-
zusammenführung (KUKA,
Augsburg)

4.3.9 Falznahtverklebung von Pkw-Türen mit zwei verschiedenen Klebdichtstoffen

Anlaß: Weitgehende Automatisierung (mit Ausnahme des Einlegens) einer Fertigungsstraße für vier Fahrzeugtüren eines Pkw-Typs.

Fall: Realisiert wurde die Zusammenarbeit von fünf Robotern. In den beiden Stationen für die Vordertüren (rechts/links) sowie die Hintertüren (rechts/links) trägt je ein Roboter auf der Innenseite der manuell eingelegten Außenbleche mittig ein PVC-Plastisol zur Unterfütterung (auch als Stützklebstoff bezeichnet) und entlang der Falznahtkontur einen warmhärtenden 1 K-Epoxidklebstoff auf (Bild a,b). Anschließend wird das manuell eingelegte Innenblech durch Eindrücken der Türecken-Falzbereiche provisorisch verklammert.

Vorgang: Inzwischen hat sich ein Roboter mit einem Greifer ausgerüstet (Bild c) und legt die Türen auf das Transportband zur Bördelpresse, wo sie vom nächsten Roboter eingelegt und gefalzt entnommen sowie einem Drehtisch übergeben werden. Dort erhalten die Türen über einen weiteren Roboter eine komplette Falznaht-Versiegelung. Der letzte Roboter stellt die Türen für den Reinigung-, Lackier- und Einbrennvorgang bereit, bei welchem die vollständige Stoffaushärtung erfolgt.

Qualität: Der jeweils gesteuert-kontrollierte Stoffauftrag gewährleistet eine gleichbleibend hohe Qualität sämtlicher Türverklebungen.

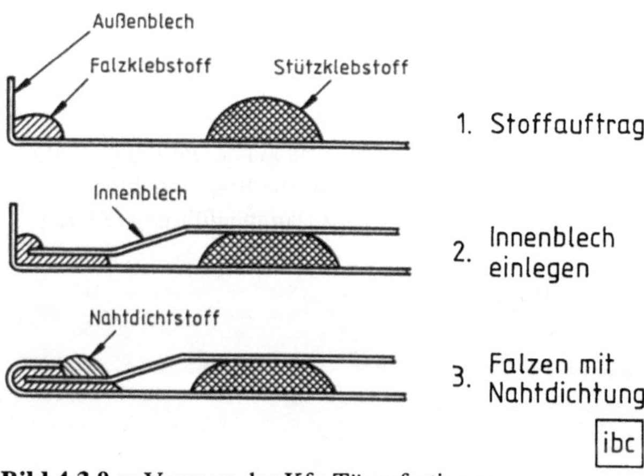

Bild 4.3.9.a: Vorgang der Kfz-Türenfertigung

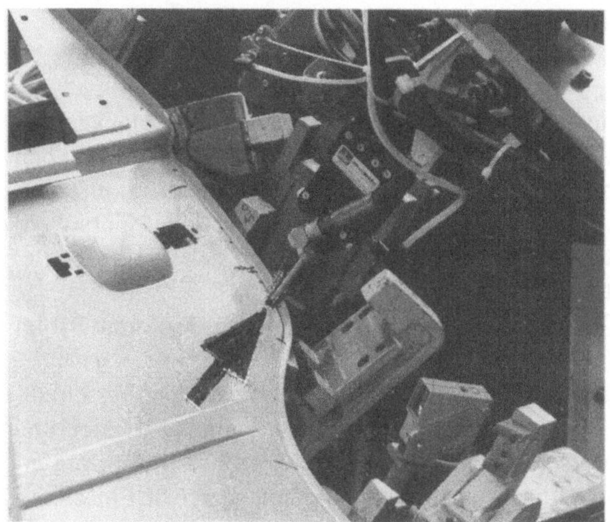

Bild 4.3.9.b:
Auftrag eines Klebdichtstoffs im Bördelfalzbereich der Türaußenbleche (KUKA, Augsburg)

Bild 4.3.9.c: Werkzeugwechseleinrichtung - Industrieroboter übernimmt zusätzliche Aufgaben (KUKA, Augsburg)

4.3.10 Klebdichtung von Gewindestopfen im Pkw-Motorenbau mit anaeroben Stoffen

Anlaß: Die Kühlwasser-Hohlräume in Fe-Gußstücken, etwa von Zylinderblöcken und -köpfen, werden durch Formsand-Kerne erzeugt. Sie müssen über Kernlöcher in den Gußteilen entfernt werden, welche nach entsprechender Bearbeitung wieder zu verschließen sind. Übliche Methoden sind langzeitdichte Kernlochstopfen (Verschlußschrauben) oder Kernlochdeckel (eingedrückte Blechformteile). Hierfür haben sich thixotropierte, anaerobe Formulierungen bewährt.

Fall: Auf einer Transfer-Straße für Zylinderköpfe von V6-4 Ltr.-Motoren erfolgt dieser Vorgang automatisch.

Vorgang: Nachfolgend das saugseitige Beispiel des V-Motors (Bild a) der Verschluß-schrauben-Eindichtung. Das Werkstück erreicht die Benetzungsstation, wird fixiert und über zwei vertikal-einfahrende Rotorsprays im oberen Gewindebereich ringförmig innen benetzt (Bild b). In der nächsten Station erfolgt das drehmomentbegrenzte Einschrauben der automatisch zugeführten Verschlußschrauben.

Qualität: Eine Fehler-Rückmeldung entsteht aus der Kopplung des Dosiervorgangs mit dem Lauf der Rotorsprays über eine selbsttätige Kontrolle des Dosier-Steuergeräts (Bild c). Rechts oben im Bild das Steuergerät und links unten der füllstands-kontrollierte Stoffvorratsbehälter.

Bild 4.3.10.a: VG-Zylinderkopf mit Verschlußschrauben (oben) und beidseitigen Deckeln (Ford, Köln)

Bild 4.3.10.b:
Doppel-Rotorspray in ausgefahrener
Position (Ford, Köln)

Bild 4.3.10.c: Dosier-Steuergerät mit Rotorspray-Überwachung (rechts oben) und füllstandskontrolliertem Vorratsbehälter (links unten) (Ford, Köln)

4.3.11 Klebdichtung von Kernlochdeckeln im Pkw-Motorenbau mit anaeroben Stoffen

Anlaß: Die Kernlöcher zu den Kühlwasser-Hohlräumen von Fe-Gußstücken der Zylinderblöcke werden nach entsprechender Bearbeitung wieder verschlossen. Im Falle größerer Bohrungen von 30 bis 50 mm Durchmesser hat sich das Eindrücken tassenförmiger Blechdeckel unter Zuhilfenahme thixotropiert-anaerober Stoffe bewährt.

Fall: Auf einer Transfer-Straße für Zylinderblöcke von OHC-1,6/2 Ltr.-Motoren (Bild a) erfolgt dieser Vorgang automatisch.

Vorgang: Die Blöcke erreichen die Benetzungsstation mit zwei horizontal in die Bohrungen einfahrenden Rotorsprays (Bild b/ohne Zylinderblock), welche den Bohrungs-Innenbereich ringförmig benetzen. In der nächsten Station erfolgt das Eindrücken der automatisch zugeführten Verschlußdeckel. Bereits in der folgenden Station erfolgt die Dichtigkeitsprüfung mittels Druckluft 2,8 bar.

Qualität: Die Kopplung von Dosierung mit dem Rotorspraylauf wird im Dosier-Steuergerät (Bild c) ausgewertet. Im Bild unten der füllstands-kontrollierte Stoff-Vorratsbehälter.

Bild 4.3.11.a: Reihen-4Zyl.-Block mit zwei eingedrückten Verschlußdeckeln (Ford, Köln)

Bild 4.3.11.b:
Doppel Rotorspray in Ruhezustand (Ford, Köln)

Bild 4.3.11.c:
Dosier-Steuergerät mit Dosier- und Rotorspray-Überwachung und füllstandskontrolliertem Vorratsbehälter (unten) (Ford, Köln)

4.3.12 Rillen-Walzenbenetzung profilierter Flächen mit antrocknenden Primern

Anlaß: Insbesondere die langzeitfeste Verklebung von Aluminium erfordert vielfach eine Vorbehandlung mit lösemittelhaltigen Primern vor dem Klebstoffauftrag. Solche Vorgänge sind oft Bestandteil einer automatisierten Fertigung.

Fall: Vorliegend erfolgt das Primern vorgeformter Al-Blechprofile für Kfz-Zierleisten auf ihrer Innenseite vor dem Klebstoffauftrag und dem Verkleben mit entsprechendgeformten Kunststoffprofilen als Träger (Bild a).

Anwendung: Die Zuführung übernimmt eine Station mit Einführrollen, die Abführung mit synchroner Geschwindigkeit eine Station mit Transportrollen (Bild b). Bei der endlosen Verarbeitung vom Wickel können Einführ- und Transporteinheit entfallen. In diesem Fall wird die Auftragsstation mittels stufenlos regelbarem Getriebe auf die Geschwindigkeit der Formrollen eingestellt. Für die richtige Dosierung und die Übertragung des Primers auf das Werkstück sorgt ein Rillensystem am Umfang der Auftragwalze (Bild c). Die aufzutragende Menge ist dosierbar, läßt sich allerdings nur in engen Grenzen regeln. Das Profil der Auftragswalze muß genau dem Profil der Zierleiste entsprechen.

Qualität: Eine optische Benetzungskontrolle sorgt für gleichbleibende Qualität des Primer-Auftrags.

Bild 4.3.12.a:
Ansicht der Rillen-Walzenbenetzungsanlage (Fortuna, Stuttgart)

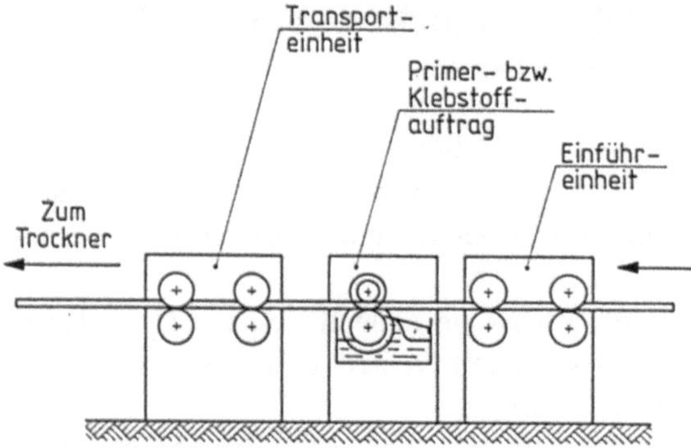

Bild 4.3.12.b: Aufbau der Primer-Benetzungsanlage (Fortuna, Stuttgart)

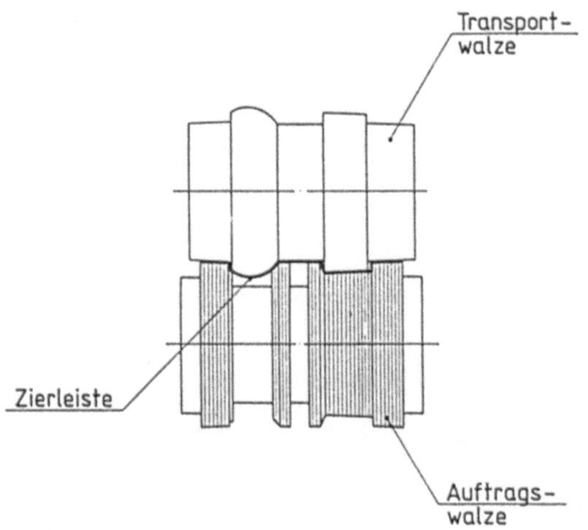

Bild 4.3.12.c: Walzenbenetzung der Zierleisten (Fortuna, Stuttgart)

4.3.13 Folienverbund-Klebung mittels lösemittelfreien 2K-PUR-Klebstoffen (PUR-LF-Kaschierverfahren)

Anlaß: Zur Kaschierklebung etwa von PE oder Al-Folien mit PA, PP oder Zellglas-Folien sind lösemittelhaltige 1K-Klebstoffsysteme weit verbreitet, welche jedoch auch Nachteile aufweisen können. Besser geeignet wären 2K-Systeme, sofern deren Verarbeitbarkeit gewährleistet ist.

Fall: Die technische Realisierung erfolgte über eine neue Kaschieranlage, deren Walzenauftragswerk mit einer automatisch-arbeitenden Dosier- und Mischanlage für die speziellen 2K-Klebstoffe ausgerüstet ist (Bild a).

Anwendung: Die hohe Reaktivität des Klebstoffsystems erfordert den Einsatz einer kontinuierlich arbeitenden Dosier- und Mischanlage. Sie sorgt auch für die Niveaukonstanthaltung der verfügbaren Mischungsmengen im Walzenzwischenraum, der durch verstellbare PTFE-bestückte Seitenteile abgegrenzt wird (Bild b). Das System verlangt das völlige Leerfahren der Walzenzwischenräume und die Mischkopfreinigung bei Arbeitsschluß (Bild c).

Qualität: Hohe Sicherheit durch selbsttätige mikroprozessor-bestückte Steuereinheit, welche die Dosier- und Mischfunktionen in Verbindung mit der Kaschieranlage überwacht.

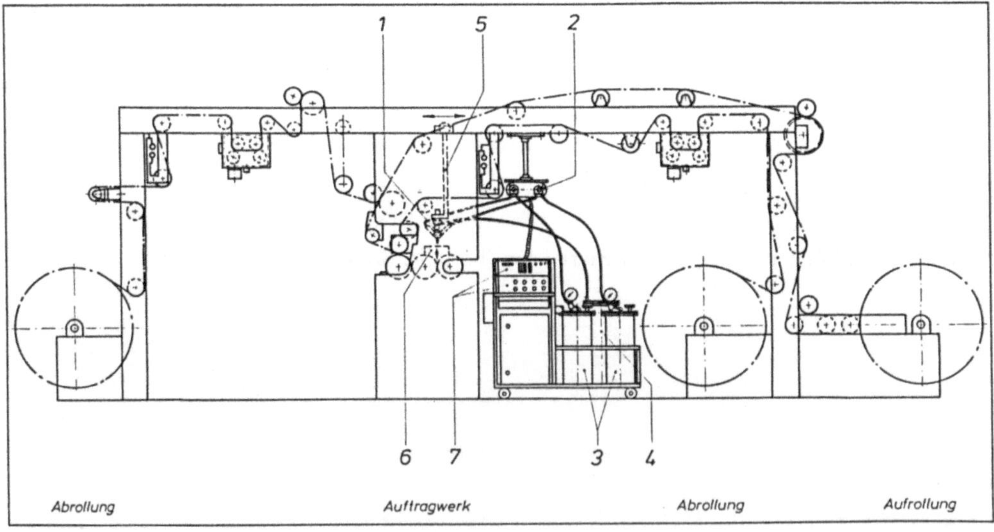

Bild 4.3.13.a:
Kaschieranlage mit Dosier- und Mischanlage:
Mischkopf (1), Dosiersystem (2), Vorratsbehälter (3), Spülsystem (4), ausfahrbare Mischkopfbefestigung (5), Walzenbenetzungsrahmen (6), Steuerung (7) (Kroenert, Hamburg)

Bild 4.3.13.b: Walzenauftragswerk mit Walzenbenetzungsrahmen (1), abgrenzende Seitenteile mit PTFE-Auflage (2) und Mischkopf (3) (Kern-Liebers, Schramberg)

Bild 4.3.13.c: Zwischenraum der Kaschieranlage mit Dosier- und Mischanlage (Max Kroenert, Hamburg)

4.3.14 Profil-Beschichtung mit Kunststoff-Belägen über Schmelzklebstoffe

Anlaß: Die Kaschierung von Profilen aus Holz- oder Holzwerkstoffen, Aluminium oder Kunststoffen mit speziell eingefärbten oder strukturierten Kunststoff-Folien erfolgte bisher meist mittels lösemittelhaltigen Kontaktklebstoffen (Bild a).

Fall: Zunehmend werden hierfür wegen ihrer hohen Zuverlässigkeit Schmelzklebstoffe verschiedenster Art (wie etwa höherwertige Polyester- oder feuchte-nachhärtende PUR-Klebstoffe) auf automatisierten Anlagen eingesetzt (Bild b). Insbesondere Polyester-Schmelzklebstoffe erfordern höhere Schmelztemperaturen mit Extruderunterstützung.

Anwendung: Auf die einlaufenden Profile wird (besonders bei Kunststoffen und Aluminium) in einem Vorlauf ein Primer zur Haftungsverbesserung aufgebracht. Der Schmelzklebstoffauftrag erfolgt meist über Walzen rückseitig auf die Folien (Bild c). In der Ummantelungsanlage selbst wird die Folie mittels entsprechend einstellbaren Formrollen an das Profil angedrückt. Entsprechende Kühlstrecken sorgen für rasche Verfestigung der Schmelzklebstoffe, anschließende Besäum- und Schneidaggregate für den Fertigzustand.

Qualität: Die selbsttätige Kontrolle von Temperaturen, Klebstoffmengen- und Schichtdicken sowie erfolgendem Andruck macht das System qualitätsorientiert autark. Eine optische Kontrolle des Fertigprodukts ergänzt die Fertigung.

Bild 4.3.14.a:
Möglichkeiten der Ummantelung von Holz- und Holzwerkstoffen (Düspohl, Gütersloh)

Bild 4.3.14.b: Anlage zur Ummantelung mit Extruder-Vorschmelze des Klebstoffs (a), Einlauf des Beschichtungsmaterials (b) und des zu beschichtenden Profils (c)

Bild 4.3.14.c:
Schmelzklebstoff-Auftragssystem mit Niveauabtastung (Düspohl, Gütersloh)

4.3.15 Falznaht-Verklebung in der Blechverarbeitung mittels feuchtehärtender 1K-Polymere im Sprühauftrag

Anlaß: Die inzwischen im Karosseriebau der Automobilindustrie übliche Falznaht-verklebung wie etwa von Türen und Hauben vor der Lackierung basiert oftmals auf einem Doppelraupenauftrag im Falznahtbereich.

Fall: Einen wesentlichen Fortschritt bietet der abgegrenzt, druckluft-gesteuerte Flächenauftrag spezieller Klebdichtstoffe im Falzbereich (Bild a). Die rasche Hautbildung widersteht nachfolgenden Vorbehandlungen vor der Lackierung.

Anwendung: Das Roboterauftragssystem (Bild b, c) aus 200 Ltr.-Faßpressen regelt die Düsen-Stoffmenge in Abhängigkeit von der Robotergeschwindigkeit (geradeaus bis 40 m/min und in Kurven auf 10 bis 20 m/min vermindert). Die Beschichtungsmengen werden sowohl stoff- wie sprühluftseitig über elektomechanische Proportional- Ventile nachgeregelt. Durch kantenscharfe, gezielt-orientierte Flächenbeschichtung ergibt sich eine 50 prozentige Stoffeinsparung gegenüber dem Raupenauftrag.

Qualität: Aufgrund der systemeigenen Selbstkontrolle mit Mengen- und Auftrags-luft-Regelung ist eine höchstmögliche Qualitätssicherung gegeben.

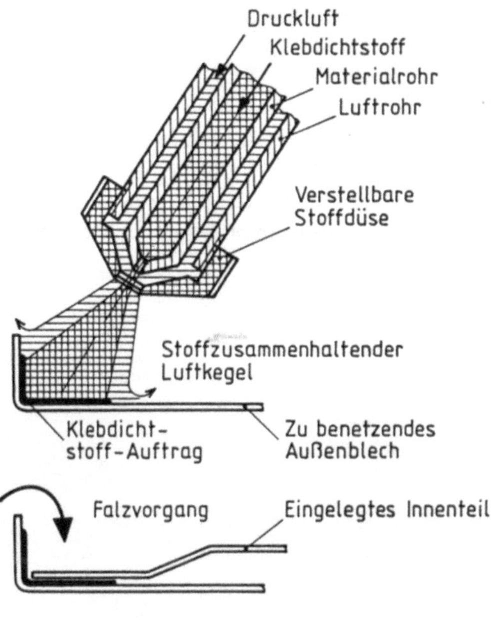

Bild 4.3.15.a:
Klebdichtstoff-Sprühauftrag in Falz-
bereichen

Bild 4.3.15.b:
Robotereinsatz beim Falznaht-
Sprühvorgang
(Böllhoff-Verfahrenstechnik,
Bielefeld)

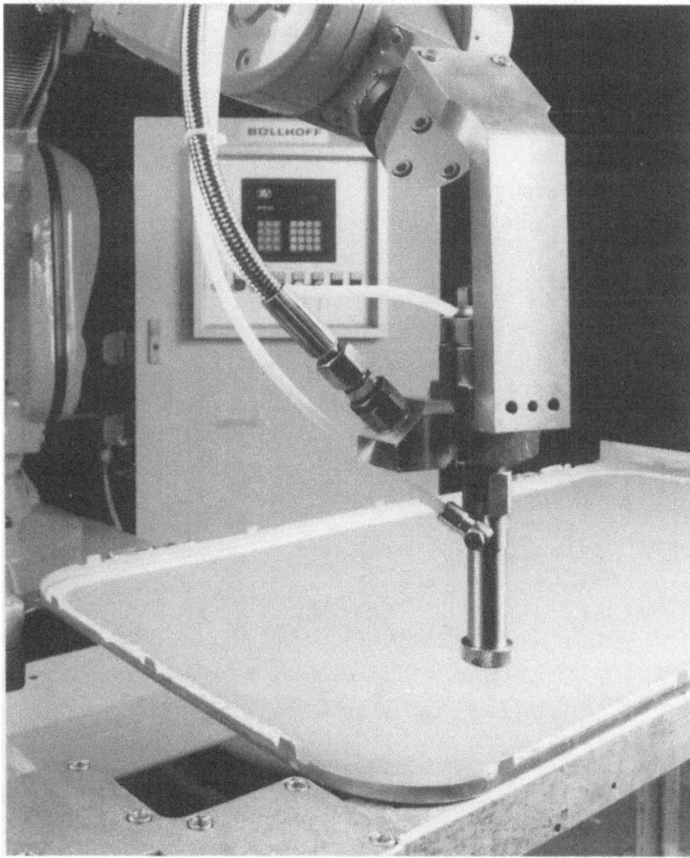

Bild 4.3.15.c:
Der Roboter-Sprüh-
kopf
(Böllhoff-Verfahrens-
technik, Bielefeld)

4.3.16 Dichtverguß von Isolierglasfenstern mittels 2K-Polysulfid-Dichtstoffen

Anlaß: Die Abdichtung äußerer Isolierglasfenster-Zwischenräume zum Scheibenrand der Butylkautschuk-vorverklebten Doppelverglasung hin (Bild a) erfolgte zeitweise auch mittels 2K-PUR-Dichtstoffen. Inzwischen werden jedoch vor allem 2K-Dichtstoffe auf Polysulfid-Basis hierfür eingesetzt.

Fall: Vorliegend erfolgt die Versiegelung von Isolierglas-Verklebungen über eine automatische Anlage (Bild b), wobei jedoch die Scheibenaufgabe sowie das Wenden der zurückgekommenen Scheiben noch manuell erfolgt.

Anwendung: Die vertikal auf die Transportrollen aufgesetzten Doppelglasscheiben werden in ihrer Höhe erkannt und durch die jeweils höhenverfahrbaren Doppel- oder Dreifach-Ausgießdüsen (Bild b) mit den kontrollierten Stoffmischungen ausgegossen. Der Rücktransport zur Einlaufstation ergibt mit 30 Minuten eine Teilverfestigung, so daß eine 90°-Wendung für den nachfolgenden Gießvorgang möglich ist. Bild c zeigt die Bereitstellung der 200 l-Fässer und 25 l-Eimer beider Komponenten.

Qualität: Die völlige Kontrolle aller Einflußparameter (wie etwa Dosiermengen und Mischungsgrade sowie Mengen) sorgt für einen optimalen Ablauf.

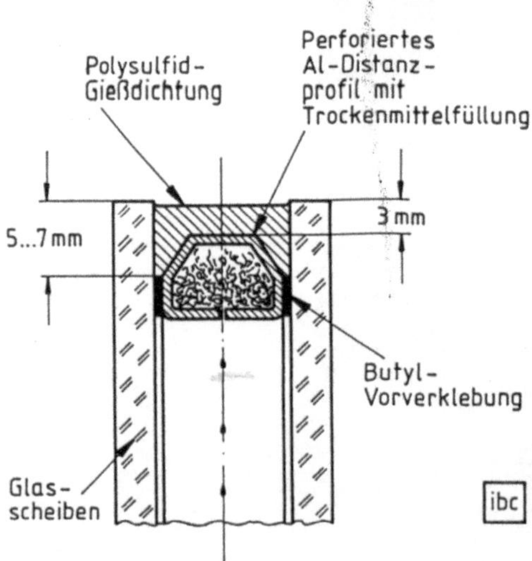

Bild 4.3.16.a:
Schema der Isolierglas-Verklebung und -Dichtung

Bild 4.3.16.b: Automatische Versiegelungsanlage (Teroson, Heidelberg)

Bild 4.3.16.c: Bereitstellung der 200 l-Fässer mit 25 l-Blecheimer für die Faßpreßeinheiten
(Teroson, Heidelberg)

5 Qualitätssicherung (QS)

Insbesondere die Fertigung mit Kleb- und Dichtstoffen wurde seit jeher mit Fragen der Qualität samt deren Kontrolle und Sicherung konfrontiert. Diese Fragen betreffen aber auch andere Betriebsabteilungen von der Entwicklung und Konstruktion bis hin zu Logistik und Verkauf. Es scheint daher sinnvoll, zunächst den Begriff „*Qualität*" zu erläutern, damit die Zusammenhänge erkennbar werden.

Qualität...	Erläuterungen
...ist die Beschaffenheit...	Entspricht der Gesamtheit von Eigenschaften, Merkmalen und/oder Werten eines Produktes oder einer Dienstleistung.
...einer Einheit...	Gemeint ist der Betrachtungsgegenstand • materieller Art als Bestandteil, Produkt oder System und • imaterieller Art als Tätigkeit, Organisation oder Denkprozess sowie • die Kombination beider.
...bezüglich ihrer Eignung,	Für den bestimmungsgemäßen Gebrauch, der • vom Anwenderanspruch bestimmt, • vom Verkauf geklärt und insgesamt • als positiv bewertet ist.
festgelegte...	Also vertraglich zugesicherte Eigenschaften.
....und vorausgesetzte...	Unausgesprochene, aber vom Kunden evtl. unterschwellig gewünschte Eigenschaften.
...Erfordernisse...	Beschreibung (Pflichtenheft) von • Anwendung oder Tätigkeitsziel mit • Verwendungszweck in den Abstufungen „muß", „sollte", und „es wäre schön, wenn"...
...zu erfüllen.	Wie gut ? Unter Beachtung von • Arbeitssicherheit und Zuverlässigkeit, • Wirtschaftlichkeit (Mitteleinsatz zur Beschaffung/Nutzung der Produkte) • Umweltschutz und • Anspruchsniveau mit Bewertung.

Qualität ist daher eine mit dem gefertigten Produkt mitzuliefernde Eigenschaft, welche für dessen Nutzungsdauer aufrechterhalten werden muß. 

Bild 5.1: Definition der Qualität nach DIN 55350 und DIN/ISO 8402

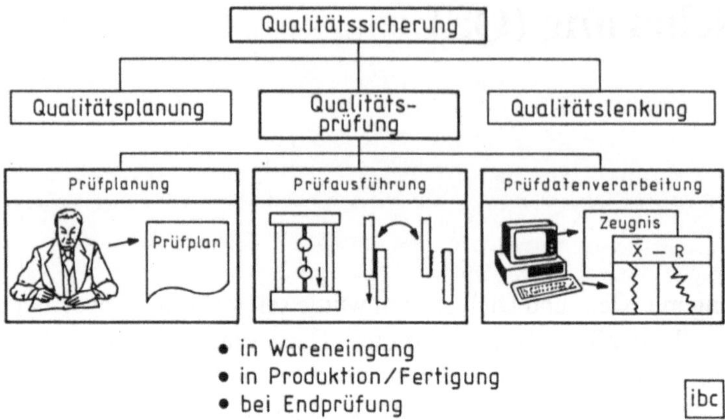

Bild 5.2: Bereiche der Qualitätssicherung

Gemäß DIN 55350 und DIN/ISO 8402 bedeutet er: „Qualität ist die Beschaffenheit einer Einheit bezüglich ihrer Eignung, festgelegte und vorausgesetzte Erfordernisse zu erfüllen". Das erfordert eine Detailerläuterung samt der Schlußforderung: Qualität ist eine mit dem gefertigten Produkt mitzuliefernde Eigenschaft!

Der zweite Wortbestandteil „*Sicherung*" ist wegen seiner zahlreichen Anwendungsformen nur schwer definierbar, denn er bedeutet im technischen Sprachgebrauch etwa

- Verhinderung des unbeabsichtigten Auslösens von Waffen oder Waffensystemen,

- Vorrichtungen zum Schutz elektrischer Anlagen vor Kurzschlüssen oder Überlastungen oder

- Maßnahmen gegen das selbsttätige Lösen oder Lockern von Schraubverbindungen.

In Kombination könnte man also „*Qualitätssicherung*" wie folgt definieren: Maßnahmenkatalog zur Beherrschung einer geforderten Qualität gegen deren negative Beeinflussung, mittels kalkulierbarer Instrumentarien zur Früherkennung und Abwendung qualitätsschädlicher Einflüsse.

Laut DIN 55350 handelt es sich dabei um die Gesamtheit aller Tätigkeiten der Qualitäts(Q)-Planung, -Lenkung und -Prüfung [1]. Nachfolgende Ausführungen beziehen sich vor allem auf die Q-Prüfung und -Kontrolle als Kristallisationspunkt.

5.1 QS im Wareneingang

Die Fertigung muß in besonderem Maße auf die gleichbleibende Qualität der angelieferten Kleb- und Dichtstoffe bedacht sein. Sie hat hierzu die Möglichkeiten

- voll auf die QS der Kleb- und Dichtstoff-Lieferanten samt dokumentierter Qualitäts-
  nachweise zu vertrauen,
- sich auf die Anwendung statistischer Methoden mittels Stichproben-Prüfungen
  im Rahmen der Eingangskontrolle zu beschränken oder
- die vollständige eigene QS schon im Wareneingang über die kontrollplangemäße
  100 Prozent-Prüfung angelieferter Stoffe zu realisieren.

Schon aus Kostengründen kann die Fertigung als Abnehmer der Kleb- und Dichtstoffe, zumindest einen Teil der QS (über eine partnerschaftliche Zusammenarbeit) zu den Lieferanten hin verlagern.

Ein wesentliches Mittel dieser *QS-Erstkontrolle* stellt die Anwendung der DIN/ISO 9004 als gemeinsame Basis bereits beim Stoffhersteller dar [2]. Die Norm beschreibt grundsätzliche Elemente der Qualitätssicherung und eines QS-Systems. Sie unterscheidet zwischen den zu fertigenden „dimensionierten" Produkten und den angelieferten „dimensionslosen" Kleb- und Dichtstoffen. Der Arbeitskreis „Qualitätssicherung" des Industrieverbandes Klebstoffe e.V., Düsseldorf, informiert und motiviert seine Mitglieder mit Unterlagen zur „QS in der Klebstoffindustrie" [3]. Die Initiativen hierzu gingen schon vor Jahren vor allem von großen industriellen Stoffabnehmern aus. Sie legten ihren Lieferanten einen umfangreichen Fragenkatalog zur QS vor und beurteilten über eine „Lieferanteneinstufung (QS)" anhand eines Punktesystems die Lieferantenqualität und damit der Produkte.

Übrigens: Ausgesprochen wichtig schien den industriellen Großabnehmern insbesondere das Vorhandensein einer QS-Organisation zu sein, was schon eingangs besonders hoch bewertet wird!

5.2 Zertifizierung der QS

Aus den Anfängen entstand nach Schaffung einheitlich-verbindlicher Grundsätze ein international anerkanntes Normenwerk, nämlich die DIN/ISO der 9000er Reihe. Es wurde inzwischen von allen führenden Industrieländern übernommen und regelt QS-Forderungen, die zu einem unternehmensspezifischen QS-System führen, welche im jeweiligen QS-Handbuch der Unternehmen ihren Niederschlag finden.

Für die *Zertifizierung* eines Unternehmens (ob Lieferant oder Verarbeiter) auf Basis vorgenannter Normen ist die Vorlage des unternehmens-spezifischen *QS-Handbuchs* und damit der Nachweis einer QS-Organisation. In der nächsten Phase erfolgt durch die Zertifizierungsstelle über ein Auditoren-Team eine Unternehmensprüfung vor Ort, bevor das QS-Zertifikat erteilt wird [4].

Manche Stofflieferanten neigen dazu, ihre QS-Zertifizierung aller Welt zu verkünden, obwohl sie doch vorgeblich schon bisher „Qualitätsprodukte" geliefert haben: Ein QS-Zertifikat bestätigt im Grunde das Vorhandensein eines innerbetrieblichen QS-Systems mit zu erwartenden positiven Auswirkungen auf die gleichbleibende Produktqualität.

5.3 Q-orientierte Prüfungen

Grundsätzlich kann die fertigungsorientierte Prüfung unabhängig von vorher ausgeführten, in die traditionellen Bereiche der
- eingehenden Stoffe unter anderem mit ihren phys.-chemischen sowie verarbeitungstechnisch-prozeßorientierten Eigenschaften (Eingangskontrolle) und der
- mit diesen Stoffen hergestellten Verbunde stichprobenartig nach zerstörenden sowie 100 prozentig nach zerstörungsfreien Prüfmethoden (Ausgangs- oder Endkontrolle) durchgeführt werden.

5.3.1 Stoffprüfung

Die *physikalisch-chemischen Prüfungen* sollen im Regelfall den Produktzustand bei Anlieferung (Warenannahme) laut den Bestelltexten (Einkauf) feststellen und beinhalten unter anderem auch die Gebindekontrolle (nach Inhalt und Beschädigungen) mit fixiertem Eingangs- und Verbrauchsdatum der Produkte. Für die Prüfungen (meist in Chemielabors) zur Ermittlung und Dokumentierung der wiederkehrenden Kennwerte angelieferter Stoffe werden meist genormte Prüfmethoden eingesetzt.

Die *verarbeitungstechnischen Prüfungen* (oft unter Berücksichtigung von Werksnormen) betreffen die Prozeßfähigkeit der angelieferten Chargen und werden meist in Betriebslabors durchgeführt. Sie dienen in erster Linie dazu, die gleichmäßige Verarbeitbarkeit manueller oder gerätetechnischer Art sicherzustellen und basieren sowohl auf einem Qualitätsvergleich mit vorherigen Lieferungen eventuell nach eigenen Ansprüchen oder genormten Prüfmethoden. Vielfach beinhaltet dieser Bereich auch Kontrollprüfungen im Hinblick auf die Einhaltung von Verarbeitungs- und Entsorgungs-Richtlinien (Bild 5.3).

Zu den verarbeitungstechnischen Prüfungen kann auch die *Prüfung vorverfestigter Kleb- und Dichtstoffe* in Form von Massivprüfkörpern dienen. Sie geraten damit in den Prüfbereich der Kunststoffe und können etwa nach ihren Volumeneigenschaften, Schrumpf- oder Expansions-begründeter Aushärtefolgen überprüft werden. Heranzuziehen sind dann meist genormte Kunststoff-Prüfungen (Bild 5.4).

5.3.2 Verbundprüfungen zerstörender Art

Die Prüfungen von als „nicht oder bedingt lösbar" klassifizierten Kleb- oder Dichtverbindungen erfolgen vor allem in zerstörender Art bis zur Belastungsgrenze. Diese Prüfart stellt den Schwerpunkt der meisten Prüfungen dar. Bei der oft stichprobenweisen Ausführung kann unterschieden werden in
- Prüfungen nach Normen
- anwendungsorientierten Prüfungen und
- Fertigungskontroll-Prüfungen

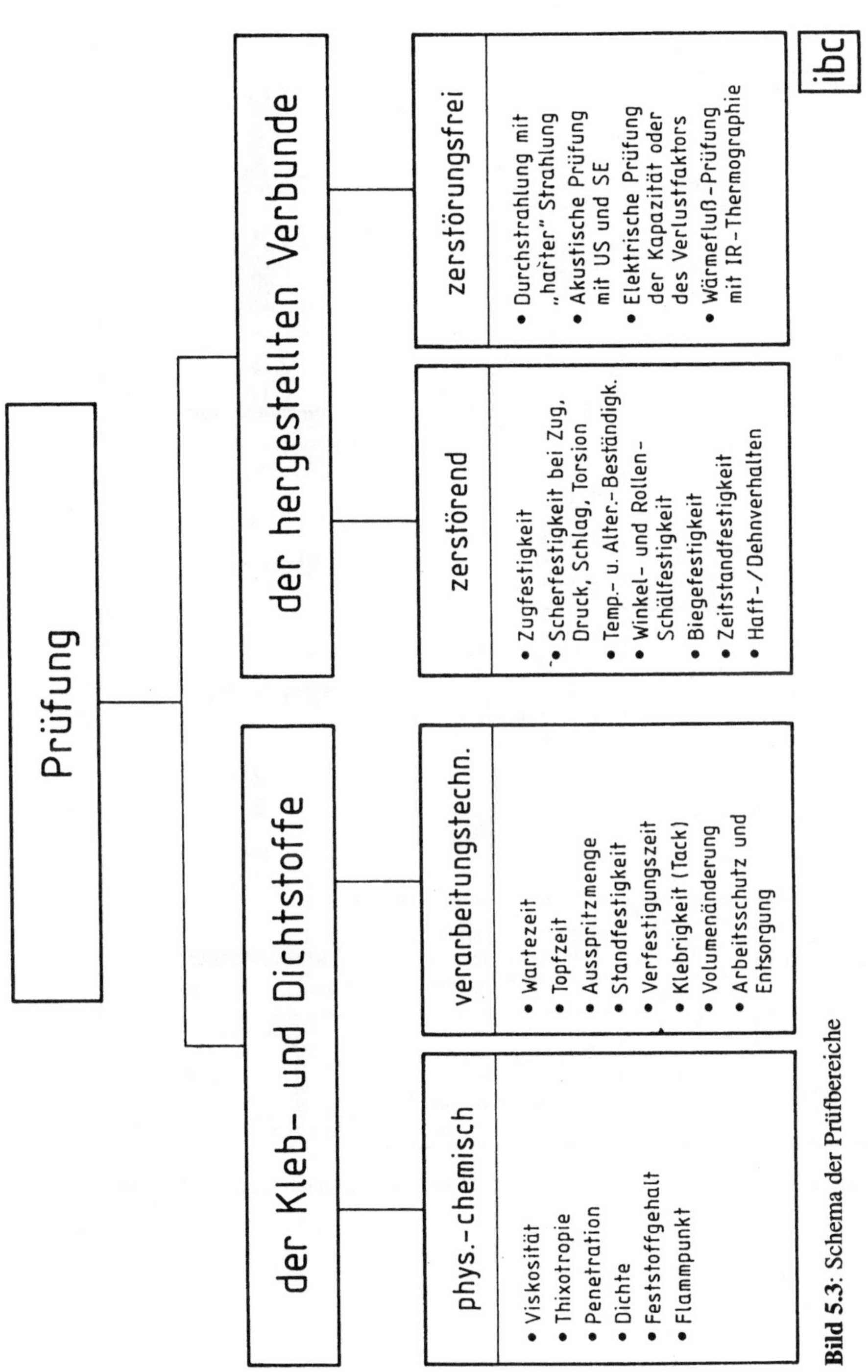

Bild 5.3: Schema der Prüfbereiche

Bezeichnung (Kurzform)	DIN	Zweck	Prüfanordnung
Zugversuch	53455	Ermittlung von Zugfestigkeit, Streckspannung, Dehnung und E-Modul	
Druckversuch	53454	Ermittlung von Druckfestigkeit und Stauchung	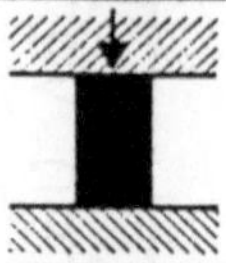
Biegeversuch	53452	Ermittlung von Festigkeits- und Formänderungs-eigenschaften bei Biegebeanspr.	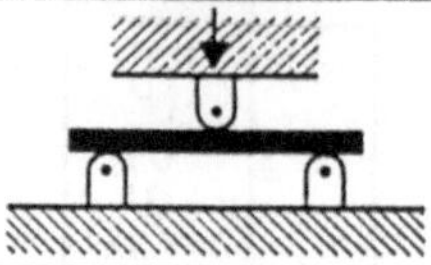
Kugeldruckhärte	53456	Bestimmung der Härte und Beurteilung der Kriecheigen-schaften	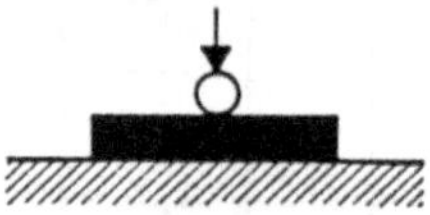
Schlagbiege-versuch	53453	Verhalten bei Schlagbiegebean. und Beurteilung von Sprödigkeit bzw. Zähigkeit	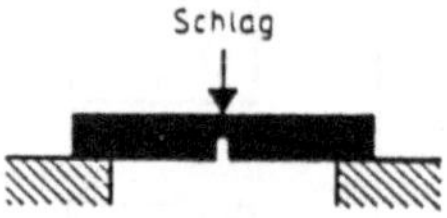
Zeitstandversuch	50118	Ermittlung der Zeitstand- und Dauerstandfe-stigkeit	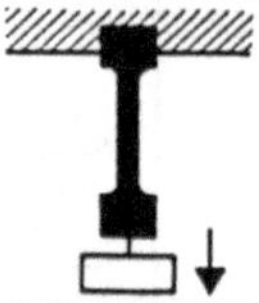
Dauerschwing-versuch	50100	Bestimmung der Zeit- oder Dauer-schwingfestigkeit	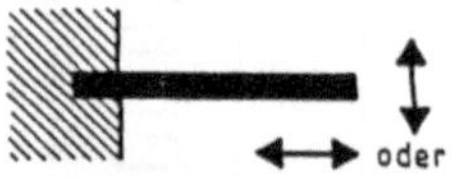
Martensversuch (ähnl. Vicat-Versuch)	53458	Bestimmung der Formbeständig-keit in der Wärme	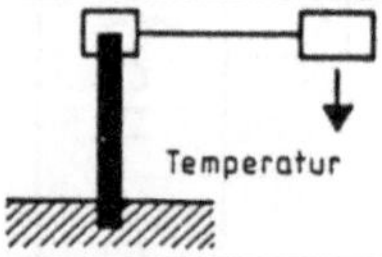

Bild 5.4: Beispielhafte Formprüfungen von Stoff-Massivproben nach Kunststoffnormen

Normprüfungen zerstörender Art erfolgen im Regelfall nach den in Bild 5.5 beispielhaft für Metallklebverbindungen zusammengefaßten DIN-Normen. Sie sind prinzipiell auch und/oder zusätzlich im Wareneingangsbereich einsetzbar, sofern dort die entsprechende Prüfausrüstung vorhanden ist.

Anwendungsorientierte Prüfungen dienen vorzugsweise einer praktischen Nachprüfung konstruktiver und gestalterischer Überlegungen am Objekt selbst und erfolgen oft in Anlehnung an Normprüfungen unter verschärft abweichenden Bedingungen. Solche Betriebsbeanspruchungen treten öfter auf, aber weder eine Normprüfung allein, noch die Angaben in Datenblättern von Klebstoffherstellern, geben über das den vorliegenden Verbunden entsprechende wahre Verhalten der Stoffe Auskunft (Bild 5.6).

Fertigungskontroll-Prüfungen erfolgen im Regelfall im Stichproben-Verfahren durch Zerstörung, mit Ausnahme der später erwähnten zerstörungsfreien Prüfungen. Insbesondere Fertigungskontrollen sind naturgemäß auf möglichst wenig aufwendige Prüfungen bedacht. So begnügt man sich im zerstörungsfreien Bereich oft mit der visuellen Kontrolle (nach Gleichmäßigkeit ausgetretener Stoffe) oder der Klangprüfung durch Beklopfen mit einem Metallgegenstand (am mehr oder minder „satten" Klang erkennen sensible Prüfer eventuelle Fehlstellen). Sehr oft erfolgt der zerstörende „Falltest" von Klebverbindungen aus Kopfhöhe auf harten Betonboden. Es liegen meist keine fixierten Prüfbedingungen vor und das Ergebnis kann lediglich durch die Aussage „positiv" (Klebverbindung hielt) oder „negativ" (Klebverbindung kaputt) festgestellt werden. Die Unsicherheit dieser Tests liegt vor allem darin, daß vom Verhalten bei einmaliger, schlagartiger (Über-) Beanspruchung keineswegs auf die spätere Betriebsfestigkeit geschlossen werden kann [1].

5.2.3 Bruchstellenanalysen

Bruchbilder der Stoffe auf den Verbundpartnern bei zerstörenden Prüfungen oder Schadensfällen erlauben eine optische Beurteilung möglicher Hintergründe für die Versagensmechanismen.

Meist kommen Adhäsionsbrüche vor. Sie weisen auf ein insgesamt mangelhaftes Zustandekommen von Adhäsionsbindungen hin, welche meist in nicht-entsprechenden Oberflächenvorbehandlungen zu sehen sind. Interessant in Bild 5.8 eines Adhäsionsbruchs ist einerseits die völlige Abformung des Oberflächenreliefs (dunkle Klebstoffschicht oben), andererseits die Abscherung der knopfartig-ausgefüllten Oberflächenvertiefungen (dunkle Punkte unten). Die gleichartig verlaufenden Bearbeitungsrillen (Schleifriefen) beider Kleboberflächen zeigen die oft stark abweichenden Bedingungen bei der Bruchbild-Beurteilung, welche entsprechende Erfahrung erfordert.

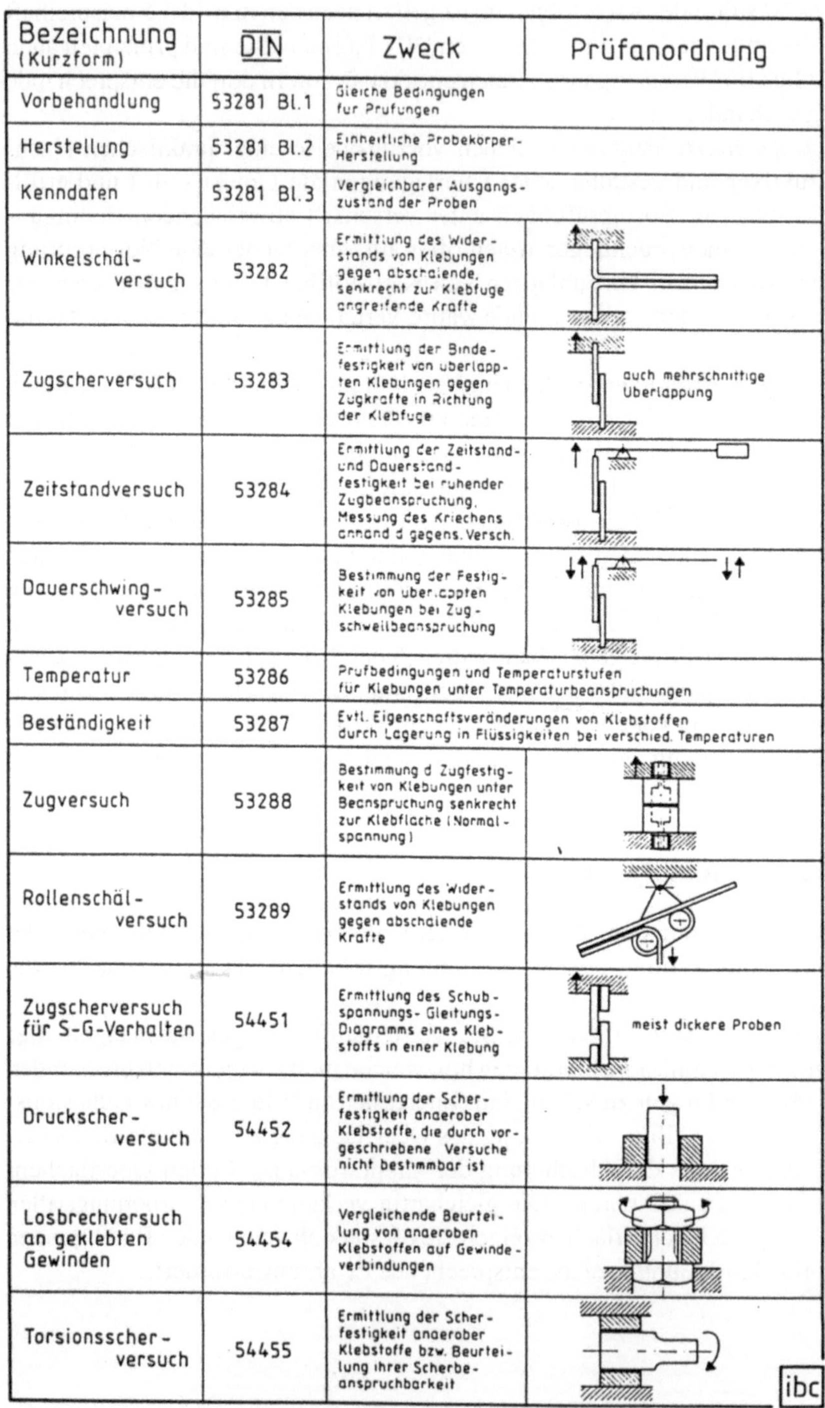

Bezeichnung (Kurzform)	DIN	Zweck	Prüfanordnung
Vorbehandlung	53281 Bl.1	Gleiche Bedingungen für Prüfungen	
Herstellung	53281 Bl.2	Einheitliche Probekörper-Herstellung	
Kenndaten	53281 Bl.3	Vergleichbarer Ausgangszustand der Proben	
Winkelschälversuch	53282	Ermittlung des Widerstands von Klebungen gegen abschälende, senkrecht zur Klebfuge angreifende Kräfte	
Zugscherversuch	53283	Ermittlung der Bindefestigkeit von überlappten Klebungen gegen Zugkräfte in Richtung der Klebfuge	auch mehrschnittige Überlappung
Zeitstandversuch	53284	Ermittlung der Zeitstand- und Dauerstandfestigkeit bei ruhender Zugbeanspruchung, Messung des Kriechens anhand d gegens. Versch.	
Dauerschwingversuch	53285	Bestimmung der Festigkeit von überlappten Klebungen bei Zug-schwellbeanspruchung	
Temperatur	53286	Prüfbedingungen und Temperaturstufen für Klebungen unter Temperaturbeanspruchungen	
Beständigkeit	53287	Evtl. Eigenschaftsveränderungen von Klebstoffen durch Lagerung in Flüssigkeiten bei verschied. Temperaturen	
Zugversuch	53288	Bestimmung d Zugfestigkeit von Klebungen unter Beanspruchung senkrecht zur Klebfläche (Normalspannung)	
Rollenschälversuch	53289	Ermittlung des Widerstands von Klebungen gegen abschälende Kräfte	
Zugscherversuch für S-G-Verhalten	54451	Ermittlung des Schubspannungs-Gleitungs-Diagramms eines Klebstoffs in einer Klebung	meist dickere Proben
Druckscherversuch	54452	Ermittlung der Scherfestigkeit anaerober Klebstoffe, die durch vorgeschriebene Versuche nicht bestimmbar ist	
Losbrechversuch an geklebten Gewinden	54454	Vergleichende Beurteilung von anaeroben Klebstoffen auf Gewindeverbindungen	
Torsionsscherversuch	54455	Ermittlung der Scherfestigkeit anaerober Klebstoffe bzw. Beurteilung ihrer Scherbeanspruchbarkeit	

Bild 5.5: Zerstörende Prüfverfahren für Metallklebverbindungen

Bild 5.6:
Druckscherversuch DIN 54452 unter zusätzlicher Temperaturbeanspruchung (Fauner/HBW, München)

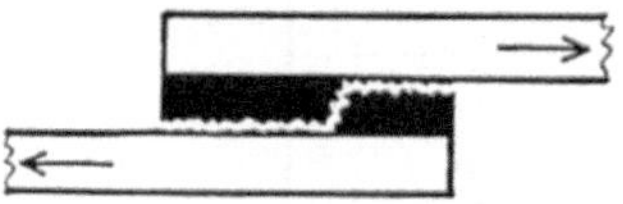

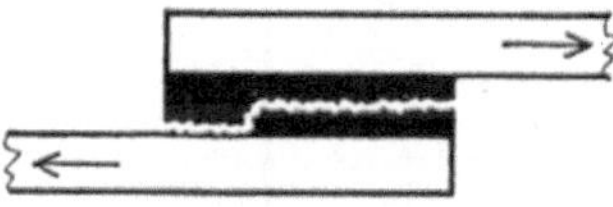

Bild 5.7:
Mögliche Rückschlüsse aus Bruchformen

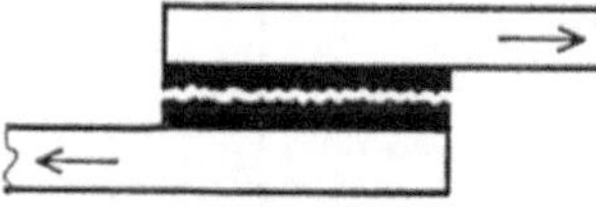

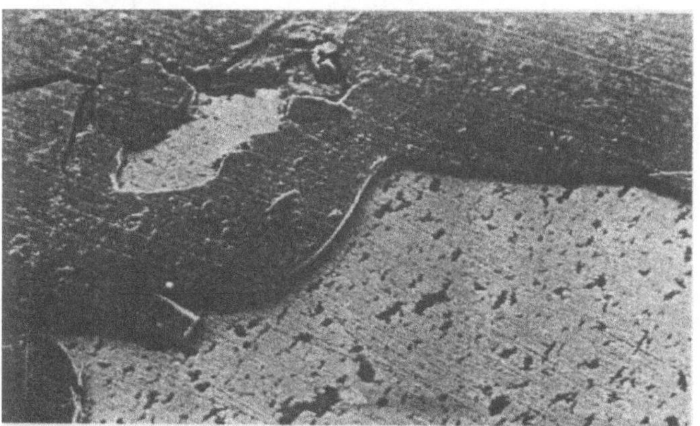

Bild 5.8:
Typischer Adhäsionsbruch mit teilweiser Oberflächenreliefabformung (oben) und ausgefüllt-gebrochenen Vertiefungen (unten) (Fauner/HBW, München)

5.3.4 Verbundprüfungen zerstörungsfreier Art

Die mögliche 100 Prozent-Prüfung mittels zerstörungsfreier Verfahren würde den Idealfall für Klebverbunde darstellen: Daran ist jedoch im Regelfall und von Ausnahmen
abgesehen derzeit nicht zu denken! Das zeigt bereits ein Schema der praktizierten
zerstörungsfreien Prüfverfahren. Mit diesen Methoden können im wesentlichen Fehlstellen der Klebschicht, nicht aber die Qualität der Klebung festgestellt werden.

Art	Mittel	Anzeige	Zweck	Prüfanordnung
akustisch	Ultraschall	Schalländerung (Frequenz und Amplitude) oder Änderung der Schall-Laufzeit (bei Durch- schallung bzw. Reflexion)	Fehlersuche und Qualitätsbe- stimmung	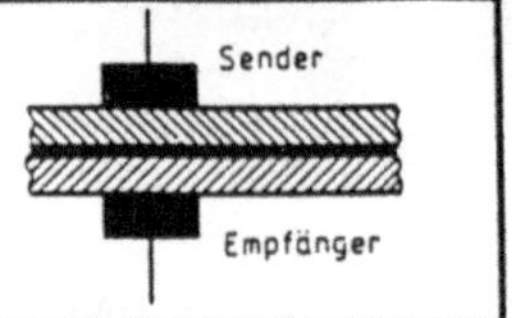 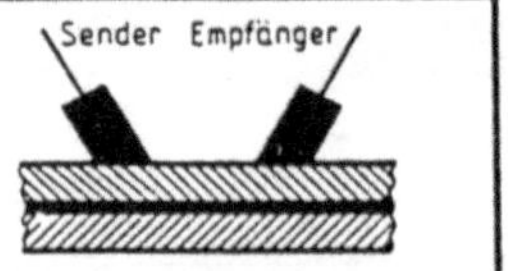 Sender / Empfänger; Sender Empfänger
	Mechan. Beanspr.	Schallemission	Qualitätsbe- stimmung, Festigkeits- ermittlung	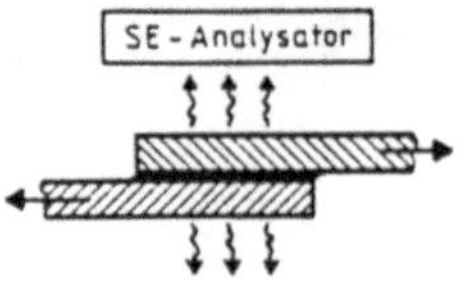 SE-Analysator
elektrisch	Gleich- oder Wechsel- strom	Kapazität oder dielektrischer Verlustfaktor	Kontrolle einer gleich- mäßigen Klebschicht	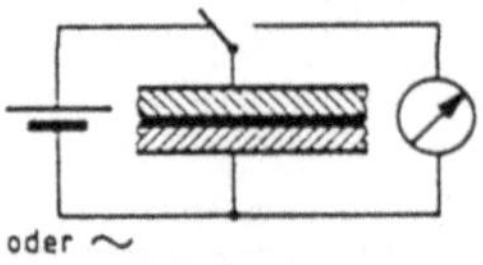 oder ~
Durch- strahlung	Röntgen- strahlen	Beobachtung oder Foto	Sichtkontrolle des Inneren geklebter Wabenkern- Konstruktionen	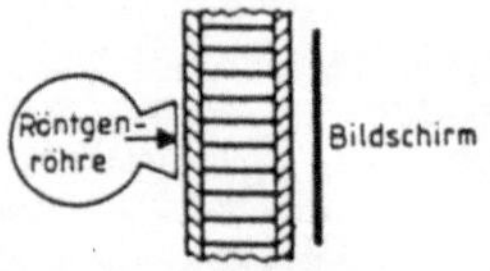 Röntgen- röhre / Bildschirm
Wärme- fluss	Wärme- leitung	Beobachtung oder Foto	Qualitäts- bestimmung	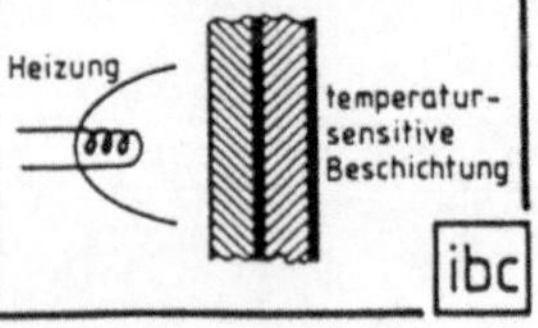 Heizung / temperatur- sensitive Beschichtung

Bild 5.9: Schema der zerstörungsfreien Prüfverfahren für Klebverbindungen

Sie entstammen meist den Prüfungen größerer Verbunde teurer Einzel- oder Kleinserienfertigung wie etwa der Luft- und Raumfahrt, wo man schon aus Sicherheitsgründen von vorneherein bestrebt war, zerstörungsfreie Prüfverfahren zu entwickeln.

Eines der ersten Geräte dieser Art war der „Fokker-Bondtester", welcher bereits Ende der 60er Jahre zum Einsatz kam. Er basiert auf dem Ultraschall-Resonanzverfahren und erlaubt die quantitative Kontrolle flächiger Klebverbunde [5]. Seither entstanden vielfältige US-Prüfeinrichtungen verschiedenster Ausführung unter anderem für die Betriebskontrolle in robotergeführter Art. Dabei werden Klebverbindungen generell (mit Hilfe von Wasser als Kontaktmedium) überprüft [6].

Von den weiteren Methoden der zerstörungsfreien Prüfung, wie der stark eingeschränkten elektrischen (Kapazitäts-) Prüfung und der aufwendigen Durchstrahlung mittels „harter" Strahlung, sind insbesondere das Wärmefluß-Verfahren mittels temperatursensitiver Beschichtungen (auf Basis sogenannter Flüssigkristalle) aussichtsreich. Hinzu kommt ein eventueller Einsatz der neueren holographischen Interferometrie sowie die Infrarot- und Lasertechnik. Sie werden derzeit bei Versuchsklebungen hinsichtlich der Verformung und Spannungsverteilung unter Last erprobt. Weiterentwicklungen könnten jedoch auch Einfluß auf eine verbesserte zerstörungsfreie Q-Prüfung nehmen.

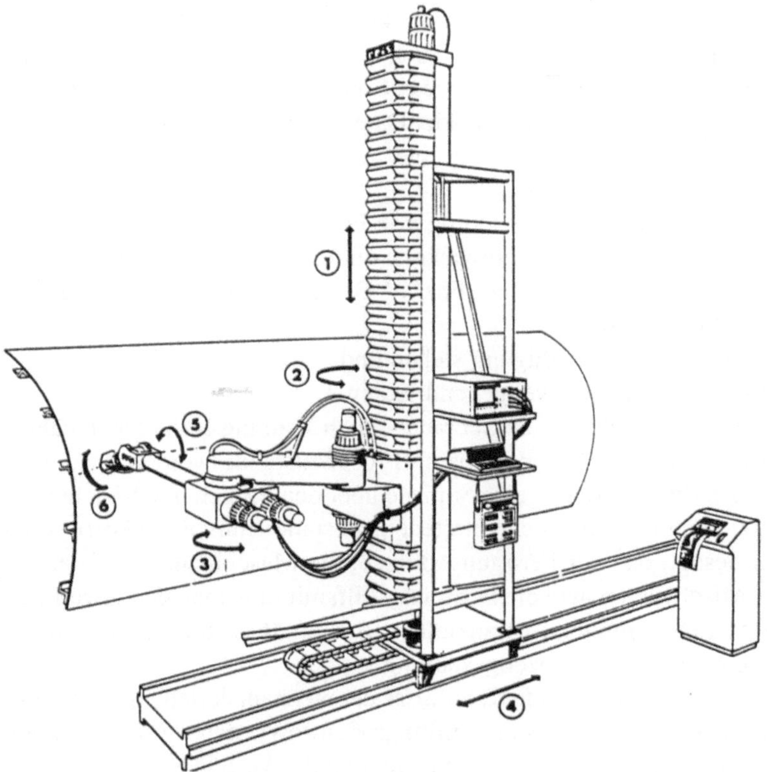

Bild 5.10: Der rechnergesteuerte Industrieroboter prüft den lückenlosen Auftrag bei verklebten Mehrschicht-Rumpfschalen aus Al-Legierungen mit Ultraschall (Krautkrämer)

5. 4 Q-Prozeßkontrollen

Die traditionell gehandhabte Fertigungs- und Prozeßkontrolle beschränkte sich vielfach auf den Eingangs- und Ausgangsbereich (Bild 5.11).

Zunehmend entstehen jedoch vor allem wirtschaftlich zu sehende Forderungen eventuelle fehlerhafte Kleb- und Dichtverbunde nicht erst durch nachgeschaltete Q-Kontrollen zu erkennen und verlustbringend auszusondern, sondern sie noch während der Fertigung durch geeignete Q-sichernde Maßnahmen von vorneherein zu vermeiden [6].

5.4.1 Prozeßfähigkeit

Möglichkeiten hierzu bieten Prozeßkontrollen mit rückkoppelnden Steuerungen oder Regelungen. Grundlage solcher Überlegungen ist die Suche nach denjenigen
- zerstörungsfrei zu messenden Prozeßgrößen, die direkte Ähnlichkeiten oder Korrelationen zu den nur
- zerstörend zu messenden Q-Merkmalen von Kleb- und Dichtverbunden aufweisen.

Wenn die direkten Q-bestimmenden Prozeßgrößen keiner internen (Inline-) Messung zugänglich sind, kann eine Prozeßüberwachung auch durch die Anwendung der *statistischen Prozeßsteuerung* (SPC = Statistical Process Control) erreicht werden [7]. Für stichprobenweise Entnahme prozeßbeschreibender Daten jedoch ist die Prozeßfähigkeit der Verbundherstellung in den einzelnen Stufen eine wesentliche Voraussetzung für die SPC-Anwendbarkeit.

Ein neuer Trend, besonders in der Steuerung von Fertigungsprozessen ergibt sich durch die *Fuzzy Logic*: Eine in den USA entwickelte und in Japan schon länger eingesetzte quasi-intelligente Steuerungsart. Der „Fuzzy"-Gedanke findet zunehmend dort Verwendung, wo der QS-Steuerung
- nur vage Informationen zur Verfügung stehen und
- theoretisch ableitbare Modelle weitgehend fehlen.

Er nutzt die vom Menschen im alltäglichen Gebrauch durch Training erworbenen Fähigkeiten: Aus unscharfen Signalen der erreichbaren Prozeßzustände werden für die Q-Bewertung relevante Merkmale herausgelöst, um sie über den Prozeß in QS-sichernde Zustände zu klassifizieren und je nach eingetretenem Zustand sinnvoll zu korrigieren [8]. Prozeßfähigkeit besagt, daß der Fertigungsprozeß, die Maschinen, das Verarbeitungs-, Dosier- oder Mischgerät sowie die Fertigungshilfsmittel gemäß den jeweiligen Anforderungen innerhalb bestimmter Toleranzfelder arbeiten: Prozeßfähigkeit ist demgemäß das Ergebnis einer gezielten Prozeßgestaltung!

Voraussetzung dazu sind ausreichende Kenntnisse der mechanisierten und vor allem automatisierten Stoffverarbeitung mit ihren Einflußgrößen sowie deren Auswirkungen auf das Prozeß- oder Fertigungsergebnis, also die Qualität der Verbunde [9].

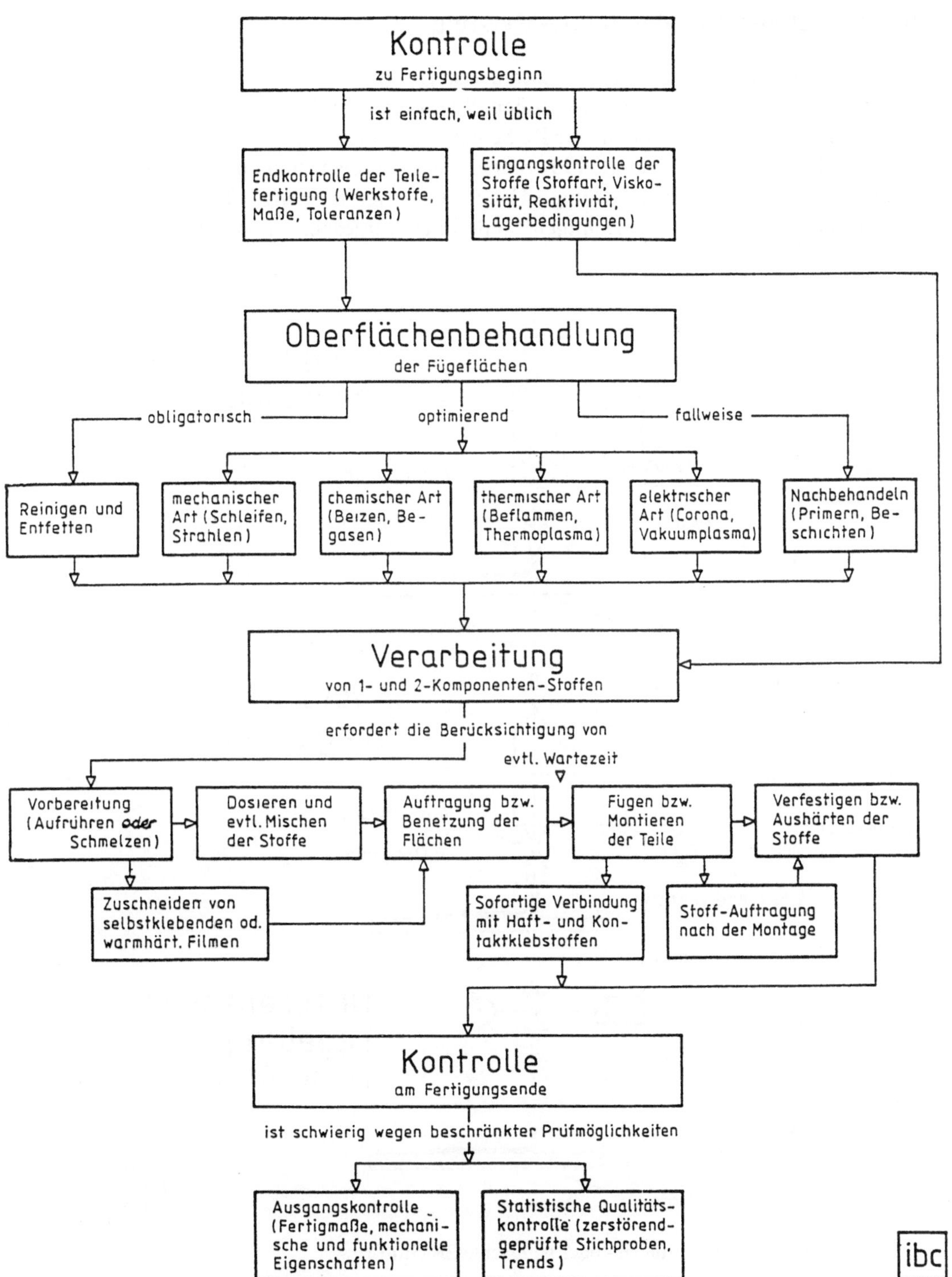

Bild 5.11: Schema der Fertigungsstufen von Kontrolle zu Kontrolle

5.4.2 Möglichkeiten der Inline-Messung

Besonders in mechanisierten und automatisierten Anlagen anzustreben sind stets zerstörungsfrei zu messende Prozeßgrößen. Wenn auch in relativ begrenztem Maße, so sind zumal in den letzten Jahren eine Reihe innovativer Lösungen hierzu entstanden.

Die wichtigsten Q-orientierten Prozeßparameter ergeben sich durch Beantwortung (oder Messung) der 4 R-Fragestellung: „Haben die Stoffe bei *richtiger* Temperatur *richtig* dosiert oder gemischt an der *richtigen* Stelle ihren vorgesehenen Wirkbereich *richtig*

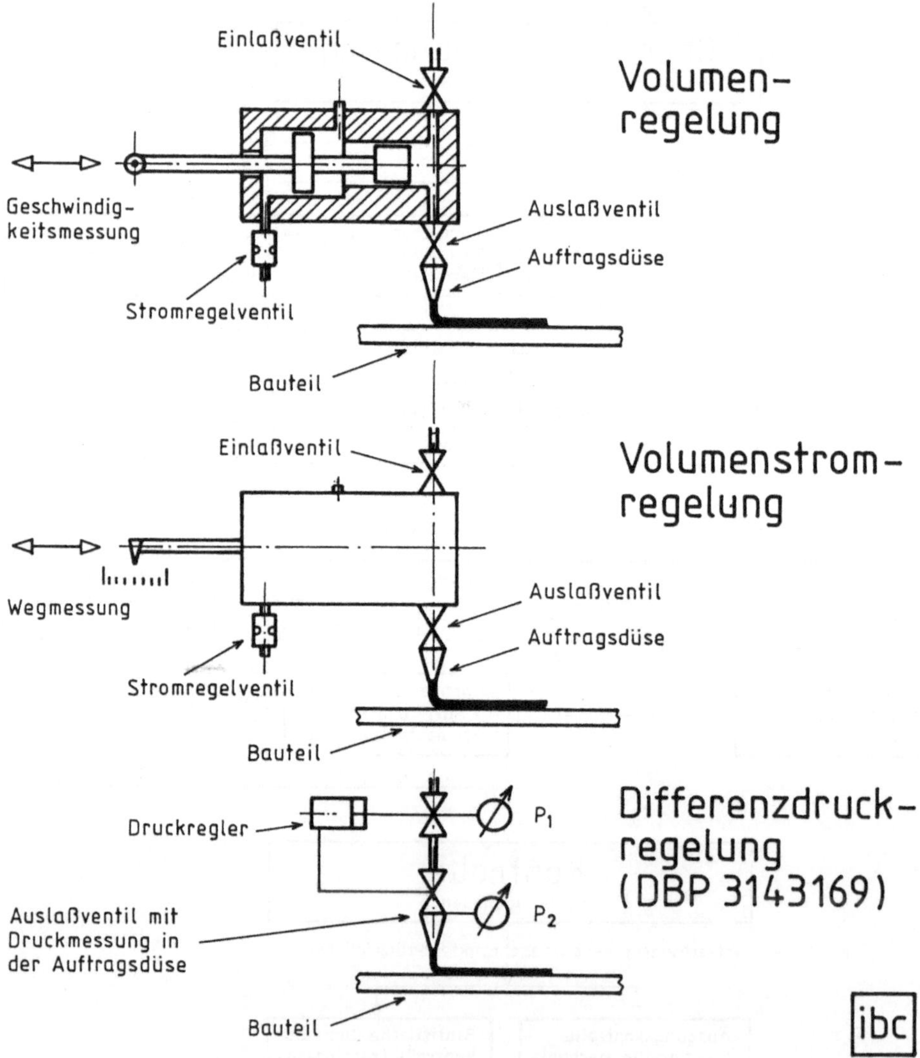

Bild 5.12: Prozeßkontrolle für 1K- oder gemischte 2K-Stoffe

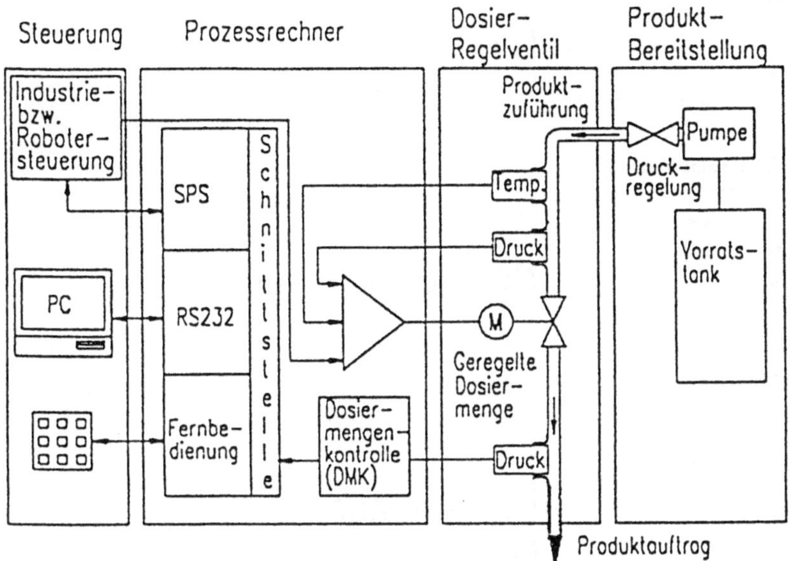

Bild 5.13: Ablaufschema für eine Dosier-Regelventil-Anordnung (Drei Bond, Eching)

erreicht? Daraus ergeben sich als Meßgrößen für flüssig bis pastöse Stoffe die (oft untereinander verknüpften) temperaturgeregelten Bereiche der internen Geräteüberwachung von

— Dosiervolumina,
— Volumenstrom und/oder des
— Dosier- und Stoffdrucks

Zum Einsatz kamen bisher meist vor den Abgabedüsen angeordnete Volumendosierer (siehe Abschn. 3.2.2.2 „Mechanisierte Dosierung"). Sie stellen im Prinzip pneumatisch oder hydraulisch über Wegmeß- oder Geschwindigkeits-Sensoren indirekt kontrollierbare separate Kolben-Dosierpumpen dar, die meist ohne direkten Zusammenhang mit den stark Einfluß nehmendenTemperaturen stehen.

Erst neuere Druck- und Temperatur-Sensoren in Kombination mit regelbaren Dosier-Ventilen oder Dosier-Pumpen (siehe Abschn. 3.2.2.3 „Neuere Dosierverfahren") bieten weiterführende Möglichkeiten der Q-orientierten Auftragstechnik [10] (Bild 5.13).

Mit der *Ab- oder Übergabe* der vorbestimmten Stoffmengen an die zu benetzenden Wirkflächen vor deren Montage (also dem eigentlichen Fügevorgang) werden die dritte und vor allem die vierte vorstehender 4 R-Fragen von Bedeutung:"Haben die vorbestimmten Stoffmengen an der vorgesehenen Stelle die Wirkflächen tatsächlich erreicht?"

Zu ihrer Beantwortung dienen derzeit ausschließlich berührungslos-arbeitende, optoelektronische Sensoren in ihren verschiedenen Formen im Sinne einer Auftragskontrolle.

Zur Verwendung gelangen wegen meist nur einseitiger Erreichbarkeit der Prüfstellen vorwiegend „Taster", die nach verschiedenen Reflexionsprinzipien arbeiten [11]:

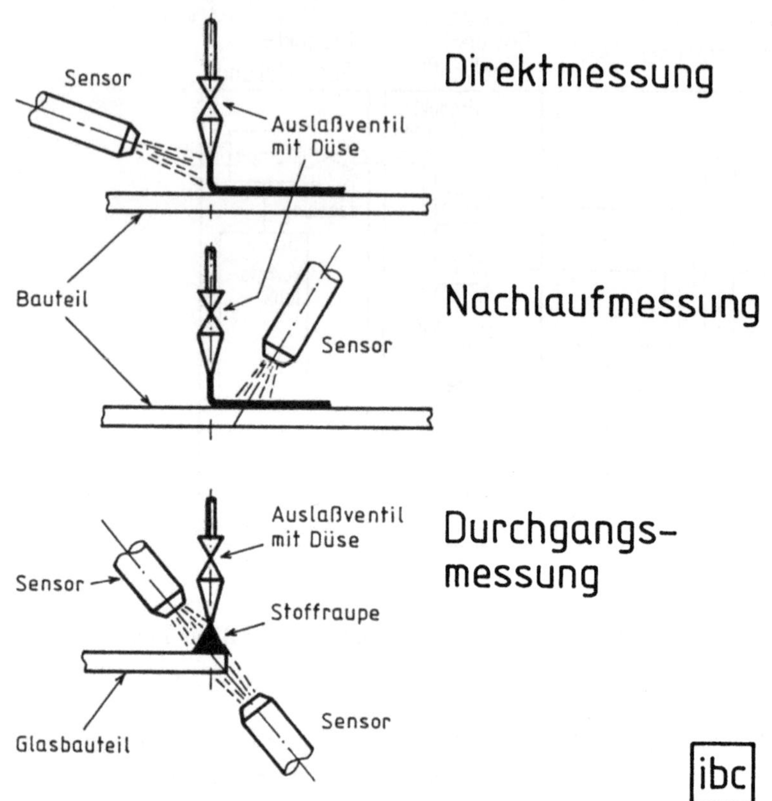

Bild 5.14: Kontrolle der erfolgten Oberflächenbenetzung

- Luminszenz-Taster verfügen über eine UV-Lichtquelle als Sender und empfangen sichtbares Licht. Das erfordert fluoreszierende Zusätze in den Stoffen.
- Kontrast-Taster erkennen Graustufen zwischen Schwarz und Weiß. Sie fordern eine „Lesbarkeit" im Helligkeitsunterschied der Stoffe auf den Untergründen.
- Detektorzeilen-Kameras erfassen sowohl S/W- wie Farbunterschiede auch aus größeren Entfernungen über handelsübliche Optiken, ergeben jedoch höheren Auswerteaufwand.
- Laserabstands-Taster (Wegmeß-Sensoren) erkennen Dickenunterschiede zwischen Stoff und Untergrund durch „Triangulierung", fordern aber ebenfalls höheren Aufwand.
- IR-Temperatur-Taster messen Temperaturinhalte direkt und/oder im Vergleich zur Umgebung. Hiermit sind auch Mengenmessungen aufgebrachter Stoffe möglich.

Im Prinzip geht es also um das montagegerechte und zielorientierte Benetzen der Wirk- oder Klebflächen vor ihrer Montage.

Die Inline-Kontrolle der wesentlich komplizierter zu verarbeitenden 2K-Klebstoffe wird nachfolgend beschrieben.

5.4.3 Besonderheiten der 2K-Stoffe

Bei der Verarbeitung zweikomponentiger Stoffe hat der Dosiervorgang die wichtige Aufgabe, die Reaktionskomponenten bei bestimmter Temperatur in einem vorgegebenen Verhältnis zusammenzubringen, innerhalb begrenzter Zeiten optimal zu vermischen und die Wirkflächen damit zu benetzen. Je nach eingesetzten (oft stark unterschiedlichen) Stoffviskositäten der Komponenten werden dabei hohe Anforderungen an die Dosier- und Mischgenauigkeit unter besonderer Berücksichtigung der jeweiligen Leitungs- und Mischdynamik gestellt (siehe auch Abschnitt 3.3 Mischung).

Bild 5.15 zeigt am Beispiel einer 2K-Verarbeitungsanlage mit dynamischem Mischer nach dem Stichleiter- oder Einleiterprinzip die derzeit mögliche Meßgrößenzugänglichkeit für Q-Kontrollzwecke.

Das relativ wenige Wissen um die Zusammenhänge beruht bisher meist auf empirischen Unterlagen der wenigen Hersteller von 2K-Dosier- und Mischgerät und wurde erst durch eine kürzliche Veröffentlichung aufgrund von Basisuntersuchungen wesentlich erweitert [12].

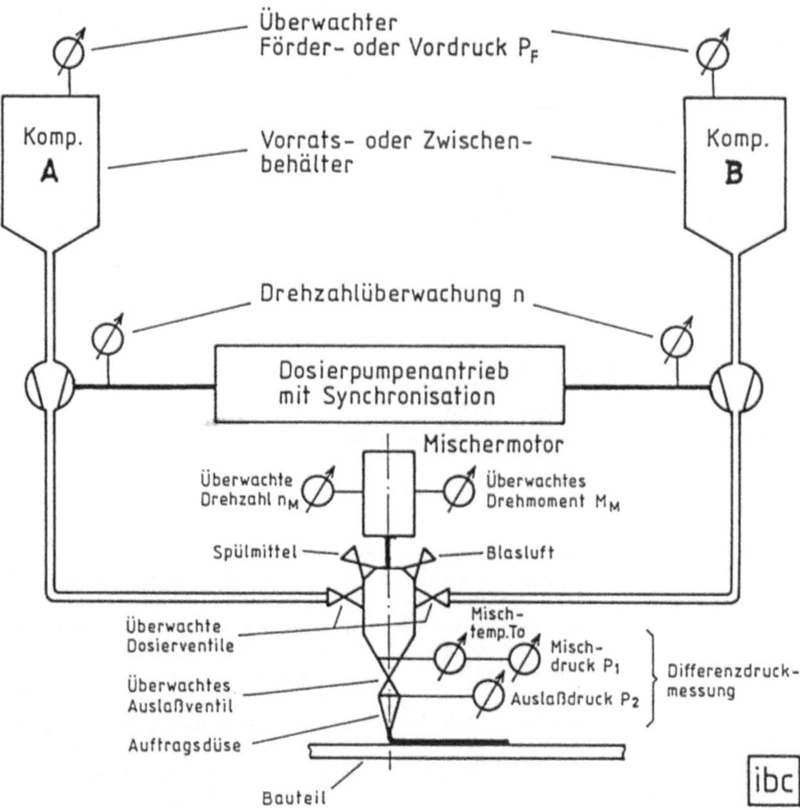

Bild 5.15: Schema der Kontrollmöglichkeiten an einer 2K-Verarbeitungsanlage

5.5 Q-Fehleranalysen

Die Beurteilung der Wirksamkeit aller zur Herstellung eines Qualitätsprodukts erforderlichen Mittel und Maßnahmen durch Messung und Feststellung der Ist-Zustände erfolgt mittels *Qualitäts-Audits*.

„Audit" kann mit der aus dem Finanz- und Rechnungswesen bekannten „Revision" gleichgesetzt werden: Ein Q-Audit hat demgemäß die Aufgabe, eventuell vorhandene Schwachstellen etwa einer Klebtechnik-Fertigung rechtzeitig zu erkennen und zu beheben. Detaillierte Ausführungen finden sich in [13].

Ein wesentlicher Bestandteil derartiger Audits ist die Feststellung der fehlerverursachend-einengenden Herkunft solcher Q-mindernder Einflüsse wegen ihrer vielfältig-gestreuten Beeinflussung. Nachfolgend mögliche Einflüsse (Bild 5.16).

5.5.1 Unberücksichtigte Voraussetzungen

Sie ergeben sich bereits im konstruktiven kleb- und fügetechnischen Bereich aufgrund der erforderlichen kleb- und montagegerechten Gestaltung für die jeweils ausgewählten Klebdichtstoffe. Als Hauptfehler hierbei erwiesen sich

- nicht artgerechte Gestaltungen
- ungeeignete Stoffe mit dafür
- unangepaßtem Verarbeitungsgerät und
- ungeschultem Personal für den Umgang damit.

Insbesondere bei der manuellen und mechanisierten Fertigung stellt meist der Mensch die eigentliche Fehlerquelle dar, wenn er ungeeignet, schlecht ausgebildet oder unmotiviert ist.

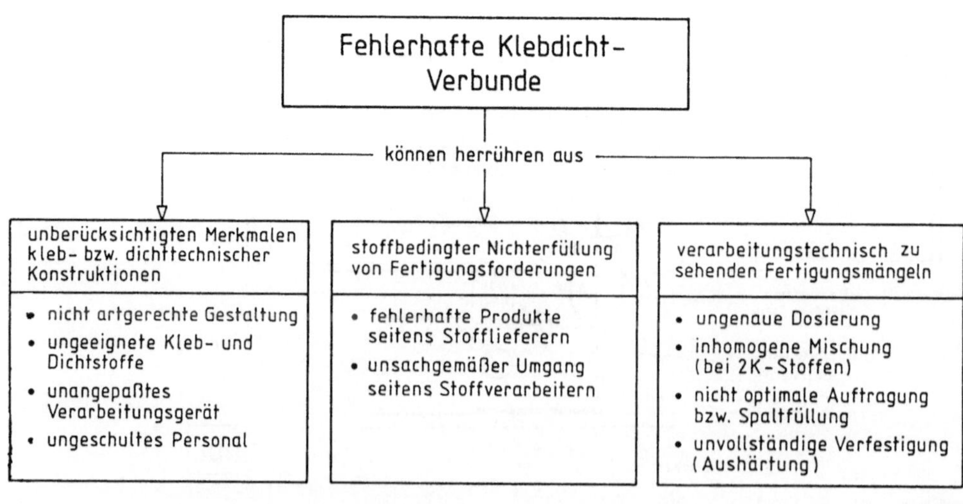

Bild 5.16: Mögliche Herkunft von Q-Fehlern

Erfahrungsgemäß tritt diese Fehlerart aber auch dort auf, wo an der falschen Stelle gespart wurde, wie etwa am erforderlichen kleb- und dichttechnisch zu sehenden Aufwand in Entwicklung, Konstruktion und Versuch. Oft ist es zweckmäßig, die kleb- oder dichttechnische Realisierung mit einer Wirtschaftlichkeitsrechnung zu begleiten und ein Projekt eher abzubrechen, als aus Kostengründen technisch unzulänglich durchzuführen.

Fehlt einem Unternehmen der langjährig erfahrene Fachmann für Kleb- und Dichttechnik-Fragen, so sollte ein bewährter *externer Berater* hinzugezogen werden - dies dürfte oft die wirtschaftlichste Lösung darstellen und die Produktqualität am besten sicherstellen.

5.5.2 Nichterfüllung stoffbedingter Forderungen

Fertigungsfehler aus Gründen stoffbedingter Mängel geben nachfolgende Praxisfälle wieder.

Der *Stofflieferant* hat fehlerhafte Produkte ausgeliefert, weil
- weder eine Ausgangskontrolle bei ihm noch eine Eingangskontrolle beim Verarbeiter stattfand,
- die „Kontrolle" lediglich durch Inaugenscheinnahme erfolgte,
- trotz Kontrolle keine „signifikanten" Vergleichs-Abweichungen feststellbar waren,
- eine falsche Etikettierung erfolgte, die bei der Eingangskontrolle unbemerkt blieb, auf dem Transportweg (durch sehr niedrige Temperaturen) eine Schädigung stattfand, die beim Eingang ebenfalls unbemerkt blieb.

Dem *Verarbeiter* können nachfolgende Fehler unterlaufen, die oft mit Produktschädigungen verbunden sind.
- Infolge günstiger Staffelpreise wurden zu große Produktmengen eingekauft und deren Lagerdauer wesentlich überschritten.
- Auf Montagestellen erfolgte die Freilagerung unter Sonneneinstrahlung und undichten Gebindeverschlüssen.
- Vor der Verarbeitung fand keine Temperierung, Homogenisierung, Evakuierung oder Luftbeladung (wie etwa bei 2K-PUR-Schäumen) statt.
- Eine neue 2K-Stoffcharge verhielt sich trotz Kontrolle anders als bisherige Chargen, was erst in der Fertigung bemerkt wurde.

Diese wenigen Beispiele demonstrieren die mögliche Vielfalt stoffbedingter Einflüsse und zeigen die Notwendigkeit der Stoffkontrolle beim Liefer-Ausgang und Verarbeiter-Eingang.

5.5.3 Verarbeitungsbedingte Mängel

Es sind erfahrungsgemäß vier Gründe, die zu Verarbeitungsfehlern führen können, nämlich

- ungenaue Stoffdosierung
- inhomogene Mischung (bei 2K-Stoffen)
- nicht optimaler Auftrag oder Spaltfüllung
- unvollständige Verfestigung (Aushärtung) der Stoffe.

Bei *Dosierung von 1K-Stoffen* werden je nach Anforderungen meist Dosiergenauigkeiten von 2 bis 10 Prozent verlangt. Solche Forderungen stellen selbst bei pastösen oder viskosen Stoffen keine nennenswerten Schwierigkeiten dar.

Ganz anders hingegen sieht die Situation bei Dosierungen empfindlicher *2K-Stoffe* aus, wo Toleranzen der Dosier- oder Mischverhältnisse von 1 oder gar 0,3 Prozent verlangt werden. Dies wird dann selbst für versierte Gerätehersteller zum „Alptraum", denn damit entsteht bei Kleinstmengen-"Schüssen" von etwa 100 mg/s bei Mischungsverhältnissen von 100 : 10 eine Toleranz besagter 0,3 Prozent. Im Falle größerer Mengen ist dann der Einbau von Volumenzählern erforderlich. Für Kleinstmengen-Dosierungen gibt es keine solchen Meßgeräte, weshalb Mikrodosierpumpen verwendet werden: Das sind meist präzise Zahnrad- oder Exenterschneckenpumpen mit geregelten Tacho- oder Schrittmotoren mit zusätzlicher Drucküberwachung.

Die *homogene Mischung* sollte eine Basis entsprechender Q-Kontrollen darstellen. Sie ist jedoch bisher der Inline-Messung kaum zugänglich, weshalb die stichprobenartige Extraktion monomerer (nicht reagierter) Mischungsbestandteile mit Lösemitteln im Labormaßstab praktiziert wurde, um etwa Mischungsverhältnisse oder Mischungsgrade bei Mischerauslegungen zu berücksichtigen.

Die Ermittlung der Homogenitätsgrenze einer Mischung kann bei dynamischen Mischern unter anderem durch Veränderung der Mischerdrehzahl oder des Mischkammervolumens erfolgen. Wenn trotz Steigerung der Mischerdrehzahl, die gleichzeitig festgestellten Härte- und/oder Festigkeitswerte von Stoffproben nicht mehr steigen, ist die Homogenitätsgrenze erreicht. Der Ausdruck „Homogenitätsgrenze" entspricht der in [12] dafür benutzten „Grenzdrehzahl" dynamischer Mischer.

Die ebenfalls mögliche Messung der Reaktionstemperaturen ergibt nur bei schnellhärtenden Stoffen signifikante Größen. Aussichtsreich sind gewiß die Messungen elektrischer Stoffeigenschaften wie etwa der elektrischen Leitfähigkeit oder der dielektrischen Eigenschaften und die DMTA (dynamisch-mechanische Thermoanalyse) gemäß [14].

Nicht optimale *Benetzungen* der Wirkflächen sollten von vorneherein vermieden werden, wie die Beschreibung im vorherigen Abschnitt 5.3.2 aufzeigt. Eine „Schwachstelle" stellt hier unter anderem der Faden- oder Raupenauftrag dar:

- Wenn die Auftragsgeschwindigkeit größer ist, als die Dosiergeschwindigkeit und der Auftragsdüsenabstand zu groß ist, kommt es zum „Ausziehen" der Raupe mit Benetzungsmengenschwankungen oder -unterbrechungen.

   – Wenn hochreaktive (raschhärtende) Stoffe zu langsam aufgebracht werden, so kann
    es (eventuell durch den Flächenkontakt beschleunigt) zu unerwünschten Vor-
    reaktionen kommen, welche die Benetzung von Gegenflächen bei der Montage
    behindern.

Unvollständige *Verfestigung* mit vorzeitigem Handling ist erfahrungsgemäß einer der
Hauptgründe für fehlerhafte Klebdichtverbunde. Oftmals steht dieser meist zeitorientierte
Vorgang im Mittelpunkt von Fertigungsfehlern. Folgerichtig bedarf dieser Verfahrens-
schritt besonderer Aufmerksamkeit der QS. Die vielfältigen Verfestungsmechanismen
der verwendeten Stoffe gehen aus Abschnitt 3.6 „Verfestigungsvorgänge" hervor.

Die Messung von zeit-/temperatur-orientierten Verfestigungsschritten stellt ein be-
sonderes Problem dar, denn mögliche Härtemessungen am übertragenden bzw. ausge-
drückten Stoffen ergeben je nach Stoffart nur unvollkommene oder verfälschte Aussagen
hierzu. Es verbleiben lediglich stichprobenartig zerstörende Prüfungen. Fazit: Hier ist
noch ein weites Untersuchungsfeld für Aufgaben an Diplomanden und Doktoranden zu
sehen! Zeitangaben der Stoffhersteller können verwirrend sein, weil sie oft ungewohnte
Bezeichnungen verwenden, wie:

   – Anhärtezeit mit sich ergebender „Handfestigkeit". Sie wird als die Zeit verstan-
    den, nach der die Fügeteile bei sanftem Anlagen eine deutliche Verfestigung zei-
    gen und sich nicht mehr gegeneinander verschieben bzw. bewegen lassen (10 bis
    20 Prozent der erreichbaren Festigkeit).
   – Teilhärtezeit mit „Funktionsfestigkeit". Darunter wird die Zeit verstanden, nach
    der die Fügeteile einer für Transport und/oder Weiterverarbeitung ausreichende
    Teilfestigkeit erreicht haben (30 bis 50 Prozent der erreichbaren Festigkeit).
   – Härtezeit mit „Montagefestigkeit", womit 80 bis 90 Prozent der erreichbaren
    Festigkeit definiert werden und schließlich der
   – Endaushärtezeit mit „Endfestigkeit". Sie erfordert wegen oft ausgeprägter Nach-
    härtung (vor allem bei Raumtemperatur verfestigender Stoffe) Zeiten von 24 bis
    120 Stunden oder eine Warmhärtung von 100 bis 200° C bei 1 bis 2 Stunden.
    Übrigens sind etwa 72 Stunden bei Raumtemperatur eine Bedingung vieler Prüf-
    normen [5].

Literatur

[1]   DIN 55350 „Begriffe der Qualitätssicherung und Statistik" Teil 11, Beuth-Verlag Berlin
[2]   DIN/ISO 9004 „Qualitätsmanagement und Elemente eines Qualitätssicherungssystems; Leit-
    faden", Beuth-Verlag Berlin (Mai 1987)
[3]   QS-Richtlinien-Mappe des Fachverbands Klebstoffindustrie e.V., Düsseldorf 1988.
[4]   Zertifizierungsstelle ist z.B. DQS Deutsche Gesellschaft für Qualität e.V., Frankfurt/Main,
    Berlin
[5]   Schliekelmann, R.J.: „Metallkleben - Konstruktion und Fertigung in der Praxis", DSV-Verlag
    Düsseldorf 1972.
[6]   Krautkrämer, J. und H.: „Werkstoffprüfung mit Ultraschall", Springer-Verlag Berlin Heidel-
    berg New York London Paris Tokyo 1986.

[7] A.A.: „Statistische Prozeßkontrolle für dimensionslose Materialien" Ford AG, Köln März 1986

[8] Burmeister, J.: „Fuzzy Logic - nicht nur ein Modetrend" Schweißen und Schneiden 9 (1991)

[9] Sauer, J.: „Maschinelle Klebstoffverarbeitung und Applikation unter dem Gesichtspunkt der Qualitätssicherung", Dechema-Monographie Band 119 „Fertigungssystem Kleben '89", VCH Verlagsgesellschaft Weinheim 1990.

[10] Endlich, W.: „Druck- und Temperatur-Sensoren. Kontrollierter Auftrag pastöser 1K-Stoffe in der Kleb- und Dichttechnikfertigung" Adhäsion kleben & dichten 3 (1993).

[11] Endlich, W.: „Opto-elektronische Sensoren. Assistenten der Prozeßkontrolle in der Kleb- und Dichttechnik-Fertigung", Adhäsion kleben & dichten 12 (1992)

[12] Sauer, J.: „Neue Aspekte der Qualitätssicherung bei der Herstellung von Klebverbindungen mit zweikomponentigen Klebstoffen" (Dissertation an der TH Aachen) Adhäsion-Buchreihe, Heinr. Vogel Fachzeitschriften GmbH, München 1989.

[13] Schindel-Bidinelli, E.: „Qualitätssicherung und Durchführung eines Klebstoff-Audits" Vortragsunterlage zu GFAV-Fachseminar Frankfurt 1988.

[14] Lorscheider, W.: „DMTA zur Charakterisierung der Aushärtung von Klebstoffen", Adhäsion 3 (1992).

[15] Endlich, W.: „Zeitgemäße Acrylat-Klebstoffe ..." Verlag für Technikliteratur, Limeshain 1985.

6 Wirtschaftlichkeit

Wirtschaftlichkeitsbetrachtungen stehen in direktem Zusammenhang mit den Möglichkeiten von Kleb- und Dichtstoffanwendungen und können vielschichtig betrachtet werden, nämlich von der
- vergleichenden Wahl des Füge- oder Dichtverfahrens bis zur
- wünschenswerten Verringerung der Montage- und Personalkostenanteile in Abhängigkeit von
- der Investitionsbereitschaft in diese neuere Füge- und Dichttechnik.

6.1 Wahl des Fügeverfahrens

Die Verfahrenswahl bedeutet bereits einen Entscheidungsprozeß der vielfach durch traditionelle Einflüsse gekennzeichnet ist. Schließlich sollen meist altbekannte Fügeverbindungen beispielsweise durch oft nur wenig bekannte Klebverbindungen ersetzt werden. Ein korrigierender Kostenvergleich verschiedener Fügearten für Metalle ist in Bild 6.1 wiedergegeben: Bei einem Kostenfaktor von 1,7 (nur St und Al) gegenüber dem billigen Punktschweißen mit 1 (nur für St), bedeutet dies nur einen geringfügigen Unterschied. Dabei ist die technisch-vorteilhafte Kombination des Punktschweiß-Klebens noch gar nicht berücksichtigt.

Vielfach wird aber die kostensparende *Multifunktion* der Kleb- und Dichtverbindungen einfach übersehen. Tatsache ist, daß diese Fügeverbindungen „Nebenfunktionen" erfüllen, wie sie mit keinem vergleichbaren Fügeverfahren realisierbar wären. Wie Bild 6.2 aufzeigt, lassen sich die typischen Merkmale aufteilen in
- Kleben ohne Alternative
- Kleben mit anderen Verfahren kombiniert (Hybridtechnik) und
- Kleben im Wettbewerb mit anderen Verfahren.

Entsprechend gestaffelt berücksichtigt werden müssen dann aber auch Fragen der Wirtschaftlichkeit [1]. Zur angeführten Gruppierung werden nachfolgend einige Beispiele angeführt.

Bewertungskriterien verschiedener Fügearten

Kost.-fakt.	Fügeart	Werkstoff St	Al	Verwendung	Grenzen	Erforderl. Teile	Arbeitsablauf
1,0	Punkt-schweißen	×		Unlegierter und nicht rostender Stahl (siehe Buckelschweißen)	Für Stahlteile mit galvanischen Überzügen ist Buckelschweißen vorzusehen (siehe dort)	2 Platinen	Streifen schneiden Teile schneiden 4 x Punkten
1,3	Buckel-schweißen	×		Für max. Schweißfestigkeit bei großen Dickenunterschieden, galv. Überzüge möglich, mehrere Schweißverb. gleichzeitig.	Hoher C-Gehalt = niedrige Festigkeit, Martensitische Stähle nicht geeignet	2 Platinen	Streifen schneiden Teile schneiden 4 x Prägen 4 x Punkten
1,7	Kleben (2 K-Epoxi)	×	×	Spannungsfreie Verbindung gleicher oder unterschiedl. Werkstoffe, wirtschaftlich	Einschränkung der Festigkeit im besonderen bei Temperaturbeanspruchungen	2 Platinen	Streifen schneiden Teile schneiden Entfetten Kleber ansetzen kleben
2,6	Halbrundniet DIN 660	×	×	Bedingt lösbare Verbindung im Behälter u. Flugzeugbau, Gelenk- u. Kleinteileverbindung	Je nach Anforderungen. Bei hochwertigen Nietverbindungen muß gemeinsam gebohrt werden	2 Platinen 4 Nieten	Streifen schneiden Teile schneiden 4 x Lochen Ent- und Befetten, Richten 4 x Nieten
2,9	Punkt-schweißen		×	Hohe Wirtschaftlichkeit bei geringem Verzug	Buckelschweißen nicht durchführbar; nur bei blanken Oberflächen schweißbar	2 Platinen	Streifen schneiden Teile schneiden Entfetten Beizen 4 x Punkten
2,9	Metall-Lichtbogenschweiß. 1-seitig	×		Für alle schweißbaren Stahlsorten ab 1,5 mm Dicke bei geringen Stückzahlen, weniger Verzug d. Teile als b. Gasschw.	Grenzen für die Anwendbarkeit bei verschiedenen Nahtarten	2 Platinen	Streifen schneiden Teile schneiden Schweißen Zunderbeizen
3,4	Senkniet DIN 661		×	Bedingt lösbare Verbindung im Behälter- und Flugzeugbau, Gelenk- und Kleinteileverbindung	Je nach Anforderungen und Werkstoffdicken (siehe Rundniet)	2 Platinen 4 Nieten	Streifen schneiden Teile schneiden 4 x Lochen, 4 x Senken, Ent- und Befetten, Richten 4 x Nieten
3,5	Senkniet DIN 661	×		Bedingt lösbare Verbindung im Behälter- und Flugzeugbau, Gelenk- und Kleinteileverbindung	Je nach Anforderungen und Werkstoffdicken (siehe Rundniet)	2 Platinen 4 Nieten	Streifen schneiden Teile schneiden 4 x Lochen, 4 x Senken, Ent- und Befetten, Richten 4 x Nieten
3,6	Durchgangs-loch	×	×	Wirtschaftlichste lösbare Verbindung	Erhöhter konstruktiver Platzbedarf durch Schraubenüberstände	2 Platinen 4 Schrauben 4 Scheiben 4 Muttern	Streifen schneiden Teile schneiden 4 x Lochen Ent- und Befetten, Richten 4 x Montieren
3,7	Gewinde-schneiden	×	×	Bei ausreichenden Werkstoffdicken	Mindesteinschraublängen zu beachten	2 Platinen 4 Schrauben 4 Scheiben	Streifen schneiden, Teile schneiden, Ent- und Befetten, Richten; 4 x Lochen, Senken, Gewinde schneiden (nur 2. Platine) 4 x Montieren
3,7	Hartlöten in Schutzgasdurchlaufofen	×		Vorwiegend zum Verbinden von Serienteilen aus Stahl, die ein Anbringen des Lotes zulassen	Durchlauföffnung des Schutzgasofens; bei großflächigen Teilen erheblicher Verzug und schwierige Richtarbeit	2 Platinen	Streifen schneiden, Teile schneiden, Ent- und Befetten, 4 x Punkten, Cu-Löten, Lötüberschuß entfernen, Richten
3,9	Setzmutter	×	×	Anstelle von geschnittenen Gewinden, wenn die Dicke des Montageteiles keine genügende Einschraubtiefe ergibt	Blechstärke 1,2 bis 5 Durchmesser M 2 bis M 20	2 Platinen 4 Schrauben 4 Scheiben 4 Setzmuttern	Streifen schneiden, Teile schneiden, 4 x Lochen, Ent- und Befetten, Richten, 4 x Setzmutter eindrücken 4 x Montieren
4,1	Blechdurchzug DIN 7952	×		Wenn Muttergewinde im ebenen Blech zu kurz und die Festigk. der Gewindeverb. dem Blech entsprechen soll	Blechstärke 0,5 bis 4 Durchmesser M 2 bis M 10	2 Platinen 4 Schrauben 4 Scheiben	Streifen schneiden, Teile schneiden, Ent- und Befetten, Richten; 4 x Lochen/Senken, Düse ziehen, Gewinde schneiden (nur 2. Platine) 4 x Montieren
4,3	Schutzgaslichtbogenschweiß. v. Hand 1-seit.		×	Gutaussehende, porenfreie Schweißnähte, in der Regel keine Nacharbeit. Ohne Flußmittel	Grenzen für die Anwendbarkeit bei den verschiedenen Nahtarten	2 Platinen	Streifen schneiden Teile schneiden Entfetten Beizen Schweißen
4,4	Schweißmutter DIN 929	×		Schraubverbindungen bei dünnen Blechen	Blechstärke 0,8 bis 4 Durchmesser M 3 bis M 16	2 Platinen 4 Schrauben 4 Scheiben 4 Schweißmutt.	Streifen schneiden, Teile schneiden, 4 x Lochen, Ent- und Befetten, Richten, 4 x Buckelschweißen, 4 x Montieren
4,4	Metall-Lichtbogenschweiß. 2-seitig	×		Für alle schweißbaren Stahlsorten ab 1,5 mm Dicke bei geringen Stückzahlen, weniger Verzug d. Teile als b. Gasschw.	Grenzen für die Anwendbarkeit bei verschiedenen Nahtarten	2 Platinen	Streifen schneiden Teile schneiden Schweißen Zunderbeizen
6,9	Hartlöten Flamme	×		Bei geringen Stückzahlen und für Buntmetalle	Geringerer Verzug als im Durchlaufofen wegen niedrigerer Arbeitstemperatur	2 Platinen	Streifen schneiden Teile schneiden verkupfern Hartlöten Flußmittelbeizen
7,4	Schutzgaslichtbogenschweiß. v. Hand 2-seit.		×	Gutaussehende, porenfreie Schweißnähte, in der Regel keine Nacharbeit, ohne Flußmittel	Grenzen für die Anwendbarkeit bei verschiedenen Nahtarten	2 Platinen	Streifen schneiden Teile schneiden Entfetten Beizen Schweißen

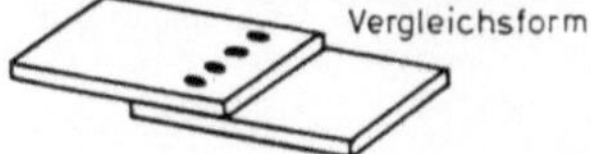

ibc

Bild 6.1: Kostenvergleich verschiedener Fügearten

① Kleben als Verbindungsart	② Merkmale	③ Beispiele	④ vorwiegende Funktionsbereiche					
			verbindend	dichtend	sichernd	verstärkend	distanzierend	isolierend
konkurrenz-los	technische Lösung im Vordergrund	.1 Gekrümmte Gleitbeläge	●	◑			○	
	ohne wesentlichen Zwang zur Wirschaftlichkeit	.2 Ebene Gleitbeläge	●		○		◑	
		.3 Enegiezellen auf Trägern	●			○		◑
	oft gut rationalisierbar	.4 Ausgießen umgrenzter Bereiche	◑	●			○	○
vorteilhaft kombiniert mit anderen	technische Verbesserung bisheriger Verbindungsarten	.5 Niet – Kleben	○	◑	○	●		
		.6 Punktschweiß-Kleben	○	●		◑		
	unveränderte Wirtschaftlichkeit	.7 Querpreß-Kleben	○	◑		●		
	oftmals Verbesserung	.8 Klebe-sicherung	○	◑	●	○		
in Konkurrenz mit anderen	technische Verbesserung	.9 Blechpaket-Verklebung	●	◑			○	○
	Vorteile unterschiedlicher Art	.10 Kunststoff-Verbindung	●	○	○		◑	
		.11 Längspreß-Kleben	○	◑		●		
	erhöhte Wirtschaftlichkeit möglich	.12 Direkt-Einglasung	○	◑		●		○

Bild 6.2: Gesichtspunkte zur multifunktionelle Wirkung von Kleb- und Dichtstoffen

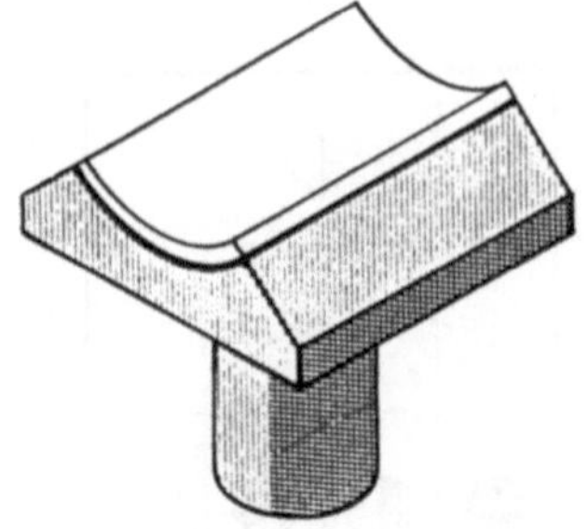

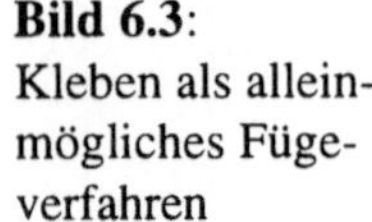

Bild 6.3:
Kleben als allein-
mögliches Füge-
verfahren

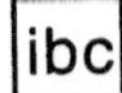

Bild 6.4: Schichtverklebung eines ULP für Sonnenenergiezellen

6.1.1 Gekrümmte Gleitbeläge

Sie stellen eine vor allem im Maschinen-, Kompressoren- und Pumpenbau wiederkehrende und problemhafte Fügeart dar. Sie rührt daher, daß die bisher übliche Lötung etwa von Bz-Lagerschalen durch neuere Sinterbeläge auf St-Stützschalen ersetzt wurde. Da deren obere Temperaturgrenze jedoch bei etwa + 150° C liegt, ist kein Löten möglich, und nur das Kleben bietet eine Verbindungsmöglichkeit (Bild 6.3).

Wirtschaftliche Gesichtspunkte bedürfen keiner Diskussion, weil es keine Verbindungsalternative im Bereich unter + 150° C gibt. Ähnlich ist die Situation bei ebenen Kunststoff-Belägen, wie sie etwa im Werkzeugmaschinenbau für Gleit- und Führungsbahnen laufend verwendet werden.

6.1.2 Sonnenenergiezellen auf Trägern

Es handelt sich um eine typische Raumfahrt-Anwendung. Die Verbunde stellen jedoch beispielhafte Flächenverklebungen hochbeanspruchter Schichtverbunde dar. Die ULP (Ultra-Leightweight-Panels) aus CFK-Sandwich-Großflächen mit 15 mm Dicke werden über Polyimid-Isolierfilme und spezielle Silikonkautschuke mit den Energiezellen (von 200 µm Dicke) verklebt (Bild 6.4). Die Beanspruchungen sind außergewöhnlich (Beschleunigungs-, Vibrations-, Strahlungs- und Temperaturwechsel-Beanspruchungen bei Start und Betrieb). Die Wirtschaftlichkeit hingegen tritt bei solchen Vorhaben bekanntlich in den Hintergrund, zumal es keine Alternative dazu gibt [2].

6.1.3 Ausgießen umgrenzter Bereiche

Solche Beispiele zählen inzwischen zur Standardanwendung des isolierenden Distanzierens, Befestigens und Dämpfens etwa von Elektronik- oder Elektomechanik-Bauteilen in Schutzgehäusen.

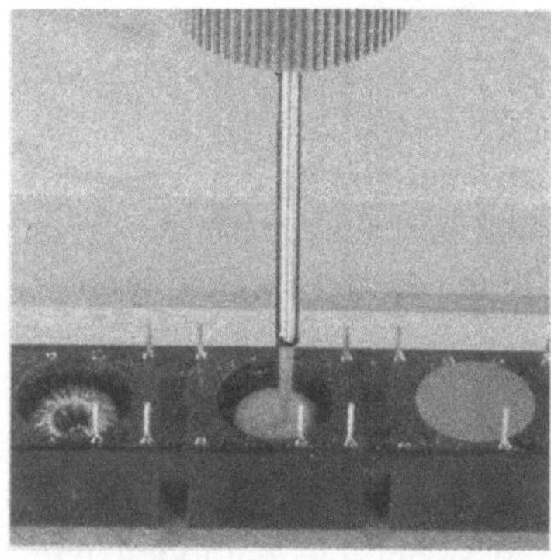

Bild 6.5:
Ausgießen elektrischer Spulen in Kunststoffgehäusen

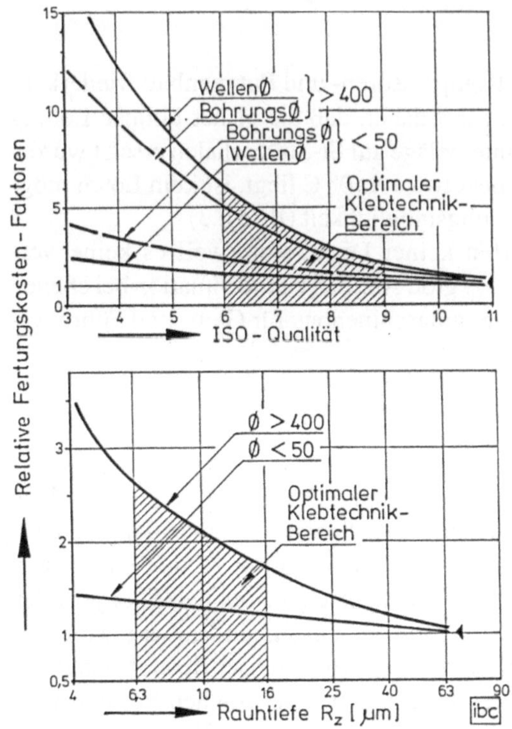

Bild 6.6:
Günstige Plazierung des Klebtechnik-
bereichs innerhalb steigender Forderungen

Das Ausgießen des freien Zwischenbereichs durch klebend wirkende Dichtstoffe oder
Gießmassen ersetzt die bisherige Umwegtechnik über Einpressen, separates Befestigen
oder dichtes Einbördeln zur Distanzhaltung. Es ist eine wirtschaftliche Fügeart ohne
Alternative, zumal Anschlußdrähte und Kontakte integrierbar sind.

6.1.4 Rundverbindungen

Rundverbindungen in ihren traditionellen Formen der kraft- und/oder formschlüssigen
Fügeverbindung bieten ein gutes Beispiel des Kostenvergleichs (Bild 6.6).

Infolge der bei geklebten Rundverbindungen möglichen Reduzierung von Qualitäts-
und Rauhheitsansprüchen an die Fügeflächen und „Entfeinerung" von Passungen, rückt
der jeweilige Klebbereich in die Mitte oder das untere Ende der zu berücksichtigend-
steigenden Fertigungskosten-Faktoren [3].

6.1.5 Klebsicherung von Gewinden (KS)

Sie entspricht ziemlich genau einer der beiden wirksamsten Sicherungsmethoden, nämlich: Festhalten unter Kopf (etwa durch Sperrzahnschrauben) oder Festhalten im Gewinde (etwa durch Klebsicherungen).

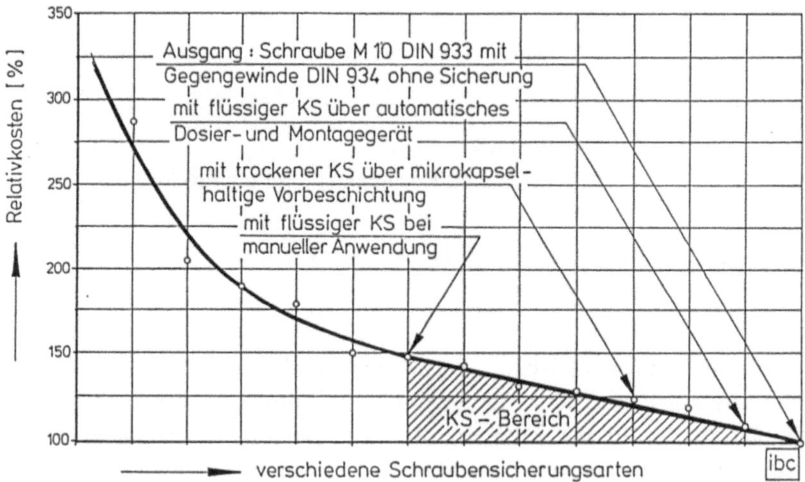

Bild 6.7: Wirtschaftliche Plazierung verschiedener Sicherungsmethoden im unteren Bereich

Wie der Relativkostenvergleich hierzu aussieht, geht aus Bild 6.7 eindeutig hervor. Zu berücksichtigen wäre noch: Die KS wird im Falle von Stiftschrauben oder Gewindestiften (also ohne mögliche Kopffestlegung) zur einzigen Möglichkeit, sofern aufwendige Übermaßgewinde unberücksichtigt bleiben [4].

6.2 Kostenbeeinflussung

Es ist zu wenig bekannt, daß die tatsächlich entstehenden Kosten eines Erzeugnisses durch Entscheidungen, die bereits „am Reißbrett" fallen, weitgehend bestimmt werden. Bestätigt wird dies durch entsprechende Analysen in den USA und der Bundesrepublik, wie sie in Bild 6.8 dargestellt sind.

Eine eventuelle Fehlentscheidung der Konstrukteure bezüglich des günstigsten Fertigungsverfahrens, kann selbst durch erhebliche Rationalisierungs-Erfolge im späteren Fertigungsablauf kaum mehr wettgemacht werden. Leider standen aber dem Konstrukteur bisher (besonders im Falle von Klebverbindungen) nahezu keine vergleichenden Entscheidungshilfen zur Verfügung, die es ihm ermöglicht hätten, ein erhöhtes Kostenbewußtsein in diesem Zusammenhang auch zu praktizieren.

Die industrielle Fertigung beinhaltet die beiden wesentlichen Bereiche der
– Teilefertigung (mit spanabhebenden und spanlosen Verfahren) und die
– Montage (mit entsprechenden Fügetechniken der Teile).
Dem erstrebenswerten Ziel einer kostengünstigen Mechanisierung und Automatisierung ist (zumal im letzten Jahrzehnt) die Teilefertigung am nächsten gekommen.

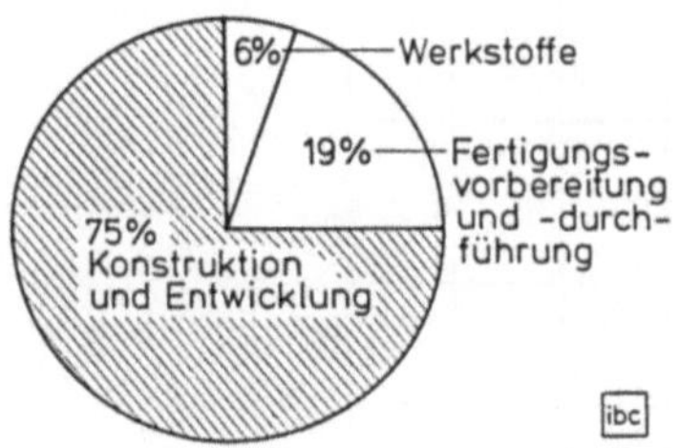

Bild 6.8:
Ungefähre Kostenanteile für ein Produkt

Manchmal scheint es, als ob dies auf Kosten der Montagetechniken erfolgt sei. Denn gegenüber der Teilefertigung wird in der Montage- und Verbindungstechnik noch zu viel manuell gearbeitet. Daraus resultiert auch der relativ hohe Personalkostenanteil in der Montage. Lotter resümiert beispielsweise in [5], daß die Montage- und Fügetechnik über die meisten (jedoch noch zu wenig genutzten) Rationalisierungspotentiale verfügt.

Allerdings muß festgestellt werden: Wenn unter Berücksichtigung analytischer Gesichtspunkte die Beanspruchungen und Aufgaben einer Verbindung vorgegeben sind, ist eine Entscheidung über den anzustrebenden Mechanisierungsgrad in erster Linie auch von der voraussichtlichen Stückzahl abhängig (Bild 6.10).

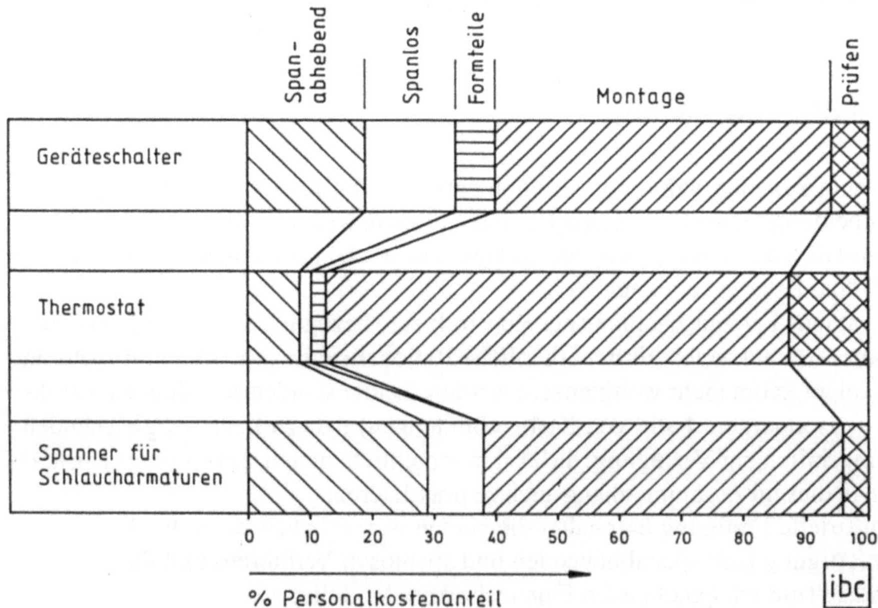

Bild 6.9: Beispiele zu Personalkostenanteilen an Fertigungskosten (nach Lotter)

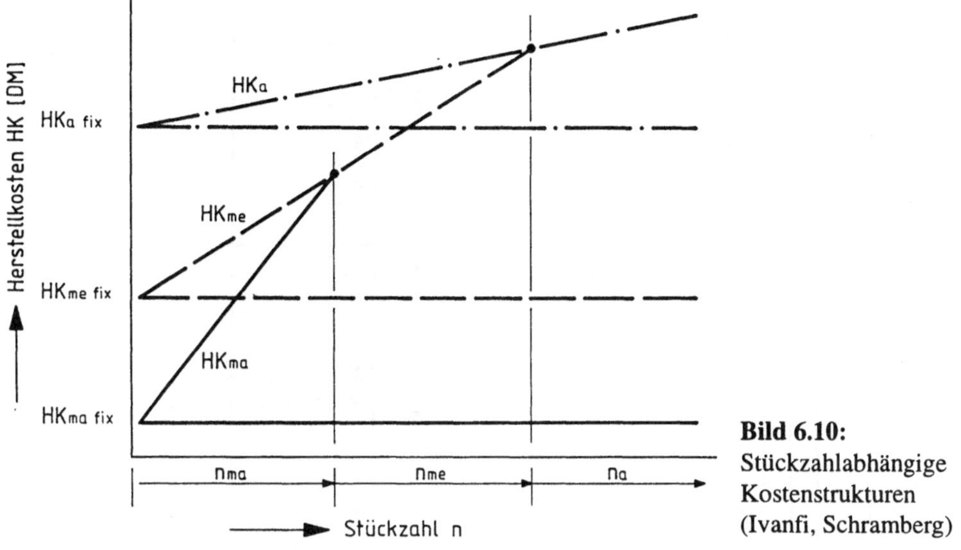

Bild 6.10:
Stückzahlabhängige
Kostenstrukturen
(Ivanfi, Schramberg)

HKma = Herstellkosten bei manueller Verarbeitung
HKme = Herstellkosten bei mechanisierter Verarbeitung
HKa = Herstellkosten bei automatisierter Verarbeitung
HKfix = Herstell-Fixkosten

6.3 Investitionsbereitschaft

Wegen des relativ geringen Montageaufwands beim einfachen und gut automatisierbaren Zusammenbringen der Fügeteile (gemäß Arbeitsschritt 5 „Fügen" in Bild 3.2) gelten Kleb- und Dichtvorgänge als besonders wirtschaftlich im Hinblick auf die dafür erforderliche Montagezeit. Voraussetzung ist naturgemäß eine kleb- und dichtgerechte Teilegestaltung und die Berücksichtigung der davor und danach erfolgenden Arbeitsschritte unter größtmöglicher Einbeziehung verschiedenster Arbeits- und Betriebsmittel. Beeinflussungen der verschiedenen Kostenstellen sind nur gering vorhanden. Es handelt sich vorwiegend um oben erwähnte kleb- oder dichttechnische Arbeit- und Betriebsmittel (wie bei anderen Verfahren auch) mit entsprechend geschultem Personal in Konstruktion und Fertigung sowie einem gering geänderten Beschaffungsmodus. Von besonderer Wichtigkeit ist zweifellos die rechtzeitige Aus- und Weiterbildung von mit der Kleb- und Dichttechnik befaßten Personen (Bild 6.11).

Investitionen sind vor allem dann erforderlich, wenn im Hinblick auf optimierte Lösungen steigende Rationalisierungs-Möglichkeiten genutzt werden sollen. Ziel ist nicht nur die eher vordergründige Steigerung der Arbeitsgeschwindigkeit, sondern vor allem die Senkung der Ausschußraten im Sinne der Qualitätssicherung. Übrigens: Die Wirt-

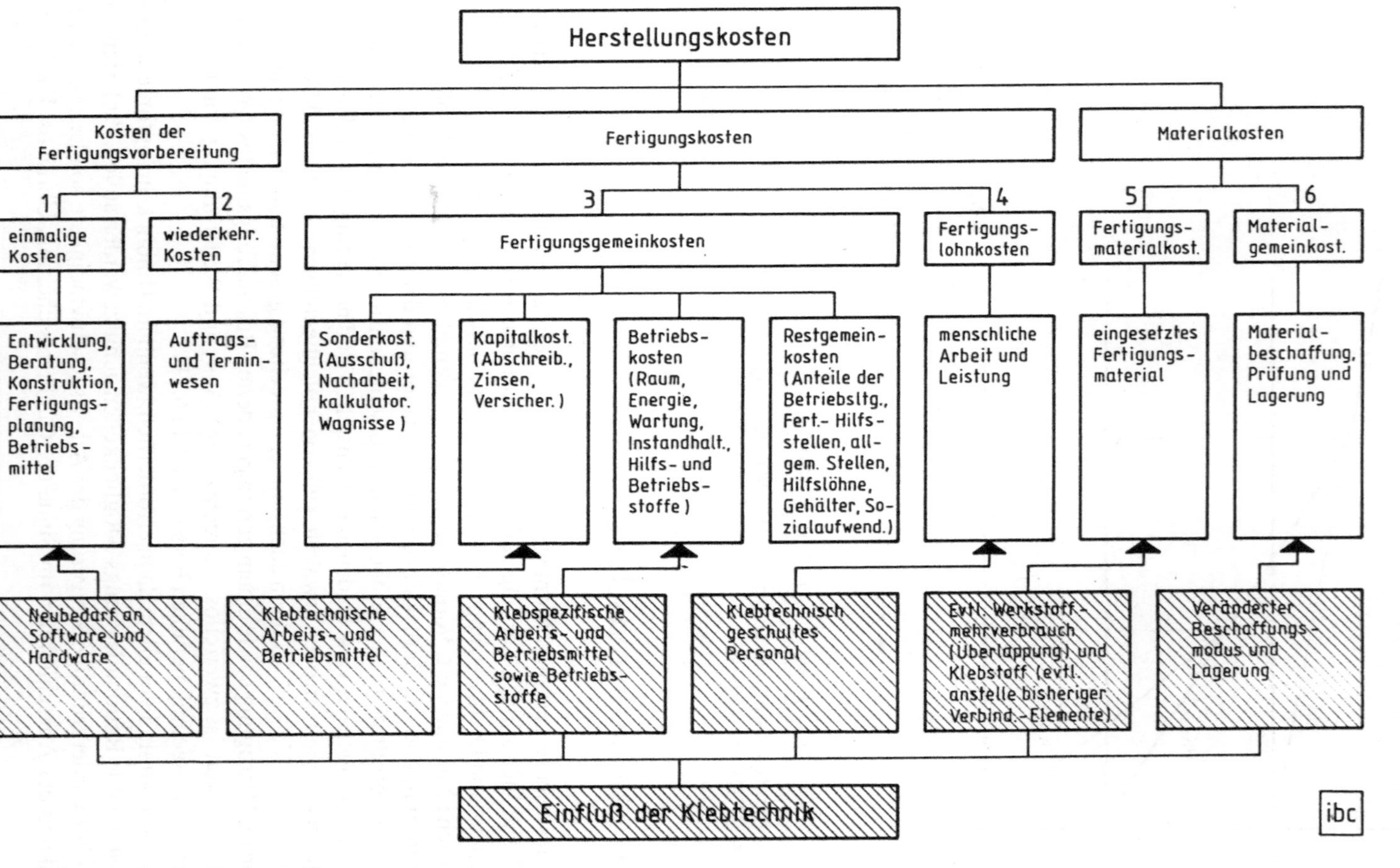

Bild 6.11: Mögliche Beeinflussung von Kostenstellen durch die Klebtechnik

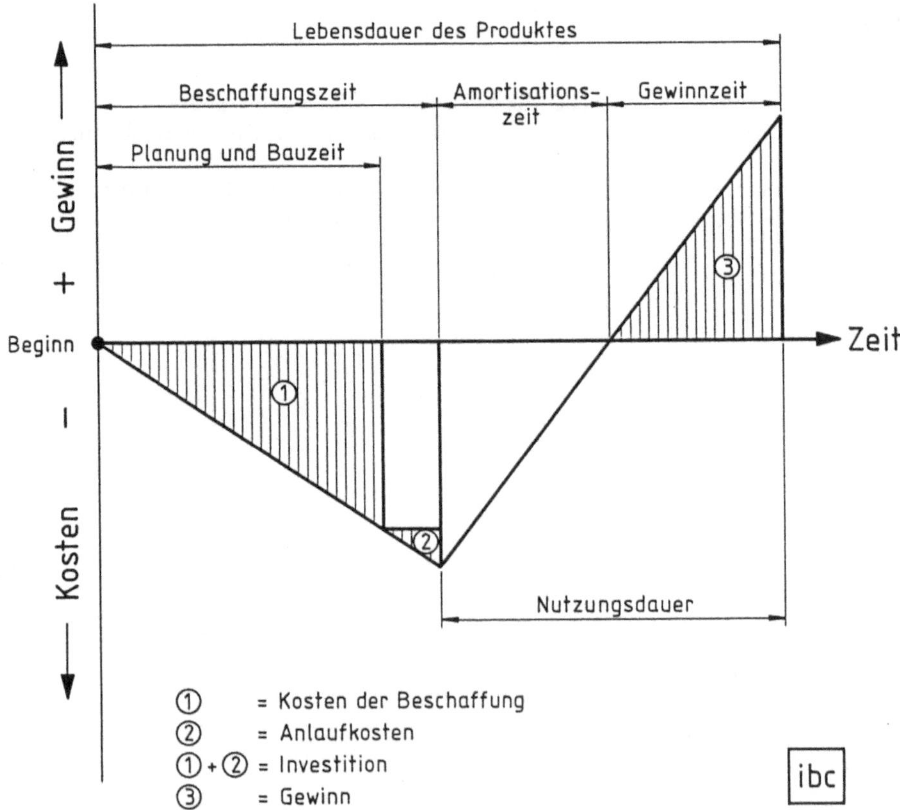

Bild 6.12: Kosten, Nutzungsdauer und Amortisationszeit (nach Lotter)

schaftlichkeit hängt vor allem von der Auslastung einer zweckentsprechenden Anlage ab, also von den im Abschreibungszeitraum verarbeiteten Stückzahlen.

Andererseits sollte stets die vielfältige Umrüstbarkeit auch von Stoffverarbeitungsanlagen im Hinblick auf ihre Wirtschaftlichkeit gesehen werden. Abgesehen davon, sollten Fragen der Mechanisierung und Automatisierung der Stoffverarbeitung schon bei der Stoffauswahl berücksichtigt werden. Schließlich nützt es wenig, wenn mit viel Aufwand geprüfte Stoffe maschinell nur mit hohem Aufwand oder nicht verarbeitbar sind.

Mit Hilfe einer Stückkosten-Vergleichsrechnung können bei manuellen, mechanisierten und automatisierten Verarbeitungen und verschiedenen Stoffanwendungen die Kosten verglichen und die wirtschaftlichste Methode ausgewählt werden.

Literatur

[1] Endlich W.: „Kleben als multifunktionelle Montagetechnik" Adhäsion 3 (1983)
[2] A.A.: Druckschrift „ULP - The Advanced Leightweight Solar Array" MBB GmbH Ottobrunn
[3] A.A.: „Der Loctite", Hrsg. Loctite GmbH, München 1990/91
[4] Endlich, W.: „Klebesicherung von Befestigungsgewinden" Verbindungstechnik 6 (1982)
[5] Lotter, B.: „Montage-Fibel für das Management", Vereinigte Fachverlage, Mainz 1982.

7 Arbeitssicherheit und Umweltschutz

Dem Schutz des Menschen am Arbeitsplatz und in der Umwelt galt im letzten Jahrzehnt die besondere Fürsorge des Gesetzgebers. Daraus entstand eine kaum mehr überschaubare Flut von bundesweiten Gesetzen, Verordnungen und Verwaltungsvorschriften ergänzt durch länderweite Ausführungsgesetze und Vorschriften. Hinzu kommen vermehrt EG-Vorschriften und Regelungen.

Nachfolgend die wichtigsten aus den für Fertigungsbetrieben möglicherweise zutreffenden Bereiche [1].

- *Arbeitsschutz* mit:
    - Arbeitssicherheitsgesetz (ASiG) „Gesetz über Betriebsärzte, Sicherheitsingenieure und andere Fachkräfte für Arbeitssicherheit"
    - Arbeitsstättenverordnung (ArbStättV):
    - Gerätesicherheitsgesetz (GSG) „Gesetz über technische Arbeitsmittel"
    - Chemikaliengesetz (ChemG)
    - Gefahrstoffverordnung (GefStoffV)
    - Technische Regeln für Gefahrstoffe (TRGS) mit laufender Aktualisierung
    - Gefährlichkeitsmerkmale von Stoffen und Zubereitungen (ChemGefMerkV)
    - Verordnung über brennbare Flüssigkeiten (VbF)
- *Transportvorschriften* mit:
    - Gefahrgut-Gesetz (GGG)
    - Gefahrgutverordnung Straße (GGVS)
    - Gefahrgutverordnung Eisenbahn (GGVE)
    - Gefahrgutverordnung See (GGVSee)
    - Gefahrgutverordnung Binnenschiffahrt (GGVBinSch)
    - Gefahrgutbeauftragten-Verordnung
- *Immissionsschutz* mit:
    - Bundesimmissionsschutzgesetz (BImSchG)
    - Technische Anleitung zur Reinhaltung der Luft (TALuft)
    - Technische Anleitung zum Schutz gegen Lärm (TALärm)
    - Emissionsbegrenzung von leichtflüchtigen Halogenkohlenwasserstoffen (2.BImSchV)
    - Genehmigungsbedürftige Anlagen (4. BImSchV)
    - Immissionsschutzbeauftragte (5. BImSchV)

- *Gewässerschutz* mit
  - Wasserhaushaltsgesetz (WHG) mit seperaten Wassergesetzen der Länder
  - Abwasserherkunftsverordnung (AbwHerkV)
  - Allgem. Verwaltungsvorschrift über Mindestanforderungen an das Einleiten von Abwasser in Gewässer (Rahmen-Abwasser VwV)
  - Verwaltungsvorschrift wassergefährdenden Stoffe (VwVwS)
  - Abwasserabgabengesetz (AbwAG)
- *Abfallbeseitigung* mit:
  - Abfall-Gesetz (AbfG) „Gesetz zur Vermeidung und Entsorgung von Abfällen" mit Ausführungsgesetzen der Länder
  - 2. Allgem. Verwaltungsvorschrift (TA Abfall)
  - Abfallbestimmungsverordnung (AbfBestV)
  - Reststoffbestimmungs-Verordnung (RestBestV)
  - Abfallverbringungsverordnung (AbfVerbrV)
  - Abfallbeauftragtenverordnung

Es ist verständlich, daß eine derart komplexe Materie nur mehr von Spezialisten beherrscht wird. Für die überaus wichtige zusammengefaßt-verständliche Information der industriellen Anwender entstand daher primär das *DIN-Sicherheitsdatenblatt*, welches seit Mitte 1993 in das EG-Sicherheitsdatenblatt übergegangen ist (siehe Punkt 7.10). Es ist „...dazu bestimmt, die beim Umgang mit chemischen Stoffen und Zubereitungen wesentlichen physikalischen, sicherheitstechnischen, toxikologischen und ökologischen Daten zu vermitteln sowie Empfehlungen für den sicheren Umgang ...zu geben" [2].

Das Sicherheitsdatenblatt wendet sich an Sicherheitsfachkräfte, Arbeitsmediziner, Betriebsräte, Aufsichtsbeamte der Berufsgenossenschaften und Gewerbeaufsichtsämter ebenso wie an sämtliche mit chemischen Stoffen befaßten Betriebsabteilungen von der Konstruktion über die Fertigung bis zum Einkauf.

Die breite Palette von Themen und Adressaten des Sicherheitsdatenblatts ist einerseits Voraussetzung für eine gründliche Information, andererseits scheuen manche damit konfrontierten Personen die Kompliziertheit der Angaben oder sie verstehen sie nicht: Schließlich kann niemand gleichzeitig Fertigungsingenieur, Chemiker und Toxikologe sein!

Die Ausführungen basieren auf der Auswertung des Projekts „GeSi" (Gefahrenstoffe und Sicherheit) von Dipl.Bio. H.H. Böcker c/o Berufsgenossenschaft der keramischen und Glasindustrie, Würzburg, Technischer Aufsichtsdienst Hannover [3].

7.1 Das Sicherheitsdatenblatt (SDB)

Vorweg sei eine Problematik erwähnt: Der Produkthersteller, welcher für das SDB verantwortlich ist, steht im Konflikt

- einerseits dem Anwender möglichst vollständige sicherheitsrelevante Angaben machen zu wollen, aber
- anderseits den potentiellen Wettbewerbern keine Hinweise auf seine Produktrezepturen zu geben.

Somit entsteht eine Situation, die oft durch einzeln ergänzende SDB's mit Geheimhaltungsvereinbarungen zwischen Lieferanten und Abnehmern (wie im Falle der Automobilindustrie) gelöst wird.

Der *Kopf des Datenblattes* enthält die Angaben des Produktnamens, der Herstellerfirma und das Ausstellungsdatum. Letzteres ist der erste Hinweis auf die Aktualität des Sicherheitsdatenblattes. Datenblätter, die mehr als ein oder gar zwei Jahre alt sind, sind wenig aussagekräftig, da man nicht weiß, ob der Hersteller die Zusammensetzung seines Produktes längst geändert hat. Unbrauchbar sind Datenblätter, die noch vor Oktober 1986 datieren, da sich diese noch nicht auf die rechtliche Basis der Gefahrstoffverordnung beziehen.

Neben der Kontrolle des Datums gibt es noch eine Reihe von Möglichkeiten, die Zuverlässigkeit eines Sicherheitsdatenblattes zu prüfen. Einen Überblick über die Testmöglichkeiten für die Qualität des Sicherheitsdatenblattes gibt [4] wieder.

7.1.1 Chemische Charakterisierung

Konkrete Angaben über die Inhaltsstoffe eines Produktes eröffnen mehrere Möglichkeiten:
- Vergleich mit anderen Produkten,
- eigenständiges Nachschlagen in chemischer Fachliteratur oder Regelwerken,
- Zuordnung bereits bekannter Gefährdungen durch ähnliche Stoffe
- spezifische ärztliche Behandlung.

Oft tauchen hier jedoch nur spärliche oder laienhafte Angaben auf, wie etwa „Polymerisches Harz mit Lösemittelgemisch". Häufig finden sich jedoch an anderer Stelle eindeutigere Angaben zu den Inhaltsstoffen: Beispielsweise kann unter „Vorschriften" eine EG-Zubereitungs-Nr. angegeben sein, in „Angaben zur Toxikologie" sind MAK-Werte für einen oder mehrere Inhaltsstoffe angeführt oder unter „Weitere Hinweise" finden sich Angaben zu bestimmten Inhaltsstoffen. Auf solchen „versteckten" Angaben sollte beim Lesen des Datenblattes besonders geachtet werden.

7.1.2 Form

Die Angabe der Beschaffenheit eines Produktes dient in erster Linie der leichteren Identifikation. Das kann beispielsweise bei verlorengegangener Etikettierung des Gebindes wichtig sein. Es gibt aber auch bereits einen gewissen Hinweis auf ein denkbares Gefahrenpotential: Beispielsweise schließt die Form „pulverförmig" bereits die Möglichkeit der Staubentwicklung ein, die Form „flüssig" kann schon auf eine mögliche

Entwicklung von Dämpfen hinweisen und ist überdies bei der Wahl von Löschmittel von Belang

7.1.3 Farbe

Farbangaben dienen ebenfalls vorwiegend der Identifizierung von Produkten. Ihre eventuelle Signalwirkung kann jedoch etwa für visuelle Überwachungen oder über enthaltene Fluoreszenzstoffe der Kontrolle in der Qulitätssicherung dienen.

7.1.4 Produkt-Geruch

Der oftmals charakteristische Geruch von Produkten bei Raumtemperatur gehört ebenfalls zur Identifizierung. Oft kann damit das Entstehen von Dämpfen festgestellt werden. Eine Abschätzung der Dampfkonzentration aufgrund des Geruchs ist nur bedingt möglich. Dazu bedarf es genauerer Kenntnis der Geruchsschwellen [5]. Vorsicht ist insbesondere dann geboten, wenn der Geruch eines Produktes als angenehm beschrieben wird, weil dann eventuell auch deutlich überhöhte Dampf-Konzentrationen am Arbeitsplatz toleriert werden. Noch größere Vorsicht ist bei geruchlich gar nicht wahrnehmbaren Stoffen geboten, da ein Freiwerden von Dämpfen oder Aerosolen leicht unentdeckt beleibt.

7.2 Physikalische und sicherheitstechnische Angaben

Sie bilden den zentralen Bereich sicherheitsrelevanter Schlußfolgerungen. Hier zeigt sich aber auch die Zuverlässigkeit der Datenblätter anhand vollständiger Angaben samt dazugehörigen Prüfmethoden.

7.2.1 Zustandsänderung

Neben der eindeutigen Angabe des Schmelzpunktes beim Phasenübergang fest-flüssig und des Siedepunktes beim Phasenübergang flüssig-gasförmig sind im Falle von Schmelzklebstoffen auch Angaben etwa zu Schmelzbeginn, Erweichungstemperatur oder Erstarrungstemperatur üblich. Sie beschreiben die Zustandsänderung im breiteren Schmelzbereich gegenüber reinen Stoffen.

Für den Phasenübergang flüssig-gasförmig gibt es im Falle mehrerer Inhaltsstoffe einen breiteren Siedebereich, sodaß meist der Siedebeginn angegeben wird. Flüssigkeiten entwickeln auch unterhalb des Siedepunkts oder -bereiches Dämpfe. Je niedriger der Siedepunkt ist, desto leichter verdampft eine Substanz. Bei der Verarbeitung können daher beispielsweise Absaugungen, geschlossene Anlagen oder Schutzmasken nötig sein. Bei brennbaren Produkten ist auch an das Entstehen explosionsfähiger Gas-Luft-Gemische zu denken.

7.2.2 Dichte

Bei einer brennenden Flüssigkeit bestimmt unter anderem deren Dichte den möglichen Einsatz von Wasser als Löschmittel. Wenn bei einem nicht näher spezifizierten Lösemittelgemisch die Angabe zur Dichte größer als 1,0 ist, so kann mit einiger Wahrscheinlichkeit daraus geschlossen werden, daß auch chlorierte Kohlenwasserstoffe (etwa Dichlormethan oder 1,1,1-Trichloräthan) enthalten sind. Die Dichte von nichthalogenierten „normalen" Lösemitteln ist fast immer kleiner als 1,0 (Ausnahmen bilden Schwefelkohlenstoff und Glykolverbindungen).

7.2.3 Dampfdruck

Ebenso wie der Siedepunkt unter SDB-Abschnitt 7.2.1 verrät der Dampfdruck, ob ein Produkt leicht flüchtig ist. Je höher der Dampfdruck ist, desto niedriger ist der Siedepunkt eines Produktes. Als Faustregel kann gelten, daß Produkte mit einem Dampfdruck größer als 20 mbar einen Siedepunkt kleiner als 100°C besitzen.

7.2.4 Viskosität

Die Angaben zur Viskosität sind nur unter Erwähnung des Viskositätsmeßverfahrens sinnvoll und ergänzen im Grunde den einleitenden SDB-Abschnitt 7.1.2 zur Lieferform für verarbeitungstechnische Erwägungen.

Viskositätsgrenzen schließen jedoch gegebenfalls die Anwendung der VbF aus, nämlich im Falle von Lösungen und homogenen Mischungen mit Flammpunkten kleiner gleich 21° C, wenn sie Auslaufzeiten (100 cm^3- Viskositätsmeßbecher mit 4 mm Auslaufdüse DIN 53211) von mindestens
- 90 Sekunden haben oder
- 60 Sekunden, aber kleiner als 90 Sekunden und weniger als 60 Gewichtsprozent brennbare Flüssigkeiten
- 25 Sekunden, aber kleiner als 60 Sekunden haben und weniger als 20 Gewichtsprozent brennbare Flüssigkeiten enthalten.

7.2.5 Löslichkeit in Wasser

Leicht wasserlösliche Substanzen können nach Verschütten oder Auslaufen, bei unsachgemäßer Lagerung besonders leicht ins Grundwasser gelangen. Nicht wasserlösliche Substanzen lassen sich jedoch in einigen speziellen Fällen in der Abwasseraufbereitung mechanisch abtrennen, etwa durch Ölabscheider oder Sedimentation.

7.2.6 pH-Wert

Der pH-Wert besagt, ob sich ein Gefahrstoff eher wie eine Lauge (pH > 7), wie eine
Säure (pH < 7) oder neutral (pH = 7) verhält. Produkte mit pH-Werten größer als 12
oder kleiner als 2 sollten daher unabhängig von der jeweiligen Kennzeichnung als ät-
zend betrachtet werden. Solche Stoffe zersetzen organisches Material, wie etwa Holz,
Leder, Wolle und natürlich auch menschliches Körpergewebe. Jeder Kontakt mit Haut
und Augen muß daher vermieden werden. Auch schwächere Laugen (pH 10 bis 12) und
Säuren (pH 4 bis 2) sind noch als reizend zu betrachten.

Im Kontakt mit Wasser entwickeln Stoffe mit extremen pH-Werten Wärme. Dadurch
kann es zum Sieden und zur Bildung von Spritzern kommen. Daher sind beim Umgang
zumindest Schutzbrillen oder Gesichtsschilde erforderlich.

7.2.7 Flammpunkt

Beim Brand einer Flüssigkeit brennen genau genommen nur die sich über der Flüssigkeit befindlichen Dämpfe. Zündfähige Konzentrationen von Dämpfen bilden sich erst
oberhalb einer bestimmten Temperatur. Diese Grenztemperatur ist der Flamm- oder Brenn-
punkt. Eine brennbare Flüssigkeit ist immer dann entflammbar, wenn deren Flammpunkt unterhalb der Umgebungstemperatur liegt. Substanzen mit einem niedrigen Flammpunkt sind stets leicht und rasch verdampfende Substanzen, sie haben also auch einen
niedrigen Siedepunkt.

Hier eine *Faustregel*: Der Flammpunkt eines Stoffes liegt um mindestens 50° C niedriger als sein Siedepunkt. Ein brennbares Produkt mit einem Siedepunkt von 60° C ist
daher leichtentzündlich (Flammpunkt 21° C). Ein brennbares Produkt mit einem Siedepunkt unter 100° C ist zumindest entzündlich (Flammpunkt 55° C), eventuell auch leicht
entzündlich. Eine fehlende Angabe des Flammpunktes kann durch die Siedepunkt-An-
gaben schätzend ergänzt werden! Voraussetzung für solche Abschätzungen ist jedoch,
daß das betreffende Produkt überhaupt entflammt werden kann. Für Chlor-
kohlenwasserstoffe (CKW) enthaltende Produkte lassen sich also wegen ihrer
Unbrennbarkeit keine Flammpunkte abschätzen.

Die Beziehungen zwischen Flammpunkt, VbF-Einstufung und Kennzeichnungspflicht
nach GefStoffV sind in Bild 7.1 aufgezeigt.

Für die *betriebliche Praxis* gelten einige Besonderheiten im Zusammenhang mit dem
Flammpunkt: Nehmen wir an, im Betrieb würde ein lösemittelhaltiger Klebstoff mit
einem Flammpunkt von 50° C verwendet. Die Temperatur in der Werkhalle beträgt 18°
C, der Klebstoffbehälter steht ohne Deckel und ein Werker mit glimmender Zigarette
kommt dem Behälter nahe. Grund zur Panik? Eigentlich nicht, denn bei der genannten
Temperatur entwickeln sich Gase ja nicht in entzündbarer Konzentration. Nehmen wir
aber an, es ist Hochsommer, und in der Werkhalle herrschen entsprechende Temperaturen, und durch direkte Sonnenbestrahlung ist der Behälter stark erwärmt: Die an der
Öffnung befindliche Zigarette würde jetzt Brand oder Explosion verursachen!

Flamm-punkt	VbF	Gefahr-symbol	R-Satz
>100°C	–	–	–
>55–100°C	A III	–	–
21–55°C	A II	–	R 10: Entzünd-lich
<21°C	A I / B	F	R 11: Leichtent-zündlich
<0°C und Siedepunkt <35°C	A I	F+	R 12: Hochent-zündlich

Bild 7.1:
Flammpunkt-Einstufung

Brandgefahr entsteht aber auch bei obigen 18° C etwa durch einen lösemittelhaltig-klebstoffgetränkten Lappen oder Papiertücher infolge *verstärkter Verdampfung (Docht-effekt)* mit Entzündung auch weit unterhalb des Flammpunktes. Ähnliches gilt für Ar-beitskleidung oder aufsaugendes Material, wie Kieselgur oder Sägespäne, die mit der brennbaren Substanz getränkt sind.

Kritisch wird es auch stets, wenn eine brennbare Flüssigkeit versprüht wird: Selbst bei weit unter dem Flammpunkt liegenden Temperaturen sind die dabei entstehenden Nebel entzündbar. Im Betrieb erfordert das insbesondere Beachtung beim Verspritzen von lösemittelhaltigen Klebstoffen.

7.2.8 Zündtemperatur

Die Zündtemperatur besagt, welche Temperatur eine Flamme, ein Zündfunke oder ein Teil eines elektrischen Betriebsmittels erreichen muß, um zu einer Entzündung des Gefahr-stoffes oder seiner Dämpfe zu führen. Je niedriger die Zündtemperatur liegt, desto ge-fährlicher ist die Handhabung des Gefahrstoffes.

Je nach Zündtemperatur müssen elektrische Betriebsmittel im Arbeitsbereich bei Vorhandensein zündfähiger Gasgemische einem bestimmten Sicherheitsstandard entspre-chen, der durch die sogenannten „Temperaturklasse" angegeben wird (Bild 7.5).

7.2.9 Explosionsgrenzen

Sie geben an, in welchem Konzentrationsbereich (Vbf-Zone 0,1 und 2) ein Gemisch aus Luft und Gefahrstoffdämpfen explosionsfähig ist. Bei Unterschreiten der unteren und Überschreiten der oberen Explosionsgrenze führt eine Zündung des Dampf-Luft-Gemi-sches nicht zur Explosion. Dabei ist insbesondere die untere Explosionsgrenze interes-sant. Für viele Lösemittel liegt diese bei nur wenig über 0,5 Prozent. Das sind aber anders ausgedrückt noch immer 5000 ppm. Das Erreichen auch sehr niedriger Explosions-grenzen setzt also eine vielfache MAK-Wertüberschreitung voraus, wie sie in Arbeits-räumen unter normalen Bedingungen nicht zu erwarten ist. *Kritische Verhältnisse* können jedoch im geschlossenen Gasraum von Apparaturen, Behältern, Lagertanks oder in schlecht entlüfteten Spritzkabinen auftreten. Hier gilt es, je nach arbeitsplatzspezifischen Gegebenheiten entsprechende Vorsichtsmaßnahmen zu treffen.

Man darf nicht übersehen, daß die Prozentangaben bei den Explosionsgrenzen Volumen-Prozente des dampfförmigen Gefahrstoffes in Luft sind. Das Volumen, das der Gefahrstoff vor dem Verdampfen in noch flüssiger Form eingenommen hat, kann dabei erstaunlich klein gewesen sein. Ein Beispiel: Wenn in einem „leeren" 20 l-Kanister die Menge von einem einzigen Gramm Benzin (weniger als ein Fingerhut voll) vollständig verdampft, entsteht dabei bereits ein explosionsfähiges Gasgemisch.

7.2.10 Thermische Zersetzung

Bei „Thermischer Zersetzung" sollte die Temperatur angegeben sein, ab der eine chemische Zersetzung durch Wärmeeinwirkung erfolgt. Diese Angabe gibt Auskunft über die prinzipielle Einsatzmöglichkeiten eines Stoffes oder aber über dabei entstehende Schadstoffdämpfe, etwa Salzsäuredämpfe bei PVC.

Bei der thermischen Zersetzung sollte auch an die Möglichkeit der Zersetzung von Dämpfen gedacht werden. CKW-Dämpfe aus Kaltreinigern und Entfettungsbädern zersetzen sich in der Umgebung etwa an heißen Oberflächen, durch Schweißarbeiten oder durch Zigarettenglut zu gefährlichen Salzsäuredämpfen und Phosgen, ohne daß der flüssige Gefahrstoff jemals erhitzt worden wäre.

7.2.11 Gefährliche Zersetzungsprodukte

Das Sicherheitsdatenblatt nennt hier die durch thermische oder durch sonstige Ursachen entstehenden Zersetzungsprodukte. Diese entscheiden über die im Brandfall zu ergreifenden Sicherheitsmaßnahmen.

7.2.12 Gefährliche Reaktionen

Hier sollten problematische Reaktionen genannt sein, die durch Einwirkung von Licht und Wärme oder durch Kontakt mit bestimmten Substanzen erfolgen. Leider sind die Angaben über unverträgliche Substanzen für den Nicht-Chemiker nicht immer ganz verständlich. Zu zwei häufig vorkommenden Begriffen seien daher einige konkrete Beispiele genannt:
- *Oxidationsmittel oder Oxidantien* sind alle brandfördernde Stoffe, beispielsweise diverse Peroxide, Ammoniumnitrat, Chromsäure, Kaliumnitrit, Natriumperchlorat, Salpetersäure aber auch Chlor, Brom, Ethylenoxid und natürlich Sauerstoff und anderes mehr.
- *Reduktionsmittel* sind beispielsweise alle leichtentzündlichen Stoffe, unedle Leichtmetalle (Magnesium, Aluminium), Natriumsulfit, Zinn-(II)-chlorid, 1,2-Dihydroxybenzol, Natriumdithionit und andere mehr.

Unverträgliche Substanzen sind am Arbeitsplatz nur unter genau kontrollierten Bedingungen gleichzeitig zu verwenden. Auch eine gemeinsame Lagerung sollte möglichst vermieden werden. Der Titel „Gefährliche Reaktionen" verweist nicht nur auf dramatische Vorgänge, bei denen es zur Freisetzung von giftigen Gasen, zu Explosion oder ähnlichen kommt. Es hat seinen guten Grund, wenn in Sicherheitsdatenblättern beispielsweise auch die Angabe zu finden ist, daß ein bestimmtes Produkt in Kontakt mit Wasser Kohlendioxid bildet. Durch das entstehende Kohlendioxid können Erstickungsgefahren oder Druckaufbau in geschlossenen Räumen oder Behältern entstehen.

7.3 Transport

Hier werden Angaben sowohl zu nationalen als auch zu internationalen Transportvorschriften gemacht. Geregelt werden auf diese Weise die Bereiche Straße, Eisenbahn, Binnenschiffahrt, See- und Luftverkehr.

Für den *Bereich Straße* stehen sich GGVS (Gefahrgutverordnung Straße) auf nationaler Ebene und ADR auf internationaler Ebene gegenüber.

Der *Schienenverkehr* wird einerseits von GGVE (Gefahrgutverordnung Eisenbahn) als nationaler Vorschrift, andererseits von RID als internationaler Vorschrift geregelt.

Auch im *Binnenschiffverkehr* gibt es eine GGVBinSch, zum anderen die internationale ADNR (wobei das R in ADNR für Rhein steht, das bedeutet: hier geht es vor allem um eine Regelung der Rheinschiffahrt).

Den *Transport auf See* regeln die nationale GGVSee (Gefahrgutverordnung See) und IMDG-Code (International Maritime Dangerous Goods-Code) auf internationaler Ebene.

Dagegen gelten im *Luftverkehr* nur die internationalen Technischen Anweisungen ICAO-TI (International Civil Aviation Organization-Technical Instructions) und die Beförderungsvorschriften IATA-DGR (International Air Transport Association-Dangerous Goods Regulations).

Als weitere Angaben im Datenblatt finden sich UN-Nummer und Gefahrnummer (meist Kemler-Zahl genannt), die auf den orangefarbenen Warntafeln der Gefahrgutfahrzeuge zu finden sind. Während die UN-Nummer eine im Höchstfall 4-stellige Zahl darstellt, kann die Kemler-Zahl auch den Buchstaben X (= Kontakt mit Wasser verboten) aufweisen.

Im *Gefahrguttransport* werden alle Stoffe in 8 beziehungsweise 9 Klassen eingeteilt, die wiederum in Unterklassen gegliedert sein können. Unterschiede zu der in Bild 7.2 Tabelle ergeben sich im See- und Luftverkehr. Hierbei untergliedern sich die Klassen 1 und 3 in 1.1 bis 1.5 beziehungsweise 3.1 bis 3.3. Die Klasse 2 wird außerdem im Seeverkehr in die Unterklassen 2.1, 2.2 und 2.3 aufgespalten. Zusätzlich zu dieser Klassifizierung gibt es im Straßen- und Schienenverkehr noch eine Differenzierung in Ziffern, wobei diese entweder definierte chemische Verbindungen oder Stoffgruppen bezeichnen.

Klassen	Stoffe und Gegenstände – Eigenschaften
1 a	explosive Stoffe und Gegenstände
1 b	mit explosiven Stoffen geladene Gegenstände
1 c	Zündwaren, Feuerwerkskörper und ähnliche Güter
2	verdichtete, verflüssigte oder unter Druck gelöste Gase
3	entzündbare flüssige Stoffe
4.1	entzündbare feste Stoffe
4.2	selbstentzündliche Stoffe
4.3	Stoffe, die in Berührung mit Wasser entzündliche Gase entwickeln
5.1	entzündend (oxidierend) wirkende Stoffe
5.2	organische Peroxide
6.1	giftige Stoffe
6.2	ekelerregende oder ansteckungsgefährliche Stoffe
7	radioaktive Stoffe
8	ätzende Stoffe
9	sonstige gefährliche Stoffe und Gegenstände

Bild 7.2:
Gefahrklassen im Straßen- und Eisenbahnverkehr

Den Klassen 2 werden Kleinbuchstaben angehängt, nämlich
  a) nicht brennbar
  b) brennbar
  c) chemisch instabil und
  t) toxisch,
wobei auch Kombinationen at, bt oder ct möglich sind. Zu beachten ist auch, daß den Klassen 3 (entzündbare feste Stoffe), 6.1 (giftige Stoffe) und 8 (ätzende Stoffe) der Gefahrengrad a,b und c angehängt wird, wobei
  unter a) sehr gefährliche (sehr giftige, sehr ätzende),
  unter b) gefährliche (giftige, ätzende) und
  unter c) weniger gefährliche (mindergiftige, schwach ätzende Stoffe) fallen.
Diese Klassifizierung ist wichtig für die *Verpackung*, denn je gefährlicher ein Stoff ist, umso sicherer muß die Verpackung sein. Den Stoffen der Gefahrenklasse 3, 6 und 8 werden drei Verpackungsgruppen zugeordnet, wobei die Packgruppe I für die sehr gefährlichen Stoffe (Buchstabe a), die Verpackungsgruppe II für die Stoffe mit mittlerer Gefährlichkeit (Buchstabe b) und Gruppe III für weniger gefährliche Stoffe (Buchstabe c) steht. Anzumerken ist hierbei allerdings, daß die Angaben im Datenblatt gerade zu den letztgenannten Punkten oft sehr verwirrend sind oder gar fehlen.

7.4 Vorschriften

Das Datenblatt nennt hier die Vorschriften, denen das betreffende Produkt unterliegt.
Die am häufigsten genannten werden nachfolgend beschrieben.

7.4.1 Gefahrstoffverordnung (GefStoffV)

Die Kennzeichnung nach der Gefahrstoffverordnung gibt eine erste wichtige Orientie-
rung. Zur vollständigen Kennzeichnung gehören insbesondere das Gefahrensymbol
(schwarz auf orangefarbenem Grund) und die R- und S-Sätze. Häufig werden nur Um-
schreibungen der Gefahrensymbole und die Nummern der Sätze angegeben. Mit Hilfe

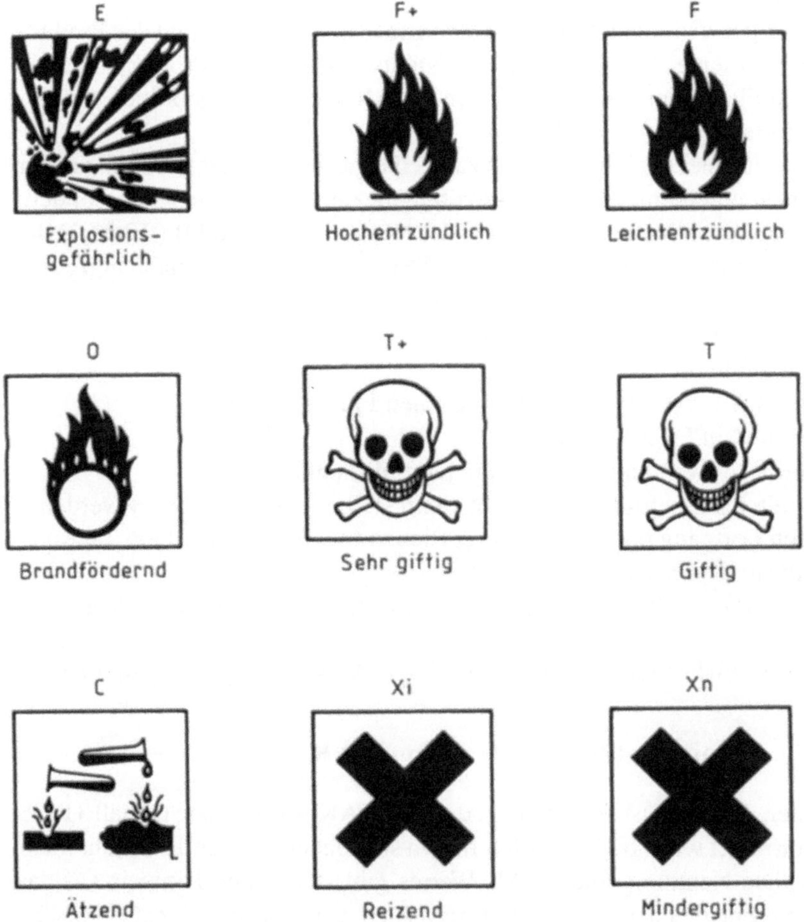

Bild 7.3: Gefahrensymbole auf Liefergebinden

der Auflistung der R- und S-Sätze lassen sich die Langtexte leicht ermitteln. Einen Sonderfall stellen Cyanacrylat-Klebstoffe mit folgendem Warntext dar: „Cyanacrylat. Gefahr! Klebt innerhalb von Sekunden Haut und Augenlider zusammen. Darf nicht in die Hände von Kinder gelangen!"

Unzulässig sind Gefahren verharmlosende allgemeine Hinweise, wie „Nicht gesundheitsschädlich", „Nicht schädlich bei bestimmungsgemäßem Gebrauch" oder „Nicht umweltgefährdend".

Oft findet sich der vage Hinweis „Kennzeichungspflichtig nach Gefahrstoffverordnung", ohne daß die genaue Kennzeichnung genannt wird. Ob nun tatsächlich gekennzeichnet wird oder nicht, zeigt ein Blick auf das Gebinde des Produktes mit dem vorgeschriebenen Symbol.

7.4.2 Verordnung über brennbare Flüssigkeiten (VbF)

Die Einstufung nach der VbF richtet sich zum einen nach dem Flammpunkt des Produktes, zum anderen nach seiner Wasserlöslichkeit. Nichtwasserlösliche Produkte werden bei entsprechendem Flammpunkt den Kategorien AI, AII oder AIII zugeordnet, wasserlösliche der Kategorie B.

Eine Zuordnung zu einer der VbF-Klassen kann eine ganze Reihe Bestimmungen zur Folge haben, die sich vor allem auf die Lagerhaltung beziehen. So gelten insbesondere für die Lagerung von brennbaren Flüssigkeiten der Klasse AI, AII und B (Bild 7.1) die Technischen Regeln für brennbare Flüssigkeiten (TRbF), welche mengenabhängig Anzeige- oder Genehmigungspflicht verlangen. Unzulässig ist beispielsweise die Lagerung brennbarer Flüssigkeiten

- in Durchgängen und Durchfahrten
- in Treppenräumen und allgemein zugänglichen Fluren sowie
- auf Dächern und in Dachräumen.

Die VbF findet keine Anwendung, wenn brennbare Flüssigkeiten
- sich im Arbeitsgang befinden, das heißt wenn sie be- oder verarbeitet werden,
- in der für den Fortgang der Arbeit erforderlichen Menge (maximal ein Tagesbedarf) bereitgestellt werden
- als Fertig- oder Zwischenprodukt kurzfristig (maximal 24 Stunden) abgestellt werden und
- eine bestimmte Viskosität (vgl. Abschnitt 7.2.4 „Viskosität") unterschreiten.

7.4.3 Maximale Arbeitsplatzkonzentration (MAK-Werte)

Bei diesbezüglichen Angaben ist zu beachten, daß die MAK-Werte-Liste gemäß TRGS 900 jährlich überarbeitet wird. Im Datenblatt finden sich daher gelegentlich nicht mehr gültige Angaben. Die Nennung eines MAK-Wertes gibt stets einen Hinweis auf das Vorhandensein eines entsprechenden Inhaltsstoffes, auch wenn dieser unter „Chemische

Charakterisierung" nicht aufgeführt ist. Manchmal werden MAK-Werte auch bei „Toxikologie" angegeben. Des öfteren sind unter „Vorschriften" EG-Nummern oder CAS-Nummern [7] angegeben, ohne daß der gemeinte Stoff genannt würde, insbesondere nicht unter „Chemische Charakterisierung". Eine eindeutige Zuordnung des Inhaltsstoffes kann dann etwa mit dem „Kühn-Birett" [8] vorgenommen werden.

Wertvoll können die gelegentlich unter „Weitere Hinweise" zu findenden Literaturangaben sein, da sich darin oft Hinweise finden, die im Datenblatt völlig fehlen.

7.5 Schutzmaßnahmen, Lagerung und Handhabung

Die in diesem und nächstem Abschnitt aufgeführten Punkte des Sicherheitsdatenblatts bilden eine Basis für die nach §20 der GefStoffV durch den Anwender zu erstellende Betriebsanweisung [9]. Betriebsanweisungen dienen der direkten Unterweisung von Werkern und sind an geeigneten Stellen auszuhängen.

7.5.1 Technische Schutzmaßnahmen

Welche jeweiligen technischen Schutzmaßnahmen beim Umgang mit einem Produkt nötig sind, hängt unmittelbar davon ab, nach welchen Verfahren und in welchem Umfang das Produkt verarbeitet wird: Für die Arbeitssicherheit macht es beispielsweise einen grundlegenden Unterschied, ob 1,1,1-Trichlorethan als Verdünner für Korrekturflüssigkeit im Büro verwendet wird oder ob es zu mehreren hundert Litern als Entfettungsbad dient.

Da der Hersteller eines Produktes nicht generell abschätzen kann, wie sein Produkt eingesetzt wird, fallen die Angaben zu den technischen Schutzmaßnahmen oft sehr allgemein aus, wie etwa „für geeignete Lüftung sorgen". Bei konkreteren Angaben besteht immer die Möglichkeit, daß sie den jeweiligen betrieblichen Verhältnissen nicht gerecht werden. Im Zweifelsfall sollte der Verarbeiter sich zur weiteren Auskunft an den Hersteller wenden. Wo eine Kooperation mit dem Hersteller des Produktes nicht möglich ist, können Gewerbeaufsichtsämter und Berufsgenossenschaften weiterhelfen.

7.5.2 Persönliche Schutzausrüstung

Der oft fehlende Arbeitsplatzbezug findet sich auch in diesem Abschnitt des Datenblattes wieder. Die DIN 52900 gibt den Hinweis, daß die Schutzausrüstung für den „offenen Umgang" zu beschreiben ist. Aber auch der offene Umgang kann mit ein und demselben Produkt ganz unterschiedlich aussehen: Man denke etwa an die beiden Möglichkeiten zweikomponentige Stoffe von Hand zu dosieren, zu vermischen und aufzutragen oder maschinell bereits gemischte Stoffe aufzutragen.

Die Verfasser von Datenblätter tendieren oft dazu, die persönliche Schutzausrüstung für ungünstigste Verhältnisse zu beschreiben. Vielfach werden diese Maßnahmen in der

Praxis nicht nötig sein oder sie sind sogar unsinnig. Ein Datenblatt sorgte beispielsweise für Verwunderung: Es empfahl für ein Hautreinigungsmittel die Verwendung von Schutzbrille und Schutzhandschuhe!

Die Notwendigkeit einzelner persönlicher Schutzmaßnahmen wird durch die Verhältnisse am Arbeitsplatz bestimmt. Das Datenblatt kann hier aber wichtige Entscheidungshilfen geben. Dabei sollte dieser Abschnitt nicht isoliert gesehen werden, auch die Abschnitte „pH-Wert", „Arbeitshygiene" und „Angaben zur Toxikologie" sind hier zu berücksichtigen.

Leider fehlt üblicherweise eine genauere Benennung der Schutzmittel. Welche jeweiligen Schutzfilter, Brillentypen oder Handschuhe in Frage kommen, muß noch stets anhand der Herstellerinformationen für Schutzausrüstungen festgestellt werden.

7.5.3 Arbeitshygiene

In diesem Abschnitt findet sich gelegentlich der Satz „Allgemeine Regeln der Industriehygiene beachten". Dieser Satz ist nicht unbedingt nur als eine leere Floskel zu betrachten, denn es gibt eine Reihe grundlegender Ratschläge, die für den Umgang mit jedem Gefahrstoff gelten.

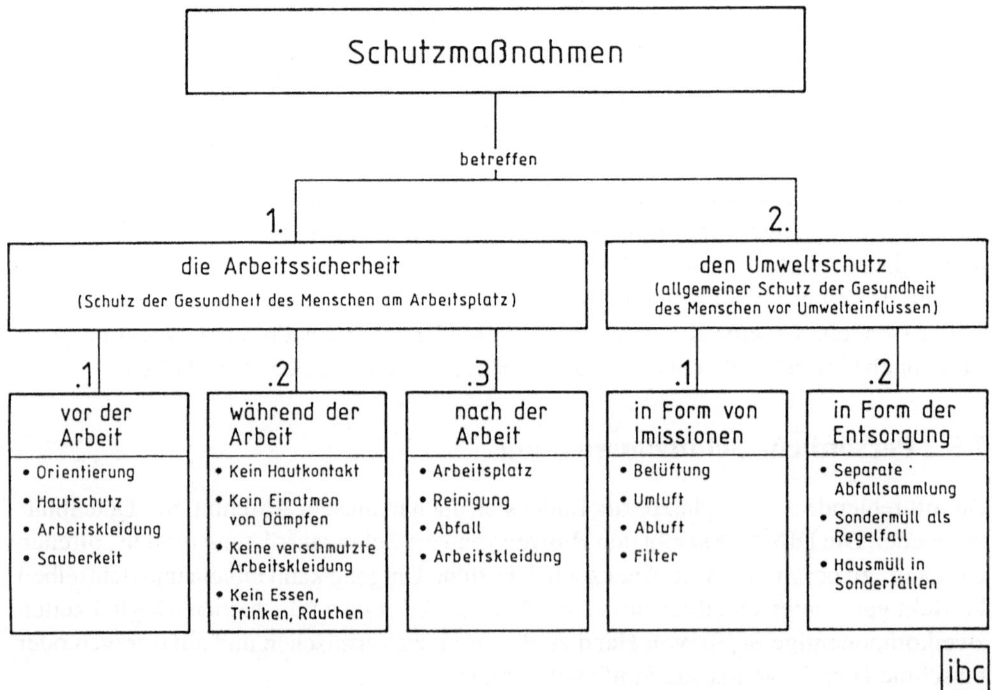

Bild 7.4: Schema von Arbeitsschutz- und Umweltschutzmaßnahmen

In Bild 7.4 sind solche Regeln zur Arbeitssicherheit in die Bereiche
  – vor der Arbeit
  – während der Arbeit und
  – nach der Arbeit unterteilt.
Insbesondere der Hautschutz mit Reinigung und Pflege der Haut hat einen erheblichen
Stellenwert. Manche Sicherheitsdatenblätter enthalten hierzu auch Hinweise zu separa-
ter, firmeneigener Literatur wie [10, 11].

7.5.4 Brand- und Explosionsschutz

Dieser Abschnitt nennt vorbeugende technische Maßnahmen im Brand- und Explosions-
schutz. Dabei fallen häufig Schlagworte, die der Erörterung bedürfen.

7.5.4.1 Brandklassen

  – Klasse A: Brand von Feststoffen (meist organischer Natur), die unter Glutbildung
    verbrennen (z.B. Holz, Kohle).
  – Klasse B: Brand von flüssigen oder sich verflüssigenden Stoffen (z.B. Kleb- und
    Dichtstoffe)
  – Klasse C: Brand von Gasen (z.B. Methan, Wasserstoff)
  – Klasse D: Brand von Metallen (z.B. Aluminium, Zinkstaub)
Hand-Feuerlöscher besitzen eine Kennzeichnung, für welche Brandklasse sie zugelas-
sen sind. Entsprechende Löscher müssen am Arbeitsplatz erreichbar sein.

7.5.4.2 Temperaturklassen

Wo Dämpfe von Gefahrstoffen in explosionsfähigen Konzentrationen auftreten können,
muß gesichert sein, daß die maximale Oberflächentemperatur von Betriebsmitteln (wie
etwa Motoren, Auspuffbereiche, Lötkolben, Elektrogeräte) in jedem Fall niedriger als
die Zündtemperatur des Gefahrstoffes liegt. Andernfalls kommt es zur Zündung. Daher
wird vor allem elektrischen Betriebsmitteln die Temperaturklasse zugeordnet, welche
deren maximale Oberflächentemperaturen angibt. Wenn also im Sicherheitsdatenblatt
beispielsweise für Butan (Oberflächentemperatur 400° C) die Temperaturklasse 2 angegeben wird, so heißt das, daß beim eventuellen Entstehen zündfähiger Gaskonzentrationen

Temperatur- klasse	Maximale Oberflächentemperaturen [°C]
T 1	450
T 2	300
T 3	200
T 4	135
T 5	100
T 6	85

Bild 7.5:
Temperaturklassen elektrischer Betriebsmittel

nur Betriebsmittel ab der Klasse T 2, also T 2 bis T 6 eingesetzt werden dürfen. Mit einer Oberflächentemperatur von 450° C könnten Betriebsmittel der Klasse T 1 zur Zündung führen.

7.5.4.3 Explosionsgruppen

Wenn Spalten oder Bohrungen eines Schutzgehäuses eine bestimmte Maximalgröße unterschreiten, kann sich eine Explosion oder ein Brand über diese Spalten hinaus nicht mehr ausbreiten, auch wenn auf der anderen Seite ebenfalls ein zündfähiges Gasgemisch vorliegt. An Gasbrennern dient daher ein simples Metallgeflecht mit geringer Maschenweite als Rückschlagsicherung.

Wie eng die Spalten sein müssen, um das Durchschlagen einer Explosion zu verhindern, ist stoffabhängig. Explosionen von Benzin-Luft-Gemischen können sich etwa nur über Spalten fortsetzen, die größer als 0,9 mm sind. Wasserstoff-Explosionen können sich noch über Spalten von 0,5 mm ausbreiten.

Die Kapselung elektrischer Betriebsmittel in explosionsgefährdeten Bereichen muß daher je nach Gefahrstoff bestimmte Sicherheitsstandards aufweisen, damit sich eine Zündung im Inneren nicht nach außen fortsetzen kann. Als Grundlage dieser Standards dient die Zuordnung von Explosionsgruppen [12]. Zur Einordnung eines Gefahrstoffes in eine der Explosionsgruppen wird dessen jeweilige Zünddurchschlagsfähigkeit an einem Spalt von 25 mm Länge bei variierender Spaltweite getestet. Grenzspaltweiten und die entsprechenden Explosionsgruppen sind Bild 7.6 zu entnehmen.

Explosions-gruppe	Grenzspalt-weite [mm]	Stoffbeispiel
II A	>0,9	Benzin, Propan
II B	0,5–0,9	Diethylether
II C	<0,5	Wasserstoff, Ethylen

Bild 7.6:
Explosionsgruppen elektrischer Betriebsmittel

7.5.5 Entsorgung

Dem Problembereich Abfall mangelte es bisher noch einer detaillierten rechtlichen Bestimmtheit. Angaben im Sicherheitsdatenblatt konnten daher selten eine Hilfe sein. Entscheidend war die Auslegung der im Datenblatt oft angesprochenen „örtlichen" Behörde, also des jeweiligen Landratsamtes. Während dieser Zeit wurden für Kleb- und Dichtstoffe einfache Entsorgungsregeln praktiziert. Eine neue Situation wird durch die TA Sonderabfall entstehen. Sie ist als Referentenentwurf zur Stellungnahme vorgelegt, ein erster Teil wurde bereits im Juni 1989 vom Bundeskabinett verabschiedet. Durch den damit geregelten Verlauf der Abfallströme kann dann den in der Abfallschlüsselnummer kodifizierten Abfallarten der jeweils entsprechende Entsorgungsvorgang zugeordnet werden.

7.5.5.1 Verpackungsverordnung und Abfallrücknahme (VerpackVO)

Vorstehende Hinweise gelten für die Entsorgung von Kleb- oder Dichtstoffabfällen, ohne Berücksichtigung ihrer Verpackung.

Hierfür wird stufenweise die Verpackungsverordnung wirksam, die am 20.7.1991 im Bundesgesetzblatt veröffentlicht wurde. Ihr unterliegen in erster Linie Verpackungshersteller, Befüller und Vertreiber sowie Lieferanten befüllter Verpackungen, aber auch private, gewerblich und industrielle Endverbraucher [13]. Demnach wird eine Rücknahmepflicht wirksam für

- Transportverpackungen: Gemeint sind Paletten, Kisten, Umkartons und Verpackungen, die Waren unterwegs vor Beschädigung bewahren sollen.
- Umverpackungen: Das sind offene oder geschlossene Behältnisse und Umhüllungen von Stoffen, die zum Verkauf im Weg der Selbstbedienung und zu Werbezwecken dienen, wie etwa Blister, Kartons oder Verkaufsdisplays.
- Verkaufsverpackungen: Damit gemeint sind Kanister, Eimer, Säcke, Kartuschen, Fässer, Dosen, also stoffbenetzte Verpackungen, die vom Endverbraucher bis zum Stoffverbrauch genutzt werden.

Die Verpflichtung der Verpackungsrücknahme entfällt für solche Hersteller und Vertreiber, die sich an ein Entsorgungs-System angeschlossen haben. Es gibt eine Vielzahl von Organisationen, Branchen und Institutionen, die flächendeckend eine regelmäßige Abholung gebrauchter Verkaufsverpackungen beim Endverbraucher gewährleisten. Voraussetzung für die Wiederverwertbarkeit sind im übrigen „restentleerte", also tropffreie, pinsel- beziehungsweise spachtelreine Packungen. Bei flüssigen oder pastösen Stoffen müssen zudem die Restanhaftungen durchgetrocknet sein.

Rest- oder teilgefüllte Verpackungen müssen wie bisher dem Sondermüll zugeführt werden. Dies gilt auch für alle gemäß GefStoffV kennzeichnungspflichtigen Verpackungen. Dafür ist eine „Verordnung über die Vermeidung und getrennte Entsorgung von schadstoffhaltigen Produkten (einschließlich Verpackungen schadstoffhaltiger Füllgüter)" in Vorbereitung. Auch hierzu wird eine Rücknahmepflicht vorgesehen.

7.6 Maßnahmen bei Unfällen und Bränden

Zur Verhütung von Folgeschäden gebührt den sofortigen, im Sicherheitsdatenblatt erwähnten Maßnahmen größte Aufmerksamkeit. Sie finden ebenfalls Aufnahme in die Betriebsanweisung §20 der GefStoffV.

7.6.1 Nach Verschütten, Auslaufen, Gasaustritt

Eine der häufigsten Empfehlungen des Datenblattes ist für diesen Fall „Mit flüssigkeitsbindendem Material aufnehmen". Das Material kann beispielsweise Sand, Kieselgur,

Sägemehl, Universalbinder und dergleichen sein. Oft wird beim Aufnehmen von brandfördernden Substanzen nicht darauf hingewiesen, daß das Aufsaugmaterial selbst nicht brennbar sein darf. Leider fehlt in den Sicherheitsdatenblättern auch stets ein Hinweis darauf, daß alle brennbaren Flüssigkeiten nach der Aufnahme mit Aufsaugmitteln wegen des schon erwähnten Dochteffektes leicht entzündbar werden. Getränktes Saugmaterial muß daher schnellstens in geschlossene Behälter gegeben werden.

7.6.2 Löschmittel

Die Informationen über geeignete und ungeeignete Löschmittel sind oft unzuverlässig. Unter Berücksichtigung einiger anderer im Datenblatt gegebenen Informationen läßt sich jedoch die Zuverlässigkeit der Angaben zu Löschmitteln leicht überprüfen.

Flüssige Produkte deren Dichte unter 1 liegen, sind in aller Regel organische Flüssigkeiten. Diese dürfen nicht mit dem direkten Wasserstrahl gelöscht werden, da das Wasser zum einen wegen der höheren Dichte unter den Brandherd fließen würde und damit unwirksam bliebe und weil zum anderen durch den Einsatz des Wasserstrahls die Gefahr von Tröpfchen-Explosionen entstünde. Das Löschmittel „Wasserstrahl" ist daher ungeeignet: Wassernebel und Wassersprühstrahl können jedoch verwendet werden ! Besser eignen sich aber Schaum, Kohlendioxid oder Trockenlöschmittel.

Stets anzuraten ist ein Vergleich der angegebenen Löschmittel mit unverträglichen Substanzen aus Abschnitt „Gefährliche Reaktionen". Ein Löschmittel darf natürlich nicht mit dem brennenden Produkt zu unvorhergesehenen Reaktionen führen.

7.6.3 Erste Hilfe

Soweit sich die Angaben im Datenblatt auf die Soforthilfe beschränken, wird es dazu in den seltensten Fällen Fragen geben. Nachfolgend die wichtigsten Hinweise bei Kleb- und Dichtstoff-Unfällen:

- *Augen*: Die Dämpfe mancher Klebstoffe (wie Cyanacrylate) reizen die Augen und führen zu erhöhtem Tränenfluß. Frische Luft sorgt für Abhilfe. Spritzer ins Auge jedoch bedürfen sofortiger Behandlung, nämlich längerem Spülen mit frischem Wasser, am besten über Augenduschen mit 1-prozentiger Natriumbicarbonat-Lösung! Anschließend ist sogleich der Augenarzt aufzusuchen!
- *Schleimhäute*: Vielfach führen Klebstoffe zur Reizung der Schleimhäute im Nasen- und Rachenraum. Der oft vorhandene Klebstoff-Eigengeruch stellt jedoch ein gewisses Warnzeichen dar. Gute Belüftung sorgt meist für rasche Abhilfe.
- *Haut*: Durch Klebstoff verschmutzte Haut bedarf der sofortigen Reinigung mit Wasser und Seife nach Entfernung der Arbeitskleidung. Dasselbe gilt für durch Cyanacrylat-Klebstoffe verklebte Haut. Sie soll durch vorsichtiges Abschälen der Hautteile mittels Seife und möglichst heißem Wasser gelöst und gewaschen werden. Das anfängliche „Taubheitsgefühl" gibt sich nach kurzer Zeit.

- *Einatmen*: Betroffene sollen rasch aus der Gefahrenzone an die frische Luft gebracht werden, bis alle Reizsymptome verschwunden sind. Im Zweifelsfalle ist
  immer ärztliche Hilfe erforderlich.

Häufig nennt das Datenblatt auch Maßnahmen, die bereits als medizinische Behandlung
zu betrachten sind. Zumal im Falle mangelhafter Angaben zur „Chemischen Charakterisierung" wird sich jedoch kein Mediziner auf diese Angaben verlassen können.

7.7 Angaben zur Toxikologie

Das Sicherheitsdatenblatt nennt eine Reihe toxikologischer Begriffe, die nicht jeder versteht. In Bild 7.7 erfolgt eine Erläuterung. Häufig werden MAK- Werte unter diesem
Abschnitt angegeben. Dadurch erfährt man wieder etwas mehr über Inhaltsstoffe, wenn
die Zusammensetzung nur allgemein charakterisiert wird. Die Aktualität der MAK-Werte
ist zu überprüfen.

Gelegentlich finden sich sogenannte LD_{50}-Werte aus Tierversuchen. LD steht für
Letaldosis, LC für Letalkonzentration, der Index $_{50}$ für 50 Prozent. Gemeint ist die Gefahrstoffmenge oder -konzentration, bezogen auf 1 kg Lebendgewicht, die nötig ist, 50 Prozent einer Versuchstiergruppe zu töten.

Solche Tierversuche sind trotz manch durchaus verständlicher gegenteiliger Initiativen wichtige Grundlage für die Festlegung von MAK-Werten, und sie bestimmen die
Einstufung eines Rein-Stoffes als sehr giftig, giftig oder mindergiftig nach der Gefahrstoffverordnung (Bild 7.8)..

Das Sicherheitsdatenblatt differenziert insbesondere drei verschiedene Letaldosen
nach der Verarbreichungsart:
- LD_{50} (oral): Die Verabreichung geschieht über den Verdauungtrakt. Die Testsubstanz wird dazu unter das Futter gemischt oder mit einer Sonde direkt bis in
  den Magen eingeführt. Die Dimension der Angaben ist mg/kg.
- LD_{50} (dermal): Die Verabreichung geschieht über die Haut. Die Testsubstanz
  wird dazu auf eine rasierte Hautpartie aufgeträufelt. Die Dimension der Angabe
  ist mg/kg.
- LC_{50} (inhalativ): Die Verabreichung geschieht über die Atemwege. Die Testsubstanz wird dabei der Atemluft zugesetzt, die Tiere verbleiben für gewöhnlich
  vier Stunden in der belasteten Atmosphäre. Dimension der Angaben ist mg/l,
  gemeint sind mg Testsubstanz pro Liter Atemluft: gelegentlich finden sich auch
  Angaben in ppm (ml/m^3).

Der Zeitraum der Auswertung, also die Ermittlung, welcher Prozentsatz der Tiere bei
welchen Konzentrationen getötet wurden, beträgt für gewöhnlich 14 Tage.

Nicht alle Tierarten sind als Modell für die menschliche Physiologie geeignet. Die
Stoffwechseltypen von Mensch und Versuchstier müssen sich dazu ähneln, für die Bestimmung der LD_{50} (oral) bevorzugt man daher die Ratte, für die LD_{50} (dermal die Ratte

Terminus	Erlauterung
Applikation:	Darreichungsform
Corneaveratzung:	Verätzung der Hornhaut des Auges
dermal:	über die Haut, auf die Haut bezogen
Dermatitis:	Hautentzündung
Hautresorption:	Aufnahme eines Stoffes über die Haut
inhalativ:	durch Einatmen
inkorporation:	Aufnahme in den Körper durch Einatmen oder Verschlucken
irreversibel:	nicht rückgängig zu machen, unheilbar
Irritation:	Reizung
kanzerogen:	krebserzeugend
Koordinationssinn:	Begriff mit mehrfacher Bedeutung; zum einen die Fähigkeit zu aufeinander abgestimmten räumlichen Bewegungen (Störung äußert sich als „Tolpatschigkeit", typischer Effekt nach Alkoholgenuß), zum andern der Gleichgewichtssinn (Storung als Schwindelgefühl, Schlangenlinien laufen etc., ebenfalls typischer Effekt von Alkohol).
Kumulation/kumulative Effekte:	Anreicherung im Körper
letal:	todlich
Lungenödem:	gefährliche Flüssigkeitsansammlung in der Lunge
Mortalität:	Tödlichkeit
Nekrosen:	Gewebszerstörung
nephrotoxisch:	nierenschädigend
neurotoxisch:	nervenschädigend
onkogen:	krebserzeugend
oral:	durch Verschlucken
percutan:	durch die Haut
peroral:	durch Verschlucken
prolongiert:	zeitlich anhaltend
reversibel:	vorübergehend
sensibilisierend:	Allergie auslösend
teratogen:	fruchtschädigend, zu Mißbildungen führend
Toxizitat:	Giftigkeit
Toxikologie:	Giftkunde

Bild 7.7: Toxikologische Terminologie im Sicherheitsdatenblatt

Applikation	sehr giftig	giftig	mindergiftig
LD_{50} (oral) Ratte	≤ 25 mg/kg	≤ 200 mg/kg	$\leq 2\,000$ mg/kg
LD_{50} (dermal) Ratte od. Kaninchen	≤ 50 mg/kg	≤ 400 mg/kg	$\leq 2\,000$ mg/kg
LC_{50} (inhalativ) Ratte	$\leq 0,5$ mg/l $\cdot$ 4 h	≤ 2 mg/l $\cdot$ 4 h	≤ 20 mg/l $\cdot$ 4 h

Bild 7.8: Gefahrenkennzeichnung aufgrund der Letaldosen

oder das Kaninchen, für die LC$_{50}$ (inhalativ) wiederum die Ratte. LD$_{50}$-Werte beziehen sich auf die akute Giftigkeit nach einmaliger Verabreichung der Substanz. die Gefahr von Anreicherungen, chronischen Schäden, Allergien oder der Krebsbildung wird dabei nicht erfaßt. Für einige Epoxydharze finden sich beispielsweise die extrem hohen LD$_{50}$ (oral) Werte für die Ratte von 15.000 mg/kg, es gibt also quasi keinerlei toxische Gefährdung. Trotzdem führen diese Harze oft zu Allergien. Ein anderes Beispiel: Antimontrioxid hat für die Ratte eine LD$_{50}$ (oral) von 20 g/kg, möglicherweise kann es ohne erkennbare Sofort-Schäden löffelweise geschluckt werden. Unabhängig davon kann eingeatmeter Staub jedoch als Spätschaden zu Krebs führen.

7.8 Angaben zur Ökologie

Dieser Abschnitt kann extrem vielfältige Informationen enthalten. Ein einziges Feld „Ökologie" kann der Kompliziertheit des Themas kaum gerecht werden. An dieser Stelle bedurfte das Sicherheitsdatenblatt nach DIN 52900 dringend einer Weiterentwicklung. Eine fehlende Strukturierung in weitere Unterpunkte ist für den Anwender wie für den Ersteller unbefriedigend.

Für unbedarfte Beteiligte wenig verständlich sind die oft gemachten Angaben zur Fisch- oder Algentoxität. Von größerer Bedeutung jedoch sind die Angaben zur Wassergefährdung in Form der Wassergefährdungsklassen (WGK). Sie sind wie folgt definiert:
  - WGK 0: Im allgemeinen nicht wassergefährdend.
  - WGK 1: Schwach wassergefährdend
  - WGK 2: Wassergefährdend
  - WGK 3: Stark wassergefährdend.

Bei Angaben hierzu erfolgt meist die herstellerseitige Selbsteinstufung gemäß einem Konzept des VCI Verband der Chemischen Industrie, Düsseldorf.

7.9 Weitere Hinweise

An dieser Stelle des Datenblattes finden sich oft weiterführende Literaturhinweise wie etwa auf Merkblätter und Unfallverhütungsvorschriften der Berufsgenossenschaften. Andere Angaben lassen sich fast immer einem der vorgehend besprochenen Abschnitte zuordnen, es sei denn, dieser Abschnitt des Sicherheitsdatenblatts enthält noch einige „versteckte" Angaben (ähnlich dem „Kleingedruckten" auf z.B. Vertragsrückseiten).

7.10 Das EG-Sicherheitsdatenblatt

Das vorbeschriebene Sicherheitsdatenblatt nach DIN 52900 kam in seiner Erstausgabe im Februar 1983 heraus und hatte lediglich eine empfehlende Funktion. Es wurde seitens der Stoffhersteller und -Lieferer zwar nur auf Anforderung zur Verfügung gestellt, gewann jedoch im Verlauf des letzten Jahrzehnts (mit sich laufend verstärkender Arbeits- und Umweltschutz-Sensibilität) eine erhebliche Bedeutung.

Mit der Verwirklichung des Europäischen Binnenmarktes kommen in vielen Bereichen Änderungen und Harmonisierungen von Regelwerken auf die Unternehmen zu. Davon ist unter anderem auch das DIN-Sicherheitsdatenblatt betroffen.

Die neue EG-Richtlinie 88/379 zur Einstufung von Chemikalien beziehungsweise die 4. Novelle zur GefStoffV verlangen ein *Sicherheitsdatenblatt gemäß der EG-Vorschrift 91/155*, welches *ab 1.7.1993* gültig ist. Damit ist auch die Übergangsfrist seit 1.6.1991 beendet.

Die geplante DIN-ISO 11014 übernimmt (sofern keine Widersprüche bestehen) dieses EG-Sicherheitsdatenblatt und löst damit die bisherige DIN 52900 ab.

Da EG-Richtlinien alle Mitgliedsländer zur Umsetzung in nationales Recht verpflichten, ist abzusehen, daß das Sicherheitsdatenblatt aus dem rechtlichen „Kann" in ein „Muß" für Stoffhersteller und -Lieferer gegenüber ihren Abnehmern übergeht.

Zwar lag dem Autor zum Zeitpunkt der Drucklegung dieses Buchs noch kein endgültiger beziehungsweise verbindlicher Vordruck des EG-Sicherheitsdatenblatts vor. Jedoch zeigt es eine erhebliche Ausweitung von den neun Gruppen des DIN-SDB auf die 16 Gruppen des EG-SDB. Wesentliche Unterschiede sind:

- Die sicherheitstechnisch-relevanten Angaben (wichtig vor allem für Betriebsanweisungen und Unfallmerkblätter) sind bereits in der ersten Hälfte des EG-SDB zusammengefaßt.
- Die physikalisch-chemischen Eigenschaften (von der 1. Seite des bisherigen DIN-SDB) sind in die 2. Hälfte des EG-SDB verlegt und durch Angaben zu Toxikologie, Ökologie, Entsorgung usw. ergänzt worden.

Der Aufwand an Zeit und Kosten allein im Zusammenhang mit den hier angesprochenen EG-Richtlinien beziehungsweise Vorschriften dürfte erheblich sein, ganz abgesehen von der festzustellenden Unsicherheit im Hinblick auf die übereilt-kurzfristige Realisierung.

Literatur

[1] Bundesgesetzblätter: Bundesanzeiger Verlags GmbH, Köln, Verlag Dr. Hans Heger, Bonn

[2] DIN 52900 „Sicherheitsdatenblatt für chemische Stoffe und Zubereitungen", Beuth-Verlag Berlin 1983

[3] Hain, B. und Böcker, H.: „Sicherheitsdatenblatt - kein Buch mit sieben Siegeln", Die BG (1990) 6 und 7

[4] Rühl, R.: „Wie wird das Sicherheitsdatenblatt für den Arbeitsschutz genutzt?", Sicherheitsingenieur 6 (1989)

[5]   Böcker, H.: „Subjektive Wahrnehmung von Gefahrstoffen und ihre Bedeutung für den Arbeitsschutz", Die BG 10 (1989)

[6]   TRGS 900 „Maximale Arbeitsplatzkonzentrationen und biologische Arbeitsstofftoleranzwerte", (MAK-Werte 1990), Carl Heymanns Verlag KG, Köln

[7]   Chemical Abstract Service, Ohio/USA, in Deutschland: „Fachinformationszentrum Chemie GmbH, Berlin

[8]   Kühn, R. und Birett, K.: Merkblätter Gefährliche Arbeitsstoffe (7 Bände), ecomed-Verlagsgesellschaft, Landsberg

[9]   Betriebsanweisung gem. 20 GefStoffV, Vertrieb: AMA-Technik GmbH, Kassel und Moedel GmbH, Amberg

[10] N.N.: „Arbeitshygienische Hinweise zur Verarbeitung von Kunststoffprodukten" der CIBA-GEIGY AG, Basel 1977

[11] Palfi, E.: „Sicherheitsanleitung" der LOCTITE Deutschland GmbH, München 1990

[12] DIN 57165 „Errichten elektrischer Anlagen in explosionsgefährdeten Bereichen" (VDE 0165), Beuth-Verlag, Berlin

[13] ibh-Sachstandsbericht „Verwertung von Verpackungen" Juli 1991, Industrieverband Bauchemie und Holzschutzmittel e.V. Frankfurt/M.

Sachwortverzeichnis

GRACO-Schmelzklebersysteme – professionelle Lösungen für Anforderungen von heute und morgen

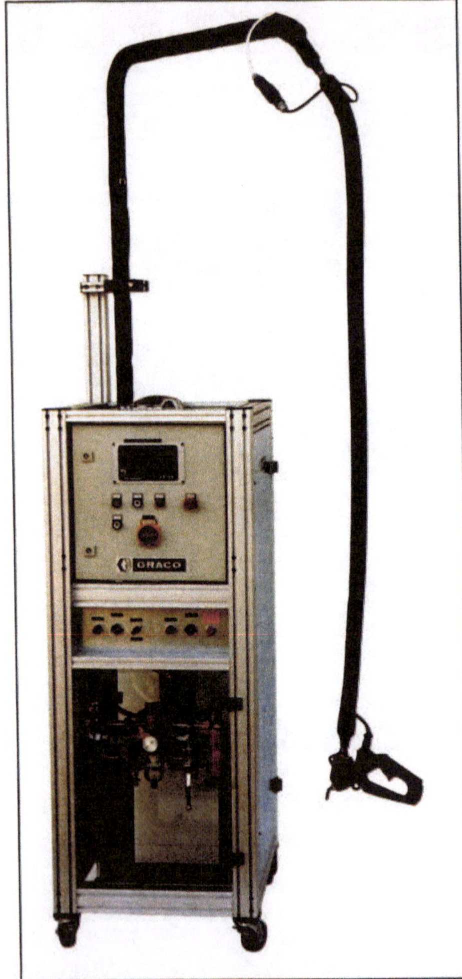

Zusätzlich zu seinen Systemen für ein- und mehrkomponentige Kaltkleber bietet GRACO pneumatisch, hydraulisch oder elektrisch angetriebene Pumpeinrichtungen für einkomponentige Schmelzkleber an.

GRACO-Schmelzklebersysteme sind bereits seit Jahren in der Automobilindustrie und der Zulieferindustrie für die Luftfahrt erfolgreich im Einsatz. Sie zeichnen sich durch hohe Standzeiten, Bedienungs- und Wartungsfreundlichkeit aus.

GRACO-Schmelzklebersysteme sind Komplettlösungen für viele Klebeprobleme. Jedes System wird speziell auf die einzelne Anwendung ausgerichtet und besteht aus:

- pneumatisch oder hydraulisch betriebener Kolbenpumpe bzw. elektrisch betriebener Zahnradpumpe
- Dosiersystem
- elektrischer Beheizung aller Baukomponenten, die mit Material in Berührung kommen (Pumpe, Folgeplatte, Schlauch, Pistole)
- mikroprozessorgeführtem Mehrkreiskanalregler für genaueste Temperaturregelung (+ / – 1 °C [stat.])
- Applikation mit
  - manuellen Auftragspistolen mit vollintegriertem Drehgelenk für gute Beweglichkeit
  - automatischen Pistolen mit rücksaugender Nadel für optimalen Fadenabriß

Ihr Partner für
zukunftsweisende Schmelzklebersysteme

GRACO GmbH
Moselstraße 19 · D-41464 Neuss
Postfach 10 05 32 · D-41405 Neuss
Telefon (0 21 31) 40 77-0 · Telefax (0 21 31) 40 77-58

Handbuch Klebstoffe 1994/95

herausgegeben vom Industrieverband Klebstoffe e.V.

1994. 187 Seiten. Kartoniert.
ISBN 3-528-06004-2

Aus dem Inhalt: Jahresbericht 1994/95 – Verband europäischer Klebstoffindustrien – Firmenprofile – Bezugsquellen – Deutsche Gesetzgebung und Vorschriften – Normen – Forschungseinrichtungen.

Dieses Handbuch stellt den Anwendern von Klebstoffen, Rohstofflieferanten, Wirtschaftsinstituten, sowie Studierenden Informationen über die Deutsche Klebstoffindustrie zur Verfügung. Es stellt die wichtigsten Fakten zu Rohstoffen und Produkten in übersichtlicher Form geordnet nach den Einzelunternehmen zusammen.

Über den Herausgeber: Der Industrieverband Klebstoffe e.V. vertritt die gemeinsamen Interessen von ca. 100 Klebstoffherstellern.

Verlag Vieweg · Postfach 58 29 · 65048 Wiesbaden

Fertigungsmeßtechnik

von Erwin Lemke

2., verbesserte Auflage 1992.
VIII, 232 Seiten mit 459 Abbildungen und 48 Tafeln.
(Viewegs Fachbücher der Technik) Kartoniert.
ISBN 3-528-14559-5

Das weite Gebiet der Fertigungsmeßtechnik vermittelt der Autor gleichermaßen an Studierende wie an Praktiker. Das Buch hat die Meßgeräte und Meßverfahren der Fertigungstechnik zum Inhalt. Es ist zugleich als Lehr- wie auch als Nachschlagewerk angelegt. Neben der Einführung in alle Bereiche der Fertigungsmeßtechnik und zahlreichen Beispielen gibt eine Fülle von Zeichnungen, Tafeln und Tabellen einen Überblick über den aktuellen Stand der Meßnormen.

Verlag Vieweg · Postfach 58 29 · 65048 Wiesbaden